有色金属行业教材建设项目

普通高等教育新工科人才培养
矿物加工工程专业精品教材

U0642402

矿物加工设备

主　编　王毓华

副主编　郑霞裕

中南大学出版社　·长沙·
www.csupress.com.cn

图书在版编目(CIP)数据

矿物加工设备 / 王毓华主编. —长沙：中南大学
出版社，2024.3
ISBN 978-7-5487-5741-2

Ⅰ. ①矿… Ⅱ. ①王… Ⅲ. ①选矿机械 Ⅳ. ①TD45

中国国家版本馆 CIP 数据核字(2024)第 039279 号

矿物加工设备

KUANGWU JIAGONG SHEBEI

王毓华　主编

□出 版 人	林绵优	
□责任编辑	史海燕	
□责任印制	李月腾	
□出版发行	中南大学出版社	
	社址：长沙市麓山南路	邮编：410083
	发行科电话：0731-88876770	传真：0731-88710482
□印　　装	长沙新湘诚印刷有限公司	

□开　　本	787 mm×1092 mm 1/16	□印张 19.25	□字数 490 千字
□版　　次	2024 年 3 月第 1 版	□印次 2024 年 3 月第 1 次印刷
□书　　号	ISBN 978-7-5487-5741-2		
□定　　价	58.00 元		

前 言

Foreword

《矿物加工设备》是配合"资源加工学"系列课程教学所编写的教材,重点讲授矿物加工过程中涉及的主要工艺设备和辅助设备,包括设备结构、工作原理及操作维护等方面的相关知识。作为全国地矿类高等院校矿物加工工程专业课程教学用书,亦可供厂矿企业和科研设计单位工程技术人员参考。

本教材在理顺矿物加工基础理论和工艺技术的基础上,结合编者多年教学和科研的体会,根据矿物加工工艺技术的特点,系统地介绍了矿物加工过程的主要工艺设备和辅助设备。全书共10章,具体内容包括概述、破碎与筛分设备、磨矿与分级设备、重力分选设备、磁电分选设备、浮选设备、化学分选设备、拣选设备、固液分离设备和主要辅助设备。

本教材由王毓华和郑霞裕共同编写,其中,第1章、第2章、第3章、第6章、第9章和第10章由王毓华编写;第4章、第5章、第7章和第8章由郑霞裕编写。全书由王毓华和郑霞裕共同进行了审核和修改。

教材编写过程中,除参考了附录所列主要参考图书等文献资料外,还参考了其他大量期刊文献资料(不便一一列出),在此一并说明,并表示衷心感谢!

由于编者水平有限,教材中错误、疏漏之处在所难免,敬请批评指正,以便后续不断修订和完善。

编 者

2023 年 7 月

目 录

Contents

数字资源

第 1 章　概　述

　　通常矿山开采出来的矿石中，除少量富含有用矿物外，大部分都是有用矿物含量相对较低而脉石矿物含量较高的低品位矿石。对这些低品位矿石直接进行冶炼，不仅技术难度大，而且生产成本高，环境污染大。因此，对大多数矿石，尤其是低品位矿石，为进行经济开发利用，都需要采用矿物加工技术进行分离和富集，抛除大部分脉石矿物，获得有用矿物富集程度较高的精矿产品。

　　矿物加工过程主要是指采用物理方法或表面物理化学方法进行有用矿物的分离与富集。主体工艺环节包括有用矿物的解离和分离，同时还包括产品脱水等辅助环节。对于一些难处理的矿产资源，有时还需要采用选冶联合的方法进行分离与富集。通常对特定类型矿产资源，除需确定技术经济合理的矿物加工原则工艺方案、工艺流程及工艺条件外，还必须确定技术先进和性能可靠的工艺设备及辅助设备，才能充分保证矿物加工工艺技术的有效实施。实践表明，矿物加工设备性能的好坏与选型的正确与否，对生产过程和技术指标有着重要的影响。

1.1　矿物加工设备分类

　　根据矿物加工工艺过程的基本特点，矿物加工设备主要可分为工艺设备和辅助设备两大类。其中，工艺设备是指能完成矿物加工工艺过程中的矿物解离，以及有用矿物的分离和富集等作业功能的机械设备，如破碎机、磨矿机、浮选机、磁选机及重选设备等。辅助设备则是指实现工艺设备之间的连接，完成各种物料的输送，配合工艺设备完成矿物加工过程的机械设备，如给矿机、带式输送机、砂泵、浓缩机和过滤机等。目前矿物加工生产实践中，所用的主要工艺设备如表 1-1 至表 1-5 所示，主要辅助设备如表 1-6 所示。

表 1-1　主要破碎筛分设备

主要设备类型	主要性能特点	主要应用
颚式破碎机	动颚往复式运动，间歇工作。破碎大块矿石，最大给矿粒度达 1250 mm，破碎比范围 3~5	适用于硬矿石或中硬矿石破碎，多在粗碎或中碎作业应用
旋回破碎机	动锥回转式运动，连续式工作。最大给矿粒度达 1350 mm，破碎比范围 3~5	适用于硬矿石或中硬矿石破碎，多用于粗碎作业
标准圆锥破碎机	动锥回转式运动，连续工作，破碎腔平行带较短。最大给矿粒度达 300 mm，破碎比范围 3~5	适用于硬矿石或中硬矿石破碎，多用于中碎作业

续表1-1

主要设备类型	主要性能特点	主要应用
中型圆锥破碎机	动锥回转式运动，连续工作，破碎腔平行带长度居中。最大给矿粒度达 230 mm，破碎比范围 4~8	适用于硬矿石或中硬矿石破碎，多用于中碎作业
短头圆锥破碎机	动锥回转式运动，连续工作，破碎腔平行带长度较长。最大给矿粒度达 100 mm，破碎比范围 4~8	适用于硬矿石或中硬矿石破碎，多用于细碎作业
重型振动筛	多为单层，以座式为主，最大入料粒度为 300 mm	适用于中碎前预先筛分，也可用于含泥大块矿石洗矿
惯性振动筛	有单层和双层、座式和吊式，最大安装坡度 15°~25°，最大入料粒度 100 mm	适用中、细粒级物料筛分，多在中、小型选厂使用
自定中心振动筛	圆振动筛的一种，有单层和双层，以吊式为主，最大安装坡度 15°~20°，筛分效率高达 80%	适用中、细粒级物料筛分
直线振动筛	惯性振动筛的一种，筛分效率和生产率高	多用于大、中、细物料筛分，细粒物料湿式分级，产品脱水、脱泥和脱介质等

表1-2 主要磨矿分级设备

主要设备类型	主要性能特点	主要应用
格子型球磨机	排矿端为格子板，强制式排矿，入磨粒度 10~25 mm，产品粒度大于 0.2 mm，过粉碎较少，生产能力较大	适用于一段磨矿或两段连续磨矿的第一段
溢流型球磨机	排矿端为中空轴，自溢式排矿，入磨粒度 10~25 mm，产品粒度小于 0.2 mm，过粉碎较严重，生产能力较小	适用于两段连续磨矿的第二段或中矿再磨作业
棒磨机	排矿端为中空轴，自溢式排矿，入磨粒度 25~40 mm，产品粒度 1~3 mm，过粉碎少	适用于两段连续磨矿的第一段开路磨矿，或者替代短头圆锥破碎机进行细碎
自磨机	筒体径长比大，排矿端为格子板（或中空轴），入磨粒度最大为 500 mm	取代中细碎及两段连续磨矿的第一段，构成（S）ABC 流程，大幅简化破碎磨矿流程
半自磨机	同自磨机，且加入磨机容积 2%~8% 的钢球介质	同自磨机
高堰式螺旋分级机	溢流堰低于螺旋溢流端螺旋叶片上缘，溢流产品粒度大于 0.15 mm	多用于粗粒分级，或者两段连续磨矿的一段粗磨产品分级
沉没式螺旋分级机	溢流堰高于螺旋溢流端螺旋叶片上缘，溢流产品粒度小于 0.15 mm	多用于二段细磨产品分级
水力旋流器	分级粒度细，可达 0.038 mm；分级效率高	取代螺旋分级机进行磨矿产品分级；或用于脱泥、脱水等

表1-3 主要重力分选设备

主要设备类型	主要性能特点	主要应用
跳汰机	在垂直交变水流中实现轻重物料分层和分选。常见的有隔膜跳汰机和梯形跳汰机。给料粒度上限为10~20 mm，最小粒度下限为0.2 mm	适合于钨、锡、金、铁和锰矿石的选别
摇床	在横向水流和纵向床面差速运动作用下实现轻重物料分选。常见的有6S、云锡和弹簧摇床，按处理物料粒度的不同分为矿砂和矿泥摇床，其中矿砂摇床适合处理-2+0.074 mm矿砂，矿泥摇床适合处理-0.074 mm矿泥	主要用于选别钨、锡、钽、铌、铬和其他有色、稀有金属及贵金属矿石，也可用来选别铁、锰矿石和煤
螺旋溜槽	在斜面运动的水流中进行轻重矿物分选。粗粒溜槽，处理粒度在2~3 mm以上，最大可达100~200 mm；矿砂溜槽，处理2~0.074 mm粒级矿石；矿泥溜槽，处理-0.074 mm粒级矿石	广泛用于钨、锡、金、铂、铁及某些稀有金属矿石的选别
离心选矿机	离心力场中的流膜分选，处理粒度范围为-0.074~0.010 mm，回收-0.019 mm的效果很好。具有处理能力大、回收粒度下限低、工作稳定、便于操作等优点	广泛用于钨、锡矿泥、细粒贫赤铁矿的选别
重介质旋流器	入选物料粒度范围宽，金属矿选矿一般为30~70 mm，选煤为150~200 mm。入选粒度下限一般为2~3 mm，使用重介质旋流器时，下限可降至0.5 mm	广泛用于选煤（可以直接得到精煤及尾煤）及各种金属矿石的选别

表1-4 主要磁电选设备

主要设备类型	主要性能特点	主要应用
弱磁选机	多采用开放磁系结构，有干式和湿式两种，分选面磁感应强度一般达到0.2 T。其中，湿式筒式弱磁选机主要有顺流型（适用于-6 mm矿石）、逆流型（适宜粒度为2~3 mm矿石）和半逆流型（适用于-0.3 mm矿石）	用于磁铁矿石选矿、磁性加重剂再生、生产海绵铁厂用的超级磁铁矿精矿，以及为强磁选机准备给料等
强磁选机	多采用闭合磁系结构，有干式和湿式两种，背景磁感应强度一般达到1.2 T。其中，湿式强磁选机适合处理1~0.03 mm粒级的弱磁性物料	广泛用于锰矿石、铁矿石、海滨砂矿、黑钨矿和工业矿物的分选
高梯度磁选机	借助不同种类和形状的聚磁介质产生很高的磁场梯度。主要为湿式设备，其背景磁感应强度同强磁选机	用于微细粒弱磁性物料的分选
超导磁选机	采用Nb-Ti等超导材料做的磁体，其磁感应强度可达到5 T；体积小，重量轻；能耗低，比常导磁体节能90%；高磁场强度带来的高磁力使磁选机处理能力大为提高	已在工业中推广应用，如高岭土脱铁等
高压电选机	采用电晕电极和静电电极，电压可达60 kV，分选粒度为-1+0.020 mm	用于微细粒物料的分选和分级

表 1-5　主要浮选设备

主要设备类型	主要性能特点	主要应用
机械搅拌矿化浮选机	通过机械搅拌器(即转子和定子组)实现矿浆的搅拌和矿化,根据充气方式的不同分为自吸气和外部充气两大类。其中,自吸气式典型代表有 XJK、SF、JJF 等,因具有自吸功能,中矿返回易实现自流,但充气量较小,气量调节不方便,能耗较高。外部充气式典型代表有 KYF、CHF 等,充气量大且易于调节,能耗较低,但中矿返回难以实现自流	广泛应用于金属矿、非金属矿和煤的浮选
逆流矿化浮选机	设备无机械搅拌装置,矿浆从柱体上方给入,受重力作用向下运动,气泡在槽体底部产生,在浮力作用下向上运动。气泡和颗粒在槽体垂直方向上碰撞,实现矿化。典型代表为压气式浮选柱,结构简单,能耗低,处理能力大,但发泡器易结垢,气泡弥散和矿化效果较差	主要应用于有色金属、煤炭等行业,多采用浮选机—浮选柱联合的方式
混流矿化浮选机	矿化区与分离区相对独立,区别于机械搅拌矿化浮选机和逆流矿化浮选机(无独立矿化区,矿化和分离均在同一槽体内完成)。矿浆停留时间短,气泡尺寸小,矿粒和气泡矿化作用好	主要应用于有色金属、煤炭等行业的浮选

表 1-6　主要辅助设备

主要设备类型	主要性能特点	主要应用
板式给矿机	工作机构连续动作,分重型、中型和轻型三类,可倾斜和水平安装。重型、中型和轻型最大给料粒度分别为 1500 mm、350~400 mm 和-160 mm	多用于粗碎和中碎机前的给矿
槽式给矿机	工作机构直线往复运动,通常水平安装。最大给矿粒度可达 450 mm。给矿均匀,不易堵塞,对含水分较高的物料也能适应	多用于细粒和中粒物料的给矿,常见小型矿山的粗碎机前给矿
电磁振动给矿机	工作机构抛物线往复运动,有上振和下振(选矿厂常见)两种,通常水平安装。结构简单,给料均匀,给料粒度范围大(为 0.6~500 mm)。但在输送黏性物料时,容易堵塞矿仓口	多用于中小型矿山粗碎、中碎和细碎,以及磨机前的给料
摆式给矿机	工作机构弧线往复运动,水平安装。给矿粒度范围为 50~0 mm,构造简单,但工作准确性较差,给矿不连续,计量较困难	多用于磨机前的给料
圆盘给矿机	工作机构回转运动,有敞开式和封闭式两种,水平安装。给料粒度 50 mm 以下,构造简单,给矿连续均匀	多用于磨机前的给料

续表1-6

主要设备类型	主要性能特点	主要应用
带式输送机	由承载的输送带兼作牵引机构的连续运输设备,选矿厂以固定式为主。带式输送机工作安全可靠,运输能力强,是破碎筛分流程的重要组成部分	适用于固体粉末物料的运输
离心式砂泵	依靠叶轮旋转时产生的离心力来输送矿浆,选矿厂矿浆输送以渣浆泵最为常见,可输送高浓度、高磨蚀的矿浆	适用于矿浆的输送
浓缩机	依靠干涉沉降原理实现固液分离,选矿厂以耙式浓缩机最为常见,底流浓度可达到40%~60%	适用于各类矿浆的浓缩脱水
过滤机	依靠多孔介质和真空实现固液分离,选矿厂以筒式和盘式真空过滤机、陶瓷过滤机及压滤机较常见,滤饼水分可达到10%~15%	适用于浓缩产品的进一步脱水
干燥机	依靠热能交换实现水分的脱除,选矿厂以圆筒干燥机最为常见,产品水分可降低至3%左右	适用于过滤产品的进一步脱水

1.2 主要工艺设备的作用与要求

矿物加工过程中,不同工艺环节采用的机械设备所完成的功能不同,其设备的结构和工作原理也各不相同,这里仅以典型工艺设备为代表,简要说明工艺设备的作用和要求,后续各章节还会针对性地进行详细的介绍。

1.2.1 破碎与磨矿设备

破碎和磨矿是矿物加工过程中必不可少的重要环节,其主要作用是实现有用矿物的解离,因此,破碎和磨矿工序的电耗、钢耗和原材料消耗,在整个矿物加工过程中的占比较大。有色金属选矿厂的碎磨作业,每吨原矿的平均电耗约为 $16 \, kW \cdot h$,占选厂总耗电量的40%左右,钢耗平均约为 $1.5 \, kg/t$ 矿石。因此,改善现有破碎和磨矿设备的工艺性能,或研制新型高效破碎和磨矿设备,是降低矿石粉碎能耗和生产成本的关键。

矿石粉碎过程中,破碎和磨矿设备必须在矿石上施加巨大的作用力,以克服矿物颗粒间的内聚力,才能使大块矿石破碎。为达到这一目的,破碎和磨矿设备应满足以下基本要求:①能根据粉碎需要输入足够的机械能;②针对不同的粉磨阶段能提供相应类型的机械作用力;③具有足够的机械强度和抗磨蚀性;④设备的参数调整、操作及维护简单方便。

破碎和磨矿作业借助碎磨设备产生的机械能实现矿石的粉碎。粉碎过程中,设备所输入的机械能量大部分会以热量的形式损失掉,导致现有破碎和磨矿设备的能量利用率较低。研究表明,破碎机械的电能利用率约为30%,球磨机用于磨碎物料产生新生表面的能量仅占总能耗的0.6%,而被粉碎物料和气流带走的热能却占了78.6%。因此,进一步完善现有粉磨理论,改进破碎和磨矿设备结构,提高其能量利用效率,是十分重要的方向。为提高破碎和磨矿设备的能量利用效率和工作效率,首先必须弄清楚物料粉碎过程中能量消耗的基本规律,建立较完善的粉碎功耗理论,从而为新型破碎和磨矿设备的研发,以及现有粉磨设备结构的改进提供理论支撑。同时,开展非机械作用力粉碎方法的研究,研制新型非机械作用力粉碎设备则是物料粉碎领域另一个重要课题,例如超声破碎、热裂破碎、高频电磁波破碎、水电效应破碎和减压破碎等。

1.2.2 重力分选设备

重力分选是矿物加工过程中一种古老而重要的分离技术。其基于不同矿粒间密度和粒度的差异,在分选介质中依据颗粒所受的重力、流体曳力和其他机械力的不同,从而产生不同的运动特性而实现矿粒间的分选。矿粒所受的作用力中,通常将重力、离心力和惯性力等统称为分选力。另外一些往往对分选不起作用,或者起破坏作用的作用力,则统称为耗散力(如各种阻力等)。因此,实现重力分选的 3 个基本条件是:

①首要条件是分选力之和≫耗散力之和。

②第二个条件是在被分选物料粒度范围($d_{g, max}$—$d_{c, min}$)内,应保证最细的有用矿物(粒度为 $d_{c, min}$)的分选速度大于最粗的脉石矿物(粒度为 $d_{g, max}$)的分选速度。

③第三个条件是保证颗粒在分选区的停留时间 t_2 大于有用矿物颗粒与脉石矿物颗粒的最小分离时间 t_1。

水、空气和重介质(即重液或重悬浮液)等是重选常用的分选介质。所采用的分选介质不同,以及分选介质的流态不同,则重力分选设备的结构性能存在一定的差异。总体来说,对于某一特定分选介质及流场特性,重力分选设备通常应满足以下基本要求:①能提供推动矿石颗粒在介质流中运动的基本作用力;②能实现分选物料按密度和粒度的松散和分层;③能提供矿石颗粒在分选过程中合适的停留时间;④具有足够机械强度和使用寿命,且设备参数调整和操作简单。

由于入选原矿向"贫、细、杂"方向的发展,对重力分选设备性能提出了更高的要求,其中如何解决微细粒物料的重力分选已成为最突出的问题。因此,未来对重力分选设备的要求体现在:①处理量要大,能适应矿物资源处理规模效益的要求;②对微细粒级矿物分选回收效果显著(现有重力分选设备基本上能保证+0.043 mm 粒级的有效回收),即对-0.043 mm粒级矿物的分选效果要显著,尤其是对-0.010 mm 粒级物料的重力分选;③富集比要高,选别指标要好;④功耗低,结构简单,便于维护管理。

1.2.3 磁电分选设备

(1)磁选设备

磁力分选过程中,磁性矿粒同时受到磁力和机械力的作用,其中,磁力使磁性矿粒吸向磁极,而机械力(通常包括颗粒的重力、离心力、惯性力、流体阻力、摩擦力、颗粒与颗粒之间的吸力和排斥力等)则阻碍磁性矿粒被吸向磁极。如果磁性矿粒所受的磁力大于其所受机械力之和,则磁性颗粒将吸附在磁极表面成为精矿,反之,则仍留在矿浆成为尾矿排出。因此,实现不同磁性矿物颗粒的磁选分离,必须具备以下条件:

①被分离的矿物颗粒必须处于一个足够大的非均匀磁场中;

②被分离的矿物颗粒必须具有一定的磁性差异;

③作用在磁性颗粒上的磁力和机械力必须满足:$F_磁 > \sum F_机$,其中 $F_磁$ 为磁性颗粒受到的

磁力(指向磁极)，$F_机$为磁性颗粒受到的机械合力，即与磁力方向相反的竞争力。

要产生满足分选要求的非均匀磁场，必须借助磁选设备来完成，而磁选设备最关键的是磁系结构，根据磁系结构的不同，其主要有开放磁系和闭合磁系两大类。

无论是开放磁系还是闭合磁系的磁选机，除磁系结构需满足特定分选要求外，还应具有磁系结构简单、磁能利用效率高、重量轻、成本低、工作可靠、处理能力大、操作和维修方便等特点。

（2）电选设备

电选是根据矿石中不同矿物导电率的差异，以及在电场中所受电力的不同而实现分选的技术。目前生产实践中使用的电选机种类很多，主要可按以下4个原则分类：

①按矿物带电方法分：有接触传导电选机、电晕带电电选机和摩擦带电电选机；

②按电场特征分：有静电选矿机、电晕电选机和复合电场电选机；

③按结构特征分：有鼓筒式电选机、室式电选机、振动槽式电选机、圆盘式电选机、溜槽式电选机、滑板式电选机和摇床式电选机等；

④按分选粒度分：有粗粒电选机和细粒电选机。

目前在生产实践中所使用的电选机大多数为鼓筒式电选机，其电晕电极、静电电极和分选圆筒的结构设计尤为关键，具体要求包括：

①电晕电极：必须使设计的电晕电极持续而稳定地自激放电，在靠近圆筒电极的空间，保持负的体电荷(如电晕电极带正电，则相反)才能有效分选，同时应避免火花放电现象的产生。电晕电极的设计主要是电晕电极直径的确定、电晕电极形式及材质的选择、电晕电极与静电电极的相对位置，以及用多根电晕电极时电晕电极间距离的确定等。

电晕电极直径的确定：筒式电选机的圆筒直径多为 200~350 mm，少数为 150 mm，其曲率较小。在相同极距和电压的条件下，要使电晕电极达到自激放电，并放出更多的电子，必须采用直径很小的电晕电极。

电晕电极形式和材质的选择：电晕电极多采用小直径的电阻丝或薄钢片(又称为刀片)，选择的材质应具有较高的强度。铁、铬和铝电阻丝易击断，必须用强度高的镍铬或钨钼电阻丝，而薄钢片则宜用不锈钢片。

电晕电极的相对位置：电晕电极的相对位置是指电晕电极和圆筒中心的连线与圆筒垂直中心线间的夹角 α 以及与静电电极中心的距离。由于分选物料粒度不同，α 也不相同，一般为 35°~45°。对于细粒物料，α 取下限，对于粗粒则取上限。

②静电电极：静电电极的设计，涉及静电电极直径的大小、静电电极的材料、静电电极的位置，以及静电电极与电晕电极的配合和相对位置等。

静电电极直径大小的确定：静电电极直径(外径)越小，两极间的电场越不均匀，电场梯度越大，对导体矿粒的作用也越大。采用的静电电极多为圆管形，根据经验，其直径一般为圆筒外径的 1/10~1/8。直径过大，屏蔽作用会增加，使分选效果变差，直径太小，则作用区域减小，难以发挥作用。

静电电极位置：静电电极不放出电子，但产生电力线，而电力线又产生屏蔽作用，亦即影响电晕电流在筒面上的分布状态。

静电电极材料的选择：静电电极一般采用铝管、黄铜管、紫铜管或不锈钢管材质。应尽量采用薄壁管，因其质量小，便于支承。

③分选圆筒：分选圆筒既是分选部件又是接地极。设计时应考虑圆筒外径、圆筒长度、圆筒材料以及加温问题等。

圆筒外径及长度：圆筒外径的大小，会影响筒面的曲率及分选区长度。小直径的圆筒曲率大，大直径的圆筒曲率小，因而前者的分选区短，而后者的分选区长。由于小直径圆筒的曲率大，其电晕区的分布范围比大直径的小，而矿粒通过大圆筒电晕区时所获得的电荷则比小直径的大得多。

圆筒加温：进入电选的物料，除入选前需进行烘干去除水分外，在给矿斗或给矿板上尚需进一步加温，并使圆筒保持一定的温度，一般应在 50 ℃左右，才能保证良好的分选。

1.2.4　浮选设备

浮选是在气–液–固三相体系中完成的复杂表面物理化学过程，其实质是疏水的有用矿物黏附在气泡表面上浮，亲水的脉石矿物留在矿浆中，从而实现彼此的分离。浮选过程具体可分为以下 4 个阶段：

①原料准备。浮选前原料准备包括磨细、调浆、加药、搅拌等，磨细后的原料粒度要达到一定要求，其目的主要是使绝大部分有用矿物从镶嵌状态中单体解离出来。另一目的是使气泡能载负矿粒上浮，则一般须磨到小于 0.2 mm。调浆指的是把原料配成适宜浓度的矿浆以后，加入各种浮选药剂以增大有用矿物与脉石矿物表面性质的差别，搅拌的目的是使浮选药剂与矿粒表面充分作用。

②搅拌充气。可以依靠浮选机的搅拌充气装置进行搅拌并吸入空气，也可以设置专门的压气装置将空气压入。其目的是使矿粒呈悬浮状态，同时产生大量尺寸适宜且较稳定的气泡，从而为矿粒与气泡接触碰撞提供机会。

③气泡的矿化。经与浮选剂作用后，表面疏水性矿粒能附着在气泡上，随气泡升浮至矿浆面而形成矿化泡沫；表面亲水性矿粒则因不能附着于气泡而存留在矿浆中。气泡矿化是浮选分离中最基本和最关键的过程。

④矿化泡沫的刮出。为保持连续生产，浮选机转动的刮板会及时将矿化泡沫排出，形成"泡沫精矿"产品，留在矿浆中的矿粒则随矿浆排出，形成"尾矿"产品。

同其他矿物加工设备一样，浮选设备除了要保证工作连续、可靠、耐磨、省电、结构简单等良好的性能外，还要满足浮选工艺的特殊要求，主要包括以下 3 个方面：

①良好的充气作用。浮选机必须保证能向矿浆中吸入（或压入）足量的空气，产生大量尺寸适宜的气泡，并使这些气泡尽量分散在整个槽内，空气弥散越细越好，气泡分布越均匀，则矿粒与气泡接触的机会就越多，浮选机的工艺性能越好，浮选的效率也越高。

②良好的搅拌作用。浮选机要保证对矿浆有良好的搅拌作用，使矿粒不至于沉积而呈悬浮状态并能均匀地分布在槽内，保持矿粒与气泡在槽内充分接触和碰撞。同时促进某些难溶性药剂的溶解和分散，以利于药剂和矿粒的充分作用。

③良好的矿浆循环作用。配合良好的充气作用，浮选机还应具有良好的矿浆面和矿浆循环量调节作用。在增加矿粒与气泡碰撞接触机会的同时，能保持泡沫区平稳和有一定泡沫层厚度，既能滞留目的矿物，又能使夹杂的脉石脱落，产生"二次富集"作用。

此外，对浮选设备还提出了其他一些要求，即浮选机工作可靠，零部件使用寿命长，便于操作和控制等。

1.3 主要工艺设备的进展

矿物加工设备的发展与工艺技术的进步相适应，矿物加工技术的进步又促进了工艺设备的发展。随着材料工业、机械制造工业、自动控制等技术的迅速发展，目前，矿物加工设备广泛采用了新结构、新材质、新技术和新制造工艺，更加注重机电一体化和自动控制技术的应用，进而促进了矿物加工设备的高效节能、大型化和智能化的发展，这里仅对主要工艺设备的进展作简要介绍。

1.3.1 破碎与磨矿设备的主要进展

碎矿和磨碎作业的设备投资、生产费用、电能消耗和钢材消耗在矿物加工过程中占有相当大的比例，其中，设备投资约占 60%，生产费用占 40%~60%，电能消耗占 50%~60%，钢材消耗占 50% 以上。因此，破碎和磨矿设备的选型及操作管理的好坏，在很大程度上决定着企业的经济效益。

颚式破碎机最早出现于 1858 年，圆锥破碎机则出现于 1898 年，这些设备首先被应用于筑路工程，后逐渐应用于矿山矿石的破碎，因设备结构简单、工作可靠，在矿山行业一直沿用至今。随着科学技术的发展和进步，开始采用新技术和新材料，以及新制造工艺等，对传统的破碎机械加以改进，以提高其可靠性和耐久性，改善其工艺性能和工作效率，降低其重量和能源消耗，方便操作和维修。颚式破碎机的发展方向主要体现在：设计适合物料性质的破碎腔形，提高破碎效果并降低能耗；应用高深破碎腔和小啮角；改进动颚悬挂方式和肘板支承方式；采用自动化控制及液压调节排矿口尺寸等。圆锥破碎机的发展方向则主要体现在：圆锥破碎机规格、装机容量和单机生产能力越来越大；液压圆锥破碎机成为中、细碎圆锥破碎机的主导方向；改变圆锥破碎机的破碎腔结构，如美国诺得伯格的旋盘式圆锥破碎机；圆锥破碎机的自动化控制等。

球磨机也是一种传统的粉碎机械，自 1891 年在德国注册发明专利的首台球磨机问世以来，球磨机技术已经相当成熟。球磨机在中国的应用始于 19 世纪初期，直到 20 世纪 50 年代后才迅速发展起来。自 20 世纪 70 年代以来，我国的磨矿设备开始逐步采用国外新技术，如气动离合器、动静压轴承、先进润滑方式、顶起装置、加铬耐磨钢衬板和橡胶衬板、自动控制装置等，同时增加了品种，加大了规格尺寸，这使我国球磨机制造工业提高到新的水平，缩小了与国外先进水平的差距。目前磨矿设备的主要发展方向体现在：设备大型化，目前国内最大球磨机为中信重工生产的 ϕ7.9 m×13.6 m，装机功率 17000 kW；对磨机衬板的改进，包括橡胶衬板、角螺旋衬板、矿层磁性衬板和复合衬板等；配合磨机大型化，采用无齿轮转动装置，以及可调整转速的环形电动机，使得磨机转速可调，设备结构紧凑；实现磨矿设备的完全自动控制，注重机电一体化和电子控制技术的同步发展等。

对传统粉碎设备改进的同时，对新型粉磨设备的研制也一直受到科技人员的高度重视。近年来，新型的破碎和磨矿设备不断问世，如冲击颚式碎矿机、超细碎破碎机、辊磨机、离心磨矿机、射流磨机等，极大地促进了粉碎技术的发展。

1.3.2　重选设备的主要进展

跳汰机早在 14—15 世纪时就已出现，19 世纪 30—40 年代在德国出现了机械式的活塞跳汰机，1893 年发明了第一台空气驱动的无活塞跳汰机，即著名的鲍姆式跳汰机。19 世纪末发明了现代型式的机械摇床。自 20 世纪 40 年代水力旋流器在荷兰出现后，重选设备向利用回转流强化分选过程迈出了一大步，成为重选工艺和设备发展的主要方向之一。

近年来，由于采矿机械化程度的提高，越来越多的贫矿和微细粒嵌布矿石资源被开发利用，重选生产则面临着如何提高设备处理能力和强化对微细粒级的回收的问题，这促进了重选设备的进一步发展，具体体现在：

①处理粗粒、中粒以及细粒矿物的重选设备主要向大型化、多层化和离心化方向发展，如重介质振动溜槽、多层摇床和螺旋溜槽等；

②复合力场的采用是解决微细粒重选设备问题的重要方向，如 FLO 重介质分选器、SL 型射流离心选矿机、多重力选矿机(即离心与摇床相结合)等；

③采用流化床重力分选设备能进一步提高重力分选的精度，如逆流分选柱等。

1.3.3　磁电选设备的主要进展

磁选法已有 100 多年的历史，开始用于选别强磁性矿石(磁铁矿)。初期的磁选机由于结构尚不完善，并未得到广泛的应用。自 1855 年利用电磁铁产生磁场后，磁选机才日臻完善，并出现了各种工业应用型的磁选机。1995 年以后，由于永磁材料的发展，磁选机磁系开始采用永磁体，特别是弱磁选机开始永磁化。磁选在弱磁性矿石的选矿方面的应用则比较晚，直到 19 世纪 90 年代，才提出采用尖削磁极和平面磁极组成的闭合磁系产生强磁场，以分选弱磁性矿物。至 20 世纪 60 年代，多种类型的湿式和干式强磁选机相继出现，如感应辊式磁选机、琼斯(Jones)磁选机等。到 20 世纪 70 年代以后，高梯度磁选机出现了，为细粒弱磁性物料的分选又开辟了新的途径。

为了进一步提高磁选机的磁场强度和各种技术经济指标，在磁选机制造方面成功地应用了超导电技术，以超导磁体代替常规磁体。超导磁选机的磁场强度高，单位机重处理量大，是当代最先进的磁选设备之一。

为解决微细粒弱磁性物料的磁选分离问题，基于现有高梯度磁选机，研制开发特殊几何形状的聚磁介质(如椭圆形和异形介质等)，能进一步提高磁选机分选的磁场梯度。借助复合力场的应用，改进传统磁选装备，开发新型多力场复合磁选设备，如离心磁选机、风力磁选机等。

电选技术发展的初期，由于在静电场中进行分选，分选效率不高，处理量也比较小。至 20 世纪 30 年代，采用了电晕带电的方法，大大提高了分选效率，并在电选机的电极结构和电场特性方面做了很大改进，研制出了一些新型高效电选机，如典型的鼓筒式电选机等，但由于电选工艺应用的局限性，电选设备的发展相对较慢。

1.3.4　浮选设备的主要进展

从 1904 年浮选设备在澳大利亚首次获得工业应用至今，已有 100 多年的历史。浮选设备逐步实现了向多样化、系列化、大型化和自动控制的发展，目前已广泛应用于冶金、造纸、农业、食品、医药、微生物和环保等行业。自 20 世纪 60 年代中期至 90 年代,浮选机得到了快速的发展,主要体现在:

①研制新的叶轮-定子系统,简化浮选机结构,形成适合特定矿物浮选要求的矿浆运动特性。

②改进槽体结构及矿浆循环方式,提高浮选机对不同粒级矿物浮选的适应性。

③浮选槽大型化,以适应矿物加工处理规模日益增大的需求。从 20 世纪 60 年代,第一台大型机械搅拌式浮选机在 Bougainville 岛的成功应用,到 20 世纪 90 年代,浮选机单槽容积从 16 m³ 提高到 160 m³,目前最大浮选机单槽容积已达到 680 m³。

我国在浮选设备方面的研究起步较晚,直到 20 世纪 50 年代中期,才开始仿造苏联米哈诺布尔型浮选机。由于当时工业条件限制,到 20 世纪 70 年代才开始自主研发,到 80 年代初成功研发了 JJF 型机械搅拌式浮选机,随后相继研发了充气机械搅拌式浮选机、粗颗粒浮选机、闪速浮选机等数十种不同类型的浮选机,可满足不同矿石浮选生产的要求。

在浮选设备大型化、多样化和自动控制等方面取得的进展主要体现在:

①设备大型化。虽然浮选设备大型化已取得长足的进展,但随着矿产资源开发利用规模的不断扩大,以及矿产资源性质和条件的不断恶化,粗颗粒浮选机、闪速浮选机等其他类型浮选设备的大型化被要求加快推进。

②浮选设备多样化。为满足金属和非金属矿物浮选、污水处理和二次资源分离回收等不同浮选工艺要求,需要开发多样化的浮选设备。研制出适用于粗选、扫选、精选等各作业的浮选机,以及适用于磨矿回路中的闪速浮选机等。进一步开展高效节能浮选机、复合力场浮选机和微细粒浮选机的研制,也是浮选机发展的重要方向。

③设备自动控制。为满足选矿生产过程中安全性、产品质量、生产效益、环境保护等要求,浮选过程自动控制程度越来越高,浮选设备的自动控制技术也取得了长足的进步。目前对浮选设备的矿浆液面、充气量、矿浆浓度和药剂添加等过程逐步实现了自动控制,但在浮选设备轴承和电机温度监控、基于 WEB 的远程监控系统、故障诊断系统、故障报警及预案等方面还有待提高。

本章主要思考题

(1)矿物加工设备分为哪些类型?

(2)举例说明典型的矿物加工工艺设备。

(3)举例说明典型的矿物加工过程辅助设备。

(4)简述主要矿物加工工艺设备的分类。

(5)简述破碎、磨矿、重选、磁选和浮选设备的作用及基本要求。

(6)简述主要工艺设备的进展及发展方向。

第 2 章 破碎与筛分设备

从采矿场送往选矿厂进行处理的矿石,其粒度一般均较大(与所采用的采矿方法有关)。一般露天开采的矿石最大粒度为 500～1400 mm,井下开采的矿石最大粒度为 300～750 mm。然而有用矿物在矿石中的嵌布粒度却较小,除少数矿石类型外,大多数都在 0.1 mm 以下。因此,为了使矿石中的有用矿物解离成为独立的颗粒(即单体解离),同时使颗粒的粒度大小符合各种不同分选方法的要求(如浮选合适的入选粒度一般为 0.3～0.01 mm),就必须对原矿矿石进行破碎和磨矿,而要完成矿石的破碎和磨矿就必须借助各种破碎和磨矿设备。

矿物加工过程中,破碎的基本任务是:为后续磨矿作业准备经济的给矿粒度;使粗粒嵌布有用矿物初步达到单体解离,以便采用重介质、跳汰、形状分选等粗粒级分选方法进行分离;使各种高品位矿石(一般为高品位铁矿、石灰石矿、石英岩等)达到工业应用所要求的粒度,以直接供用户使用。

2.1 破碎设备

要使大块矿石破碎到一定的粒度,通常需采用破碎设备来完成。根据破碎设备在破碎矿石时所采用的施力方式的不同,破碎设备结构存在较大差异。目前,生产中使用的典型破碎设备类型如图 2-1 所示。

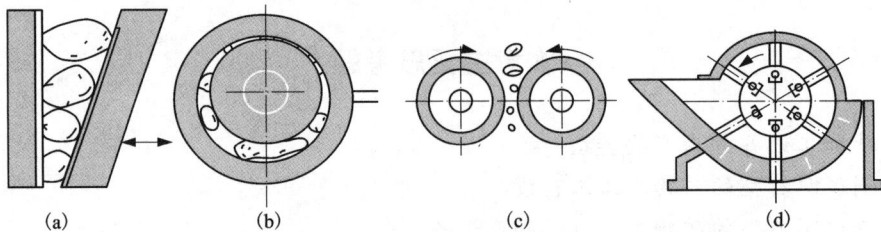

图 2-1 典型的破碎机

图 2-1(a)代表颚式破碎机,即通过摆动的动颚板周期性地向固定颚板运动,将破碎腔中的物料破碎。图 2-1(b)代表圆锥破碎机,即通过动锥的偏心旋转作用,当动锥靠近定锥时,使破碎腔中的物料受到挤压而破碎,当动锥离开定锥时排料。图 2-1(c)代表对辊破碎机,即物料经过两个相对转动的圆辊间的夹缝时,受到连续不断的挤压和磨剥作用而被破碎。若辊面为齿形辊面,还可利用劈碎和折断作用破碎物料。图 2-1(d)代表反击式破碎机,即进入破碎腔的物料,受到高速旋转的运动部件的冲击作用而被破碎。

尽管生产过程中使用的破碎设备类型较多，但使用最为广泛的还是颚式破碎机、旋回破碎机和圆锥破碎机等。通常，合适的破碎机型号和规格主要是根据所处理的矿石性质、选厂规模及厂址地形等条件，经多方案技术经济比较后确定的。

2.1.1　颚式破碎机

颚式破碎机由于具有结构简单、工作可靠、容易制造和维修方便等优点，至今在冶金矿山、建筑材料、化工和铁路等部门均获得了广泛应用。

根据颚式破碎机动颚板的运动特性的不同，一般可将其分为简单摆动的双肘板机构 [图 2-2(a)] 和复杂摆动的单肘板机构 [图 2-2(b)] 两大类。此外，简单摆动颚式破碎机还包括液压颚式破碎机 [图 2-2(c)]。

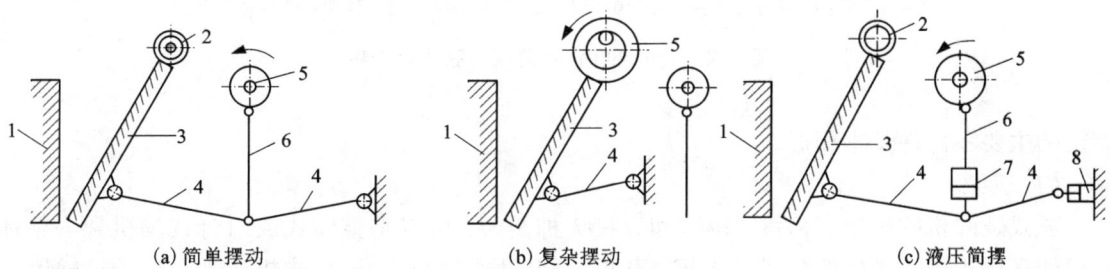

(a) 简单摆动　　　(b) 复杂摆动　　　(c) 液压简摆

1—固定颚板；2—动颚悬挂轴；3—动颚板；4—前、后肘板；5—偏心轴；6—连杆；7—连杆液压缸；8—调整液压缸。

图 2-2　颚式破碎机主要类型

简单摆动式和复杂摆动式颚式破碎机的结构分别如图 2-3 和图 2-4 所示。

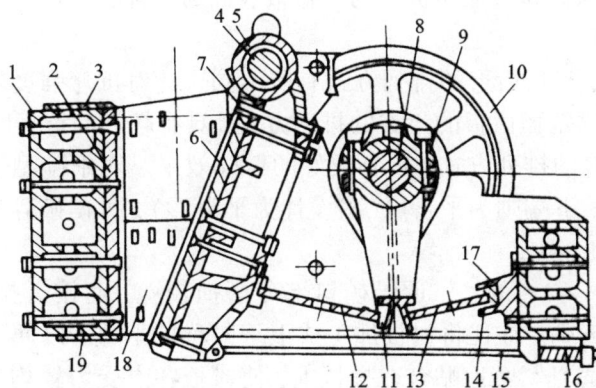

1—机架；2—衬板；3—压板；4—心轴；5—动颚；6—衬板；7—楔铁；
8—偏心轴；9—连杆；10—皮带轮；11—推力板支座；12—前推力板；13—后推力板；
14—后支座；15—拉杆；16—弹簧；17—垫板；18—侧衬板；19—钢板。

图 2-3　900 mm×1200 mm 简摆型颚式破碎机

从图 2-3 和图 2-4 可以看出，简单摆动和复杂摆动颚式破碎机在结构上有一定的差别，即复杂摆动颚式破碎机减少了连杆、后肘板及动颚心轴等部件。除此之外，两种类型颚式破

13

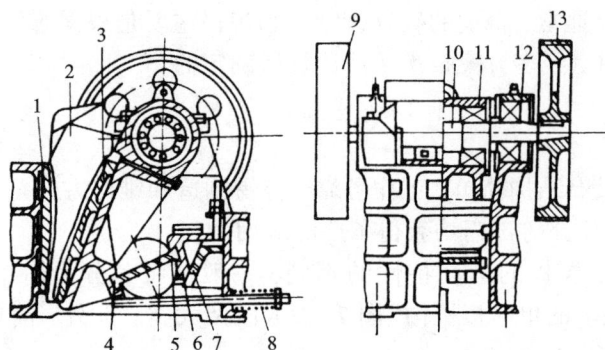

1—固定颚衬板；2—侧衬板；3—动颚衬板；4—推力板支座；5—推力板；6—前楔铁；
7—后楔铁；8—拉杆；9—飞轮；10—偏心轴；11—动颚；12—机架；13—皮带轮。

图 2-4   250×400 mm 复摆型颚式破碎机

碎机的主要零部件基本相似。

（1）机架

颚式破碎机的机架有铸钢、铸铁和焊接 3 种类型，可以是整体式或组合式的机架。整体式机架多用于中小规格的颚式破碎机，其重量轻，稳定性好。组合式机架则多用于运输困难或规格很大的颚式破碎机，通常由 4 块或 6 块铸钢件或焊接件用嵌销和螺栓连接而成，其加工较复杂，整体性相对较差。

（2）破碎腔

破碎腔由固定颚板和可动颚板构成。固定颚板和可动颚板上分别衬有齿形衬板。齿形衬板是用螺栓固定在固定颚板和可动颚板上的。衬板表面通常都有纵向波纹齿形，常见的衬板类型如图 2-5 所示。

对不同性质的物料，衬板齿形的排列方式有所不同。针对抗弯强度较低的物料，一般采用动颚齿板的齿峰对着固定颚齿板的齿谷的排列方式，具有较好的抗折断作用。对于脆性物料，则可采用齿峰对齿峰的排列方式，具有较好的劈碎效果。对细碎型颚式破碎机，其破碎腔衬板的上端采用齿形，下端则为平行区（多设计为平滑形），可使破碎产品粒度更均匀，且排矿口不易堵塞。

衬板的磨损一般是不均匀的，靠近给矿口部分磨损较慢，而接近排矿口部分则磨损较快。为了延长衬板使用寿命，往往将衬板加工成上下对称的形式，以便下端磨损后，可倒向互换使用。为使衬板牢固且紧密地贴合在颚板上，使衬板各点受力较均匀，通常在衬板与颚板之间加可塑性材料的衬垫，如铅板、铝板和合金板等，也可采用低碳钢板。

破碎腔的两侧壁也装有表面平滑的锰钢衬板，并用螺栓固定在侧壁上，便于磨损后更换。

（3）传动机构

颚式破碎机的传动机构由飞轮、偏心轴、连杆、前推力板和后推力板（俗称肘板）组成。两个飞轮分别装在偏心轴的两端，偏心轴支承在机架侧壁上的轴承中。连杆上部装在偏心轴上，前、后推力板的一端分别支承在连杆下部两侧的推力板支座的凹槽上，前推力板的另一

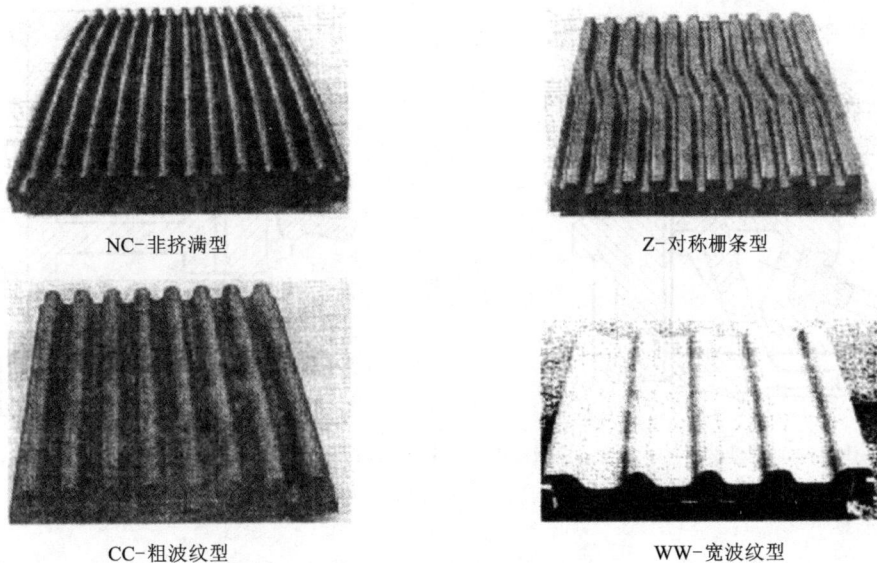

NC-非挤满型　　　　　　　　　　　　　　Z-对称栅条型

CC-粗波纹型　　　　　　　　　　　　　　WW-宽波纹型

图 2-5　常见衬板类型(瑞典山特维克)

端支承在动颚下部的推力板支座中,后推力板的另一端则支承在机架后壁的推力板支座中。

简摆型颚式破碎机有偏心轴和悬挂动颚的心轴,复摆型则只有一根偏心悬挂轴。工作时,偏心轴会受到很大的冲击负荷,故大、中型颚式破碎机的偏心轴多采用锰钼钒钢、锰钼硼钢和铬钼钢等优质合金钢制造。

连杆只有简摆型颚式破碎机才有。连杆主要有整体式、组合式及液压连杆等型式。为了减少连杆的惯性作用,应尽可能减轻其重量,因此,中小型简摆颚式破碎机的连杆一般采用"工"字或"十"字形断面结构,而大型简摆颚式破碎机的连杆则有箱形断面和组合连杆两种。组合连杆由于质量小,节省材料,并设有简单的保险装置,因此最为常用。此外,由于工作时连杆会承受很大的拉力,通常采用铸钢制造。

(4)排矿口调整装置

随着衬板的磨损,排矿口会逐渐增大,产品粒度也会逐渐变粗。为确保产品粒度合格,颚式破碎机均设有排矿口调整装置,其调整方法有以下 3 种:

①楔块调整装置,结构如图 2-6 所示。采用放在后肘板与机架后壁间的楔块 2 和调整楔块 3 来调整。转动螺母 5 使调整楔块 3 沿机架壁上升和下降,即可实现排矿口的减小和增大。此法可达到无级调整,方便省力,且不必停车。缺点是使机架尺寸和重量增加,且不易调平,致使肘板和连杆(或动颚)受力不均。因此,只适用于中小型颚式破碎机。

②垫片调整装置,结构如图 2-7 所示。在后肘板 1 的支承座 2 后面放入一组厚度相同的垫片 3,改变垫片的数量,即可达到调整排矿口大小的目的。此法可达到多级调整,比较方便,可使设备紧凑和重量减轻,但必须停车进行。因此,多用于大中型颚式破碎机。

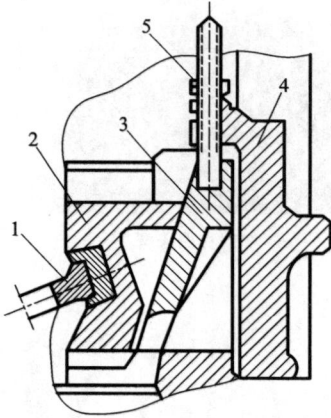

1—肘板；2—楔块；3—调整楔块；4—机架；5—螺母。

图 2-6　楔块调整装置

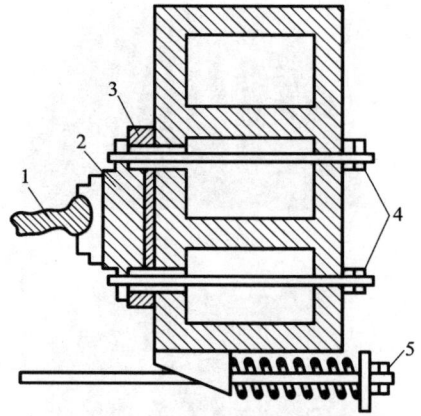

1—肘板；2—支承座；3—调整垫片；4—螺帽；5—拉紧螺帽。

图 2-7　垫片调整装置

③液压调整装置，结构如图 2-8 所示。在调整前，先将连接滑块座与后机架间的螺帽及拉杆弹簧螺帽松开，再启动油泵，向油缸充油，使活塞推动滑块座向前移动，然后在滑块座与机架间增减垫片，以调整排矿口的大小。调整后将油卸出，拧紧滑块座与后机架间的螺帽，重新调整拉杆弹簧的螺帽。此法多用于大型颚式破碎机。

(5)保险装置

当破碎腔中进入非破碎物体(如铁块等)时，为有效防止机器零件损坏而采用的一种安全措施，称为保险装置。颚式破碎机常用的保险装置有以下 3 种：

①可折断肘板。后肘板一般使用普通铸铁材料，而且会在其上开设若干个孔以降低其断面强度，或采用组合肘板(图 2-9)。当破碎机中进入非破碎物体时，机器超过正常负荷，组合肘板或其连接铜钉会立即折断或剪断，使破碎机停止工作，从而避免机器贵重零部件损坏。

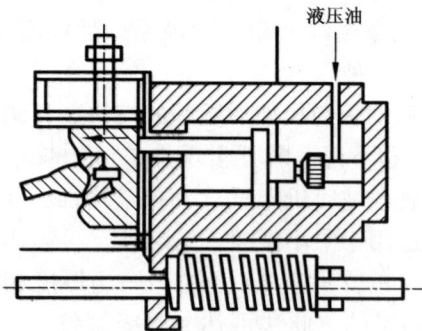

图 2-8　液压调整装置

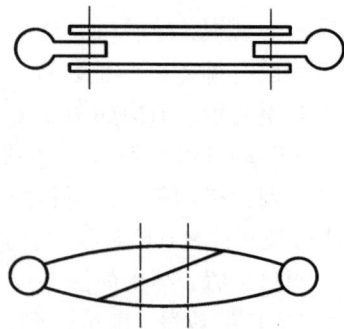

图 2-9　组合肘板

②液压连杆。这种连杆上有一个液压油缸和活塞，油缸与连杆上部连接，活塞与连杆下部连接。正常工作时，油缸内充满压力油，活塞与油缸相当于整体连杆的一部分。当非破碎

物进入破碎腔时，作用于连杆的拉力增加，油缸下部油室的油压随之增加，若油压超过组合阀内的高压溢流阀所规定的压力，压力油将通过高压溢流阀排出，活塞及肘板将停止动作，动颚也将停止摆动，从而起到保险作用。

③液压摩擦离合器。在颚式破碎机的偏心轴两端装有液压摩擦离合器，当破碎机出现过载现象时，过电流继电器将通过延时继电器启动液压泵电动机，使离合器分离，同时切断主电机，从而起到保险作用。

（6）润滑系统

小型颚式破碎机一般采用滚动轴承，大中型颚式破碎机一般采用有巴氏合金轴瓦的滑动轴承。主轴承和连杆头的轴瓦过热时，用循环冷却水冷却。摩擦部件采用稀油或干油进行润滑。偏心轴和连杆头的轴承采用齿轮液压泵压入稀油进行集中循环润滑。动颚轴承和衬板座的支撑垫则采用手动干油润滑枪定期压入干油进行润滑。

（7）颚式破碎机运动特性及工作原理

颚式破碎机是靠动颚的运动进行工作的，简摆和复摆颚式破碎机由于结构的差异，其动颚的运动特性也存在差异，对破碎效果有较大的影响。两种颚式破碎机动颚运动轨迹如图 2-10 所示。

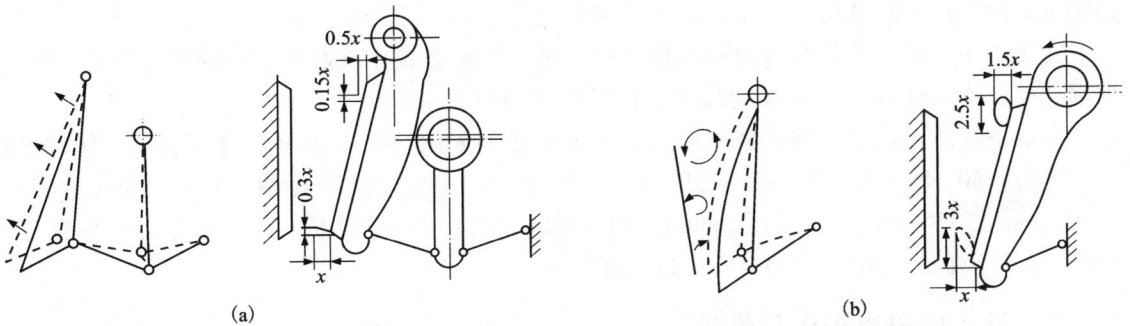

图 2-10　颚式破碎机动颚运动分析

简摆颚式破碎机的动颚以心轴为中心摆动一段圆弧，其下端摆动行程较大（有利于排料畅通），上端行程较小。摆动行程分为水平和垂直两个分量，其垂直行程较小，动颚衬板的磨损也较小，水平和垂直分量的比例关系大致如图 2-10（a）所示。复摆颚式破碎机的运动轨迹较为复杂，动颚上端的运动轨迹近似为圆形，下端的运动轨迹近似为椭圆形。动颚上端与下端的运动是异步的，当动颚上端靠近定颚时（破碎物料），下端却向离开定颚的方向运动（排料）。复摆颚式破碎机动颚的垂直分量较大，如图 2-10（b）所示，这对排料（尤其是黏性物料）有利，但动颚衬板的磨损也较大。

颚式破碎机工作时，由于偏心作用偏心轴在运动过程中产生往复式运动轨迹，驱动动颚（或通过连杆）靠近或离开定颚。矿石进入定颚和动颚之间的破碎腔后，当动颚向定颚靠拢时受挤压而破碎，当动颚向离开定颚的方向运动时，被破碎的矿石靠自重向下移动，直到排出。动颚每摆动一个周期，矿石就受到一次挤压并向下排送一段距离，如此周而复始地进行。

颚式破碎机由于具有破碎比大、产品粒度均匀、结构简单、工作可靠、维修简便和运营费用经济等特点，广泛应用于破碎抗压强度不超过 320 MPa 的各种物料，在选矿厂多用于粗碎或小型规模选厂的细碎作业（即选择细碎型颚式破碎机）。通常颚式破碎机前需设置给矿设备，以保证均匀给矿。

（8）颚式破碎机主要工作参数

颚式破碎机主要工作参数包括给矿口尺寸、排矿口宽度、啮角和偏心轴转速、生产率等，主要内容如下。

①给矿口尺寸和排矿口宽度。

给矿口尺寸（长度 L，宽度 B）是选择破碎机规格尺寸的重要参数。通常给矿口长度 $L = (1.25 \sim 1.6)B$，其中对于大型颚式破碎机，$L = (1.25 \sim 1.5)B$，对于小型颚式破碎机，$L = (1.5 \sim 1.6)B$。最大给矿粒度 D 一般取 $D = (0.75 \sim 0.85)B$，简摆型颚式破碎机通常取 $D = 0.75B$，复摆型则通常取 $D = 0.85B$。排矿口宽度 e 可以参考给矿口宽度 B 来确定，通常简摆型取 $e = (1/5 \sim 1/7)B$，复摆型取 $e = (1/7 \sim 1/10)B$。

②啮角。即动颚与定颚之间的夹角。为保证破碎时矿石与颚板工作面之间能产生足够的摩擦力，啮角一般为 $17° \sim 24°$。增大啮角，则破碎比增大，生产率降低；减小啮角，则破碎比降低，生产率增大。

③偏心轴转速。实际生产中，常用经验公式来确定偏心轴转速 n，计算结果和实际采用的转速比较接近。当给矿口宽度 $B \leqslant 1200$ mm 时，$n = 310 - 145B$（r/min），当给矿口宽度 $B > 1200$ mm 时，$n = 160 - 42B$（r/min），B 为给矿口宽度（m）。

④生产率。指在单位时间内所处理的矿石量，是衡量破碎机处理能力的数量指标，通常采用经验公式来计算（参见《矿物加工工程设计》教材）。

⑤设备规格的表示。颚式破碎机的设备规格通常采用给矿口长度和宽度表示。例如 PE(F)X150×750：P—破碎机，E—颚式，F—复摆型，X—细碎型（粗碎型不标），150—给矿口宽度（mm），750—给矿口长度（mm）。PEJ900×1200：P—破碎机，E—颚式，J—简摆型，900—给矿口宽度（mm），1200—给矿口长度（mm）。

2.1.2 颚式破碎机操作与维护

（1）安装

颚式破碎机一般安装在混凝土基础上面，由于破碎机的重量较大，工作条件恶劣，而且机器在运转过程中会产生很大的惯性力，设备基础和机器系统会发生振动。设备基础的振动又会引起其他设备和建筑物的振动。因此，颚式破碎机的基础一定要与厂房柱的基础隔开。同时，为了减少振动，可在破碎机基础与机架之间放置橡胶或木材作为衬垫。

（2）操作

正确操作是保证颚式破碎机连续正常工作的重要因素之一。操作不当或者操作过程中的疏忽大意，往往是造成设备和人身事故的重要原因。正确操作就是要严格执行设备操作规程规定。

①启动前的准备工作。在颚式破碎机启动之前，必须对设备进行全面仔细的检查。具体内容包括：检查破碎机齿板的磨损情况，调整好排矿口尺寸；检查破碎腔内有无矿石（若有大块矿石，必须取出），联接螺栓是否松动；皮带轮和飞轮的保护外罩是否完整；三角皮带和拉杆弹簧的松紧程度是否合适；贮油箱（或干油贮油器）油量的注满程度和润滑系统的完好情况；电气设备和信号系统是否正常等。

②操作中的注意事项。在启动颚式破碎机前,应该首先开动油泵电动机和冷却系统,经3~4 min 后,待油压和油量指示器正常时,再开动破碎机的电动机。

启动后,如破碎机发出不正常的敲击声,应立即停车,待查明和消除隐患后,再重新启动机器。破碎机必须空载启动,启动经过一段时间,运转正常后方可开动给矿设备。给入破碎机的矿石应逐渐增加,直到满载运转。

操作中必须注意均匀给矿,矿石不许挤满破碎腔,而且给矿块的最大尺寸应小于颚式破碎机给矿口宽度的 0.85 倍。此外,给矿时须严防电铲的铲齿和钻机的钻头等非破碎性物体进入破碎腔。发现非破碎性物体进入破碎腔并通过排矿口时,应立即通知皮带运输岗位及时取出,以免其进入下一段破碎机,造成严重的设备事故。

操作过程中,要经常注意避免大矿块卡住破碎机的给矿口。如果已经卡住,则应使用铁钩去翻动矿石。若需从破碎腔中取出大块矿石,则应采用专门的工具,严禁用手去进行这些工作,以免发生人员伤害事故。

运转过程中,如果给矿太多或破碎腔堵塞,应暂停给矿,待破碎腔内的矿石排空后,再开动给矿机,此时,严禁停止破碎机运转。

机器运转中,还应定时巡回检查,通过看、听、摸等方法观察破碎机各部件的工作状况和轴承温度。对大型颚式破碎机的滑动轴承,更应注意轴承温度,通常轴承温度不得超过60 ℃,以防止合金轴瓦熔化,产生烧瓦事故。当发现轴承温度很高时,切勿立即停车,应及时采取有效措施降低轴承温度,如加大给油量,强制通风或采用水冷却等。待轴承温度下降后,方可停车检查和排除故障。

破碎机停车时,必须按照生产流程的顺序进行停车。首先一定要停止给矿,待破碎腔内的矿石全部排空后,再停破碎机和胶带机。当破碎机停稳后,方可停止油泵的电动机。应当注意,破碎机因故突然停车,当事故处理完毕准备开车前,必须清除破碎腔内积压的矿石,方准开车运转。

(3)维护与检修

颚式破碎机在使用中,必须经常维护和定期检修。颚式破碎机的工作条件通常是非常恶劣的,虽然设备的磨损是不可避免的,但机器零件的过快磨损,甚至断裂,往往都是由操作不正确和维护不周到造成的。例如,润滑不良将会加速轴承的磨损。因此,正确的操作和精心的维护(定期检修)是延长机器寿命和提高设备运转率的重要途径。在日常维护工作中,正确判断设备故障,准确分析原因,从而迅速采取消除方法,是熟练的操作人员应该了解和掌握的。颚式破碎机常见的设备故障、产生原因和消除方法如表 2-1 所示。

表 2-1　颚式破碎机工作中的故障及消除方法

设备故障	产生原因	消除方法
破碎机工作中听到金属的撞击声,破碎齿板抖动	破碎腔侧板衬板和破碎齿板松弛;固定螺栓松动或断裂	停止破碎机,检查衬板固定情况,用锤子敲击侧壁上的固定楔块,然后拧紧楔块和衬板上的固定螺栓,或者更换动颚破碎齿板上的固定螺栓

续表2-1

设备故障	产生原因	消除方法
推力板支承(滑块)中产生撞击声	弹簧拉力不足或弹簧损坏;推力板支承滑块产生很大磨损或松弛;推力板头部严重磨损	停止破碎机,调整弹簧的拉紧力或更换弹簧;更换支承滑块;更换推力板
连杆头产生撞击声	偏心轴轴衬磨损	重新刮研偏心轴或更换新轴衬
破碎产品粒度增大	破碎齿板下部显著磨损	将破碎齿板调转180°;或调整排矿口,减小排矿口宽度尺寸
剧烈的劈裂声后,动颚停止摆动,飞轮继续回转,连杆前后摇摆,拉杆弹簧松弛	由于落入非破碎物体,推力板破坏或者铆钉被剪断;下述原因使连杆下部破坏:工作中连杆下部安装推力板支承滑块的凹榴出现裂缝;安装没有进行适当计算的保险推力板	停止破碎机,拧开螺帽,取下连杆弹簧,将动颚向前挂起,检查推力板支承滑块,更换推力板;停止破碎机,修理连杆
紧固螺栓松弛,特别是组合机架的螺栓松弛	振动	全面拧紧所有联接螺栓,当机架拉紧螺栓松弛时,应停止破碎机,把螺栓放在矿物油中预热到150 ℃后再安装
飞轮回转,破碎机停止工作,推力板从支承滑块中脱出	拉杆的弹簧损坏;拉杆损坏;拉杆螺帽脱扣	停止破碎机,清除破碎腔内的矿石,检查损坏原因,更换损坏的零件,安装推力板
飞轮显著地摆动,偏心轴回转渐慢	皮带轮和飞轮的键松弛或损坏	停止破碎机,更换键,校正键槽
破碎机下部出现撞击声	拉杆缓冲弹簧的弹性消失或损坏	更换弹簧

机器设备要保持完好,除了要正确操作外,还要靠经常的维护和检修,而设备的维护是设备检修的基础。设备使用中只要做好勤维护、勤检查,同时掌握设备零件的磨损周期,就能及早发现设备零件缺陷,做到及时修理更换,从而使设备不至于达到不能修复而报废的严重地步。

在一定工作条件下,设备零件的磨损情况通常是有一定规律的,工作一定时间后,就需要进行修复或更换,这种时间间隔就称为零件的磨损周期或零件的使用期限(即使用寿命)。颚式破碎机主要易磨损件的使用寿命和最低储备量的大致情况可参考表2-2。

表 2-2 颚式破碎机易磨损件的使用寿命和最低储备量

易磨损件名称	材料	使用寿命/月	最低贮备量/件
可动颚的破碎齿板	锰钢	4	2
固定颚的破碎齿板	锰钢	4	2
后推力板	铸铁	2	4

续表2-2

易磨损件名称	材料	使用寿命/月	最低贮备量/件
前推力板	铸铁	24	1
推力板支承座(滑块)	碳钢	10	2
偏心的轴承衬	合金	36	1
动颚悬挂轴的轴承衬	青铜	12	1
弹簧(拉杆)	60SiMn	12	2

根据零(部)件使用寿命的长短,要对设备进行计划检修。计划检修分为小修、中修和大修:

①小修。是破碎车间设备的主要修理形式,即设备日常的维护检修工作。小修时,主要检查更换严重磨损的零件,如破碎齿板和推力板支承座等;修理轴颈,刮削轴承;调整和紧固螺栓;检查润滑系统,补充润滑油量等。

②中修。在小修的基础上进行。根据小修中检查和发现的问题,制定修理计划,确定需要更换的零件项目。中修时经常要进行机组零件的全部拆卸,详细地检查重要零件的使用状况,并解决小修中不可能解决的零件修理和更换问题。

③大修。指对破碎机进行比较彻底的修理。大修除包括中、小修的全部工作外,主要是拆卸机器的全部部件,进行仔细的全面检查,修复或更换全部磨损件,并对大修的机器设备进行全面的工作性能测定,以使其达到和原设备同样的性能。

2.1.3　圆锥破碎机

根据生产应用范围,圆锥破碎机可分为粗碎、中碎和细碎 3 种类型。粗碎圆锥破碎机又称旋回破碎机。中碎和细碎圆锥破碎机,根据其破碎腔型式的不同,又可分为标准型(中碎用)、中间型(中碎或细碎用,简称为中型)和短头型(细碎用)3 种,其破碎腔形状如图 2-11 所示。

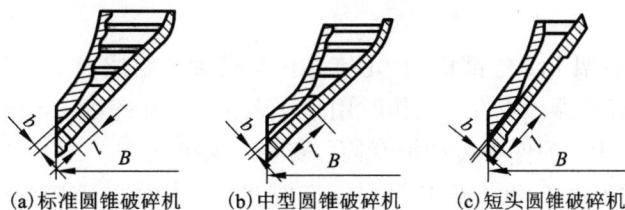

(a)标准圆锥破碎机　　(b)中型圆锥破碎机　　(c)短头圆锥破碎机

图 2-11　圆锥破碎机破碎腔形状

(1)旋回破碎机

根据排矿方式的不同,旋回破碎机有侧面排矿和中心排矿 2 种,而后者最为常见。中心排矿旋回破碎机主要由工作机构、传动机构、调整装置、保险装置和润滑系统等部分组成,其主体结构则包括机架、可动圆锥、固定圆锥、主轴、大小圆锥齿轮和偏心轴套等,如图 2-12 所示。

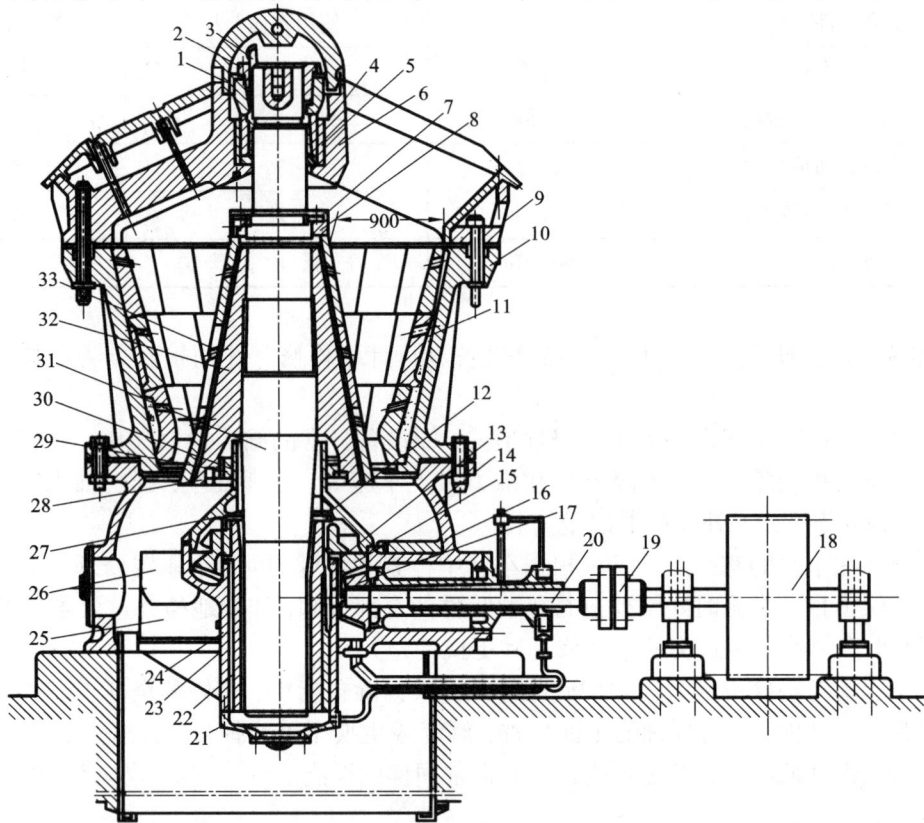

1—锥形压套；2—锥形螺帽；3—楔形键；4—衬套；5—锥形衬套；6—支承环；7—锁紧板；
8—螺帽；9—横梁；10—固定圆锥(定锥)；11—衬板；12—挡油环；13—止推圆环；14—下机架；
15—大圆锥齿轮；16—传动轴套筒；17—小圆锥齿轮；18—三角皮带轮；19—弹性联轴节；
20—传动轴；21—机架下盖；22—偏心轴套；23—衬套；24—中心套筒；25—筋板；
26—护板；27—压盖；28~30—密封套环；31—主轴；32—可动圆锥(动锥)；33—衬板。

图 2-12　中心排矿式 PX900/150 旋回破碎机

　　①机架。由下部机架 14、中部机架(定锥)10 和横梁 9 组成。下部机架安装在混凝土基础上，机架侧壁上留有机器检查孔，工作时用盖子盖上。中心套筒 24 由筋板 25 及传动轴套筒 16 连接在下部机架上，为保护传动轴套筒，安装有保护板 26。

　　②工作机构。由定锥 10 和动锥 32 组成，矿石在二者构成的破碎腔中被破碎。定锥内镶有三排衬板 11。动锥 32 压合在主轴 31 上，其表面套有衬板 33，并用螺帽 8 压紧。在螺帽 8 上装有锁紧板 7，以防止螺帽退扣。主轴 31 用开缝锥形螺帽 2、锥形压套 1、衬套 4 和支承环 6 悬挂在横梁上，并用楔形键 3 防止开缝螺帽退扣。衬套的锥形端支承在支承环上，侧面则支承在锥形衬套 5 上，这是目前旋回破碎机动锥最常用的一种悬挂方式。由于衬套下端与锥形衬套的内表面均为圆锥面，能保证衬套沿支承环呈滚动接触，满足了主轴旋摆运动的要求。因支承环与衬套上的负荷很大，为使悬挂装置正常工作，支承环通常用青铜制造，衬套则用结构钢制造，并进行表面处理。

③传动机构。由电机经三角皮带轮 18、弹性联轴节 19、传动轴 20、小圆锥齿轮 17 和大圆锥齿轮 15，驱动偏心轴套 22 转动，从而带动主轴和动锥一起作旋摆运动。主轴上端悬挂在横梁上，下端插在偏心轴套的偏心孔中，其中心线是以悬挂点为顶点划出的圆锥面。偏心轴套放在衬套 23 的中心套筒 24 中，并在衬套中旋转。偏心轴套与大圆锥齿轮连在一起，在中心套筒 24 与大圆锥齿轮 15 之间设有三片止推圆环 13，下面的圆环用销子固定在中心套筒上，上面的圆环用螺栓固定在大圆锥齿轮下面，中间圆环以小于偏心轴套的转速转动。上下圆环的作用是防止大圆锥齿轮和中心套筒磨损。

④排矿口调整装置。当动锥和定锥上的衬板磨损后，排矿口会逐渐变大，需进行排矿口调整。旋回破碎机的排矿口调整装置如图 2-13 所示，原理是通过旋转主轴悬挂装置上的锥形螺帽，使主轴上升或下降。主轴上升时排矿口减小，主轴下降时排矿口增大，从而实现排矿口大小的调整。这种调整装置简单可靠，但主轴重量大，调整时间长，劳动强度大，且需停车调整。

⑤保险装置。旋回破碎机的保险装置如图 2-14 所示，传动轴和三角皮带轮联轴节上的保险轴销，当超过负荷时，保险轴销沿削弱断面被扭断，从而达到保险目的，但这种保险装置可靠性较差。

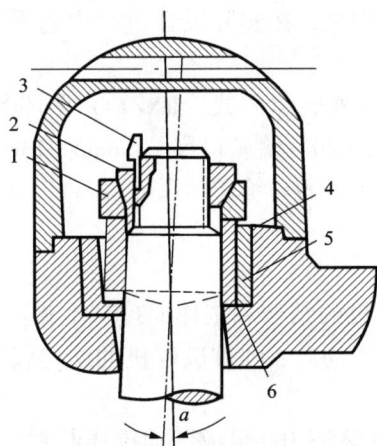

1—锥形压套；2—锥形螺帽；3—楔形键；
4—衬套；5—锥形衬套；6—支承环。

图 2-13　排矿口调整装置

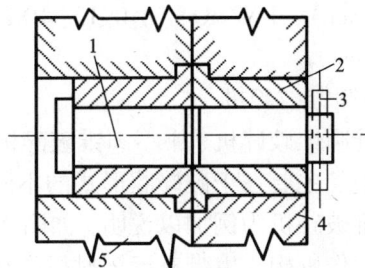

1—保险轴销；2—衬套；3—开口销子；
4—三角皮带轮；5—轮毂。

图 2-14　保险装置

⑥润滑系统。采用油泵压入润滑油，润滑油经输油管从机架下盖 21 上的油孔进入偏心轴套 22 的下部空隙处，由此分为两路：一路沿主轴与偏心轴套间的间隙上升，至挡油环被阻挡而溢至圆锥齿轮处；另一路则沿偏心轴套与衬套间的间隙上升，经止推圆环 13 也进入圆锥齿轮处，使圆锥齿轮润滑后经排油管排出。悬挂装置采用干油润滑，定期用手压油枪压入干油。此外，为了防止粉尘进入运动部件，在动锥下部设置有由套环 28、29 和 30 组成的密封装置。

由于普通旋回破碎机排矿口调节困难，保险装置可靠性较差，目前国内外已普遍采用液压旋回破碎机，利用液压技术实现排矿口调整和保险目的。

23

旋回破碎机的工作原理如图 2-15 所示。工作时活动圆锥的主轴支承在横梁上面的固定锥形螺帽上，主轴下部置于偏心轴套中。偏心轴套转动时，带动动锥围绕中心轴作连续的偏心旋回运动。当动锥靠近固定圆锥时，矿石被破碎。动锥离开固定圆锥时，破碎的产品靠自重经排矿口排出。

旋回破碎机工作平稳，生产率高，易于启动，破碎比大，破碎产品粒度均匀，同时可以采取挤满式给矿，通常不需要设置给矿设备。因此，旋回破碎机多用于选矿厂粗碎作业，其缺点则是结构较复杂，设备机身高，设备和基建投资较大。

旋回破碎机的主要工作参数包括：

①给矿口和排矿口尺寸。选取原则同颚式破碎机。

②啮角。通常其啮角在 22°至 27°之间选取。由于旋回破碎机的给矿粒度较大，其啮角一般选用大值。

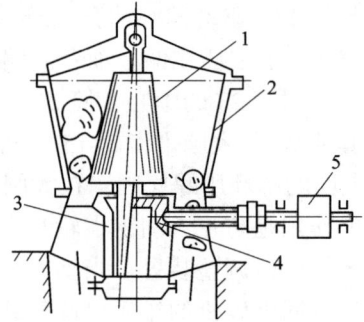

1—活动锥；2—固定锥；3—偏心轴套；
4—圆锥齿轮副；5—驱动轮。

图 2-15 旋回破碎机工作原理简图

③转速。一般采用经验公式来计算，即转速 $n = 175 - 50B(\text{r/min})$，式中，$B$ 为给矿口宽度(m)。在一定范围内，其生产率随转速增大而增大，因此，在实际设计过程中通常适当采用比正常转速略高的转速，以提高生产率。

④规格型号表示。我国旋回破碎机的型号规格有两种表示方式。PXZ(Q，F)900/130：P—破碎机，X—旋回，Z(Q，F)—重型(轻型，富勒型)，900—给矿口尺寸(mm)，130—排矿口尺寸(mm)。PXZ(Q，F)0913：PXZ(Q，F)的含义同上，09—给矿口尺寸(dm)，13—排矿口尺寸(cm)。

(2)圆锥破碎机

标准圆锥破碎机、中型圆锥破碎机及短头圆锥破碎机的结构和工作原理基本相同，而结构上的差别主要在于破碎腔形式的不同(参见图 2-11)。为此，圆锥破碎机的结构仅以标准弹簧圆锥破碎机为例加以说明，如图 2-16 所示。

①工作机构。由带有锰钢衬板的动锥 17 和定锥(调整环 10)组成。动锥压装在主轴(竖轴)15 上，主轴的一端插入偏心轴套的锥形孔内。在偏心轴套的锥形孔中装有锥形衬套 30。当偏心轴套转动时，带动动锥作旋摆运动。为保证动锥作旋摆运动，动锥下部表面做成球面，并支承在球面轴承上。动锥和主轴的重量由球面轴承和机架承受。

②衬板的结构。圆锥破碎机衬板断面形状对破碎效果影响很大。中碎圆锥破碎机的衬板已由原来的梯形衬板[图 2-17(a)]改进为圆滑型衬板[图 2-17(b)]，由于有较大的倾角，可增大给矿粒度，并提高生产能力 15%～20%。若采用有两个阶梯段的形状衬板[图 2-17(c)]，并减少衬板上部厚度，可进一步提高破碎效果并节省材料。细碎圆锥破碎机以前的衬板具有较长的平行带，容易堵塞[图 2-18(a)]，不仅影响生产率和工作效率，而且衬板磨损后产品粒度和能耗增加显著。因此，宜采用较短平行带的新型衬板[图 2-18(b)]，这样既可降低衬板成本，改善主轴受力情况，在整个破碎期间保持锥面的平行性，又可提高破碎效率和生产率，减少堵塞。

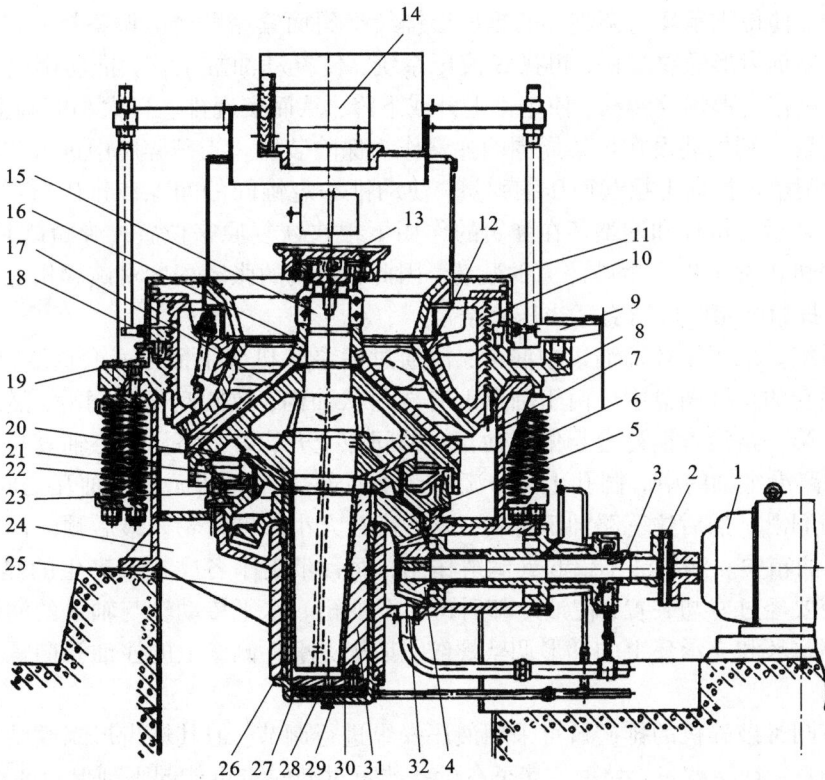

1—电动机；2—联轴节；3—传动轴；4—小圆锥齿轮；5—大圆锥齿轮；6—保险弹簧；7—机架；
8—支承环；9—推动油缸；10—调整环(定锥)；11—防尘罩；12—固定锥衬板；13—给料盘；14—给料箱；
15—主轴；16—可动锥衬板；17—可动锥体(动锥)；18—锁紧螺帽；19—活塞；20—球面轴瓦；
21—球面轴承座；22—球形颈圈；23—环形槽；24—筋板；25—中心套筒；26—衬套；
27—止推圆盘；28—机架下盖；29—进油孔；30—锥形衬套；31—偏心轴承；32—排油孔。

图 2-16　标准弹簧圆锥破碎机

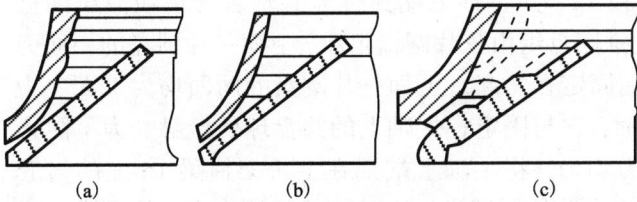

| (a) | (b) | (c) |

图 2-17　中碎圆锥破碎机衬板形状

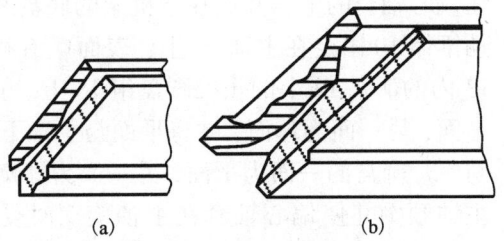

| (a) | (b) |

图 2-18　细碎圆锥破碎机衬板形状

③调整装置。圆锥破碎机的调整装置和锁紧机构都是固定锥的一部分，由调整环 10、支承环 8、锁紧螺帽 18、推动油缸 9 和锁紧油缸等组成。排矿口调整装置则由调整环 10 和支承环 8 构成。支承环安装在机架的上部，借助破碎机周围的弹簧 6 与机架 7 贴紧。支承环上部装有锁紧油缸和活塞，且支承环与调整环的接触面处有锯齿形螺纹。两对拨爪和一对推动油

缸分别装在支承环 8 上。破碎机工作时，高压油注入锁紧油缸使活塞上升，将锁紧螺帽和调整环稍微顶起，使得支承环与调整环的锯齿形螺纹呈斜面紧密贴合。调整排矿口时，需将锁紧油缸卸压，使锯齿形螺纹放松，再操纵液压系统，使推动油缸工作，推动调整环向右或向左转动，再通过锯齿形螺纹转动，使定锥上升或下降，从而实现排矿口大小的调整。

④保险装置。利用装设在机架周围的弹簧作为保险装置。当破碎腔中进入非破碎性物体时，支承环和调整环被向上抬起而压缩弹簧，使动锥和定锥间的间隙和排矿口增大，排出非破碎性物体。之后支承环和调整环在弹簧的作用下很快恢复原来位置。弹簧既是保险装置，也是保持破碎机正常工作产生破碎力的装置，因此，弹簧的张紧程度对破碎机能否正常工作有重要作用，拧紧弹簧时应留有适当压缩余量。

⑤润滑系统。采用循环稀油集中润滑，油通过油泵从机架下面中心套筒 25 侧壁上的油孔进入偏心轴套的止推圆盘中。由于圆盘上有放射状油沟，故圆盘得以润滑，然后由此处分为三路上升。第一路沿青铜衬套与偏心轴套间的间隙上升；第二路从偏心轴套与主轴间的间隙上升；第三路沿主轴的中心圆孔上升，流到动锥底部球面与球面青铜轴瓦之间的间隙中，使这些摩擦面润滑。然后这三路油汇合在一起，流经大小圆锥齿轮。最后顺流而下至排油管排出，流回原油箱中。润滑油不仅起到润滑作用，而且带走了各摩擦面产生的热量，所以在油流回油箱前要经过冷却装置，使油冷却后再回至油箱。水平传动轴与轴承的润滑是单独的油路系统。调整环和支承环上的梯形调整螺纹，是从支承环侧壁上的注油孔向螺纹注入黄油来实现润滑的。

尽管弹簧圆锥破碎机的排矿口可采用液压操纵进行调节，但其锯齿形螺纹结构的调整装置仍需停车调整，且易被灰尘堵塞，甚至在设备严重过载时有可能起不到保险的作用，为此，目前生产中大力推广液压圆锥破碎机，其不仅排矿口调节方便，而且过载保险性高，克服了弹簧圆锥破碎机的一些缺点，单缸液压圆锥破碎机的结构如图 2-19 所示。

由于保险装置的改变，液压圆锥破碎机的上下机架采用螺栓连接替代弹簧连接，以达到固定上下机架的目的。在上机架 2 上固定有给矿漏斗 3，其内侧镶有衬板 4（上机架就是固定锥体）。下机架 1 安装在混凝土的基础上，内有中心套筒 5。中心套筒是用螺栓固定在下机架上的，是一个可卸部件，而非和下机架制成的一个整体。偏心轴套上的大圆锥齿轮 7，固定在偏心轴套的下部并放在下机架的底盘 8 上，因此在底盘与大圆锥齿轮之间设有止推圆盘 9。动锥体 10 固定在主轴 11 上，表面镶有衬板 12，其主轴下端穿过偏心轴套支承在液压油缸13 内的活塞 14 上的止推圆盘组 15 上。止推圆盘组由三片圆盘组成，上面一片圆盘的一面为平面，另一面为球面，并将平面与主轴下端固定在一起。下面一片圆盘的两面均为平面。中间一片圆盘的一面为平面，另一面为球窝面，它与固定在主轴上的圆盘球面接触。为了防止主轴倾倒并使偏心轴套在主轴旋摆时受力均匀，将主轴上端插在上机架横梁 16 上的衬套17 的内孔中，此内孔为上大下小的圆锥形，主轴的下端支承在球窝止推圆盘上，从而满足主轴旋摆运动的要求。

对比图 2-12 和图 2-16 可知，旋回破碎机与圆锥破碎机在构造上仍存在较大差别，具体表现在：

①中、细碎圆锥破碎机的活动圆锥和固定圆锥都是正立的截头圆锥。圆锥形状缓倾，破碎腔中存在一个平行区，适应了控制排矿粒度均匀的要求。旋回破碎机的圆锥形状则是急倾斜的，活动圆锥正立，而固定圆锥倒立。

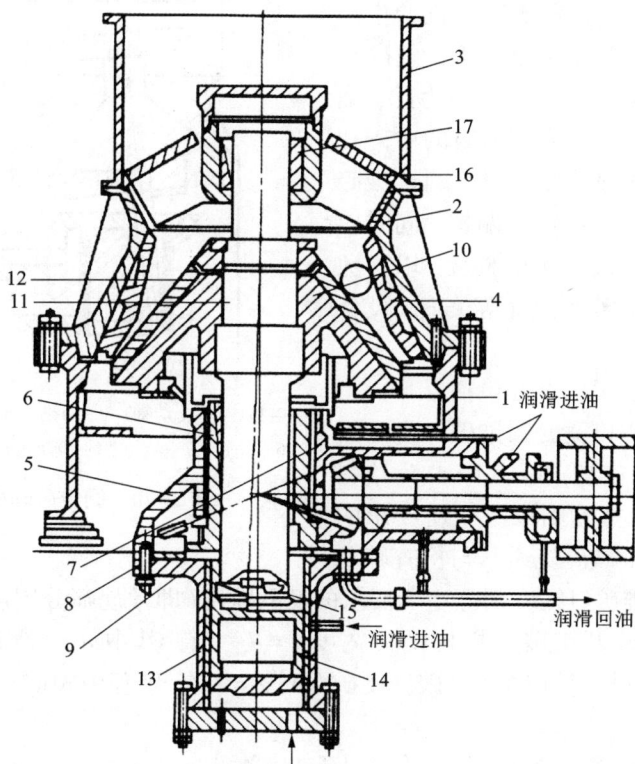

1—下部机架；2—上部机架；3—给矿漏斗；4—衬板；5—中心套筒；6—偏心轴套；7—大圆锥齿轮；8—底盘；
9—止推圆盘；10—动锥体；11—主轴；12—衬板；13—油缸；14—活塞；15—止推圆盘组；16—横梁；17—衬套。

图 2-19 单缸液压圆锥破碎机

②中、细碎圆锥破碎机的活动圆锥支承在球面轴承上，而旋回破碎机的活动圆锥悬挂在机体的横梁上。

③中、细碎圆锥破碎机的机架由上、下两部分组成，其间用螺栓连接，或在螺栓上套有弹簧。其借助附有手柄的铰杆和铰链等，可使固定圆锥上升或下降，从而调节排矿口的大小。旋回破碎机则利用主轴上端的螺帽，使悬挂的活动圆锥上升或下降，实现排矿口大小的调节。

④中、细碎圆锥破碎机有弹簧或液压保险装置，可靠性好。对弹簧保险装置而言，当破碎腔中进入非破碎性物体时，支承在弹簧上面的固定圆锥(调整环)和上部机架(支承环)将同时向上抬起，使弹簧压缩，排矿口增大，从而使非破碎性物体从排矿口排出，避免设备的损坏。然后，支承环和调整环借助弹簧的弹力又恢复至原位。

圆锥破碎机与旋回破碎机工作原理基本相同，如图 2-20 所示。电动机 1 的动力由传动轴 2、圆锥齿轮 3 带动偏心轴套 4 旋转。主轴 5 自由地插在偏心轴套的锥形孔里，动锥 6 固装在主轴上并支承在球面轴承 8 上。随着偏心轴套的旋转，动锥 6 的中心线 OO_1 以 O 为顶点绕破碎机中心线 OO_2 作锥面运动。当动锥中心线 OO_1 转到图示位置时，动锥靠近定锥 7，矿石被挤压破碎。此时，动锥的另一面离开定锥，被破碎的矿石靠自重从两锥体底部排出。

27

圆锥破碎机的工作是随动锥转动连续地进行矿石破碎和排矿，比颚式破碎机的生产率高，功率消耗低、破碎比也较大，破碎产品的粒度均匀，且工作比较平稳。为此，圆锥破碎机广泛应用于各种硬度矿石的中碎和细碎作业，但不宜处理黏性物料。圆锥破碎机工作时，给料要均匀且避免偏析，同时应在物料进入破碎机前设置除铁装置，以避免非破碎性物件(如金属结构件等)进入设备而导致设备损坏。

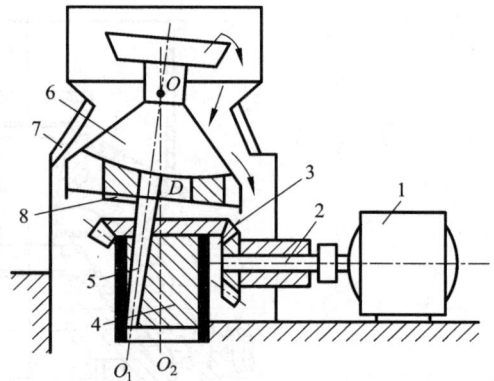

1—电机；2—传动轴；3—圆锥齿轮；4—偏心轴套；5—主轴；
6—动锥；7—定锥；8—球面轴承；D—动锥底部直径。

图 2-20　圆锥破碎机工作原理图

圆锥破碎机主要工作参数包括：

①给矿口和排矿口宽。圆锥破碎机的给矿口宽度 $B=(1.2\sim1.25)D$，其中 D 为给料粒度(mm)。排矿口宽度则取决于所要求的产品粒度。细碎圆锥破碎机通常与检查筛分作业构成闭路，其排矿口宽度则等于所要求的产品粒度(即常规筛分制度，参见《矿物加工工程设计》教材)。中碎圆锥破碎机排矿口宽度 $e=d_{max}/Z$，其中 d_{max} 为破碎产品的最大粒度(mm)，Z 为排料的过大颗粒系数，破碎硬矿石时 $Z=2.4$，破碎中硬矿石时 $Z=1.9$，破碎软矿石时 $Z=1.6$。

②啮角。圆锥破碎机的啮角通常在 21°至 23°之间选取。

③平行带长度。平行带的长度 L 与破碎机的类型和规格有关。对于细碎圆锥破碎机，$L=0.16D$；对于中碎圆锥破碎机，$L=0.085D$。其中 D 为可动锥下部的最大直径(mm)。

④偏心轴套的转速。偏心轴套的转速 n 一般采用经验公式 $n=\dfrac{320}{\sqrt{D}}$（r/min）来确定，其计算结果与实际情况很接近，其中 D 为破碎锥底部直径(m)。

⑤生产率。圆锥破碎机的生产率与矿石性质、破碎腔的形状、破碎机的类型、规格以及操作条件等诸多因素有关，同时还与破碎机在破碎流程中的配置情况有关(参见《矿物加工工程设计》教材)。

⑥设备型号规格表示。目前国内设备生产厂家对圆锥破碎机的型号规格表示尚未统一，这里仅以沈阳重型机械厂的表示方法为例。PYT(Y, S)-B(Z, D)T(D, C)XXxx：P—破碎机，Y—圆锥型，T(Y, S)—弹簧式(液压式，西蒙斯式)，B(Z, D)—标准型(中型，短头型)，T(D, C)—单缸(多缸，超重型)，XX—动锥底直径(dm)，xx—给矿口尺寸(cm)。

2.1.4　旋回破碎机操作与维护

(1)安装

旋回破碎机的地基应与厂房地基隔离开，地基的承重应为机器重量的 1.5~2.5 倍。装配时，首先将下部机架安装在地基螺栓上，然后依次安装中部机架和上部机架。在安装过程中，要注意校准机架套筒的中心线与机架上部水平面之间的垂直度，下部、中部和上部机架的水平度，以及它们的中心线是否同心等。接着安装偏心轴套和圆锥齿轮，并调整其间隙。

随后将可动圆锥放入,再装好悬挂装置及横梁。

安装完毕后,应进行 5~6 h 的空载运转试验。在运转试验中应仔细检查各个联结件的联结情况,并随时测量油温是否超过 60 ℃。空载运转正常后,再逐步进行有载运转试验。

(2)操作

启动破碎机之前,必须先检查润滑系统、破碎腔及传动部件等的情况是否正常。检查完毕并确认正常后,开动油泵 5~10 min,使破碎机的各运动部件都受到润滑,然后再开动主电动机。让破碎机空转 1~2 min 后,再开始给矿。旋回破碎机工作时,必须按操作规程经常检查润滑系统,并注意在密封装置下面不要过多地堆积矿石。停车前,先停止给矿,待破碎腔内的矿石完全排出以后,才能停主电动机,最后关闭油泵。停车后,检查各部件,并进行日常的维修工作。

润滑油要保持流动性良好,但温度不宜过高。气温较低时,须用油箱中的电热器加热。当气温高时,须用冷却过滤器冷却。工作时的油压为 1.5 kg/cm²①,进油管中的油速为 1.0~1.2 m/s,回油管的油速为 0.2~0.3 m/s,润滑油必须定期更换。旋回破碎机的润滑系统与颚式破碎机相同。润滑油分两路进入破碎机:一股油从机器下部进入偏心轴套中,润滑偏心轴套和圆锥齿轮后流出;另一股油润滑传动轴承和皮带轮轴承,然后回到油箱。悬挂装置用干油润滑,定期用手压油泵打入。

(3)维护与检修

①小修。检查破碎机的悬挂零件;检查防尘装置零件,清除尘土;检查偏心轴套的接触面及其间隙,清洗润滑油沟,清除沉积在零件上的油渣;测量传动轴和轴套之间的间隙,检查青铜圆盘的磨损程度;检查润滑系统,更换油箱中的润滑油。

②中修。除了完成小修的全部任务外,主要是修理或更换衬板、机架及传动轴承。一般约为半年一次。

③大修。一般为 5 年进行一次。除了完成中修的全部内容外,主要是修理悬挂装置的零件、大齿轮与偏心轴套、传动轴和小齿轮、密封零件、支承垫圈,以及更换全部磨损零件和部件等。同时,还必须对大修后的破碎机进行校正和测定工作。

旋回破碎机工作中产生的常见故障及其消除方法参见表 2-3。旋回破碎机主要易磨损件的使用寿命和最低储备量参考表 2-4。

表 2-3 旋回破碎机工作中常见故障及其消除方法

设备故障	产生原因	消除方法
油泵装置产生强烈敲击声	油泵与电动机安装不同心; 半联轴节的销槽相对其槽孔轴线产生了很大的偏心距; 联轴节的胶木销磨损	使其轴线安装同心; 把销轴堆焊出偏心,然后重刨; 更换销轴
油泵发热(温度为 40 ℃)	稠油过多	更换比较稀的油

---

① 1 kg/cm² ≈ 0.1 MPa

续表2-3

设备故障	产生原因	消除方法
油泵工作，但油压不足	吸入管堵塞； 油泵的齿轮磨损； 压力表不精确	清洗油管； 更换油泵； 更换压力表
油泵工作正常，压力表指示正常压力，但油流不出来	回油管堵塞； 回油管的坡度小； 黏油过多； 冷油过多	清洗回油管； 加大坡度； 更换比较稀的油； 加热油
油的指示器中没有油或油流中断，油压下降	油管堵塞； 油的温度低； 油泵工作不正常	检查和修理油路系统； 加热油； 修理或更换油泵
冷却过滤前后的压力表的压力差大于 0.4 kg/cm^2	过滤器中的滤网堵塞	清洗过滤器
在循环油中发现很硬的掺和物	滤网撕破； 工作时油未经过过滤器	修理或更换滤网； 切断旁路，使油通过过滤器
流回的油量减少，油箱中的油也显著减少	破碎机下部漏油； 或者由于排油沟堵塞，油从密封圈中漏出	停止破碎机工作，检查和消除漏油原因； 调整给油量，清洗或加深排油沟
冷却器前后温度差过大	水阀开得过小，冷却水不足	开大水阀，正常给水
冷却器前后的水与油的压力差过大	散热器堵塞； 油的温度低于允许值	清洗散热器； 在油箱中将油加热至正常温度
从冷却器出来的油温超过 45 ℃	没有冷却水或水不足； 冷却水温度高； 冷却系统堵塞	给入冷却水或开大水阀，正常给水； 检查水的压力，使其超过最小许用值；清洗冷却器
回油温度超过 60 ℃	偏心轴套中摩擦面产生有害的摩擦	停机运转，拆开检查偏心轴套，消除温度增高的原因
传动轴润滑的回油温度超过 60 ℃	轴承不正常，阻塞、散热面不足或青铜套油沟断面不足等	停止破碎机，拆开检查摩擦表面
随着排油温度的升高，油路中油压也增加	油管或破碎机零件上的油沟堵塞	停止破碎机，找出并消除温度升高的原因
油箱中发现水或水中发现油	冷却水的压力超过油的压力； 冷却器中的水管局部破裂，使水掺入油中	使冷却水的压力比油压低 0.5 kg/cm^2；检查冷却器的水管连接部分是否漏水
油被灰尘弄脏	防尘装置未启用	清洗防尘及密封装置，清洗油管重新换油
强烈劈裂声后，可动圆锥停止转动，皮带轮继续转动	主轴折断	拆开破碎机，找出折断损坏原因，安装新的主轴

续表2-3

设备故障	产生原因	消除方法
破碎时产生强烈的敲击声	可动圆锥衬板松弛	校正锁紧螺帽的拧紧程度；铸锌剥落时，需要重新浇铸
皮带轮转动，而可动圆锥不动	联接皮带轮与传动轴的保险销被剪断（由于进入非破碎物体）；键与齿轮被破坏	清除破碎腔内的矿石，拣出非破碎性物体，安装新的保险销；拆开破碎机，更换损坏的零件

表 2-4　旋回破碎机易磨损件的使用寿命和最低储备量

易磨损件名称	材料	使用寿命/月	最低储备量
可动圆锥的上部衬板	锰钢	6	2 套
可动圆锥的下部衬板	锰钢	4	2 套
固定圆锥的上部衬板	锰铁	6	2 套
固定圆锥的下部衬板	锰铁	6	1 件
偏心轴套	巴氏合金	36	1 件
齿轮	优质钢	36	1 件
传动轴	优质钢	36	2 套
排矿槽的护板	锰钢	6	1 件
横梁护板	锰钢	12	1 件
悬挂装置的零件	锰钢	48	1 套
主轴	优质钢	—	1 件

2.1.5　中、细碎圆锥破碎机操作与维护

由于弹簧和液压圆锥破碎机的安装及操作维护基本相似，这里以弹簧圆锥破碎机为例加以介绍。

（1）安装

首先将机架安装在坚实的基础上，并校准水平度，接着安装传动轴。将偏心轴套从机架上部装入机架套筒中，并校准圆锥齿轮的间隙。然后安装球面轴承支座，以及润滑系统和水封系统，并将装配好的主轴和可动圆锥插入，接着安装支承环、调整环和弹簧。最后安装给料装置。

破碎机装好后，进行 7~8 h 的空载运转试验。如无问题，再进行 12~16 h 的有载运转试验，此时，排油管排出的油温不应超过 50~60 ℃。

（2）操作与维护

启动前，首先应检查破碎腔内有无矿石或其他物体卡住；检查排矿口宽度是否合适；检查弹簧保险装置是否正常；检查油箱中的油量和油温（冬季不低于 20 ℃）情况；向水封防尘

装置给水，再检查其排水情况等。进行完上述检查，并确认检查无问题后，可按下列程序开动破碎机。

开动油泵检查油压，油压一般应在 0.8~1.5 kg/cm²，注意油压切勿过高，以免发生事故，如我国某铁矿的破碎车间，由于破碎机油泵的压力超过 3 kg/cm²，结果造成了中碎圆锥破碎机损坏的重大设备事故。另外，冷却器中的水压应比油压低 0.5 kg/cm²，以免水掺入油中。

油泵正常运转 3~5 min 后，再启动破碎机。破碎机空转 1~2 min，一切正常后，方可开动给矿机进行破碎工作。

给入破碎机中的矿石，应该从分料盘上均匀地给入破碎腔，否则会引起破碎机过负荷，使可动圆锥和固定圆锥的衬板过快磨损，降低设备的生产能力，并产生不均匀的产品粒度。同时，给入矿石时不允许只从一侧（面）进入破碎腔，而且给矿粒度应控制在规定的范围内。注意均匀给矿的同时，还必须注意排矿问题，如果排矿堆积在破碎机排矿口的下面，有可能把可动圆锥顶起来，以致发生重大事故。因此，发现排矿口堵塞后，应立即停机，迅速进行处理。

对于细碎圆锥破碎机的产品粒度必须严格控制，以提高磨矿机的生产能力和降低磨矿成本。为此，要求操作人员定期检查排矿口的磨损状况，并及时调整排矿口尺寸，再用铅块进行测量，以保证破碎产品粒度满足要求。

为使破碎机安全正常生产，还必须注意保险弹簧在机器运转中的情况。如果弹簧具有正常的紧度，但支承环经常跳起，此时不能随便采取拧紧弹簧的办法，而必须找出支承环跳起的原因，除了进入非破碎性物体外，还可能是由于给矿不均匀或给矿过多、排矿口尺寸过小、潮湿矿石堵塞排矿口等。

为保持排矿口宽度，应根据衬板磨损情况，每隔两三天顺时针回转调整环一次，使其稍稍下降，以缩小由于磨损而增大了的排矿口间隙。当调整环顺时针转动 2~2.5 圈后，排矿口尺寸仍不能满足要求时，就需要更换衬板了。

停止破碎机时，要先停止给矿机，待破碎腔内的矿石全部排出后，再停破碎机的电动机，最后停油泵。中、细碎圆锥破碎机工作中产生的常见故障及其消除方法如表 2-5 所示。

表 2-5　中、细碎圆锥破碎机工作中常见故障及消除方法

设备故障	产生原因	消除方法
传动轴回转不均匀，产生强烈的敲击声；或敲击声后皮带轮动，而可动圆锥不动	圆锥齿轮的齿由于安装的缺陷和运转中传动轴的轴间间隙过大而磨损或损坏；皮带轮或齿轮的键损坏；主轴由于掉入非破碎性物体而折断	停止破碎机，更换齿轮，并校正啮合间隙；换键；更换主轴，并加强除铁工作
破碎机产生强烈的振动，可动圆锥迅速运转	主轴由于下列原因而被锥型衬套抱紧：主轴与衬套之间没有润滑油或油中有灰尘；由于可动圆锥下沉或球面轴承损坏，锥形衬套的间隙不足	停止破碎机，找出并消除原因
破碎机工作时产生振动	弹簧张力不足；破碎机给入细而黏的物料；给矿不均匀或给矿量过大；弹簧刚性不足	拧紧弹簧上的压紧螺帽或更换弹簧；调整破碎机的给矿；换成钢性较大的强力弹簧

续表2-5

设备故障	产生原因	消除方法
破碎机向上抬起的同时产生强烈的敲击声,然后又正常工作	破碎腔中掉入非破碎物体,时常引起主轴的折断	加强除铁工作
破碎或空转时产生可以听见的劈裂声	可动圆锥或固定圆锥衬板松弛;螺钉或耳环损坏;可动圆锥或固定圆锥不圆而产生冲击	停止破碎机,检查螺钉拧紧情况和铸锌层是否脱落,重新铸锌;停止破碎机,拆下调整环,更换螺钉或耳环;安装时检查衬板的椭圆度,必要时进行机械加工
螺钉从机架法兰孔和弹簧中跳出	机架拉紧螺钉损坏	停机,更换螺钉
破碎产品中含有大块矿石	可动圆锥衬板磨损	下降固定圆锥,减小排矿口间隙
水封装置中没有流入水	水封装置的给水管不正确	停机,找出并消除给水中断的原因

（3）检修

①小修。检查球面轴承的接触面,检查圆锥衬套与偏心轴套之间的间隙和接触面,检查圆锥齿轮传动的径向和轴向间隙。校正传动轴套的装配情况,并测量轴套与轴之间的间隙,调整保护板,更换润滑油等。

②中修。在完成小修全部内容的基础上,重点检查和修理可动锥的衬板和调整环、偏心轴套、球面轴承和密封装置等。中修的间隔时间取决于这些零部件的磨损状况。

③大修。除了完成中修的全部项目外,主要是对圆锥破碎机进行彻底检修。检修的项目有：更换可动圆锥机架、偏心轴套、圆锥齿轮和动锥主轴等。修复后的破碎机,必须进行校正和调整。大修的时间间隔取决于这些部件的磨损程度。中、细碎圆锥破碎机易磨损零件的使用寿命和最低储备量如表2-6所示。

表2-6 中、细碎圆锥破碎机易磨损零件的使用寿命和最低储备量

易磨损件名称	材料	使用寿命/月	最低储备量
可动圆锥的衬板	锰钢	6	2件
固定圆锥的衬板	锰钢	6	2件
偏心轴衬套	青钢	18～24	1套
圆锥齿轮	优质钢	25～36	1件
偏心轴套	碳钢	48	1件
传动轴	优质钢	24～36	1件
球面轴承	青钢	48	1件
主轴	优质钢	—	1件

2.1.6 辊式破碎机

辊式破碎机按辊子的数目不同可分为单辊、双辊、三辊和四辊4种,按辊面的形状不同则有光面辊和齿面辊2种。

(1)对辊破碎机结构及工作原理

对辊破碎机主要由机架、传动装置、破碎辊、调整装置和弹簧保险装置等部分构成,如图2-21所示。机架一般采用铸铁铸造而成,也可用型钢焊制或螺栓连接而成,但要求机架结实坚固。破碎辊一般由辊面、轴毂、锥形弧铁及主轴组成。轴毂心部用键与主轴联接,外表呈锥形,与辊面的锥孔配合。辊面用高锰钢或碳钢制成,利用三块锥形弧铁、拉紧螺栓和螺母等零件与轴毂固定在一起。传动装置则由电机通过皮带轮带动固定辊和可动辊作相向旋转运动。通过增减固定辊和可动辊之间的垫片,可达到调节两个辊之间的间隙(即排矿口尺寸)的目的。工作过程中,可依靠弹簧的张紧力来平衡,当破碎力增大时,可动辊横向移动,压缩弹簧,使排矿口增大,排出非破碎物后,在弹簧作用下,可动辊横向移动回复原位,起到保险的作用,也可采用液压方式替代弹簧。

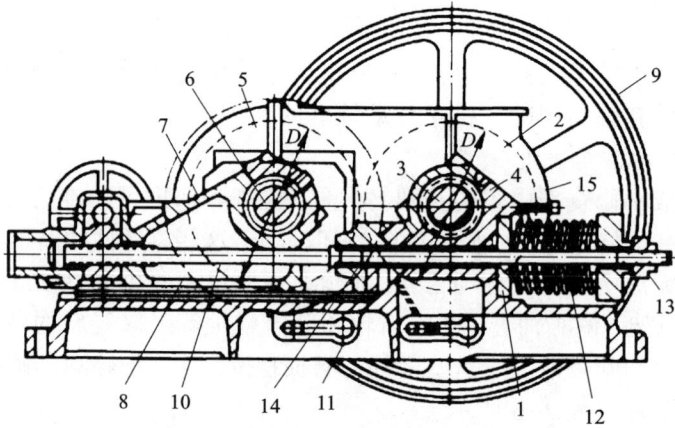

1—机架;2、5—辊子;3、6—轴;4—固定轴承;7—可动轴承;8—导槽;
9—皮带轮;10—拉杆;11—垫片;12—弹簧;13、14—螺帽;15—机罩。

图2-21 对辊破碎机结构示意图

对辊破碎机的工作原理相对简单,两个相向回转的圆辊,借助于摩擦力,将给入的矿石卷进两辊之间的间隙(即破碎腔),使矿石受到挤压和研剥而破碎。破碎后的产品靠自重排出。

目前实际生产中,辊式破碎机常用于中硬矿石的中碎和细碎,因对辊破碎机生产能力较小,辊面磨损不均匀,故其应用受到了一定的限制。但由于对辊破碎机的结构简单,维护方便,过粉碎较少,产品粒度均匀,故在小型选矿厂,尤其在我国的小型重选厂仍较常用。光滑辊面的对辊破碎机可用于破碎硬度较大的物料。齿状或沟槽形辊面的对辊破碎机则适合于破碎较松软的物料。

(2)对辊破碎机主要工作参数

①啮角。以光面对辊破碎机为例,假设矿石为球形,从矿石与辊子的接触点分别引切

线，两切线的夹角即为啮角，一般在 33°40′ 至 38°40′ 之间选取。

②给矿粒度和辊子直径。光面辊的直径应等于最大给料粒度的 20 倍左右，通常用作矿石的中碎和细碎。齿面或槽面辊的直径与给矿粒度的比值比光面辊小，一般齿面辊为 2～6 倍；槽面辊为 10～12 倍，通常用于石灰石或煤的破碎。

③辊子转速。辊子转速与辊面特性、物料物理性质和给矿粒度等因素有关。一般给矿粒度越大，矿石越硬，则辊子的转速越低。同样，齿面或槽面辊的转速比光面辊低。由于破碎机生产能力与辊子转速成正比，因此，在合理前提下应尽量采用高转速。通常，光面辊的周速度为 2～7.7 m/s，上限值为 11.5 m/s；齿面或槽面辊的周速度为 1.5～1.9 m/s，上限值为 7.5 m/s。

④生产率。辊式破碎机的生产率 Q 可按下式进行计算：

$$Q = 188.4eLDn\mu\delta \ (t/h)$$

式中：e 为排矿口宽度，m；L 为辊子长度，m；D 为辊子直径，m；n 为辊子转速，r/min；μ 为矿石松散系数，对中硬矿石，$\mu = 0.2～0.3$，对潮湿矿石和黏性矿石，$\mu = 0.4～0.6$；δ 为矿石的松散密度，t/m^3。

（3）对辊破碎机型号规格表示

目前，我国主要生产双光辊、双齿辊、四光辊和四齿辊，共 10 多种规格的辊式破碎机。其型号表示方式为：双（四）辊表示为 2(4)PG 或 2(4)PGG，双（四）齿辊表示为 2(4)PGC。规格一般用辊子直径×长度（mm×mm）表示，或者单用辊子直径（mm）表示。

2.1.7　锤式破碎机

（1）反击式破碎机

反击式破碎机是一种高效的新型破碎设备，有单转子和双转子 2 种类型，其中，单转子反击式破碎机结构及工作原理如图 2-22 所示，主要由转子 5、锤头 4、反击板 7、拉杆 6 和下机体 2、上机体 3 等组成。矿石通过链幕 9 后落到反时针方向旋转的转子 5 上，受到锤头 4 的强烈冲击。矿石在锤头和反击板之间因反复受到冲击、碰撞而破碎，破碎产品借自重排出。

通过调节反击板下缘与锤头间的间隙，可以调节产品粒度的大小。当机器中进入非破碎物时，反击板压缩拉杆弹簧后移，增大了反击板下缘与锤头间的间隙，促使非破碎物排出，保证了机器的安全。

反击式破碎机的主要性能特点在于：①破碎比大，一般为 10～20，高的可达 50～60；②可进行选择性破碎，适应性强，硬性、脆性和潮湿矿石的破碎均可采用；③简化了破碎流程，结构简单，制造容易，使用和维修方便；④由于板锤的集中磨损，限制了在破碎坚硬物料上的应用。

反击式破碎机能处理 100～500 mm 的物料，抗压强度最高可达 350 MPa，具有破碎比大、破碎后物料呈立方体颗粒等优点，适用于中硬物料的破碎，多用于中等硬度脆性物料的粗、中、细碎，如石灰石、白云岩、页岩、砂岩、煤、石墨和岩盐等。

（2）环锤式破碎机

环锤式破碎机是一种带有环锤的冲击式转子破碎机，其结构如图 2-23 所示，由转子、环锤、机架和筛板等主要构件组成。工作时，环锤式破碎机主要利用高速旋转的锤环，冲击破碎大块物料。物料进入破碎腔后，首先受到高速旋转环锤的冲击作用而破碎。同时，被破碎的物料从环锤处获得动能，高速度冲向破碎板，受到第二次破碎，然后落到筛板上。然后受到环锤的剪切、挤压、研磨及物料颗粒间的碰撞作用而进一步破碎，并透过筛孔排出。出料粒度可通过更换不同规格的筛板来实现。转子与筛板之间的间隙，可根据需要通过调节机构进行调节。环锤除采用光滑表面的圆环外，还采用齿环，齿环对物料有劈碎和切碎作用，还可克服物料因潮湿而造成的黏结堵塞现象。

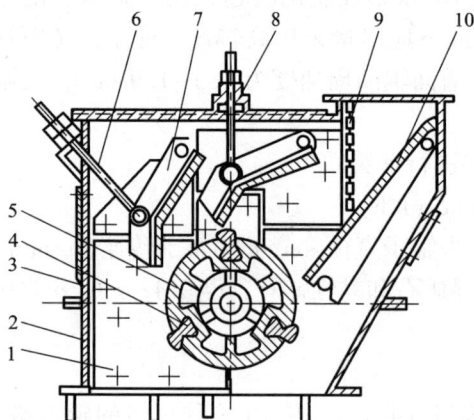

1—防护衬板；2—下机体；3—上机体；4—锤头；5—转子；
6—拉杆；7—反击板；8—球面垫圈；9—链幕；10—给矿溜板。

图 2-22 单转子反击式破碎机

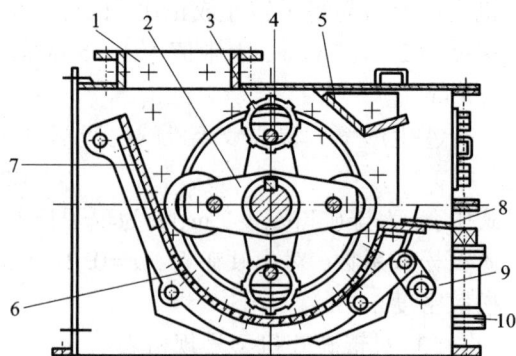

1—进料口；2—转子；3—环锤；4—销轴；
5—反击板；6—筛板；7—破碎板；8—活动板；
9—机体；10—调节机构。

图 2-23 环锤式破碎机的结构

环锤式破碎机适用于各种脆性物料的破碎，如煤、煤矸石、焦炭、炉渣、页岩、疏松石灰石等。一般物料的抗压强度不超过 10 MPa，其表面水分不大于 8%。

2.2 筛分设备

生产实践中应用的筛分设备种类较多，按筛面运动特性不同可分为固定筛、摇动筛、振动筛和旋转筛 4 大类；按传动机构不同可分为无传动、机械传动、电磁传动和超声波传动等4 大类；按筛面形状不同可分为平面筛、圆弧筛和筒式筛等 3 大类。选矿厂使用的筛分设备一般可分为以下几类：

①固定筛。包括固定格筛、固定条筛和悬臂条筛，用于大块矿石的筛分。

②筒形筛。包括圆筒筛、圆锥筛和角锥筛等，用于建筑工业筛分和清洗碎石、砂子，在选矿厂常用作洗矿脱泥或自磨机排矿筛分等。

③振动筛：包括机械振动和电磁振动两种。机械振动筛有：惯性振动筛、自定中心振动筛、直线振动筛和共振筛等。电磁振动筛有：圆运动振动筛、直线运动振动筛。振动筛是选矿厂最常用的筛分设备，可用于各种粒度物料的分级、脱水、脱介、脱泥等。

④弧形筛和细筛。主要有 GYX 型高频振动细筛、德瑞克高频振动筛、直线振动细筛、旋流细筛等，用于磨矿回路中作为细粒分级，分离粒度可达 0.043 mm。

上述筛分设备中，固定筛和振动筛是破碎流程中最常用的筛分设备，其他筛分设备将在后续相关章节中加以介绍。

2.2.1 固定筛

选矿厂筛分过大块物料通常采用固定筛,包括格筛、条筛和悬臂条筛。固定筛一般由平行排列的钢棒或工字钢构成。钢棒或工字钢称为格条,格条之间采用横向钢棒联结在一起,格条间的缝隙大小为筛孔尺寸,格条断面的形状如图 2-24 所示。

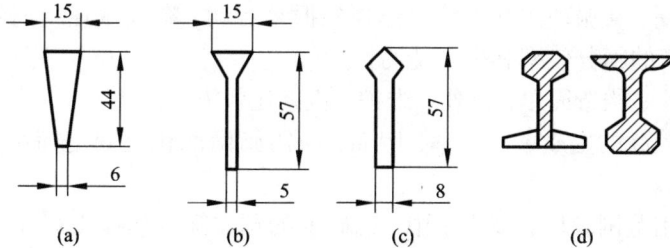

图 2-24 固定筛格条断面形状示意图

固定格筛一般水平安装在原矿矿仓顶部。筛孔为正方形或长方形,筛孔尺寸为 $0.8 \sim 0.85B$(B 为粗碎机给矿口宽度,mm)。筛上过大块矿石时需先用手锤、气锤或其他方法破碎,并使其通过固定格筛。

固定条筛则主要用于粗碎和中碎前的预先筛分。粗碎机前通常采用固定条筛,如图 2-25 所示。中碎机前则可采用悬臂条筛,如图 2-26 所示。固定条筛一般采用倾斜安装方法,倾角的大小应保证矿石物料能沿筛面自流下滑,即倾角应大于矿石物料对于筛面的摩擦角。对于一般矿石的筛分,其安装倾角多为 $40° \sim 50°$;对于大块矿石,倾角可稍减小;而对于黏性矿石,倾角则相应要增加。

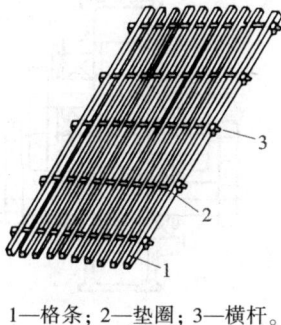

1—格条;2—垫圈;3—横杆。

图 2-25 固定条筛

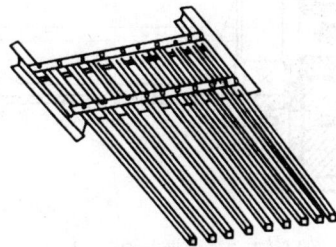

图 2-26 悬臂条筛

条筛筛孔尺寸一般为筛下产物粒度的 $1.1 \sim 1.2$ 倍,且筛孔尺寸一般不小于 50 mm。条筛的宽度值取决于给矿机、运输机或破碎机给矿口的宽度,并应大于给矿中最大块矿石粒度的 2.5 倍,条筛的长度一般为筛子宽度 B 值的 2 倍。

条筛的优点是构造简单,无运动件,也不需要动力。缺点是易堵塞(处理黏性矿石时),所需安装高差大,筛分效率较低,一般仅为 $50\% \sim 60\%$。

2.2.2 振动筛

振动筛是选矿厂最常用的筛分设备。根据筛框运动轨迹的不同,振动筛可以分为圆(椭圆)运动振动筛和直线运动振动筛2大类。圆(椭圆)运动振动筛包括:惯性振动筛、自定中心振动筛、重型振动筛和圆振动筛等。直线运动振动筛则包括:直线振动筛和共振筛等。与固定格(条)筛相比,振动筛具有以下突出优点:

①筛体以低振幅、高振动次数为特点作强烈振动运动,有效减轻或消除了物料的堵塞现象,使筛子具有较高的筛分效率和生产能力。

②动力消耗较小,构造简单,操作、维护、检修比较方便。

③振动筛具有较高的生产率和效率,因而,所需筛网面积比固定筛小,可以有效节省厂房面积和高度。

④振动筛的应用范围较广,多用于中、细碎前的预先筛分和检查筛分。

(1)振动筛的主要部件

尽管振动筛的结构、运动特性和工作原理有所不同,但振动筛的主要组成部件是相似的,主要包括振动器、筛箱、传动装置和隔振装置。

①振动器。振动器是振动筛的主要部件,由主轴、轴承、不平衡轮和配重块等组成。圆振动筛有纯振动式振动器、轴承偏心式自定中心振动器和皮带轮偏心式自定中心振动器3种,后两种可使振动筛结构简化、易于制造,且其使用寿命长,在实践中广泛应用。直线振动筛则有箱式和筒式2种振动器。共振筛则由两个接近相等的振动质量组成激振系统。振动筛常见的振动器如图2-27~图2-30所示。

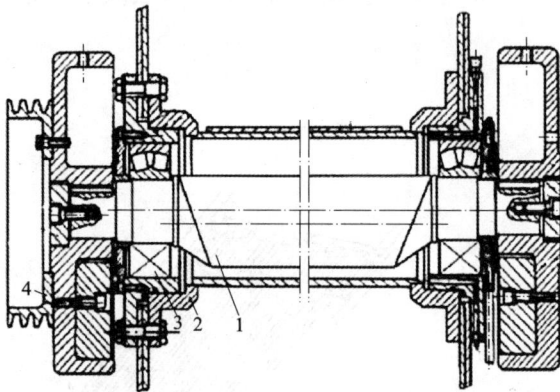

1—偏心轴;2—激振器轴罩;3—轴承;4—带轮。

图2-27 皮带轮偏心式振动器结构

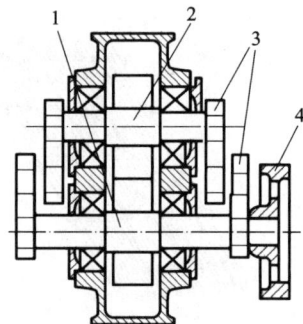

1—主动轴;2—从动轴;3—偏心块;4—胶带轮。

图2-28 箱式激振器结构

②筛箱。振动筛的筛箱由筛框、筛网及其紧固件组成,如图2-31所示。筛框由侧板和横梁构成。侧板为6~16 mm厚的钢板,横梁用钢管、槽钢或工字钢制成,也可用铆接、焊接或高强度螺栓连接。

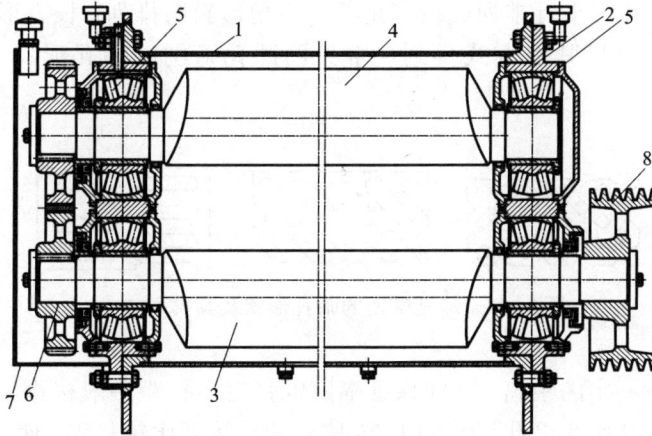

1—外壳；2—轴承座；3—主动轴；4—从动轴；5—轴承；6—传动齿轮；7—金属罩壳；8—皮带轮。

图 2-29　筒式双轴激振器结构

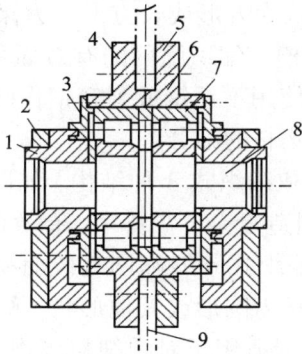

1—主偏心块；2—副偏心块；3—轴承盖；4—轴承座；
5—压圈；6—挡圈；7—大游隙轴承；8—轴；9—筛箱侧板。

图 2-30　块偏心激振器结构

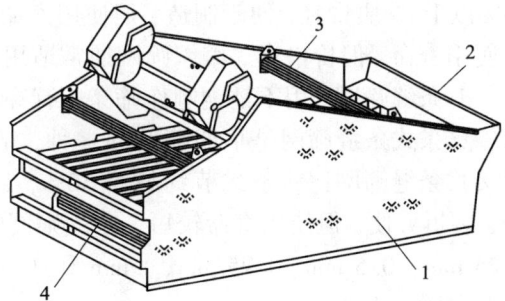

1—侧板；2—后挡板；3—横梁；4—主梁。

图 2-31　振动筛筛箱结构示意图

　　振动筛的筛网是重要工作部件，根据被筛物料的粒度和筛分作业的工艺要求，其主要包括以下几种类型：

　　a. 棒条筛网：由一组平行排列的、具有一定断面形状的钢棒组成。棒条平行排列，棒条之间的间隔即为筛孔尺寸，常见的不同棒条的断面形状如图 2-32 所示。棒条筛网（面）一般用于固定筛或重型振动筛，适用于对粒度大于 50 mm 的粗粒级物料的筛分。

图 2-32　常用的不同棒条的断面形状

　　b. 冲孔筛网：冲孔筛网一般是在厚度为 5～12 mm 的钢板上冲制出圆形、方形和长方形筛孔。与圆形或方形筛孔的筛网相比，长方形筛孔的筛网通常有效面积较大，质量轻，生产效率较高，适于处理水分含量较高的物料，但筛分产品的分离精度较差。圆形筛孔通常呈等边三角形排列；方形筛孔可平行排列或按直角等腰三角形斜向排列；长方形筛孔一般与筛面纵轴排成一定角度，也可呈其他方式排列。常见的冲孔筛网的筛孔形状及其排列方式如图2-33所示。

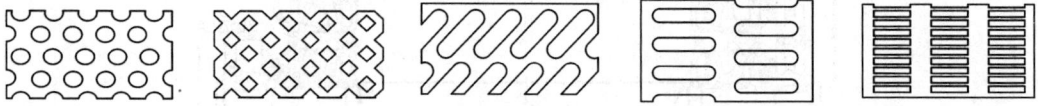

图 2-33　冲孔筛网的筛孔形状及其排列方式

筛孔之间应保持一定的距离，才能保证筛网的强度。孔距一般根据经验确定，若筛孔尺寸为 10~100 mm，则孔距为筛孔尺寸的 1.25 倍。冲孔筛面比较坚固，使用寿命较长，但有效面积较小（为 40%~60%），筛孔尺寸一般为 12~50 mm。冲孔筛网适用于对中等粒级物料的筛分。

c. 编织筛网：由钢丝作经线和纬线编织而成，筛孔形状为方形或长方形。为保证筛孔大小分布均匀，避免网丝错动，在网丝交叉处交替地设有凹槽。编织筛网的有效面积大（可达75%以上），质量轻，便于制造，但使用寿命较短。目前，使用不锈钢或弹簧钢作网丝，可延长使用寿命，但价格贵。编织筛网通常适用于对中细粒级物料的筛分。

d. 条缝筛网：用不锈钢制作筛条，有穿条式、焊接式和编织式 3 种结构，如图 2-34 所示。穿条式条缝筛网是早期筛网的一种，结构可靠，但制造复杂，费料多，有效面积较小。焊接式条缝筛网比穿条式节约材料 30%，且制造简单。编织式条缝筛网有效面积大，质量轻，装拆方便，但使用寿命较短。条缝筛网的筛条断面形状为圆形或其他形状。筛缝宽可为0.25 mm、0.5 mm、0.75 mm、1 mm 和 2 mm 等。条缝筛网适用于对中细粒级物料的脱水、脱介和脱泥作业。

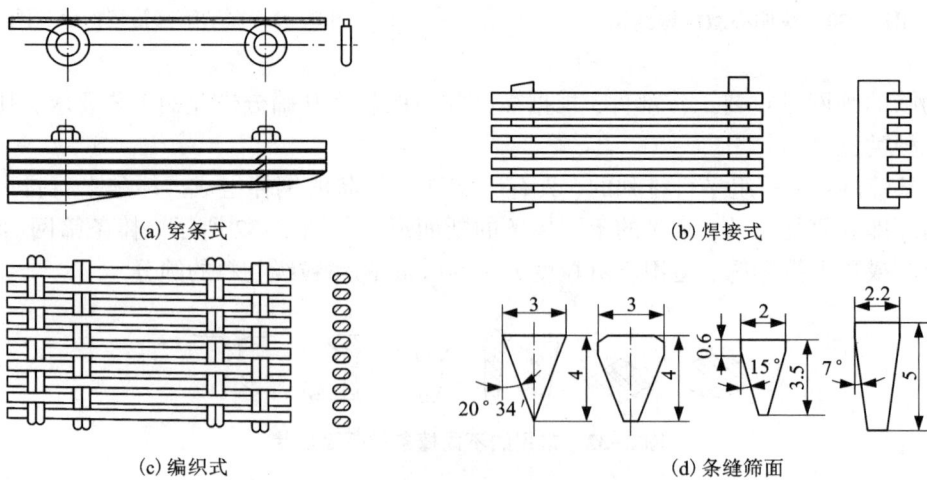

(a) 穿条式　　　　　　　　　　(b) 焊接式

(c) 编织式　　　　　　　　　　(d) 条缝筛面

图 2-34　条缝筛网结构示意图

e. 非金属筛网：非金属筛网所用材质主要有橡胶、尼龙和聚氨酯。这类筛网共同的优点是耐磨、使用寿命长、质量轻、噪声小，广泛用于金属矿石、煤和建筑材料等领域的物料筛分。

③传动装置。包括三角带传动、联轴器和高性能齿轮传动 3 种。其中，三角皮带传动的结构简单，可任意选择振动器转速，但运转时皮带容易打滑而造成筛孔堵塞。联轴器传动可使振动器转速保持稳定，且延长使用寿命，但不能调节振动器的转速。

④隔振装置。常见的有螺旋弹簧、板弹簧和橡胶弹簧。螺旋弹簧结构紧凑，外形尺寸较小，刚度很小且消振性能好，工作可靠，但横向刚度小，筛子易发生横振。板弹簧横向刚度大，可消除横振，但外形尺寸大，安装较困难，折断事故较多。橡胶弹簧外形尺寸小，刚度较大，隔振性能好，但不适应大振幅，动负荷大。振动筛由于振幅较大，一般采用圆柱螺旋弹簧作隔振装置。

（2）圆振动筛

圆振动筛筛箱的运动轨迹为圆形或椭圆形，均为单轴振动筛，有普通型（即惯性振动筛）和自定中心型 2 种，分别如图 2-35（a）和（b）所示。

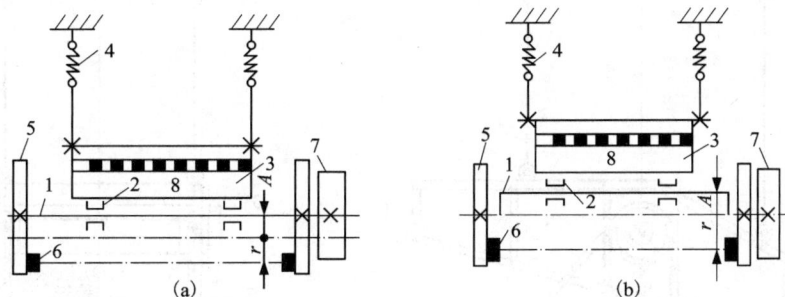

1—主轴；2—轴承；3—筛箱；4—吊杆弹簧；5—偏心圆盘；6—偏心块；7—皮带轮；8—筛网。

图 2-35　圆振动筛结构简图

装有筛网 8 的筛箱 3 由吊杆弹簧 4 悬挂（吊式）或支承（座式）。主轴 1 的轴承 2 装在筛箱 3 上，主轴由皮带轮 7 驱动而旋转。偏心圆盘 5 装在主轴上并随其旋转。偏心圆盘旋转时产生离心惯性力，驱使筛箱产生圆形轨迹的振动。A 表示振幅，r 表示激振偏心距。

惯性振动筛与自定中心振动筛的区别在于：振动器的结构和工作原理有所不同。惯性振动筛的轴承中心与皮带轮的中心位于同一直线上。惯性振动筛工作过程中，当皮带轮和传动轴的中心线做圆周运动时，筛子以振幅 A 为半径作圆周运动，由于电动机皮带轮的中心位置固定不变，故大小皮带轮中心距随时改变，引起皮带的时松时紧，使皮带易于疲劳断裂，且影响电动机使用寿命。其只能在较小振幅（小于 3 mm）时使用，目前这种惯性筛已很少使用。自定中心振动筛的皮带轮中心位于轴承中心与偏心块的重心之间，使皮带轮中心线位于偏心块与振动机体合成的质心上。当振动筛工作时，皮带轮不随筛箱一起振动，只做旋转运动，不会引起三角带的伸缩，因而可以采用较大的振幅，以提高筛分效率。目前工业生产中采用的圆振动筛一般都属于自定中心振动筛，主要有皮带轮偏心式和轴承偏心式两种。

①SZZ 型自定中心振动筛。

SZZ 型自定中心振动筛有皮带轮式和轴承式两种，二者的结构和工作原理基本相同，其中皮带轮式自定中心振动筛的结构如图 2-36 所示。筛框 1 用 4 根带弹簧的吊杆悬挂在厂房横梁上。筛框与水平的倾角为 15°~20°，其上装有筛网 2 和振动器 3。振动器（图 2-37）主轴的滚柱轴承座 5 用螺栓固定在筛板侧壁。主轴 7 的两端装有带偏心块 1 的皮带轮和圆盘。主轴中部也有向一方突起的偏心块，依靠这两种偏心块的合力产生激振力。筛箱的振幅只能通过增减皮带轮和圆盘上的偏心块来调节。振动筛的主轴中心与轴承中心在同一直线上，因皮带轮与圆盘的轴孔中心相对于其圆周有一偏心距，其值等于机体的振幅，故皮带轮旋转中心仍位于轴承中心与偏心块的重心之间，在空间上是不动的。

　　自定中心振动筛筛分效率高，生产能力大，应用范围广，结构简单，调整方便、工作可靠，广泛应用于选矿、煤炭等工业部门，主要用作中、细碎物料的筛分设备，最大给矿粒度可达 150 mm。

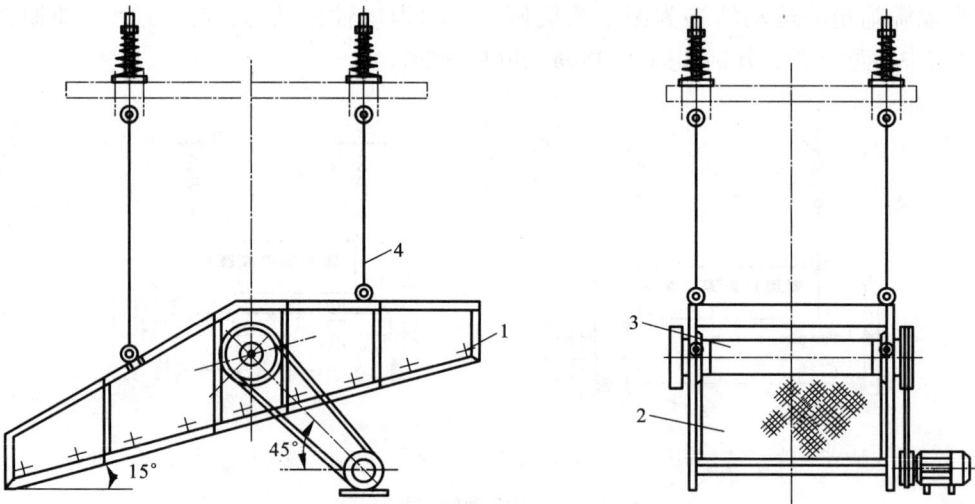

1—筛框；2—筛网；3—振动器；4—弹簧吊杆。

图 2-36　SZZ 1500 mm×4000 mm 吊式自定中心振动筛

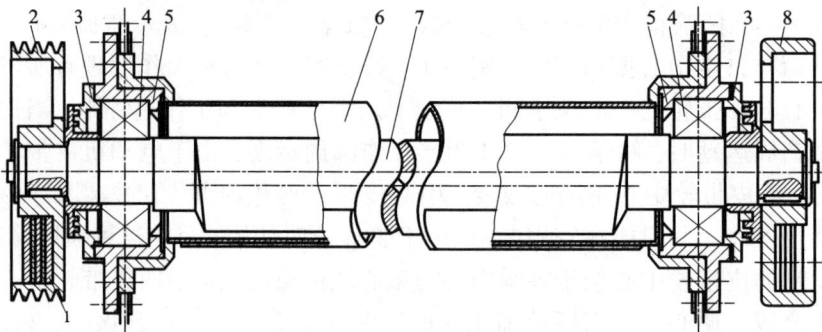

1—偏心块；2—带轮；3—轴承端盖；4—滚柱轴承；5—轴承座；6—圆筒；7—主轴；8—圆盘。

图 2-37　自定中心振动筛振动器

②重型自定中心振动筛。

一般振动筛的转速选择在远离共振区，即工作转数比共振转数大几倍。当筛子起动和停车时，由于转数由慢到快或由快到慢都会经过共振区，短时地引起系统的共振，筛框的振幅很大，这在操作过程中经常可以见到。为此，出现了能克服共振，可以自动移动偏心块位置的重型振动筛。

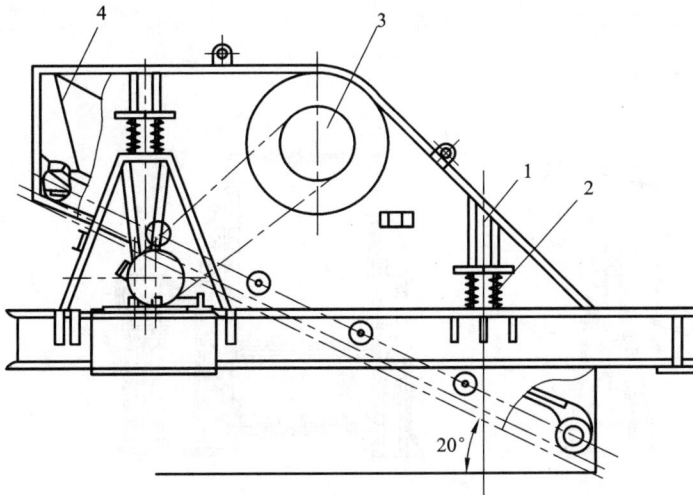

1—筛框；2—弹簧；3—振动器；4—蓖条筛网。

图 2-38　1750 mm×3500 mm 重型振动筛

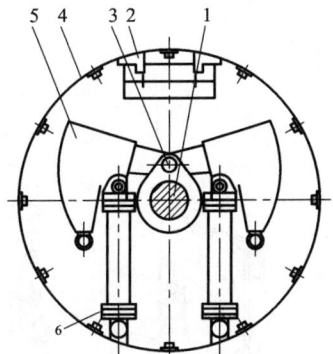

1—主轴；2—挡块；3—销轴；
4—激振器外壳；5—偏心重块；
6—弹簧。

图 2-39　重型振动筛激振器

图 2-38 是用于筛分大块度、大比重物料的自定中心座式重型振动筛。这种振动筛结构比较坚固，能承受较大的冲击负荷，振幅大，而且为避免起动和停车时发生共振，采用了自动平衡器，可以起到减振作用。

重型振动筛振动器的结构如图 2-39 所示，偏心重块 5 利用铰链安装在销轴 3 上，在重块中部用弹簧 6 拉紧，重块可以自由转动，当主轴 1 的转速低于某一数值时（大致等于共振转速），偏心重块所产生的离心力很小（离心力随转速而变化），由于弹簧的作用，偏心重块的离心力对销轴 3 产生的力矩低于弹簧力对销轴 3 的力矩，偏心重块对回转中心不发生偏离，即图 2-39 中所示的位置，此时对筛框而言，产生的激振力很小，虽然振动器主轴有一定的转速，但筛框的振幅很小，可以平稳地克服共振转速，避免筛框的支承弹簧损坏。当振动器的转速高于共振转速时，偏心重块所产生的离心力因大于弹簧的作用力而被弹出，产生正常工作中所需要的激振力，从而使筛框的振幅达到工作振幅。当停车时，发生相反的情况，激振器转速降至共振转速时，偏心重块被弹簧作用力拉回原位，振动器基本处于平衡位置，从而使振动器经过共振转速附近时，筛框的振幅也不致急剧增加。

筛子的振幅可以通过增减偏心重块的重量来进行调整。筛子的振动次数可以用更换小皮带轮的方法来改变。在筛子起动和停车过程中，偏心重块弹出和拉回时对挡块 2 有冲击力，因此应制成由铁片和橡胶垫片所组成的组合件，以对冲击力进行缓冲。

重型振动筛在选矿厂主要用作中碎之前的预先筛分设备，代替容易堵塞的固定条筛。此

43

外，也可作为含泥多的大块物料的洗矿设备。

③YA圆振动筛。

YA圆振动筛是引进德国技术而制造的一种高效振动筛。其振幅强弱可调节，筛分效率高，广泛应用于选煤、选矿、建材、电力及化工等行业。该振动筛主要由筛箱、筛网、振动器、减振弹簧装置、筛座等组成，如图2-40所示。筛箱侧板采用优质钢板制作而成，侧板与横梁、激振器底座采用高强度螺栓或环槽铆钉联接。采用筒体式偏心轴激振器及偏心块调节振幅，振动器安装在筛箱的侧板上，并由电动机通过联轴器带动旋转，产生离心惯性力，迫使筛箱振动。

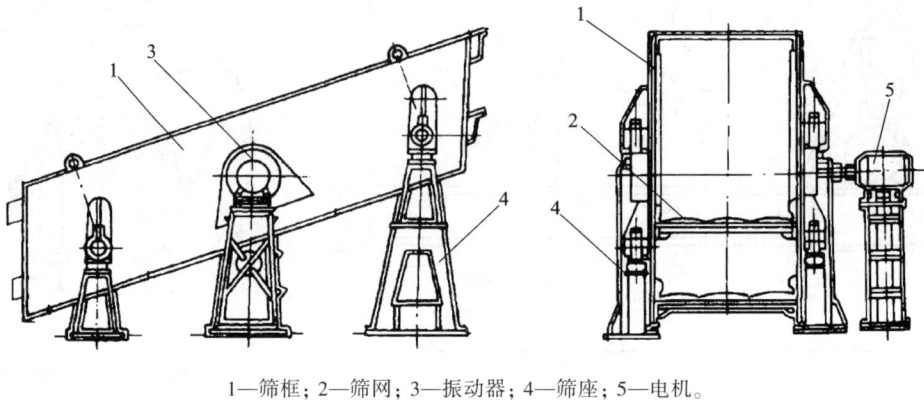

1—筛框；2—筛网；3—振动器；4—筛座；5—电机。

图2-40　YA圆振动筛外形结构图

YA圆振动筛工作过程中，电动机经三角带使激振器偏心块产生高速旋转。运转的偏心块产生很大的离心力，激发筛箱产生一定振幅的圆运动，筛上物料在倾斜的筛面上受到筛箱所传递的能量而产生连续的抛掷运动，物料与筛面相遇的过程中使小于筛孔的颗粒透筛，从而实现分级。

YA圆振动筛具有以下特点：采用块偏心作为激振力，激振力强；筛子横梁与筛箱采用高强度螺栓连接，无焊接；筛机结构简单，维修方便快捷；采用轮胎联轴器，柔性联接，运转平稳；筛分效率高，处理量大，寿命长。

（3）直线振动筛

直线振动筛的种类较多，这里以ZKX型直线振动筛为例加以介绍，其主要由筛箱、箱型激振器、减振装置、驱动装置等组成，如图2-41所示。筛箱由不同厚度的钢板焊制而成，具有很高的强度和刚度。筛箱由四个支柱和两个槽钢组成的支架支承，借助减振弹簧实现减振。驱动装置由箱式激振器和电机组成，安装在筛箱侧板上。

直线振动筛的工作原理如图2-42所示。电动机经三角皮带带动主轴旋转，主轴的中部有齿轮副，使从动轴向相反方向转动。在主轴和从动轴上设有相同偏心距的重块，当激振器工作时，两个轴上的偏心重块的相位角一致，产生的离心惯性力在 X 方向的分力带动筛子沿 X 方向运动。至于惯性力在 Y 方向的分力，其方向相反而大小相等，所以可以互相抵消，这样，就使筛箱沿 X 方向呈直线运动。

与圆振动筛相比，直线振动筛的特点主要有：筛面水平安装，筛子的安装高度减小；筛

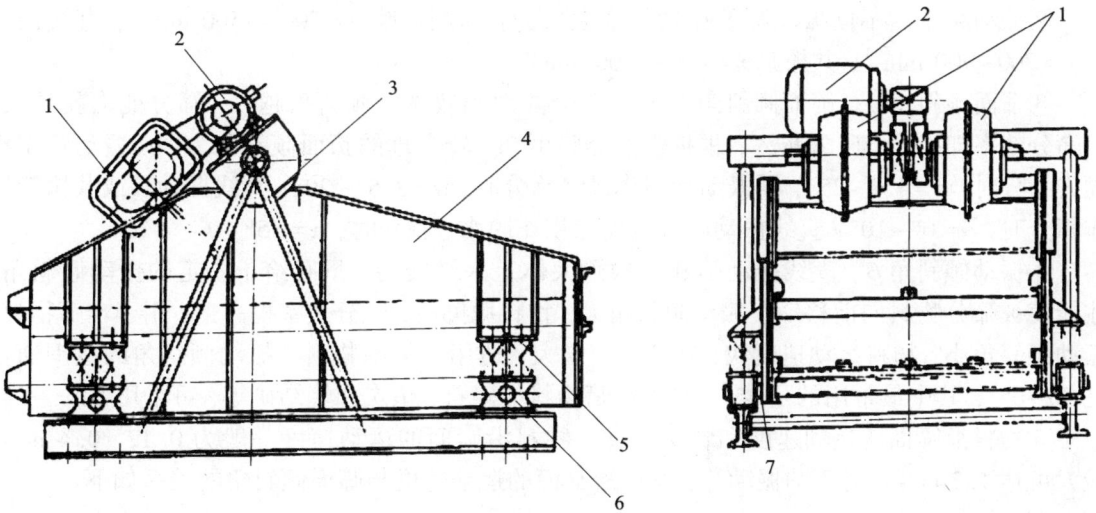

1—垂直剖分箱式激振器；2—电动机；3—电机支承架；4—筛箱；5—减振弹簧；6—筛箱支承底架；7—摩擦阻尼器。

图 2-41　ZKX 型直线振动筛结构图

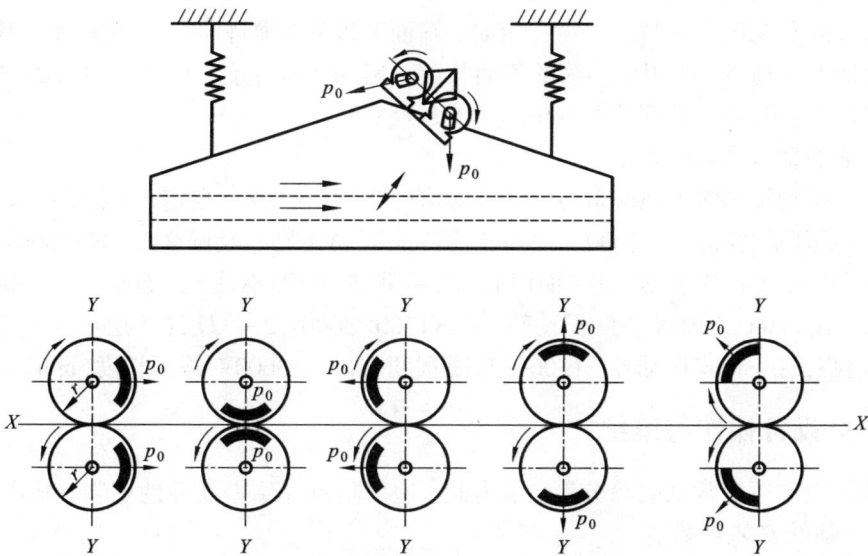

图 2-42　直线振动筛工作原理示意图

面是直线往复运动，上面的物料层一方面向前运动，一方面在跳起和下落过程中受到压实的作用，有利于脱水、脱泥和重介质选矿时脱去重介质，亦可用于干式筛分及磨矿流程中的粗磨段代替螺旋分级机进行检查分级等作业；筛面振动角度通常为 45°，但对于难筛物料如石块、焦炭、烧结矿，可采用 60°。缺点是构造比较复杂，振幅不易调整，振动器重量大。

（4）振动筛的主要工作参数

①振幅 A。一般根据不同用途进行选择，圆振动筛用作预先筛分时 $A = 2.5 \sim 3.5$ mm，用

作最终筛分时 $A = 3 \sim 4$ mm；直线振动筛振幅 $A = 3.5 \sim 5.5$ mm；共振筛振幅 $A = 6 \sim 15$ mm。

②振动频率。不同振动筛的振动频率大致为：圆振动筛 $n = 700 \sim 1500$ min^{-1}，直线振动筛 $n = 700 \sim 900$ min^{-1}，共振筛 $n = 400 \sim 800$ min^{-1}。

③筛面倾斜角 α。筛面倾斜角关系到筛分能力和效率。倾斜角越大，筛分能力就越大，但筛分效率却越小，反之亦然。根据实践经验可知，较合理的筛面倾斜角为：圆振动筛用作预先筛分时，$\alpha = 15° \sim 25°$，圆振动筛用作最终筛分时，$\alpha = 2.5° \sim 20°$；直线振动筛或共振筛用作筛分时，$\alpha = 0° \sim 10°$；直线振动筛或共振筛用作脱水、脱介时，$\alpha = -5° \sim 0°$。

④振动倾斜角 β。直线振动筛和共振筛大体上水平安装，只有给予一定的振动倾斜角，才能使被筛分物料向前移动。振动倾斜角大，物料抛掷高，筛分效率提高，适用于难筛物料。振动倾斜角小，物料运动速度快，筛分能力增大，适用于易筛物料。振动倾斜角的范围通常是 $30 \sim 65°$，其中最常用的是 $45°$，对于难筛物料如碎石、焦炭和烧结矿等，可采用 $60°$。

⑤物料沿筛面的运动速度和料层厚度。物料沿筛面的运动速度一般为 $0.12 \sim 0.4$ m/s，最大可达 1.2 m/s。对于圆振动筛，物料沿筛面的运动速度与筛面倾斜角的关系如下：

筛面倾斜角/(°)　　　　　　　　　　18　　　20　　　22　　　25
物料沿筛面运动速度/(m·s^{-1})　0.305　0.41　0.51　0.61

料层厚度与筛孔尺寸 a 的关系可按料层厚度 $\leq (3 \sim 4)a$ 计算，料层厚度与筛上物料平均粒度 D_0 的关系可按料层厚度 $\approx (2 \sim 2.5)D_0$ 计算。

⑥筛面长度和宽度。在料层厚度一定时，筛面宽度直接影响筛子的生产率，其长度则直接影响筛分效率。通常，矿用振动筛的筛面长度一般为 4 m 左右，长宽比约为 2；分级、脱水和脱介的煤用振动筛筛面长度约为 6 m，长宽比为 $1.5 \sim 2.5$。

⑦振动筛的型号和规格表示。

自定中心振动筛 SZZ$_2$1500×3000：S—振动筛，Z—中心，Z—自定，下标 2—双层（单层不注），1500—筛面宽度（mm），3000—筛面长度（mm）。YA 圆振动筛 2YA（H）1500×3600：2—双层（单层不注），Y—圆运动，A—轴偏心，H—重型（轻型不注），1500—筛面宽度（mm），3600—筛面长度（mm）。ZKX 直线振动筛 2ZKX1500×3600：2—双层（单层不注），Z—直线运动，K—块偏心，X—箱式振动器，1500—筛面宽度（mm），3600—筛面长度（mm）。

2.2.3　筛分设备操作与维护

振动筛是选矿厂最常见的筛分设备，为此，这里重点介绍振动筛的安装、操作与维护。

（1）振动筛的安装与调整

振动筛按规定倾角安装在基础上或悬架上。安装后进行调整，先进行横向水平度调整，以消除筛箱的偏斜。校正水平度后，再调整筛箱的纵向倾角。筛网应均匀张紧，防止筛网产生任何可能的局部振动，因为这种局部振动会导致这部分筛网受弯曲疲劳而加速损坏。三角皮带的松紧度是靠调整滑轨螺栓进行调整的，调整时应使三角皮带具有一定的初拉力，但又不应使初拉力过小或过大。为减少对筛面的冲击和磨损，筛子受料端的给料落差最好不要大于 500 mm，且给矿方向与筛面物料运动方向应保持一致。

（2）振筛的操作

在筛子启动前，应检查螺钉等连接部件是否固紧可靠，电气元件有无失效，振动器的主轴是否灵活，轴承润滑情况是否良好，振动筛周围是否有妨碍振动筛运动的障碍物等。检查确认无问题后才能启动振动筛。振动筛的启动次序是：先启动除尘装置，然后启动筛子，待运转正常后，才允许向筛面均匀地给矿。停车的顺序与开机相反，停机前应先停止给矿。

（3）振动筛的维护

在振动筛正常运转中，应密切注意轴承的温度，一般不得超过 40 ℃，最高不得超过 60 ℃。运转过程中应注意筛子有无强烈噪声，筛子振动应平稳，不准有不正常的摆动现象。当筛子有摇晃现象发生时，应检查四根支承弹簧的弹性是否一致，以及有无折断情况。

振动筛在运行期间，应定期检查零部件的磨损情况，如已磨损过度，应立即予以更换。还应经常观察筛网有无松动，有无因筛网局部磨损造成漏矿等情况，如有上述情况，应立即停车进行修理。

筛子轴承部分必须保证良好的润滑，当轴承安装良好、无发热、漏油时，可每隔一星期左右用油枪注入黄油一次，每隔两月左右，应拆开轴壳，将轴承进行清洗，重新注入洁净的黄油。

筛子轴承一般使用 8~12 个月更换一次，传动皮带一般 2~3 个月更换一次，弹簧寿命一般不低于 3~6 个月，筛框的寿命一般在 2 年以上。振动筛中修和大修时，应更换振动筛的成套部件，如激振器和筛框等，2 年内振动筛一般不需要大修，只需更换零部件，如筛网和弹簧等。

2.3　新型破碎与筛分设备

2.3.1　新型颚式破碎机

目前工业中应用的新型颚式破碎机有多种类型，这里重点简要介绍回转式、双腔式和振动式新型颚式破碎机。

（1）回转式颚式破碎机

图 2-43 为一种新型回转式颚式破碎机结构简图。工作过程中，物料由进料斗落入机内，经分离机构将物料分散到四周下料。电动机经三角皮带带动偏心轴，使动颚上下运动而压碎物料，物料达到一定粒度后进入回转腔。物料在回转腔内受到转子及定颚的研磨而破碎，破碎的物料从下料斗排出。通过松紧螺栓和加减垫片，可调整排矿口大小，控制排矿粒度。采用圆周给料，给料范围比普通颚式破碎机大，下料速度快而不易堵塞。与同等规格的颚式破碎机相比，其生产能力大，产品粒度小，破碎比大。

（2）双腔式颚式破碎机

双腔式颚式破碎机具有两个破碎腔，可在双工作行程状态下运行，不存在空行程的能量消耗，因而大大提高了处理矿量，单位功率大幅度降低，金属消耗也明显下降，其结构如图 2-44 所示。

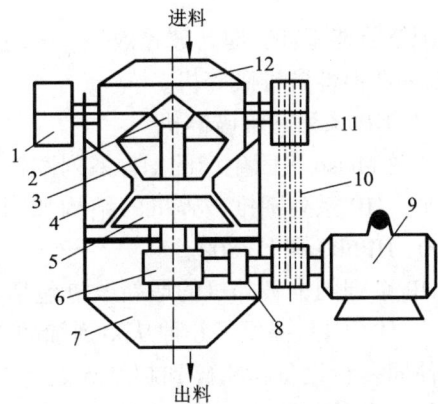

1—飞轮；2—偏心轴；3—动颚；4—定颚(机体)；
5—转子；6—齿轮箱；7—下料斗；
8—联轴器；9—电机；10—三角带；
11—皮带轮；12—进料斗板。

图 2-43　回转式颚式破碎机结构图

（3）振动式颚式破碎机

振动式颚式破碎机由俄罗斯研制开发，其结构如图 2-45 所示。利用不平衡振动器产生的离心惯性力和高频振动实现矿石的破碎。具有双动颚结构，两个振动器分别作用在两个动颚上，转向相反并可实现自同步，使两个动颚围绕扭力轴同步振动。通过扭力轴可以调整振幅，从而控制产品粒度。适用于铁合金、金属屑、砂轮和冶金炉渣等难碎物料的破碎，可破碎物料的抗压强度高达 500 MPa。设备规格为 80 mm×300 mm、100 mm×300 mm、100 mm×1400 mm、200 mm×1400 mm 和 440 mm×1200 mm 等。动颚摆动频率为 13～24 Hz，功率为 15～74 kW，破碎比可达 4～20，已有数十台设备用于生产。

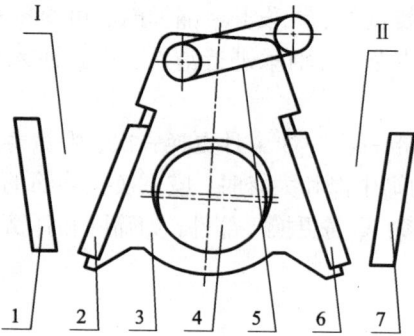

1—固定颚板；2—活动颚板；3—动颚；4—偏心轴；
5—摇杆；6—活动颚；7—固定颚板；Ⅰ-破碎腔；Ⅱ-破碎腔。

图 2-44 双腔式颚式破碎机结构图

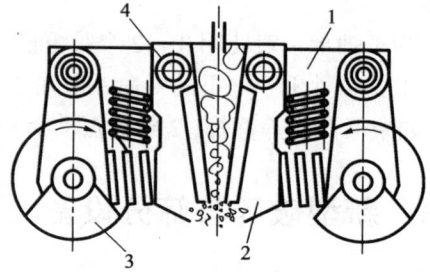

1—机座；2—颚板；3—不平衡振动器；4—扭力轴。

图 2-45 振动式颚式破碎机结构图

2.3.2 新型圆锥破碎机

围绕节能降耗，提高破碎效率，国内外相继出现了许多新型圆锥破碎机，其中典型的有 HP 系列和惯性圆锥破碎机。

（1）HP 系列圆锥破碎机

芬兰 Metso 集团生产的 HP 系列圆锥破碎机（原属 Metso 集团 Nordberg 公司）具有国际领先水平。HP 系列圆锥破碎机的结构如图 2-46 所示，该系列的规格主要有 HP200、HP300、HP400、HP500 和 HP800。

HP 系列圆锥破碎机的最新改进包括：采用高能化原理设计，大幅度提高了功率/质量比和功率/体积比；提供了 6 种从粗到细的不同破碎腔形衬板以供选用，仅通过更换不同衬板就可以使同一台设备在粗碎到超细碎之间变换，其中超细碎腔形利用了料层粉碎原理，要求充满给料；采用液压驱动旋转定锥，能快速调整排矿口或拆卸定锥，可以在负荷状态下调整排矿口；自动控制系统可以远程控制液压站；所有主要部件均可从破碎机顶部或侧面进行维修；采用了超声波料位计。

与 Symons 圆锥破碎机相比，HP 系列圆锥破碎机的零部件减少了 30%，而同规格破碎机的处理能力却提高了 20%，破碎比达到 2～10，可用于第二段到第四段破碎。目前，包头钢铁集团公司的选矿厂、鞍钢集团鞍山矿业公司齐大山选矿厂，以及太原钢铁厂的尖山铁矿等矿山均采用了该类型破碎设备。

（2）惯性圆锥破碎机

北京矿冶研究总院和俄罗斯 Механобр 技术有限公司合资成立的北京凯特破碎机有限公司，从 20 世纪 90 年代初就开始研制惯性圆锥破碎机，目前已形成了 GYP-60、GYP-100、GYP-200、GYP-300、GYP-450、GYP-600、GYP-900、GYP-1200 系列规格。惯性圆锥破碎机结构如图 2-47 所示。

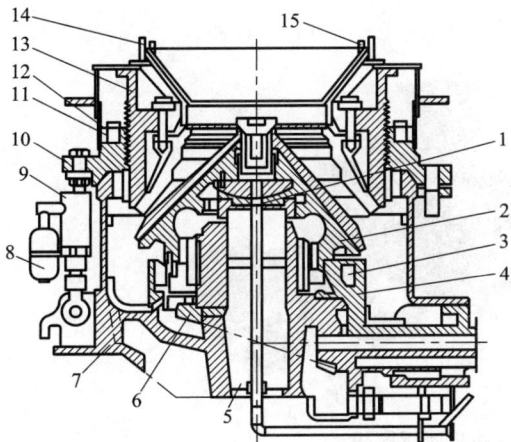

1—轴承座；2—动锥体主轴；3—平衡重；4—密封环；
5—柱体；6—偏心轴套；7—机架；8—蓄能器；
9—液压保险杠；10—支承环；11—锁紧液压缸；
12—锁紧螺母；13—调整环；14—受料斗；15—进料筒。

图 2-46　HP 系列圆锥破碎机结构图

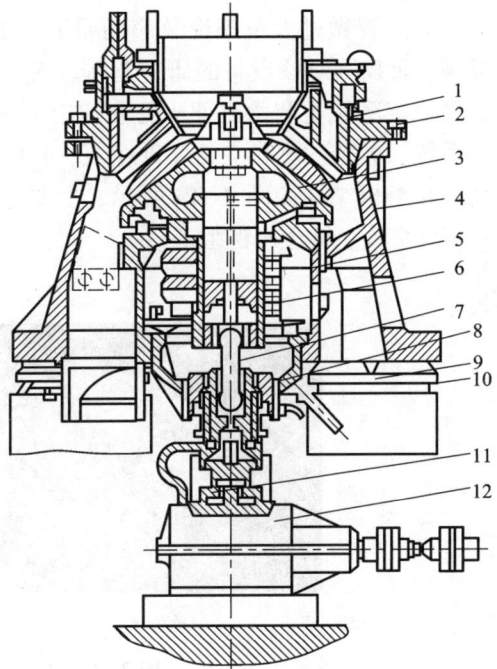

1—调整环；2—支承环；3—动锥；4—机架；
5—轴套；6—激振器；7—球头连杆；
8—中间轴；9—止推轴承；10—减振元件；
11—球形立轴；12—减速器。

图 2-47　惯性圆锥破碎机结构图

惯性圆锥破碎机的主要特点有：①主轴为悬臂梁结构，动锥由球面瓦支承；②破碎力由主轴上的偏心配重物旋转产生的离心惯性力形成；③主轴转速较高，可以产生强大的破碎力。同时高转速可以产生高频振动，进一步强化破碎过程；④改变主轴转速、偏心配重物质量和偏心距，可以调整破碎力；⑤破碎腔内进入不可破碎物时，动锥可以自动退让，使设备零部件得到保护；⑥采用充满给料形式，以形成料层粉碎条件，节能并具有选择性破碎功能；⑦产品粒度与排矿口大小无关，而取决于破碎力；⑧设备设计中考虑了动平衡，总体振动小，不需要庞大的基础。

惯性圆锥破碎机具有较高的破碎比和较细的产品粒度，破碎比高达 10~20，产品粒度达 95% -8 mm 或 80% -6 mm。由于高频振动的作用，物料硬度越大则受力越大，因此可以破碎极硬的物料，如刚玉、硬质合金等。

GYP-600 惯性圆锥破碎机于 1997 年用于柿竹园有色金属矿。GYP-1200 惯性圆锥破碎机于 2005 年 11 月用于鞍钢集团某矿业公司的破碎车间，处理来自东鞍山铁矿的铁矿石，该矿石为鞍山式含铁石英岩，硬度为 $f=17 \sim 18$，密度为 3.14 g/cm^3。

2.3.3 高压辊磨机

20 世纪 80 年代，在西方国家，高压辊磨机在水泥、矿业、冶金、化工等诸多领域得到了广泛应用，取得了显著的经济效益和社会效益。在过去的二十多年中，德国、美国、丹麦和俄罗斯等国曾做过大量理论及应用研究，使得该设备的设计和制造不断完善，设备性能也日益提高，而我国对该设备的研究起步较晚。

高压辊磨机主要由机架、辊组、给料控制装置、液压控制系统、电气控制系统、集中自动润滑系统、水冷系统等主要部件组成，有单传动和双传动两种，如图 2-48 所示。其中，双传动高压辊磨机结构如图 2-49 所示，主要包括机架、传动系统、给料控制装置、液压控制系统、润滑系统、料仓和辊组等。

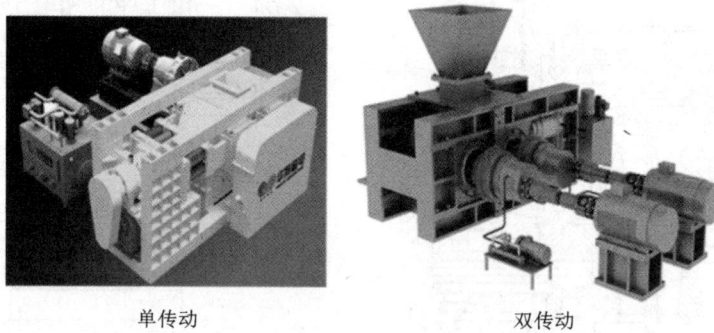

单传动　　　　　　　　　　双传动

图 2-48　单传动和双传动高压辊磨机

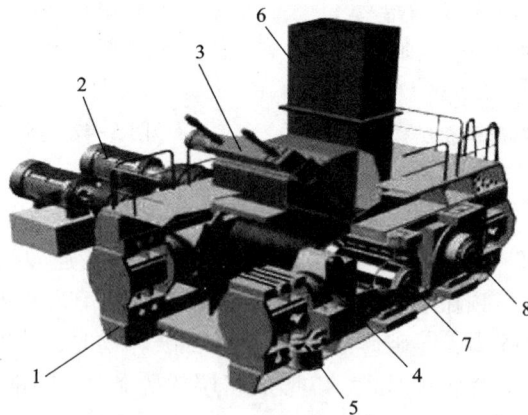

1—机架；2—传动系统；3—给料控制装置；4—液压控制系统；5—润滑系统；6—料仓；7—可动辊；8—固定辊。

图 2-49　双传动高压辊磨机结构

①机架：由几个独立的部件靠螺栓连接而成。机架上装有液压缸、给料装置、柱钉辊子

及其他部件。机架是由上机架、下机架、左端梁、右端梁、底座、盖板、承载销、调节垫板、导轨及联接螺栓组成的。

②传动系统：由电机和辊组构成，是高压辊磨机的核心部件。在金属矿用高压辊磨机运行过程中，固定辊被固定在机架的两端；而活动辊则由液压系统支承，随着给料量的改变，活动辊的相对位置也在改变。固定辊和活动辊的主要零部件包括辊轴、柱钉辊套、轴承、密封盘等。

③液压系统：液压缸被安放在活动辊的机架侧面上，在两侧轴承座之后。液压系统主要由液压泵站、集成控制阀块、蓄能器装置、施压油缸等部件组成。

④给料系统：给料系统主要组成零部件有控制闸门、入料箱体、支撑座、径向给料调节装置、自适应浮动侧挡板和弹簧压紧装置等。控制闸门与上游来料仓连接，侧挡板在两个相向旋转的辊子端部。

⑤润滑系统：润滑系统由加油泵、单线分配器、$\phi 12~mm$ 主油管（无缝钢管）、$\phi 10~mm$ 支管（无缝钢管）和树脂软管（B6II）等组成，用油为轴承专用润滑油。

⑥冷却系统：高压辊磨机采用水冷却系统，主要由旋转接头、端盖、水冷却管和安装在辊轴中心孔内的接管组成。工艺设计的冷却水管道系统还应有手动流量调节阀、温度计、流量计、连接软管、供水和回水管等。

高压辊磨机工作原理如图 2-50 所示。在高压区上部，所有物料首先进行类似于辊式破碎机的单颗粒粉碎。随着两辊的转动，物料向下运动，颗粒间的空隙率减小，由单颗粒破碎逐渐变为对物料层的挤压粉碎。物料层在高压下形成，压力迫使物料之间相互挤压，因而即使是很小的颗粒也要经过这一挤压过程，这是其破碎比较大的主要原因。料层粉碎的前提是两辊间必须存在一层物料，而粉碎作用的强弱主要取决于颗粒间的压力。由于两辊间隙的压应力高达 50~300 MPa（通常使用 150 MPa 左右），故大多数被粉碎物料通过辊隙时都被压成了料饼，其中含有大量细粉，并且颗粒中产生了大量裂纹，这对进一步的粉磨非常有利。

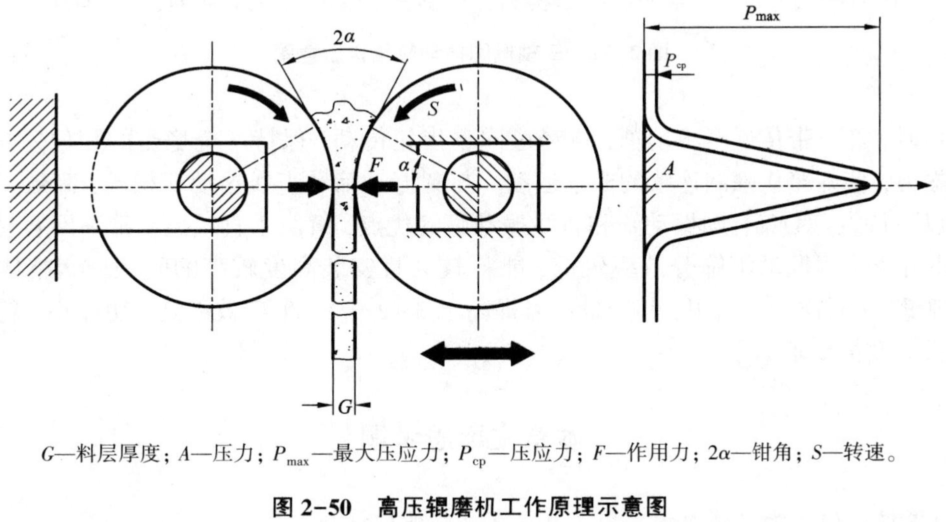

G—料层厚度；A—压力；P_{max}—最大压应力；P_{cp}—压应力；F—作用力；2α—钳角；S—转速。

图 2-50　高压辊磨机工作原理示意图

在高压辊磨机的正常工作过程中，施加于活动辊的挤压粉碎力是通过物料层传递给固定辊的，不存在球磨机中的无效撞击和摩擦。试验表明，在料层粉碎条件下，利用纯压力粉碎比剪切和冲击粉碎的能耗小得多，大部分能量都用于粉碎了，因而能量利用率高，这是高压辊磨机节能的主要原因。

高压辊磨机具有以下基本特点：①利用层压破碎工作机理，能量利用率高，单位粉磨能耗低，生产效率高。②可处理水分含量较高的物料。物料最好含有一定水分（小于10%），不仅能形成较好的辊面料层，而且提高了挤压辊的工作寿命。③高压作用下，矿物颗粒内部及矿物界面之间产生局部压力，进而产生粉碎、变形、裂纹或裂缝，有利于后续磨矿作业提高单体解离度，从而提高分选指标。④设备结构紧凑，重量轻，外形尺寸小，占地面积少，土建投资省。⑤设备的振动和噪声较低，生产环境好。

2.3.4　三轴椭圆振动筛

目前国内主要的椭圆筛生产厂家包括鞍山重工、南昌矿机和中冶等，其中，鞍山重工生产的双轴椭圆筛适用于煤炭及冶金等大、中粒度物料的筛分。南昌矿机生产的是自同步 TSK 系列三轴椭圆筛，动力源由 6 套 NJ 激振器组成，水平安装，适用于大、中、小粒度物料的筛分，其结构如图 2-51 所示。采用三轴块偏心激振器作为激振源，齿轮强制同步，以金属弹簧或橡胶支承弹簧为弹性元件，椭圆长轴振幅大，结构紧凑、稳定，能耗低。

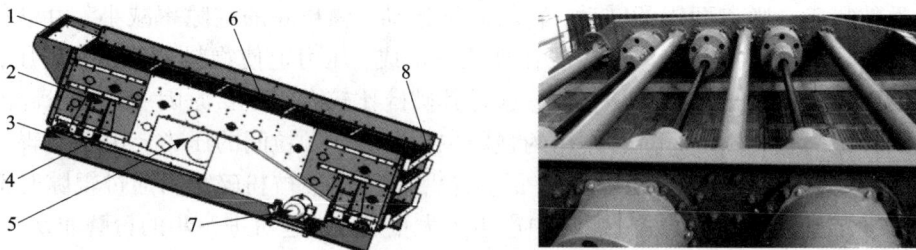

1—进料口；2—筛体；3—底座；4—减振弹簧；5—激振模块；6—筛框；7—电机；8—出料口。

图 2-51　三轴椭圆振动筛结构示意图

工作时，经皮带传递至主动轴，再经过同步齿轮传动，保持一个稳定的相位差角，从而产生激振力，使筛箱作强制连续的椭圆运动。与圆振动筛和直线振动筛相比，高效三轴椭圆筛具有以下特点：①兼有圆振动筛和直线振动筛的优点，解决了直线振动筛筛网容易堵塞的难题，也解决了圆振动筛筛分效率较低、能耗较大且安装高度较高的问题。②整体结构紧凑，处理量大(同样筛分面积，其产量可以提高 1.3~2 倍)，生产效率高，功耗小，符合国家节能减排的政策要求。

本章主要思考题

(1)根据破碎施加机械力的不同，主要有哪些破碎机械？

(2)选矿厂常用的粗碎、中碎、细碎设备有哪些？

(3)简摆式与复摆式颚式破碎机结构和性能有什么区别？

(4) 颚式破碎机排矿口调节有哪些方法？保险装置有哪几种？其原理是什么？

(5) 简述简摆式和复摆式颚式破碎机的工作原理。

(6) 颚式破碎机安装、操作与维护应注意哪些问题？

(7) 旋回破碎机的结构有什么特点？排矿口如何调节？

(8) 简述旋回破碎机的工作原理。

(9) 旋回破碎机安装、操作与维护应注意哪些问题？

(10) 中细碎圆锥破碎机结构的主要区别是什么？排矿口如何调节？

(11) 颚式破碎机、旋回破碎机和圆锥破碎机规格如何表示？

(12) 简述圆锥破碎机与旋回破碎机结构的差异。

(13) 辊式破碎机主要结构和工作原理是什么？

(14) 高压辊磨机有哪些突出的特点？

(15) 反击式破碎机主要结构和工作原理是什么？排矿口如何调节？

(16) 常用的筛子有哪些类型？固定筛有什么特点？一般用在什么地方？

(17) 振动筛的筛网主要有哪些类型？

(18) 惯性振动筛与自定中心振动筛的区别是什么？

(19) 直线振动筛与圆振动筛相比，有哪些优点？

(20) 振动筛的规格如何表示？不同类型振动筛的用途是什么？

(21) 振动筛的安装、操作与维护应注意哪些问题？

第3章 磨矿与分级设备

矿石在进行分离和富集之前需具备2个前提条件：一是要保证矿石中的有用矿物与脉石矿物或不同种类的有用矿物之间达成充分的单体解离；二是要达到特定分选工艺要求的入选粒度，如浮选工艺合适的粒度范围为 0.3~0.01 mm。要满足这2个方面的要求，单靠破碎作业是很难达到的，还必须在破碎后进行磨矿。磨矿过程也不能把矿石磨成后续分选工艺难以回收的过粉碎矿粒。因此，磨矿和分级作业就是要保证有用矿物与脉石矿物或不同种类的有用矿物间达到充分的单体解离，以及合适的入选物料粒度，避免产生过粉碎。

磨矿分级作业是破碎作业的延续，也是选别前的物料准备工作的重要组成部分。此外，磨矿也是选矿厂生产过程中涉及技术经济综合效益的一个极其关键的作业。磨矿分级产品质量的好坏，直接影响着选别指标的高低。同时磨矿也是选矿厂动力消耗和金属材料消耗较大的作业，所用设备的投资也占有很大比重，且选矿厂的处理能力实际上主要取决于磨矿机的处理量。因此，选择高效磨矿分级设备，提高磨矿分级效率和磨矿分级作业指标，对选矿厂生产具有十分重要的意义。

3.1 磨矿设备概述

3.1.1 磨矿设备分类

工业生产中使用的磨矿机种类繁多，分类方式也有多种。最常见的是根据磨矿机内磨矿介质的不同进行分类，如表3-1所示。当磨矿介质为钢球时，称之为球磨机。磨矿介质为钢棒时，称之为棒磨机。磨矿介质为砾石时，称之为砾磨机。若以矿石自身作为磨矿介质，则称为自磨机。

表 3-1 磨矿设备分类

类型	磨矿介质	筒体形状	筒体长度 L 与直径 D 关系	排矿方式
球磨机	金属球（钢球或铁球）	短筒形	$L \leq D$	溢流、格子
		长筒形	$L=(1.5~3)D$	溢流、格子
		管形	$L=(3~6)D$	溢流、格子
		锥形	$L=(0.25~1)D$	溢流
棒磨机	金属棒	筒形	$L=(1.5~3)D$	溢流、周边
自磨机	不加磨矿介质或加不多于8%的钢球	短筒形	$L=(0.14~0.3)D$	格子、风力

　　磨矿设备的传动方式有周边齿轮传动、摩擦传动和中心传动 3 种类型，如图 3-1 所示，其中周边齿轮传动是矿物加工过程中最常见的磨矿设备传动方式。磨矿机筒体的支承方式则有轴承支承、托辊支承和混合支承(轴承和托辊联合) 3 种，如图 3-2 所示，其中轴承支承是矿物加工过程中最常见的磨矿设备支承方式。磨矿设备的主要结构形式、传动方式和支承方式等如表 3-2 所示。

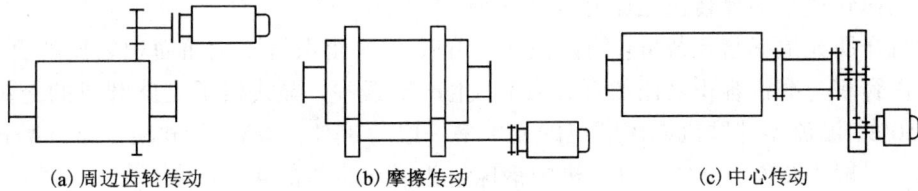

(a) 周边齿轮传动　　　(b) 摩擦传动　　　(c) 中心传动

图 3-1　磨矿机传动方式

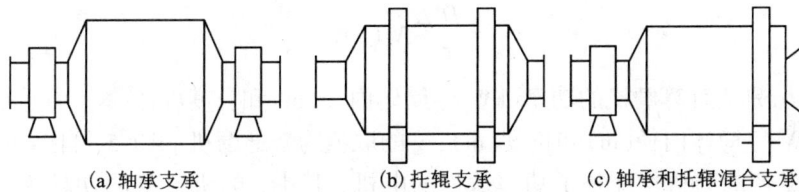

(a) 轴承支承　　　(b) 托辊支承　　　(c) 轴承和托辊混合支承

图 3-2　磨矿机筒体支承方式

表 3-2　常见磨矿设备传动和支承方式

磨机名称	磨矿介质	筒体形状	筒体长度直径比 (L/D)	排矿方式	传动方式	筒体支承方式	用途
球磨机	金属球(非金属球)	圆筒形	0.8~2	格子型、溢流型、周边型、风力(干式)	周边齿轮传动；摩擦传动	轴承；托辊；混合	各工业部门
棒磨机	钢棒	圆筒形	1.3~2.6	溢流型、周边型、开口型、风力(干式)	周边齿轮传动；摩擦传动	轴承	矿物加工、化学化工
管磨机	粗磨仓为金属球或棒，最后细磨仓用小球或钢段	中长筒形	2.0~3.5	格子型、溢流型、风力(干式)	周边齿轮传动；中心传动	轴承	水泥工业
多室管磨机		长筒形	3.5~6				
自磨机(半自磨机)	块度 300~400 mm 矿石	短筒形	0.2~0.3	格子型、风力(干式)	周边齿轮传动	轴承	矿物加工、化工、建材
砾磨机	块度 50~100 mm 矿石或砾石	圆筒形	1.3~1.5	格子型、溢流型	周边齿轮传动	轴承；托辊；混合	矿物加工、化工、建材

3.1.2　磨矿机主要性能和技术参数

①磨机生产率：单位时间单位磨机容积通过的原矿量[t/(h·m³)]；或单位时间单位磨机容积产生新生级别的量(如-0.074 mm级别等)，又称为磨机利用系数。

②磨机转速：磨机筒体转速范围为30~14 r/min，筒体直径越大，转速越低，反之转速越高。筒体工作转速与临界转速之比称为转速率，一般在76%~88%。

③磨机介质充填率与装载量：筒体截面上介质所占面积与该截面面积之比的百分数(或者介质所占容积与磨机容积之比的百分数)。生产实践中，湿式格子型球磨机的充填率一般为40%~50%，溢流型球磨机或棒磨机的充填率一般为35%~40%，干式格子型球磨机和管磨机的充填率一般为25%~35%。自磨机中钢球量为磨机容积的4%~8%。

④磨机功率：对特定的矿石，磨矿实际需要的功率通常是根据小型试验磨机在各种磨矿条件下的功率消耗数据推算得到的(类比法)，其推算公式为：

$$N = \frac{D^y L}{D_c^y L_c} N_c (\text{kW})$$

式中：N、D、L分别为计算磨机的功率(kW)、筒体内径(m)和长度(m)；N_c、D_c、L_c分别为试验磨机的功率(kW)、筒体内径(m)和长度(m)；y的取值为普通磨机$y=2.5$，自磨机$y=2.5~2.6$。

通常厂家生产的磨机均配备了功率适当的电机，其中，电机自身的功耗为10%，机械摩擦损失功耗为10%~15%，而实际用于磨矿的有用功率约为装机功率的75%。

⑤磨机型号规格表示：虽然磨矿机的种类各不相同，但磨矿机规格的表示方法却都是相似的，均以不带衬板时，磨矿机筒体的内直径D和筒体有效长度L表示，其中：

球磨机型号和规格表示为MQG(Y)2130：M—磨机，Q—(钢)球，G—格子型，Y—溢流型，21—筒体直径(dm)，30—筒体长度(dm)。

棒磨机均为溢流型，其型号规格表示为MBY0918：M—磨机，B—棒介质，Y—溢流型，09—筒体直径(dm)，18—筒体长度(dm)。

自磨机型号规格表示为MZ2409：M—磨机，Z—自磨，24—筒体直径(dm)，09—筒体长度(dm)。

3.2　球磨机

选矿厂最常用的湿式球磨机主要有格子型和溢流型2种。溢流型球磨机的构造要比格子型球磨机相对简单一些，除排料端的结构不同外，其他部分大致相同。

3.2.1　球磨机主要部件

(1)给矿器

给矿器的作用是将原料输送至球磨机中，根据其形状的不同可分为鼓式、蜗式和联合式给矿器，结构分别如图3-3(a)(鼓式给矿器)、图3-3(b)(蜗式给矿器)和图3-3(c)(联合给矿器)所示。

鼓式给矿器的端部为截头锥形端盖，筒体内壁装有螺旋，其端部与截锥形盖子连接，筒

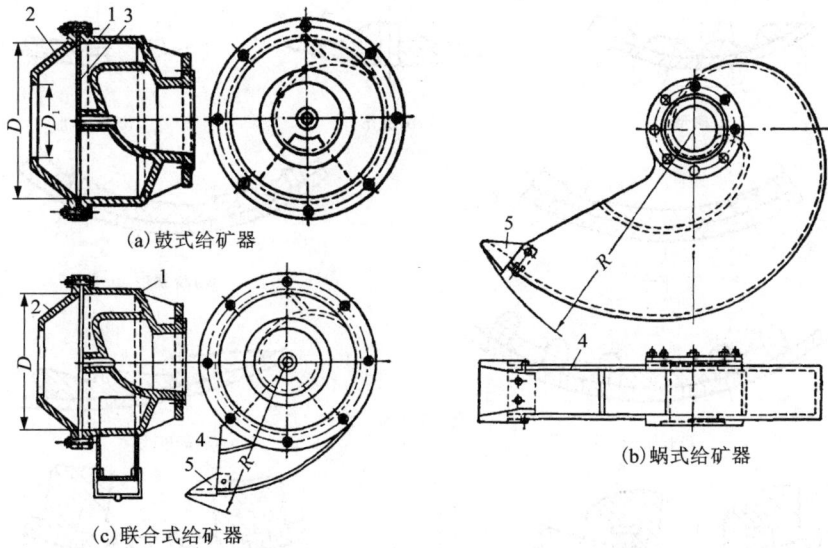

1—鼓式给矿器机体；2—截头锥形端盖；3—扇形孔隔板；4—螺旋形勺子；5—勺头。

图 3-3　球磨机给料器的结构

体与盖子之间有带扇形孔的隔板，物料通过隔板经螺旋送入中空轴颈后给入磨矿机内。鼓式给矿器只能在给料位置高于磨矿机水平轴线的条件下使用，如开路磨矿，或磨机与水力旋流器构成的闭路磨矿。蜗式给矿器有单勺和双勺两种，螺旋形的勺子将物料舀起，通过侧壁上的孔送入中空轴颈后给入磨矿机内，用于将低于磨矿机轴线以下的物料掏起并送入磨矿机，如将螺旋分级机返砂送入球磨机。联合给矿器是鼓式和蜗式的组合，可同时将原矿和螺旋分级机返砂送入磨矿机内，是最常用的一种给矿器，无论是一段磨矿还是两段磨矿均可使用，多用于磨机与螺旋分级机构成的闭路流程。

（2）磨机衬板

磨机衬板种类较多，按安装部位不同，有端盖衬板、筒体衬板和磨门衬板；按衬板材质不同，有金属衬板、橡胶衬板和铸石衬板等；按衬板工作表面形状不同，有平衬板、波纹衬板、凸棱衬板、压条衬板、阶梯衬板、半球形衬板、锥形衬板、双曲面衬板、角螺旋衬板和沟槽衬板等；按衬板联接方式不同，有螺栓衬板和无螺栓衬板；按衬板功能不同，有普通衬板和分级衬板。

不同种类的衬板所起的作用有所不同，扇形衬板安装在球磨机进料端盖上，起保护端盖的作用。筒体衬板的主要作用包括：保护球磨机筒体内壁；在一定程度上增强筒体的刚度；调整研磨体(介质和矿石)的运动状态，使研磨体在磨机运转过程中获得的能量得到合理利用。分级衬板则可使钢球按球径大小沿磨机轴向作正向分级运动，充分发挥各直径钢球的磨矿作用。

球磨机筒体衬板的结构形状不仅直接影响球磨机的工作效率，而且影响球磨机的作业率。筒体衬板的形状一般有如图 3-4 所示的几种，分为平滑和不平滑 2 类。

凡表面平整或铸有花纹的衬板都属光滑（平）形衬板。基于衬板与介质之间的静摩擦力会产生研磨作用，并对介质具有一定提升作用。通常湿式磨矿时，衬板与介质之间的摩擦系

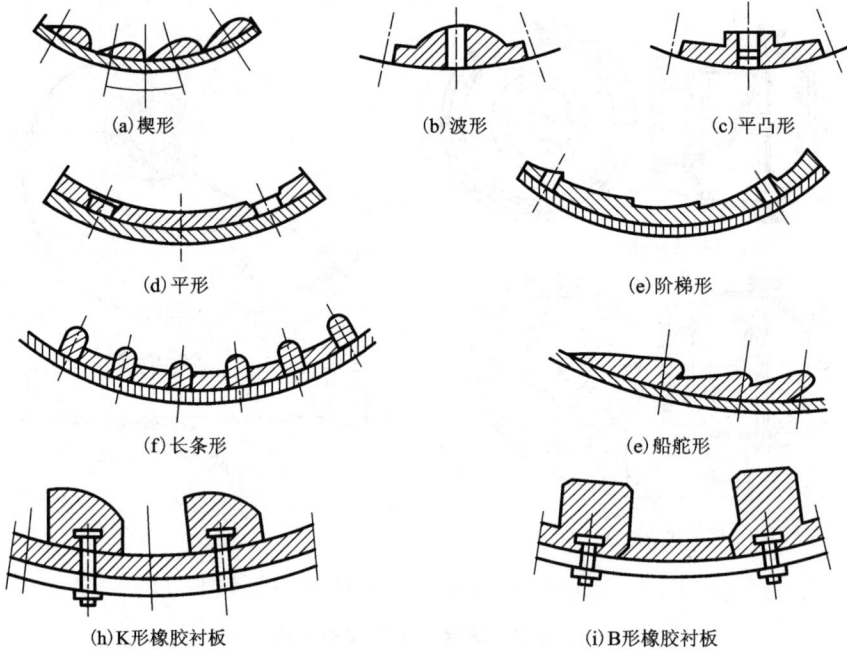

图 3-4   各种不同形状断面的筒体衬板

数为 0.35，干磨时为 0.4。光滑(平)形衬板提升介质所需的摩擦系数比以上数据要大很多，因此，筒体旋转时，介质不可避免地会产生滑动，从而降低介质的上升速度和提升高度，但由于介质的滑动增加了介质的研磨作用，磨剥作用也较强，因此，光滑(平)形衬板适用于以细磨为主的磨机筒体。

不平滑衬板(如波形、阶梯形等)可使钢球从较高处落下，并且对钢球和矿料都有较强的搅动作用，因而适用于粗磨。但不同类型的不平滑衬板由于结构的差异，在磨矿过程中所起的作用也有所不同。

①压条衬板：由光滑(平)衬板与压条组成。压条上有螺栓，通过压条(螺栓)将衬板固定，压条比衬板高，压条侧面对介质的推力较光滑(平)形衬板大，介质提升高度大，可获得较大的冲击能量。通常压条衬板适用于粗磨作业球磨机筒体。尤其是对物料粒度大、硬度高的情况更合适。但其缺点是：提升钢球的高度不均匀，压条前侧面的钢球提升高度大，远离压条位置的介质还是如同光滑(平)衬板一样会出现局部滑动。当磨机转速较高时，压条前侧的介质提升高度会过大，抛落到对面的衬板上，不但粉碎作用小，而且加速了衬板与介质的磨损。因此，对转速较高的球磨机不宜安装压条衬板。压条衬板的压条高度不应超过球磨机最大钢球的半径。压条的边坡角以 40°~50° 为宜，两道压条之间的距离等于磨机最大球径的 3 倍为宜。

②阶梯衬板：表面呈一定倾角，使之与原有的摩擦角一致，安装后成为许多阶梯，可以加大衬板对介质的推力。阶梯衬板对同一层钢球的提升高度均匀一致，衬板的表面磨损后其形状改变不显著，能防止介质之间的滑动和磨损。阶梯衬板适用于粗磨机及多仓磨机的粉碎仓。

③凸棱衬板：在光滑(平)形衬板上铸成半圆形或梯形的凸棱。凸棱的作用与压条相同，但其刚性大，不易变形。缺点是凸棱一经磨损，就必须更换整块衬板，不如压条衬板经济。

④波形衬板：将凸棱衬板的凸棱平缓化，就形成了波形衬板。这种衬板提升介质的能力较凸棱衬板差，在一个波节中，上升部分对提升介质是很有效的，而下降部分却有些不利的作用，因此这种衬板适用于棒磨机。

⑤分级衬板：分级衬板有很多形状，其主要特点是沿轴向方向具有一定斜度。分级衬板在磨机内的安装方向是高端朝着磨尾(排料端)，导致磨机靠进料端的直径略大，而靠出料端的直径略小。分级衬板的形状会使得介质按其大小沿着磨机内的通道自动分级，使大直径的介质留在磨机的进料端区域，小直径的介质聚集到靠近磨机卸料端的区域，即使介质(钢球)沿磨机轴向方向由大到小进行排列，符合磨机内物料粉磨过程的要求，分级衬板也只适用于球磨机。

为了避免进料端大钢球或粗粒物料堆积过多，可在靠进料端安装 1~2 排光滑(平)形衬板。为了避免小钢球或物料集中于磨机的出料端，也可将靠出口处的 1~2 排衬板安装成光滑(平)形衬板。常见的分级衬板结构如图 3-5 所示。

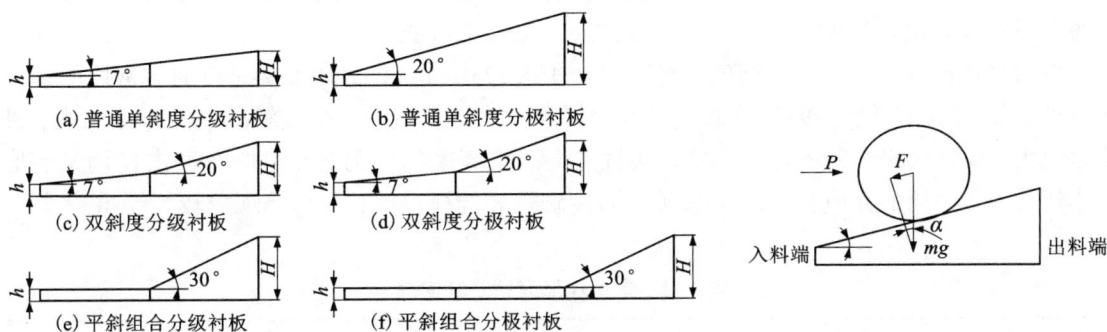

图 3-5　常见的分级衬板结构

筒体衬板通常采用硬质钢、高锰钢、铬钢、合金铸铁、橡胶或磁性等材料制成。其中，高锰钢具有足够的抗冲击韧性，被广泛应用于生产实践。由于高锰钢衬板的制造技术条件要求高，价格也较贵，因此逐步出现了加铬高锰钢和铬锰硅钢衬板的应用，它们的性能更优于高锰钢衬板。橡胶衬板具有耐磨性能好、质量轻、噪声小、球耗低、易于加工制造、装拆方便、使用寿命长等优点，自 1990 年以来，在矿山行业得到了广泛的推广应用。一般金属衬板的厚度为 50~150 mm，使用寿命为 1 年左右。而橡胶衬板的厚度为 40~80 mm，使用寿命可达到 3 年左右。

磁性衬板在磨矿过程中，其表面会吸附一层磁性物质，使矿石和磨矿介质不直接与衬板接触，从而减轻了磨损，延长了使用寿命(一般是锰钢衬板的 4~6 倍)。磁性衬板的厚度比锰钢衬板薄，可直接借助磁性安装在磨矿机筒体上(避免了因螺栓安装导致的磨矿机漏浆)。与高锰钢衬板相比，磁性衬板维护费用节省 25%~40%，电耗降低 4%~7%，介质消耗降低 5%~7%，磨矿机作业率提高 3%~4%。但为了避免磨损严重，磁性衬板一般用于第 2 段磨矿或细磨。

高铝陶瓷衬板具有良好的耐磨性，且强度高、韧性好、耐热和耐化学腐蚀性强，Al_2O_3 含量为 85% 左右，比重为 3.4 左右(为钢的 44% 左右)，布氏硬度为 HB375 左右。一般为避免磨料受金属或橡胶污染时采用，如白水泥和钛白涂料的生产等。

随着磨矿过程的进行，磨机衬板会逐渐被磨损，从而影响磨矿效果。衬板磨损的原因很多,除衬板结构和材质外,主要包括冲击磨损、摩擦磨损和化学腐蚀磨损 3 种。对于冲击磨损而言,是指被磨物料(大块矿石)和磨矿介质(钢球)反复以高速和高冲击能量直接与衬板表面发生碰撞,造成衬板的磨损。要减轻衬板的冲击磨损,应根据磨矿要求选择适宜的衬板类型和参数,以及优化磨机的操作参数,如转速、介质配比、充填率等。摩擦磨损则是指被磨物料(大块矿石)和磨矿介质(钢球等)与衬板表面紧密接触并发生相对运动,因摩擦力作用而造成的衬板的磨损。化学腐蚀磨损则是指衬板中的金属(铁)原子等与矿浆环境发生化学(或电化学)反应,导致金属原子脱落,从而造成的衬板的磨损。衬板的化学腐蚀通常先发生在衬板的某些质点上,形成点蚀甚至缝隙,进而在衬板表面扩展,导致衬板表面失去光滑性。

(3)磨矿介质

磨矿介质从材质上可分为金属介质、非金属介质(氧化铝耐磨材料或砾石)和矿石等,其中金属介质是最常用的。金属介质按照形状不同,可分为球形、棒形、短圆柱形、短截头锥形及其他形状。由于介质形状不同,其运动方式和作用原理也不同。介质的运动和接触方式对磨矿过程起着决定性的作用,也为选择性磨矿提供了可能。

球形介质的应用最广泛,钢球直径一般为 15～125 mm,有锻压和铸造 2 种,常用的球形介质种类如表 3-3 所示。因球形介质之间的接触方式是点接触,在接触点上的作用力大,破碎力也大,加之大小球的配比,容易在接触点上产生高度的应力集中,既有冲击作用又有磨剥作用。但是,球形介质在运动中与矿物的接触是无选择性的,过粉碎现象较为严重。

表 3-3 常见球形介质及其密度

密度 /(t·m⁻³)	2.5～3.0	3.0～3.5	3.6～3.7	4.0	4.0～6.0	6.0	6.1	7～8	14.8
种类	陶珠;玻璃珠;玛瑙球	氧化硅球;碳化硅球;复合陶珠	氧化铝球	硅酸锆珠	复合锆珠	钇锆珠	铈锆珠	钢球	碳化钨球

棒形介质应用程度仅次于球形介质,其磨矿接触方式是线与线接触,适合嵌布粒度粗的矿石磨矿,磨矿产品粒度均匀且过粉碎少。钢棒单位体积的介质表面积比较小,且只能绕轴向转动,因此,棒磨只适合粗磨,不适宜细磨。

柱段介质是棒形及球形介质的变种,目前钢段直径一般为 8～30 mm,长度为 8～40 mm。柱段介质既有球形介质的点接触,又有棒形介质的线接触,虽然柱段介质表面积比球形大,但有效的研磨面积并不大,处于两端面的表面积研磨性能较差。由于与矿石接触方式灵活多变,磨碎矿石时的解离速度较快,产品粒度均匀,不易产生过粉碎,但对衬板的磨损度和相互撞击中的金属消耗量较大。

异形介质以截头锥形介质为例,与球形介质相比,其较粗的一端对粗颗粒破碎作用明显,磨矿产品的过粗颗粒要少一些。磨矿介质较细的一端由于输入的能量要比球形介质少,所产生的细粒量与球形介质相近或略粗一些。因此,截头锥形介质提供的冲击粉碎概率较大,而研磨粉碎概率较小。这样的粉碎机理会导致给料中的粗颗粒迅速减少,并有效避免了过细粒级的产生。

3.2.2　格子型球磨机

图 3-6 是 MQG2736 湿式格子型球磨机的结构，其主要由给料器、中空轴颈、主轴承、前后端盖、扇形衬板、筒体、筒体衬板、人孔、格子板、中心衬板、提升斗、大齿圈、小齿轮、减速机、联轴节和电动机等构成。

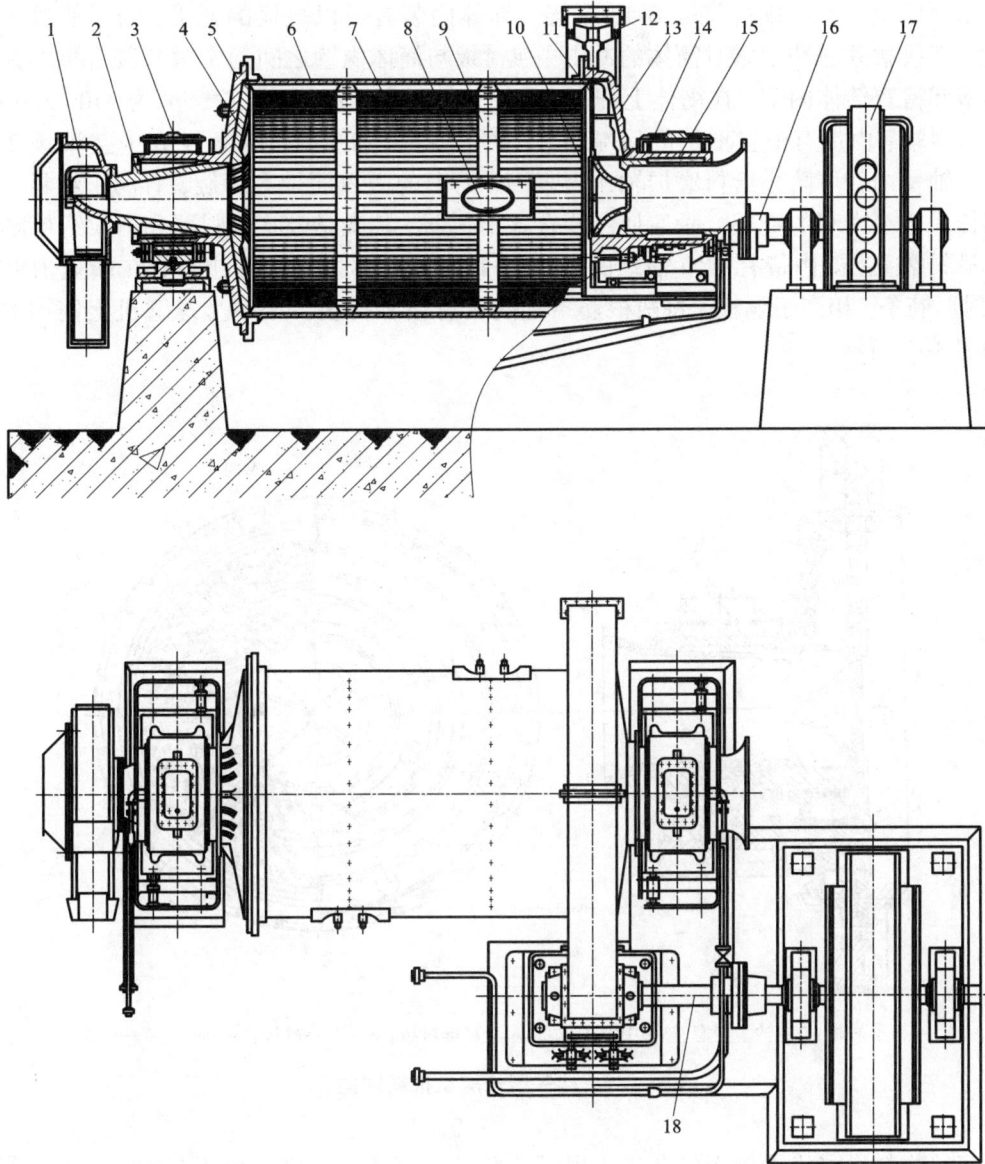

1—联合给料器；2—中空轴颈；3—主轴承；4—扇形衬板；5—后端盖；6—筒体；
7—衬板；8—人孔；9—楔形压条；10—中心衬板；11—格子衬板；12—大齿圈；
13—前端盖；14—主轴承；15—中空轴颈；16—弹性联轴节；17—电动机；18—传动轴。

图 3-6　MQG2736 湿式格子型球磨机

联合给料器 1 固定在中空轴颈 2 的端部，后端盖 5 和中空轴颈 2 为一个整体。磨矿机筒体 6 与后端盖 5 和前端盖 13 相连结，前端盖 13 和中空轴颈 15 为一整体。磨矿机通过主轴承 3 和主轴承 14 支承，主轴承 3 和 14 采用自定位调心滑动轴承，主轴承受力很大。大型磨矿机采用集中循环润滑，小型磨矿机采用油杯滴油润滑。磨矿机大齿圈 12 与筒体 6 相联，电动机 17 通过大齿圈 12 驱动磨矿机运转。

①筒体：圆形筒体 6 由若干块厚度为 12~15 mm 的钢板焊接而成，其两端带有法兰盘，以便与给料后端盖 5 和排料前端盖 13 联接。筒体内装有可以更换的衬板，为了使衬板与筒体内壁紧密接触并缓冲钢球对筒体的冲击，在衬板与筒体内壁之间通常敷有胶合板。为便于更换衬板和检查筒体内部，在筒体上开有人孔 8。人孔多为矩形，长度一般为 350~550 mm。

②给料端：由带有中空轴颈的后端盖 5、联合给料器 1、扇形衬板 4 和中空轴颈 2 等组成。中空轴颈内套可防止给料磨损轴颈内表面，内套的内表面带有螺旋，有助于给料。给料器用螺栓固定在内套的端部。一般使用联合式给料器，其次是鼓式给料器和蜗式给料器等。

③排料端：主要由带有中空轴颈的前端盖 13 和格子衬板 11 等组成，在端盖内壁上有 8 条放射形筋条，相当于隔板，每两根筋条之间设有格子衬板。格子型球磨机上使用的排料端盖如图 3-7 所示。

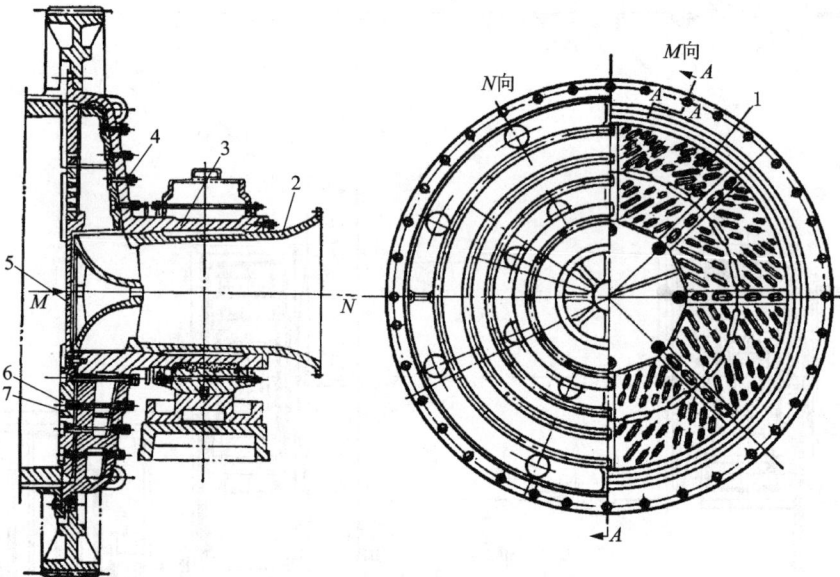

1—格子衬板；2—轴承内套；3—中空轴颈；4—簸箕形衬板；5—中心衬板；6—筋条；7—楔铁。

图 3-7　格子型球磨机排料端盖

磨碎的物料通过格子板上的孔进入提升斗并排出磨矿机。格子板还起到筛子的作用，能阻止大块物料和磨矿介质的排出。扇形格子板的篦孔大小和排列方式对球磨机的生产能力和产品细度都有很大影响，如图 3-8 所示。篦孔大小应能阻止钢球和未磨碎的粗颗粒的排出，又能保证含有合格粒级的矿浆的顺利排出。为避免矿粒堵塞，篦孔断面应制成梯形，篦孔大小向排矿端方向逐渐扩大，多采用倾斜排列方式，如图 3-8(b)所示。

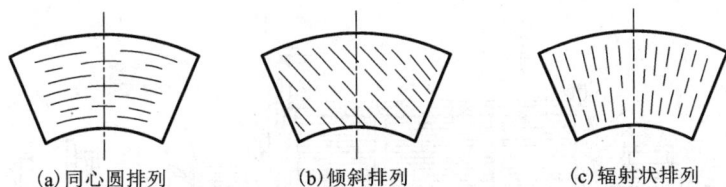

(a)同心圆排列　　　(b)倾斜排列　　　(c)辐射状排列

图 3-8　格子板蓖孔的排列形式

④传动系统：由大齿轮圈、小齿轮、传动轴和弹性联轴节等组成。磨机筒体通过齿轮传动装置由电动机 17 经联轴节 16 带动回转。齿轮传动装置由装在筒体排料端的大齿轮圈 12 和传动齿轮构成。传动齿轮装在传动轴上，传动轴支承在轴承上，齿轮用防尘罩完全罩住。值得指出的是，当球磨机传动电机为异步电动机时，应采用减速机的传动方式。

⑤主轴承：中空轴颈支承在自动调心滑动轴承上，主轴承由下轴承座、轴承盖、表面铸有巴氏合金的下轴瓦、圆柱销钉和密封压环等组成。轴承座和下轴瓦为球面接触，以便补偿安装误差。在底座和轴瓦的球面中央放有圆柱销钉，可防止轴瓦从轴承座上滑出。

⑥循环润滑系统：传动齿轮用干油润滑，而传动轴两端的滚动轴承采用专门的润滑系统进行润滑，即采用专用液压泵将油从油箱中抽出，经过滤油器后，分别经管路流到两个主轴承和传动轴的各运动部件，其中，进油管内的油通过喷油口成扇形注到轴颈上润滑轴承，从轴承中流出的油分别从轴承座底部的排油管道流回油箱。

格子型球磨机在工作过程中，由于在排料端装有格子板，格子板上开有许多按一定方式排列的排料孔。在排料端盖上有放射状棱(筋)条，将格子板与端盖之间的间隔分成若干个扇形室，每个扇形室安装有簸箕形衬板(又叫提升斗，参见图 3-7)，格子板紧靠着提升斗。当磨矿机旋转时，把在排料端下部通过格子板的孔隙流入扇形室的矿浆提升到高过出料口的水平，从而排出磨矿机。因此，格子型球磨机的排料是强迫式排料。

格子型球磨机的优点是：排料的矿浆面低，矿浆能迅速排出，可减少矿石的过磨。此外，装球量多，且大、小球均可装入，小球也不会被排出，能形成良好的工作条件。相同条件下，与溢流型球磨机相比，格子型球磨机的生产能力一般高 10% ~ 25%，所消耗的总功率也大 10% ~ 20%。但由于格子型球磨机的生产率高，其比功耗[即 $t/(kW \cdot h)$]可能比溢流型球磨机还要低。格子型球磨机的缺点是构造较为复杂。因此，格子型球磨机一般用于粗磨或两段磨矿中的第一段磨矿，磨矿产物粒度一般大于 0.15 mm。

3.2.3　溢流型球磨机

图 3-9 为 MQY2736 溢流型球磨机的结构。溢流型球磨机的构造要比格子型球磨机简单一些，除排料端的某些结构不同外，其他部分大致相同。

溢流型球磨机与格子型球磨机在结构上的主要区别在于：①溢流型球磨机没有格子板；②溢流型球磨机排料端中空轴颈衬套的内表面上，装有螺旋方向与磨矿机旋转方向相反的螺旋叶片，目的是防止小球或粗粒矿石随矿浆一起排出。

溢流型球磨机的工作原理与格子型球磨机也有所不同，其排料过程是自溢式排料，即当筒体内的矿浆面高于排料端中空轴内的最低水平线时，磨矿机内矿浆的压力大于排料端中空

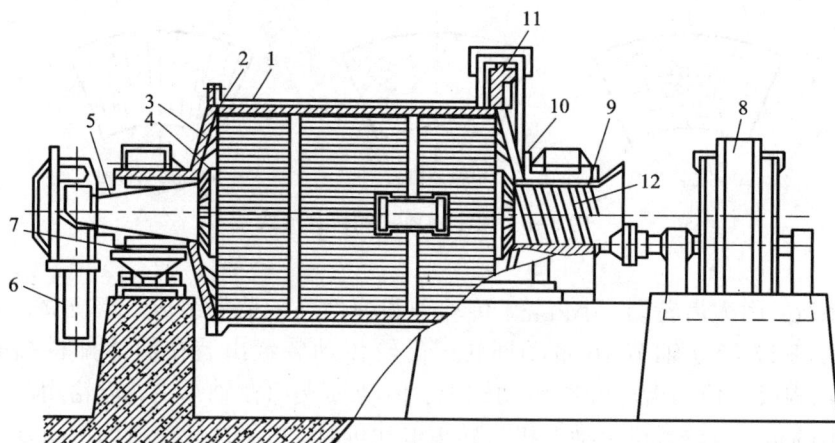

1—筒体；2—法兰盘；3—端盖；4—衬板；5—进料管；6—给料器；7—主轴承；
8—电动机；9—出料管；10—挡圈；11—大齿轮；12—螺旋叶片。

图 3-9　MQY2736 溢流型球磨机

轴内矿浆的压力，矿浆就和水一起排出球磨机。由于溢流型球磨机筒体内矿浆的液面比格子型球磨机要高，溢流型球磨机也是高水平排料，排料速度较慢，易产生过粉碎。溢流型球磨机适用于细磨或两段磨矿中的第二段磨矿。

3.2.4　球磨机操作与维护

虽然球磨机种类很多，结构也有所不同，但球磨机的操作、维护及检修内容大致相似。

（1）球磨机的安装

磨矿机安装质量的好坏，是能否保证磨矿机正常工作的关键。各种类型磨矿机的安装方法和顺序大致相同。为了确保磨矿机能平稳地运转和减少对建筑物的危害，必须把它安装在为其重量 2.5~3 倍的钢筋混凝土基础上。基础应打在坚实的土壤上，并与厂房基础最少有400~500 mm 的距离，以避免基础与厂房产生共振。

在安装磨矿机的时候，首先应安装主轴承。为了避免加剧中空轴颈的台肩与轴承衬的磨损，两主轴承的底座板的标高差在每米长度内不应超过 0.1 mm，且应保证出料端为低的一端。然后安装磨矿机的筒体部分，结合具体条件，可将预先装配好的整个筒体直接装上，也可以分几部分分别安装。应注意检查与调整轴颈和磨矿机的中心线，其同心误差在每米长度内应低于 0.25 mm。最后安装传动部分的零部件（小齿轮、轴、联轴节、减速器、电动机等）。在安装过程中，应按产品技术标准进行测量与调整。检查齿圈的径向偏差和小齿轮的啮合性能，并检查减速器和小齿轮的同心度，以及电动机和减速器的同心度。当所有部分的安装都符合要求后，才可以进行基础螺栓和主轴承底板的最后浇灌（二次浇灌）。

（2）球磨机的操作和维护

要使磨矿机的运转效率高，磨矿效果好，必须严格遵守操作和维护规程。

在磨矿机起动前，应检查各连接螺栓是否拧紧。检查齿轮和联轴节等的键，以及给矿器勺头的紧固状况。检查油箱和减速器内的油是否充足，整个润滑装置及仪表有无毛病，管道是否畅通等。检查磨矿机与分级机周围有无阻碍运转的杂物。然后用吊车盘转磨矿机一周，松动筒内的球荷和矿石。检查齿圈与小齿轮的啮合情况，看有无异常声响。

启动的顺序是：先启动磨矿机润滑油泵，当油压达到 1.5~2.0 kg/cm² 时，才允许启动磨矿机，再启动分级机，等一切都运转正常，才能开始给矿。

在运转过程中，要经常注意轴承温度，不得超过 50~65 ℃。要经常注意电动机、电压、电流、温度和响声等情况。随时注意润滑系统，油箱内的油温不得超过 35~40 ℃，给油管的压力应保持在 1.5~2.0 kg/cm²。检查大小齿轮、主轴承、分级机的减速器等传动部件的润滑情况，并注意观察磨矿机前后端盖、筒体、排矿箱、分级机溢流槽和返砂槽是否堵塞和漏砂。经常注意矿石性质的变化，并根据情况及时采取适当措施。

停止磨矿机前，要先停止给矿机。待筒体内矿石处理完后，再停止磨矿机的电动机，最后才停油泵。借助分级机的提升装置把螺旋提出矿浆面，接着再停止分级机。球磨机的常见故障及其处理方法如表 3-4 所示。

表 3-4　球磨机常见故障、原因及其消除方法

故障的现象	原因	消除方法
主轴承熔化，轴承冒烟或电机超负荷断电	供给轴颈的润滑油中断；砂土落入轴承中	清洗轴承并更换润滑油；修整轴承和轴颈或重新浇铸
磨矿机启动时，电机超负荷或不能启动	启动前没有盘磨	盘磨后再启动
油压过高或过低	油管堵塞，油量不足；油黏度不合，过脏，过滤器堵塞	消除油压增加或降低的原因
电动机电源不稳定或过高	勺头活动，给矿器松动；返砂中有杂物；中空轴润滑不良；排矿浓度过高；筒体周围衬板重量不平衡，或磨损不均匀；齿轮过度磨损；电机电路上有故障	上紧勺头或给矿器，改善润滑状况，更换衬板，调整操作，更换或修理齿轮，排除电气故障
轴承发热	给油量过多或不足；油质不合格或弄污；轴承安装不正或落入杂物；油路不通，润滑油环不工作	停止给矿，查明原因，更换油污，清洗轴承，检查润滑油环
球磨机振动	齿轮啮合不好或磨损严重；地脚螺丝或轴承螺丝松动；大齿轮联接螺丝或对开螺丝松动；传动轴承磨损严重	调整齿轮间隙，拧紧松动螺丝，修正或更换轴瓦
突然发生强烈振动和撞击声	齿轮啮合间隙混入铁杂质；小齿轮轴串动；齿轮打坏，轴承或固定在基础上的螺丝松动	消除杂物，拧紧螺丝，修正或更换齿轮
端盖与筒体联接处、衬板螺钉处漏矿浆	联接螺丝松动，定位销子过松；衬板螺丝松动，密封垫圈磨损，螺栓打断	拧紧或更换螺丝，拧紧定位销子，加密封垫圈

(3)球磨机的检修

要想确保磨矿机的安全运转，提高设备的完好率，延长磨矿机的使用年限，就必须做到有计划的检修。同样地，磨矿机的检修工作分为小修、中修和大修：

①小修。每月进行一次，包括临时性的事故修理，主要是对设备进行小的更换和小的调整。小修阶段的重点是更换设备的易磨部件，如磨矿机的衬板、给矿器的勺头，调整轴承和齿轮的啮合情况等，并修补设备各处的破漏。

②中修。一般每年进行一次，对设备各部件作较大的清理和调整，更换大量的易磨部件。

③大修。除完成中、小修任务外，着重修理和更换各主要零部件，如中空轴、大齿轮等。大修的时间间隔，取决于各种主要零部件的损坏程度。球磨机易损零件的平均寿命和最低贮备量如表 3-5 所示。

表 3-5　球磨机易损零件的平均寿命和最低贮备量

易损零件名称	材料	寿命/月	每台机器最少备用量/套
筒体衬板	锰钢	6~8	2
端盖衬板	同上	8~10	2
轴颈衬板	碳钢或白口铁	12~18	1
格子板衬板	锰钢或铬钢	6~18	2
给矿器勺体	碳钢或白口铁	8	2
给矿器体壳	同上	24	1
主轴轴承瓦	轴承合金	24	1
传动轴承轴瓦	轴承合金	18	2
小齿轮	40Cr	6~12	2
齿圈	碳钢	36~48	1
衬板螺钉	碳钢	6~8	0.5

3.3　棒磨机

选矿厂使用的棒磨机有溢流型和开口型两种，其中溢流型使用最为广泛，开口型棒磨机已停止生产制造。溢流型棒磨机的结构如图 3-10 所示。

溢流型棒磨机结构与溢流型球磨机基本相似，棒磨机为保证钢棒在筒体内作有规则的运动，它的两个端盖的锥形端面的曲率较小，端盖衬板也做成了平直端面，这样可以防止钢棒产生轴向移动或者因歪斜而引起混乱(俗称"乱棒")。排矿端中空轴颈的直径较同规格溢流型球磨机大得多，目的是加快矿浆通过磨机的速度。除此之外，棒磨机的磨矿介质为长圆棒，棒磨机筒体多采用波形或阶梯形等非平滑衬板。

为了避免在磨矿过程中，因强烈滑动而造成钢棒的快速磨损和产生歪斜(乱棒)，棒磨机的转速一般都比球磨机要低一些，通常为球磨机的 60%~70%。介质的充填率也较低，约为35%~40%。

在操作上，棒磨机与球磨机不同的是，加棒时必须停止磨矿机，借助专门的加棒装置将

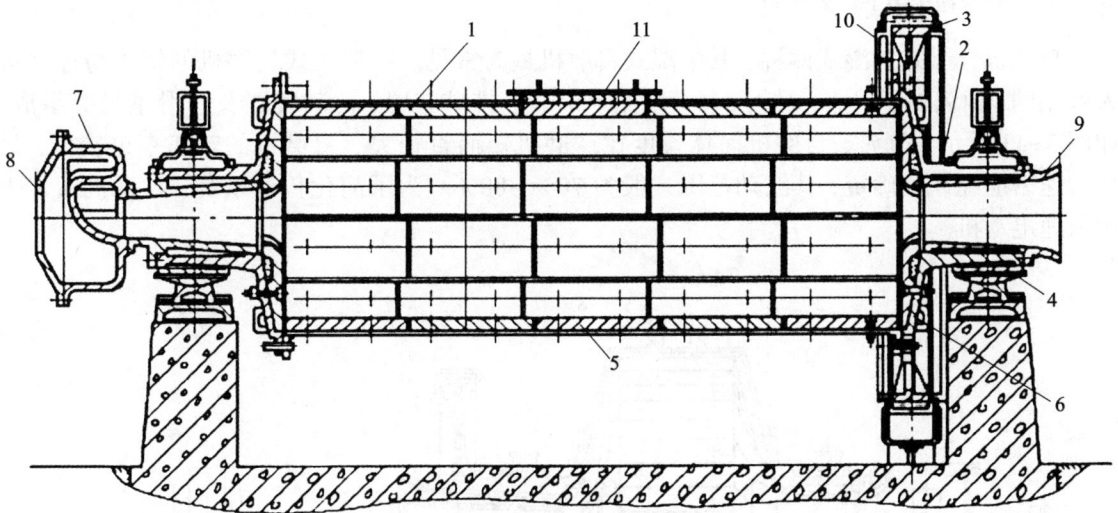

1—筒体；2—端盖；3—传动齿轮；4—主轴承；5—筒体衬板；6—端盖衬板；
7—给矿器；8—给矿口；9—排矿口；10—法兰盘；11—检修孔。

图 3-10　MBY 900 mm×2400 mm 溢流型棒磨机结构

钢棒从排料口加入，这也是其排矿端的中空轴颈直径较大的原因之一。棒磨机的介质添加过程麻烦，而且劳动强度也比较大。与同规格溢流型球磨相比，棒磨机厂房的跨度也要大一些，否则无法满足加棒的要求。因此，棒磨机配置时，往往使磨矿机的长度方向与厂房的轴向平行，即采用磨机横向配置方案。

棒磨机对物料的磨碎过程也与球磨机有所不同。棒磨机是按粒度从大到小依次磨碎矿石的，因此其磨矿过程的过粉碎现象较轻。钢棒之间是线接触方式，首先粉碎的是粒度较大的物料。当钢棒沿着衬板旋转上升时，棒与棒之间夹着粗粒，好像"筛子"一样让细粒从棒间的缝隙中通过，使棒与棒之间产生类似"筛分分级"的效果，因而棒磨机具有较强的"选择性磨碎"特性。

棒磨机的给料粒度一般为 25~40 mm，排料粒度一般为 1~3 mm。因此，棒磨机适合于粗磨，一般多用于两段磨矿中的第一段磨矿。在某些情况下，棒磨机可以代替碎矿作业中的短头圆锥破碎机。当处理较软或不太硬的矿石，或者黏性较大的矿石时，用棒磨机将 25 mm 左右的矿石磨到 2~3 mm，比用短头型圆锥破碎机与筛子闭路的流程简单，费用也比较低。

3.4　自磨机

自磨机是借助矿石本身在筒体内的冲击和磨剥作用，使矿石达到粉碎的磨矿设备。采用自磨机对粗碎后的矿石进行磨矿，是降低大型选矿厂破碎和磨矿工艺投资，节省生产成本的有效措施之一。

3.4.1 自磨机结构与部件

自磨机分干式和湿式两种，其中湿式自磨机最为常见。一般湿式自磨机的结构与球磨机大致相同，由筒体、端盖、衬板、轴承、给矿装置、排矿装置、传动装置及润滑系统等组成，如图 3-11 所示。通常，自磨机筒体长度比球磨机短而直径大。自磨机的转速率也较低，最佳转速率应经试验确定，其波动范围一般为 70%~80%。为了简化传动系统，自磨机通常采用低速电动机。

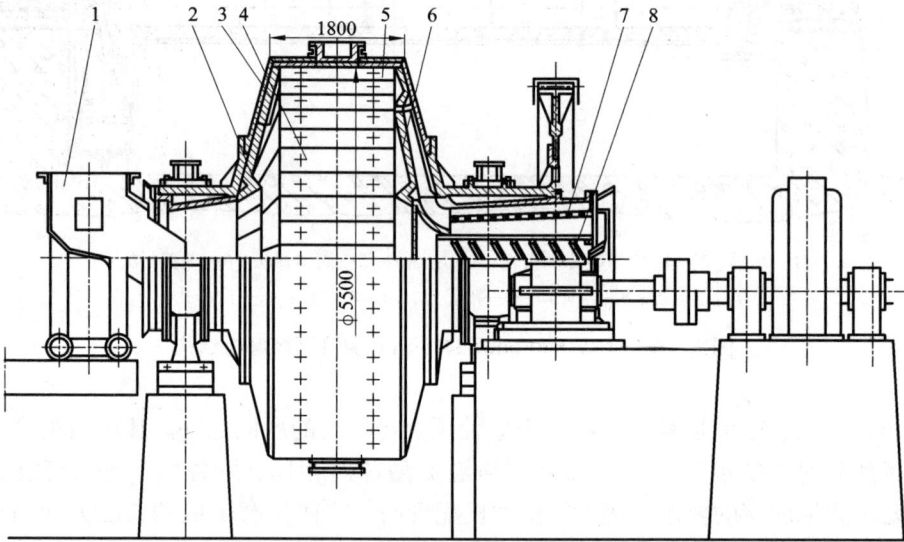

1—给料小车；2—波峰衬板；3—端盖衬板；4—筒体衬板；5—提升衬板；6—格子板；7—圆筒筛；8—自返装置。

图 3-11　φ5500 mm×1800 mm 湿式自磨机结构示意图

（1）进料溜槽

通常采用移动小车式进料溜槽(图 3-12)，内嵌耐磨衬板。由于入料粒度较大，溜槽需具备较大的坡度，以保证矿石自流。对大型自磨机，给矿小车的溜槽能直接穿过给矿端中空轴给入磨机，使中空轴处不会磨损，因而无需设置衬板。对中小型自磨机，中空轴处仍需设置衬板，物料需经过一段中空轴才进入自磨机。

（2）给矿中空轴

如图 3-13 所示，自磨机的中空轴颈短、筒体长度小而直径大，长径比可为 0.2~0.3，即直径可为长度的 5 倍，这样可使物料容易给入并易于分级，缩短物料在磨机内的停留时间，防止产生物料偏析现象，从而提高生产能力。

图 3-12　小车式进料溜槽结构示意图

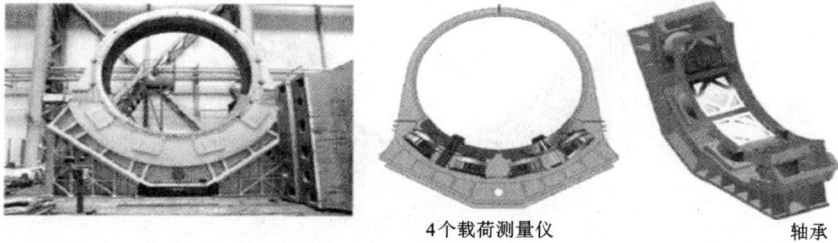

4个载荷测量仪　　　　轴承

图 3-13　中空轴及轴承结构

自磨机启动及停车时,中空轴需采用高压润滑油将轴颈顶起,同时形成油膜,防止滑动面干燥。生产运行时给入低压油,靠轴颈的回转运动形成动压油膜。在中空轴承处,通常有止推轴承限制磨机轴向移动。对大型自磨机,中空轴处还设有载荷测定仪,用于计量和监控磨机内的物料总量,其也是确保磨机安全和自动化控制的重要参数。轴承衬内设有蛇形冷却水管,必要时可给入冷水降低轴瓦温度。每个主轴承上都装有测温探头,以监控轴瓦温度,当温度大于规定温度时,能自动报警和停机。主轴承两端采用环形密封,通过乳化油管充填油脂,防止润滑油外漏和灰尘进入。

(3)筒体

筒体主要包括给料端盖、圆筒体、排料端盖和排料喇叭口。小型自磨机筒体常采用整体结构,大型自磨机筒体则采用分体结构,采用法兰连接。端盖和筒体之间采用高强度螺栓连接。给矿端盖侧壁上有两圈环状的波形衬板,为便于破碎矿石,衬板面呈锥角,其锥角约为150°,此衬板具有破碎和侧向反击作用,可使矿石在磨机内合理分布并防止偏析现象。

当自磨机筒体短时,物料撞击次数少,过磨概率低,有利于物料磨至所需粒度并及时排出。因此,磨矿效率随筒体长度增加而降低。实践中,自磨机径长比变化范围较大,北美国家一般为(2.5～3):1,斯堪的纳维亚国家为1:1,南非为(0.5～0.3):1。自磨机径长比对磨矿能耗并无明显影响,但径长比大时磨矿产品粒度偏粗,径长比小时磨矿产品粒度偏细。

常规自磨机排料端中空轴与给料端几乎相同。然而,有一些特殊排料端的自磨机(如南非产),其排料端只有类似于格子板的格子,一旦物料通过格子板,将直接排出,无需矿浆提升装置,因此,物料排出不受限制。

(4)衬板

筒体上除有波形衬板外,筒壁上还有断面为凹形的提升衬板(图 3-14),除保护筒体外,其主要作用是提升矿石。在圆周上每隔一定距离就装有提升衬板,衬板的高度和间距对物料运动轨迹的影响很大,因此,只有取最佳值时,自磨机才能消耗最小能量,达到最大的生产能力。

自磨机内所有与矿石接触的地方均装有衬板,其也是自磨机筒体可更换的表面,约占自磨机生产成本的三分之一。衬板磨损率是关键性能参数之一,对磨机处理量、设备完好率、能量利用率和生产成本等均有显著影响。

(5)圆筒筛

为简化磨矿系统,中小型自磨机排料端通常装有圆筒筛,用于磨机排矿的分级,而无需外设分级振动筛。圆筒筛筛孔尺寸需根据工艺要求确定,圆筒筛内部设反向螺旋,筛下的物料由排矿口排出,筛上的粗粒物料则经反向螺旋自行返回自磨机内再磨。大型自磨机,设置圆筒筛难以实现有效分级,因此,不配置圆筒筛,而外设振动筛等。

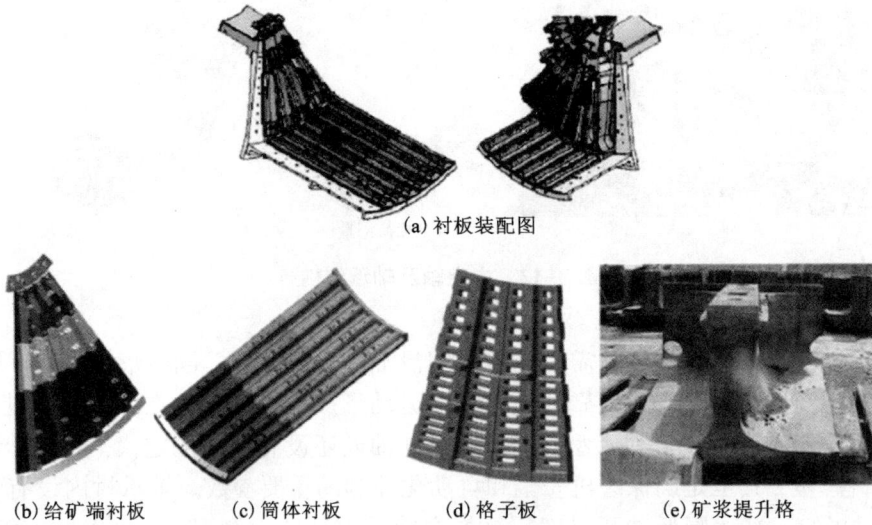

(a) 衬板装配图

(b) 给矿端衬板　　(c) 筒体衬板　　(d) 格子板　　(e) 矿浆提升格

图3-14　全/半自磨机衬板

（6）传动系统

自磨机传动形式分为有齿和无齿传动两种，有齿传动包括同步电机和异步电机传动。根据装机功率大小，同步电机和异步电机传动分为单传动和双传动。为此，自磨机常见驱动形式有同步电机或异步电机单驱动、同步电机或异步电机双驱动、环形电机无齿驱动等。

有齿传动是通过小齿轮和齿轮圈向自磨机传输动力。通常采取软启动方式（包括空气离合器和液阻启动器）实现自磨机主电机及筒体的分段启动，降低启动扭矩和电流，降低装机功率。无齿传动是一种特殊的电机装置，整个磨机像一个电机，磨机筒体像电机的转子，而环形电机像普通电机的定子。通常，自磨机有齿单驱动最大功率为 $8.5 \sim 11.5$ MW，有齿双驱动最大功率为 $15 \sim 17$ MW。无齿环形电机的功率通常大于 10 MW，且目前无齿环形电机最大功率为 28 MW。

（7）润滑系统

自磨机的润滑系统中，润滑油借助高压系统提高油压，将中空轴顶起，其低压系统则给磨机中空轴承和止推轴承提供润滑和冷却作用。储能器内是高压氮气，一旦润滑系统不工作，磨机跳停，自磨机不会立即停止运转，此时高压氮气将在短时间内将润滑油压送至需继续润滑的部位，避免磨机损坏。

3.4.2　（半）自磨机操作与维护

（1）（半）自磨机安装

自磨机必须安装在坚固的钢筋混凝土基础上，其安装大致包括以下三个阶段：

①第一阶段，回转部分的安装。构筑合适的设备基础，且基础验收合格；确定水平高度参考点，在基础上刻画磨机纵横中心线；为主轴承底板准备水平砂浆堆，找平主轴承副底板（平垫铁）；安装、找正主轴承底板；安装、找正主轴承座，安装主轴瓦；安装适合端盖和筒体组件的垛式支架，找正筒体液压千斤顶的位置。为确保安全，液压千斤顶不允许长期单独支承磨机；按照说明书要求组装筒体和端盖、中空轴；把端盖和筒体组件下落至主轴承上；最

终调整主轴承座，检查轴承间隙；完成两个主轴承的装配，安装主轴承润滑系统；拆卸垛式支架、运输支撑和吊耳等；按要求将各螺栓紧固至最终扭矩值；复检各安装数据，合格后进行主轴承底板的二次灌浆。

②第二阶段，传动部分的安装。安装大齿轮，最终校正后，按要求拧紧螺栓。安装大齿轮前，先将齿轮罩下部就位；为小齿轮轴承底板准备水平砂浆堆，找平副底板；安装、找正小齿轮轴承底板；安装小齿轮轴承，检查自由和固定端位置；检查大小齿轮的侧隙和接触情况；为主电机底座准备水平砂浆堆，找平副底板；安装主电机底座及主电机；安装气动离合器，并找正主电机和小齿轮的中心线；浇注慢速驱动装置水平砂浆堆，找平副底板；安装慢速驱动装置，找正慢驱和小齿轮中心；给小齿轮底板、主电机底板和慢驱底板二次灌浆；复查传动系统，按要求重新将所有螺栓紧固至最终扭矩值；安装齿轮罩；使用喷射润滑装置给齿轮面上涂润滑剂；安装喷雾润滑系统；安装其他防护罩；安装气动离合器和喷射润滑装置的气动系统和电控系统及电源。

③第三阶段，其他零部件的安装。安装进、出料口和筒体衬板；安装给料小车；安装出料部；磨机清理，涂漆；复查所有连接件的紧固性，保证所有部件是按说明书和装配图纸安装的。

（2）（半）自磨机操作

①磨机的启动与停机。

启动顺序：低压油泵→高压油泵→主电机→主轴承冷却系统→喷射润滑→气动离合器→输送系统。一般情况下，在 1 h 内不允许连续两次启动磨机。

停机顺序：停给料设备→气动离合器松闸→停喷射润滑→停同步电机→磨机停止运转后延时关闭高低压润滑系统，然后手动每隔 30 min 开 2 min 高低压油泵，直至筒体冷却至室温。

停机后再启动：如果磨机停机超过 1 h，磨机内负荷有可能结块，在正常启动之前，磨机必须用慢驱转动约 2 周，同时加水。在慢速驱动时，必须观察所有连锁程序。慢动盘车后，按正常启动程序启动。

②正常操作。

首先要保证磨机均匀给料。不给料时，磨机不能长时间运转，以免损坏衬板，消耗介质。定期检查磨机筒体内部的衬板和介质的磨损情况，对磨穿和破裂的要及时更换，对松动或折断的螺栓要及时拧紧或更换，以免磨穿筒体。经常检查并保证各润滑点(小齿轮轴承、主轴承橡胶密封圈等处)有足够和清洁的润滑油。对稀油站的回油过滤器视脏污情况定期清洗，一般每三个月清洗一次。每半年检查一次润滑油的质量，必要时更换新油。经常检查磨机大、小齿轮的啮合情况和接口螺栓是否松动。根据入磨物料及产品粒度要求调节钢球加入量及级配，并及时向磨机内补充钢球，使磨机内的钢球始终保持最佳状态。定期对磨机主轴承及油站冷却器进行酸洗清理。精心保养设备，经常打扫环境卫生，并做到不漏水，不漏浆，无油污，螺栓无松动，设备周围无杂物。(半)自磨机常见故障及其处理措施如表 3-6 所示。

（3）（半）自磨机检修

主轴承的密封一个月检查一次，确认状态良好，磨损后应更换。主轴承磨损一年检查一次，主轴承表面应检查是否有非正常磨损和热变色。在中空轴或瓦面损坏之前，磨损的轴瓦必须更换。

定期检查大齿轮排油口，防止堵塞。一年应该拆开一次清理内表面的润滑脂，在拆开期间，大、小齿轮应该清洗，并检查齿的磨损和损坏情况。在排油口下面的润滑油收集筒应该定期清理，大约两个月一次。

润滑系统的检修包括更换堵塞的滤油器、检查监控仪器仪表的状态、检查油泵电机轴承的润滑和检查润滑系统所有管线的清洗。

表 3-6 （半）自磨机常见故障及处理措施

部件或系统	故障表现	可能原因	处理措施
主轴承	温度高	轴承未找正	检查轴承座和轴承肩的找正
		油流小	矫正油流
		中空轴或轴瓦损坏	修复中空轴和轴瓦表面，或更换轴瓦
润滑系统	油温高	冷却不足	检查冷却器，包括控制阀
		不合适的加热	检查加热器和控制装置
	油流小	油泵失效	检查油泵
		油管泄漏或堵塞	检查油路
		滤油器堵塞	检查滤油器，必要时更换元件
		油泵安全阀故障	检查安全阀
		流量计故障	检查流量计及运行情况
	油压低（与理论相比）	油管泄漏	检查油管路
大齿轮装置	齿面温度高/噪声高/不正常的磨损	齿轮不对中	检查齿轮对中情况，必要时进行调整
		润滑不充分	检查润滑管路及喷嘴
小齿轮轴承	温度高	轴承故障	检查轴承
		齿轮未对正	检查对中，必要时调整
气动离合器	发热或噪声过大	安装不对中	检查对中，必要时调整
主电机	电机温度高	轴承故障	检查轴承
		润滑不充分	检查润滑是否正确
		气动离合器不对中	检查对中，必要时调整
进料装置	漏料严重	进料装置安装问题	检查安装位置、密封与对中情况
		进料衬套磨损	更换进料衬套
排料装置	漏料	排料衬套磨损	更换排料衬套
	吐出大颗粒	格子板损坏或磨损	检查、修复或更换格子板

定期检查进料溜槽与中空轴内衬的对中、排料筛和中空轴内衬磨损情况，在磨透之前根据需要进行更换。

3.4.3 （半）自磨机工艺操作控制

（1）控制（半）自磨机内载荷粒度的分布

①通过磨机功率、载荷、顽石率和粒度等可推测磨机载荷粒度的变化趋势。

②载荷变化不大时，通常磨机功率上升，表示载荷粒度变粗，功率下降，则表示载荷粒

度变细。

③顽石产量和粒度，以及新给矿粒度等也会影响磨机载荷粒度。通常调节手段为：调节粗碎排矿口、顽石破碎机排矿口和自磨机转速等。

（2）控制（半）自磨机内矿浆池的形成

①矿浆池形成原因：对细粒分级（通常为水力旋流器）返回的闭路流程，因分级作业返回量太大或浓度偏低；补加水太多，物料通过磨机所需压头偏大（或筒体过长），格子板开孔面积小或通过能力低，矿浆提升格能力不足等，在磨机载荷的低点附近形成矿浆池。

②矿浆池形成判断：增大磨机补加水，若有大量物料排出磨机，且磨机功率先下降然后上升到远超过原来的值，则说明磨机内形成了矿浆池（磨机载荷粒度偏细时，通常磨机功率只会升至原来相近的水平）。

③矿浆池形成的影响：矿浆池的形成会吸收大量冲击能量，同时降低颗粒间的剪切粉碎作用，降低磨矿效率和磨矿能力。通常，形成矿浆池后，磨机载荷相近时，磨机功率偏低，且顽石产率高等。

（3）（半）自磨分级流程操作要点

①磨矿浓度：对含泥（黏土矿物）不高的矿石，一般为72%~82%。若磨机载荷和功率同时偏高，则需短时间内增大补加水，降低磨矿浓度。

②磨机声音：（半）自磨机的电耳可监控磨机载荷运动声音，特别是介质与衬板的碰撞声，通过声音的监控可判断磨机的工作状态（类似球磨机）。

③磨机功率和载荷：按照常规钢球补加制度补充钢球，提高钢球充填率，提高磨矿速度，降低磨机总充填率和载荷，从而降低磨机功率，但不宜补加过多的钢球。

④给矿粒度：适当调整磨机给矿粒度和给矿性质（如添加不同矿点的矿石或调整粗碎排矿粒度等），仍是控制磨机载荷和处理量最有效的途径之一。

⑤顽石破碎系统：（半）自磨机操作极少采用增加顽石破碎机排矿口或顽石旁路直接返回方式来维持磨机功率和载荷。通常多采用调节钢球充填率和给矿量的方式来维持磨机运行功率和载荷。

3.5　（超）细磨设备

随着矿产资源向"贫细杂"方向发展，为适应微细粒嵌布矿石解离的要求，（超）细磨矿设备的研制取得了新的进展，相继出现了一些新型的细磨设备，如塔磨机、ISA搅拌磨矿机和振动磨矿机等。

3.5.1　搅拌磨

搅拌磨采用更小的磨矿介质，借助高速旋转的搅拌器使磨矿介质和被磨物料在磨机内作多维循环运动及自转运动，被磨物料在磨矿过程中主要受研磨和冲击作用。按不同的划分标准，搅拌磨有不同类型，如立式和卧式搅拌磨等。立式搅拌磨常称为塔式磨机，卧式搅拌磨主要有艾砂（Isa）磨机。

（1）塔磨机

塔磨机于20世纪50年代初由日本塔磨矿机有限公司（Japan tower mill co ltd）首先研制成

功。随后瑞典布利登·艾利斯集团 MPSI 公司也开发了塔磨机。我国于 20 世纪 80 年代开始研制塔磨机，并已在生产中应用。

塔磨机由固定垂直筒体、网棒、螺旋装置、圆锥分级器和循环泵等组成，结构如图 3-15 所示。筒体内部衬有耐磨钢板或喷涂人造橡胶，且装有网棒，以卡住磨矿介质，形成一层新的耐磨衬。待磨物料从筒体下端用压力给入，旋转的螺旋搅拌器驱动磨矿介质作上下垂直循环运动、切向螺旋线运动及强烈的自旋运动，使物料受到磨矿介质强烈磨剥而粉碎。磨细产品在排出磨矿机之前，先经圆锥分级器粗分级，粗颗粒进入分级器底部形成一股循环流经泵打入磨矿机中再磨。加球量为容积的 1/3，球介质深度比容积相同球磨机深。因此，塔磨机可以提高磨矿效率，比球磨机粉碎速度高 10 倍以上。

塔磨机工作原理如图 3-16 所示，低速旋转的搅拌螺旋运转过程中，离心力、重力、摩擦力的作用造成粉碎介质与物料间实现有序方式的运动循环和宏观上受力的基本平衡，其运动过程如黑箭头所示，在搅拌螺旋内为小于提升速度的螺旋式上升，在内衬与螺旋外缘间为螺旋式下降。然而在微观上，由于其受力的不均匀性，形成了动态的运动速差和受力变化，造成物料被强力挤压和研磨，以及物料之间的受力折断、微剪切和劈碎等综合作用。合格物料的输送则是随输送介质上升，其运动过程见空白箭头所示，并进行内部分级后从塔磨机本体上部自流溢出。

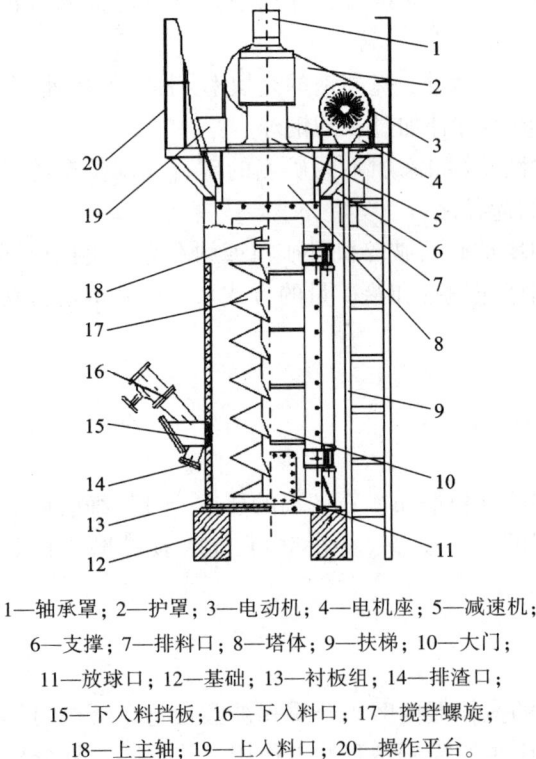

1—轴承罩；2—护罩；3—电动机；4—电机座；5—减速机；6—支撑；7—排料口；8—塔体；9—扶梯；10—大门；11—放球口；12—基础；13—衬板组；14—排渣口；15—下入料挡板；16—下入料口；17—搅拌螺旋；18—上主轴；19—上入料口；20—操作平台。

图 3-15　塔磨机结构

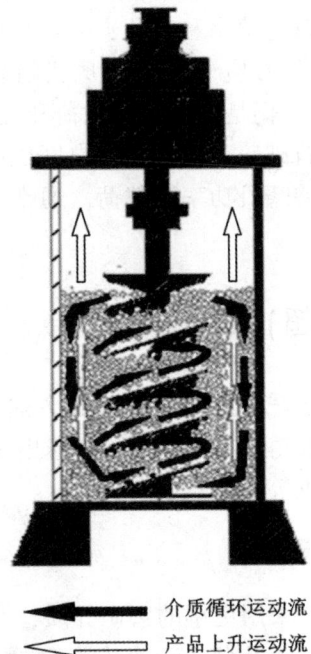

图 3-16　塔磨机工作原理

塔磨机的基本特点体现在：粉碎介质与物料之间的充实度高，球与球、球与塔磨机里衬及搅拌螺旋体间的碰撞很少。整个转动部分在宏观上受力的平衡处理，使支撑系统受力很小，轴承的能耗也很小。达标的物料总是较未达标的物料容易到达排料口附近，实现了粉碎过程的内部分级，大大减少了过粉碎现象。

塔磨机通常采用直径 12~30 mm 的钢球作磨矿介质，坚硬的砾石和陶瓷球也可用作磨矿介质。常用于处理粒度小于 6 mm 的矿石，主要在粗磨、二段磨或再磨作业中使用，产品粒度可达 $P_{80} = 15 \sim 30$ μm。塔磨机筒体与衬板不运转，主要是介质摩擦物料粉碎矿石，因此，能耗低，较传统球磨机可节约能耗 30%~50%，同时拥有占地面积小、介质消耗低等优点。但当给矿粒度中 -75 μm 粒级含量低于 30% 时，塔磨机与球磨机的能耗差别不明显。

（2）艾砂磨机

艾砂磨机（Isa mill）是卧式搅拌磨机，于 20 世纪 90 年代由澳大利亚 Mount Isa 矿山和德国耐弛公司合作开发，并最先应用于澳大利亚 Mount Isa 矿山的生产中。艾砂磨机主要由电动机、减速机、工作部件、筒体等组成，其工作部件则由主轴和多个并排串在轴上的圆盘组成，如图 3-17 所示。

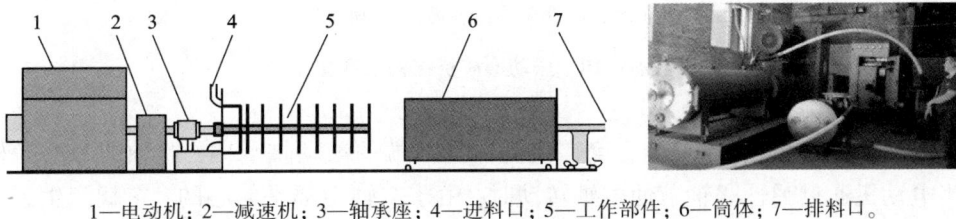

1—电动机；2—减速机；3—轴承座；4—进料口；5—工作部件；6—筒体；7—排料口。

图 3-17　艾砂磨机结构示意图

艾砂磨机通常有 8 个安装在悬臂轴上的带孔圆盘，圆盘的周边线速可达 21~24 m/s。介质直径 <3 mm，充填率为 80%，矿浆浓度 50% 左右，矿浆体积占比 20%，其给矿压力为 0.1~0.2 MPa。两磨盘之间实质为单独的磨矿腔室（共 8 个），磨矿介质通过磨盘的带动沿径向加速向外壳运动，两个磨盘之间的介质由于沿盘面向外的径向加速度不同，在每个磨盘腔室内形成了循环，矿物在介质的搅动下实现磨矿。由于磨机有 8 个磨矿腔室，从磨机进料处至排料处不可能形成短路，介质和矿物颗粒之间碰撞的机会大大增加。

艾萨磨机的排矿端设有由转子和置换体组成的产品分离器，该分离器为专利技术，使艾萨磨机具有了内部分级功能。产品分离器只将粒度合格的磨矿产品排出磨机，而将介质和粒度未达到要求的颗粒留在磨机中，这样，就使得艾萨磨机实现了开路磨矿，获得的产品粒级分布窄，省去了筛子或旋流器，简化了流程，减少了投资。

艾砂磨机的工作原理：通过水平高速搅动物料和磨矿介质，达到研磨剥蚀的目的。物料从进料口给入后与磨矿介质作绕轴向的圆周运动和自转运动，物料运动到排矿口，排矿口设有产品分离器，可实现循环分级，使合格粒度物料排出，而不合格物料和介质则返回继续研磨，无需另外设置分级设备。

与塔磨机相比，艾砂磨机使用的磨矿介质直径更小，一般小于 3 mm，多为陶瓷球，介质比表面积更大，磨矿效果更好；常用于细磨、超细磨流程中；艾砂磨机产品粒度一般在 6 μm 左右或更细；由于其筒体可沿轴向平移，更便于检修。

3.5.2 振动磨矿机

振动磨矿机具有磨矿细度高、生产率大、动力消耗低、小而轻便等优点，在细磨领域逐渐取得了一定的地位。振动磨有惯性式和偏旋式 2 种，其构造分别如图 3-18(a)和(b)所示。

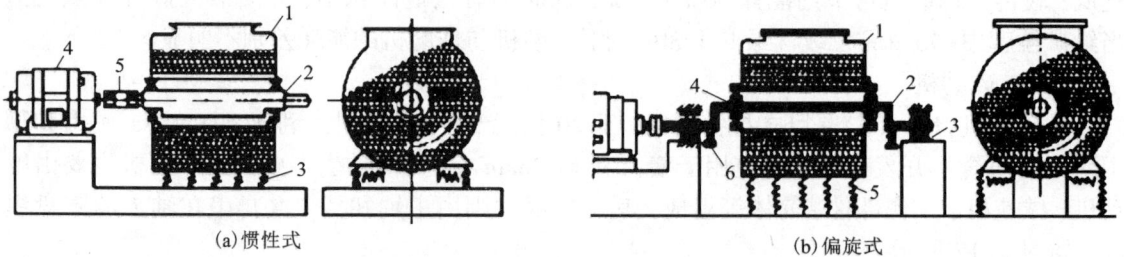

(a)惯性式　　　　　　　　　　　　　(b)偏旋式

（a）：1—筒体；2—轴；3—弹簧；4—电动机；5—联轴节；
（b）：1—筒体；2—偏心轴；3—主轴承；4—筒体上轴承；5—弹簧；6—平衡块。

图 3-18　振动磨矿机结构示意图

惯性式振动磨的主轴 2，安装在磨矿机筒体 1 两端的滚动轴承内，此轴即为磨矿机的振动器。当电动机通过弹性联轴节使主轴转动时；由于主轴中部是偏心的，它就产生了激发并维持筒体振动的离心惯性力。在它的作用下，使支承在弹簧上的磨矿机筒体发生振动。筒体上任一点的运动轨迹都近似一椭圆，此椭圆的长轴接近于垂直，而短轴接近于水平方向。但作高频振动时，其运动轨迹可认为是一圆曲线。

偏旋式振动磨的筒体是通过轴承 4 装在有偏心轴颈的轴 2 上的，当安在主轴承 3 中的偏心轴 2 旋转时，偏心轴颈的顶点强迫筒体作圆轨迹振动。钢球在筒体内的运动情况，显然与普通球磨不同。由图 3-18(b)可清楚地看到，它们的运动方向与筒体的振动方向相反，如筒体作顺时针方向的圆振动，则钢球是按逆时针方向作封闭曲线的循环运动，此外，钢球还有自转运动。给入磨机内的待磨物料在高频冲击和研磨作用下，被磨细并排出。振动磨的振动频率通常为 1500~3000 次/min，振幅 2~4 mm，装球率通常达 75%~85%，这三者必须配合恰当，才能获得较多的冲击次数及较好的效果，否则磨矿细度将变粗，生产率也会降低。

振动磨是在高频下工作的，而高频振动易使物料生成裂缝，且会在裂缝中产生相当高的应力集中，故它能有效地进行超细磨。但此种机械的弹簧易于疲劳而破坏，衬板消耗也较大，所用的振幅较小，给矿不宜过粗，而且要求均匀加入，故通常适用于将 1~2 mm 的物料磨至 85~5 μm(干磨)或 5~0.1 μm(湿磨)。在粗磨矿时，振动磨机的优点并不很显著，因而至今在选矿上尚未用它代替普通球磨机的事例，但它在化学工业上得到了发展。目前，西德洪堡厂生产的振动磨矿机，其装球率为 70%，电机 110 kW，可将 30 mm 的物料磨至 10 μm，生产能力达 15~20 t/h。

3.6 分级设备

闭路磨矿流程中，分级设备的作用与闭路破碎流程中筛子的作用类似。将磨矿机排出的物料按粒度进行分级，使粒度合格的细级别物料与粗级别物料分离，得到粒度合格的物料并送入后续选别作业，而不合格的粗粒级物料则又返回到磨矿机再磨。这样既能使物料磨细，又可尽量避免物料的过粉碎。

常用分级设备主要有以下几种类型：①螺旋机械式分级机，主要有高堰式和沉没式螺旋分级机；②离心水力分级设备，主要指水力旋流器；③细筛，主要有弧形筛、高频细筛和直线细筛等。

3.6.1 螺旋分级机

最常用的分级设备是螺旋分级机，包括高堰式、低堰式和沉没式。根据螺旋分级机螺旋数目的不同，又可分为单螺旋和双螺旋分级机。高堰式和沉没式双螺旋分级机分别如图3-19和图3-20所示。

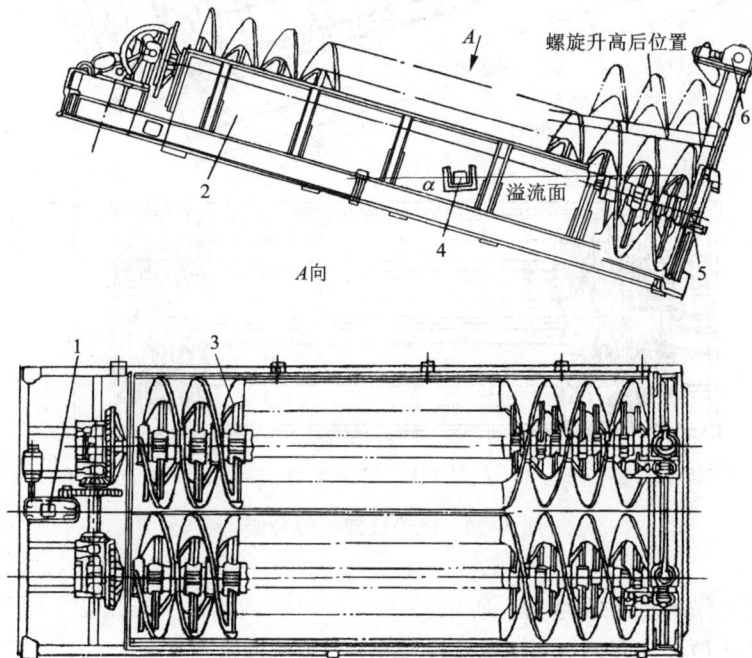

1—传动装置；2—水槽；3—左、右螺旋；4—进料口；5—放水阀；6—提升机构。

图 3-19 高堰式双螺旋分级机

（1）螺旋分级机结构及工作原理

从图3-19和图3-20可知，螺旋分级机有一个倾斜的半圆柱形水槽2，槽中装有一个或两个螺旋3，其作用是搅拌矿浆并把沉砂运向水槽的上端（返砂口）。螺旋叶片与空心轴相连，空心轴支承在上下两端的轴承内。传动装置安在槽子的上端，电动机经伞齿轮使螺旋转动。下端轴承装在提升机构6的底部，提升机构由电动机经减速器和一对伞齿轮带动丝杆，使螺旋下端升降。当停车时，可将螺旋提取，以免沉砂压住螺旋，也使开车时不至于过负荷。

高堰式螺旋分级机的溢流堰位置比螺旋轴下端轴承高，但低于下端螺旋的上边缘，有利于分离出粒度大于0.15 mm粒级的物料，通常用于第一段磨矿中与磨矿机构成闭路。

沉没式螺旋分级机的下端螺旋有四至五圈全部浸在矿浆中，溢流堰位置比下端螺旋上缘要高。因而其分级面积较大，有利于分离出0.15 mm以下的细粒级物料，通常用在第二段磨矿中与磨矿机构成闭路。

低堰式螺旋分级机的溢流堰位置低于螺旋轴下端轴承的中心，故其分级面积较小，一般只能用于洗矿或脱水过程，目前选矿生产中已很少见。

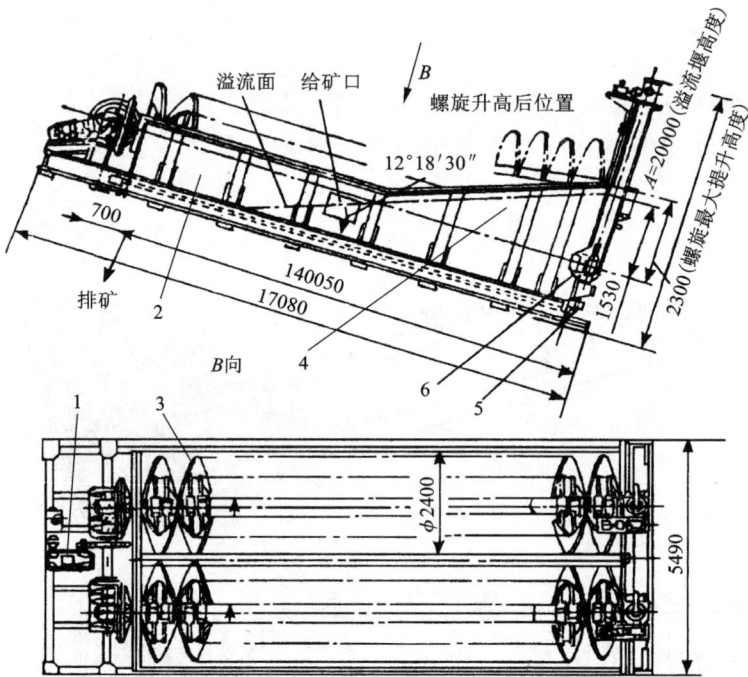

1—传动装置；2—水槽；3—左、右螺旋；4—进料口；5—下部支座；6—提升机构。

图3-20　沉没式双螺旋分级机

螺旋分级机工作原理如图3-21所示，磨矿机排矿矿浆从位于沉降区中部的进料口给入分级机水槽，倾斜安装的水槽下端是矿浆分级沉降区。螺旋低速转动，对矿浆起搅拌作用，使轻细颗粒悬浮并随矿浆流至溢流堰处溢出，进入后续分选工序；粗重颗粒则沉降至水槽底部，由螺旋叶片输送到上部排料口(返砂口)作为返砂排出。当螺旋分级机与磨机组成闭路时，分级机

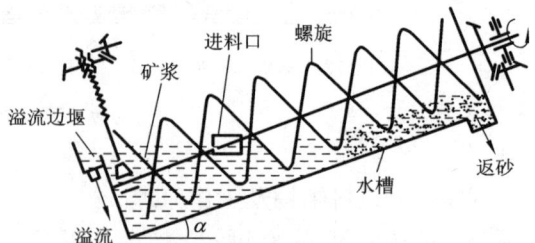

图3-21　螺旋分级机工作原理

的返砂将返回至磨矿机再磨。

与其他分级设备相比,螺旋分级机的优势在于构造简单,工作平稳可靠,操作方便,且易与直径小于 3.2 m 的磨矿机组成闭路磨矿作业。缺点是笨重、占地面积大、分级效率低,尤其是细粒分级时的溢流浓度太低,不利于后续分选作业。由于它的这些缺点,国内外已逐渐用水力旋流器和细筛取而代之。

(2)螺旋分级机的主要参数

①水槽倾角。分级机水槽倾角一般设置在 12°~18°30′。分级粒度细时取小值,反之取大值。

②溢流堰高度。要求分级粒度细时,溢流堰高度应取小值,反之应取大值。高堰式螺旋分级机的溢流堰高度 h 为螺旋直径 D 的 1/4~3/8,沉没式螺旋分级机的溢流堰高度 h 为螺旋直径 D 的 3/4~1。

③螺旋轴长度。螺旋分级机轴长度通常根据溢流堰高度 h、水槽倾角和返砂脱水区长度确定。其中,返砂脱水区长度取决于配套磨机所要求的返砂含水量及磨机尺寸和位置,通常为 1.5~2 m。

④螺旋直径。螺旋分级机直径与其处理能力相关,通常根据经验公式计算确定(参见《矿物加工工程设计》教材)。

⑤螺旋导程。螺旋导程(即螺旋叶片旋转一圈时沿轴向移动的距离)与所需返砂量、螺旋直径和转速等因素有关,实践表明,一般应为螺旋直径的 0.5~0.6 倍。

⑥螺旋轴转速。主轴转速应做到既能及时返回沉砂,又不产生强烈的搅拌作用,以保证所要求的溢流粒度。螺旋轴的转速通常为 3~12 r/min,大型螺旋分级机一般取小值,反之取大值。要求溢流粒度较粗时,螺旋轴转速应高些,反之应低些。还可按螺旋叶片的圆周速度计算,周速为 15~40 m/min。

⑦处理量。螺旋分级机的处理量可分别按经验公式以返砂量和溢流量(均固体质量)计算(参见《矿物加工工程设计》教材)。

(3)影响螺旋分级机性能的参数

影响螺旋分级机性能的关键参数是分级面积和螺旋转速。

①分级面积。螺旋分级机分级面积与槽体结构的关系如图 3-22 所示。

分级面积 $A = B \times l = BH/\sin\alpha$。分级面积增大(即沉降面积增大),螺旋分级机处理能力增大,同时分级溢流粒度更细。而增大槽体宽度 B,提高溢流堰高度 H,减小槽体倾角 α,可增大分级面积。

②螺旋转速。螺旋转速影响分级液面的紊动程度和螺旋返砂能力。通常螺旋分级机螺旋转速与螺旋直径成反比。分级粗颗粒时,较快转速可提高粗粒返砂的能力,且不会影响颗粒的沉降行为;细颗粒的分级则应采用低转速,以减少分级液面紊动程度,不影响细颗粒沉降行为,通常螺旋转速达到足以保

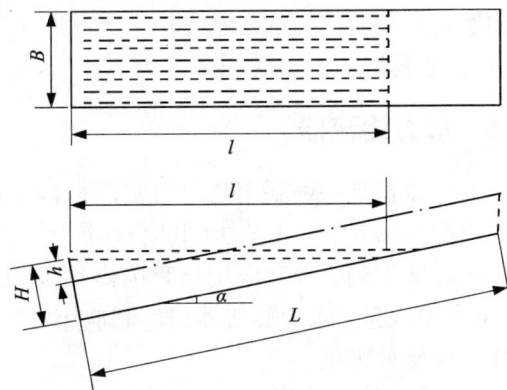

图 3-22　分级面积与槽体结构的关系

证返砂的输送的程度即可。

（4）螺旋分级机型号及规格表示

我国螺旋分级机目前已发展成为较完善的产品系列，共有24个规格。其中高堰式单、双螺旋分级机分别有8个和6个规格，螺旋直径为0.3~3.0 m。沉没式单、双螺旋分级机各有5个规格，螺旋直径为1.0~3.0 m。我国螺旋分级机生产厂家较多，主要有沈矿、辽重、南重、诸矿、沈冶等矿山机械设备公司。

螺旋分级机型号规格主要采用螺旋直径进行表示，如2FG（C）-20：2—双螺旋（单螺旋不注），F—分级机（少数厂家写成FL），G（C）—高堰式（沉没式），20—螺旋直径（dm，少数厂家写成2000 mm）。

（5）螺旋分级机的操作和维护

①螺旋分级机的操作规程。正常运转前应该先进行空运转。运转时应逐渐增加负荷，而且保持均匀给料。入料中不得有大块物件（如从球磨机排出的废钢球和较大的物料等）进入螺旋槽内，为此，可在其进料槽和水槽连接处装置金属隔网。

在螺旋分级机停车前，应先停止其给料，并利用螺旋的作用清除掉槽体内的大部分物料，之后方可停车。当螺旋分级机因故障而突然停车时，必须立即停止送料同时提升起螺旋片，以避免矿石淤塞。对提升起来的螺旋片应用钢丝绳吊起，以免提升丝杆长时间受力而产生变形。解除故障之后，再次起动之前，应去除钢丝绳，使螺旋缓慢下降。当螺旋叶片接触到槽内矿浆时，就可以开动螺旋分级机，使其螺旋叶片一边旋转一边下降，直到下降至下部支座，与水槽上的支架吻合为止。在螺旋分级机已完全恢复正常运转位置后方可进料。

为了设备的使用安全，螺旋分级机提升机构上设置有行程开关。操作人员应经常检查行程开关的准确性和灵敏性，以免螺旋升到预定范围之外而发生更严重的设备事故。

②螺旋分级机的维护规程。各部轴承应按规定时间和要求进行检查和注油，减速器内的油面应达到油面指示线。螺旋下部支座如是滚动轴承，应每月至少检查一次，去除脏污的润滑脂并更换新的润滑脂。如果是胶瓦或树脂瓦，应检查其磨损和水封情况，如磨损严重应及时更换。螺旋叶片上的耐磨衬铁磨损严重时，必须及时更换，以免造成螺旋叶片的磨损，或因为耐磨衬铁的脱落，导致螺旋叶片严重损坏。为了保证螺旋分级机的长期良好运转，必须定期进行预拆预修。

3.6.2　水力旋流器

水力旋流器是一种利用离心力实现物料分级的设备，自1891年Bretney在美国申请了第一个水力旋流器专利，直至20世纪60年代，旋流器才在矿业领域的颗粒分级、矿物分选和水处理等方面得到普及和应用。我国最早由云南锡业公司制造和使用水力旋流器，至20世纪80年代才掀起了水力旋流器研究和应用的热潮，目前其在矿物加工领域已普遍使用，并逐步取代了螺旋分级机。

（1）水力旋流器结构与工作原理

水力旋流器的结构如图3-23所示，其上部是一个中空的圆柱体，下部是一个与圆柱体相通的倒锥体，二者组成水力旋流器的工作筒体。圆柱形筒体上端切向装有给矿管，顶部装有溢流管，在圆锥形筒体底部有沉砂口。各部分之间用法兰盘及螺栓连接。给矿口、筒体和沉砂口通常衬有橡胶、聚氨酯或辉绿岩铸石，以便减少磨损并在磨损后更换。沉砂口尺寸还可以做成大小不同的，可根据需要调节其大小。小型水力旋流器还可完全由聚氨酯制成。

图 3-24 为水力旋流器的工作原理示意图。矿浆以 0.5～2.5 kg/cm² 的压力从给矿管沿切线方向送入，在其内部高速旋转，从而产生了很大的离心力。在离心力和重力的联合作用下，较粗的颗粒被抛向旋流器的器壁，作向下旋转运动，最后从底部的沉砂口排出，称之为沉砂；较细的颗粒和大部分的水，则沿中心向上形成上升的旋流，从上部的溢流管溢出，称之为溢流，最终达到粗细粒颗粒分离的目的。

水力旋流器有分级和脱泥 2 种类型，前者用来分出 800～74（或 43）μm 的粒级，后者用来脱除 74（或 43）～5 μm 的细泥。分级用的旋流器给矿浓度较高，给矿压力较大，圆筒直径较粗，而脱泥用的旋流器与之相反。

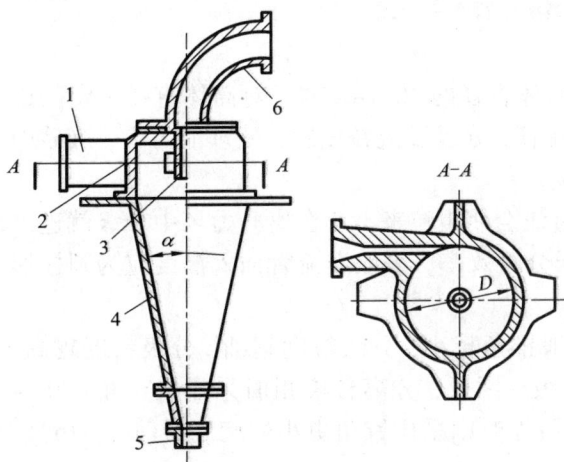

1—给矿管；2—圆柱形筒体；3—溢流管；
4—圆锥形筒体；5—沉砂口；6—溢流导管。

图 3-23 水力旋流器结构简图

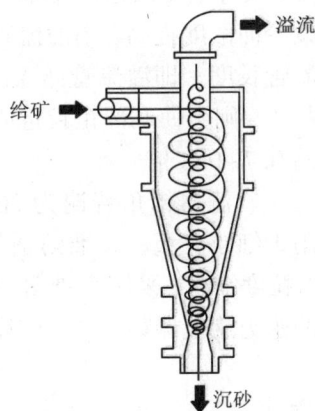

图 3-24 旋流器工作原理示意图

水力旋流器的主要优点是结构简单，占地面积小，生产率高。缺点是易磨损，特别是排砂嘴磨损快，工作不够稳定，易导致生产指标波动。水力旋流器的分级效率比螺旋分级机要高一些，一般为 30%～50%，有时可达 60%～70%。

（2）水力旋流器主要参数

影响水力旋流器分级性能的参数包括工艺参数和结构参数 2 大类，其中结构参数主要包括：旋流器筒体直径、旋流器筒体长（高）度、给矿管大小、溢流管直径、溢流管长度、锥角和沉砂口直径。

①旋流器筒体直径。筒体直径是旋流器的关键参数，影响着旋流器的分级粒度和单台处理能力。通常筒体直径越大，分离粒度越粗，处理能力越大。

②旋流器筒体长（高）度。旋流器筒体长度增大，可以提高旋流器处理能力和分级停留时间，在相同给矿压力下，处理能力能提高 8%～10%，但筒体加长降低了切向速度，沉砂粒度变粗。一般圆柱筒体长（高）度为其直径的 0.6～1.0 倍。

③给矿管大小。在相同给矿压力下，旋流器给矿流量随给矿管大小呈指数倍增长，其幂

指数一般为 0.77~2.0。给矿管大，处理能力大，分级粒度粗，通常给矿管直径为筒体直径的 0.08~0.25 倍。常见给矿管的布置形式如图 3-25 所示，与切向给矿相比，其他两种给矿方式均能显著提高旋流器的性能。

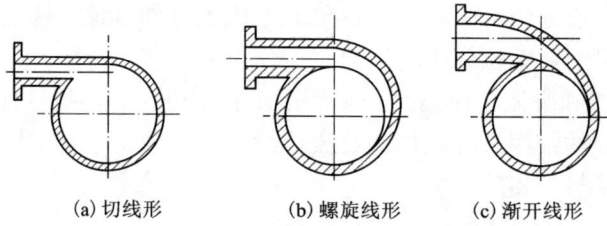

(a) 切线形　　　　　(b) 螺旋线形　　　　　(c) 渐开线形

图 3-25　常见旋流器给矿管布置形式

④溢流管直径。旋流器溢流管直径一般为筒体直径的 20%~45%，对筒体直径一定的旋流器，溢流管尺寸对分级性能影响很大。大溢流管，分级溢流粒度粗，处理能力大，沉砂中细颗粒量减少而浓度提高，小溢流管的作用相反。

⑤溢流管长度。即溢流管插入深度，插入过浅会使粗粒来不及在离心力场中分级就进入溢流，插入过深则会使底部粗粒进入溢流，降低分级效率。一般溢流管插入深度应为圆柱形筒体高度的 0.7~0.8 倍。

⑥锥角。旋流器锥角普遍为 20° 左右。一般锥角越小，分级粒度越细，分级精度越高。小锥角适用于细粒分级，大锥角适用于粗粒分级。因此，分离粒度粗时采用大锥角（30°~60°）；分离粒度细时，采用小锥角（15°~30°）；脱泥时则采用锥角更小的旋流器（10°~15°）。不同锥角的水力旋流器如图 3-26 所示。

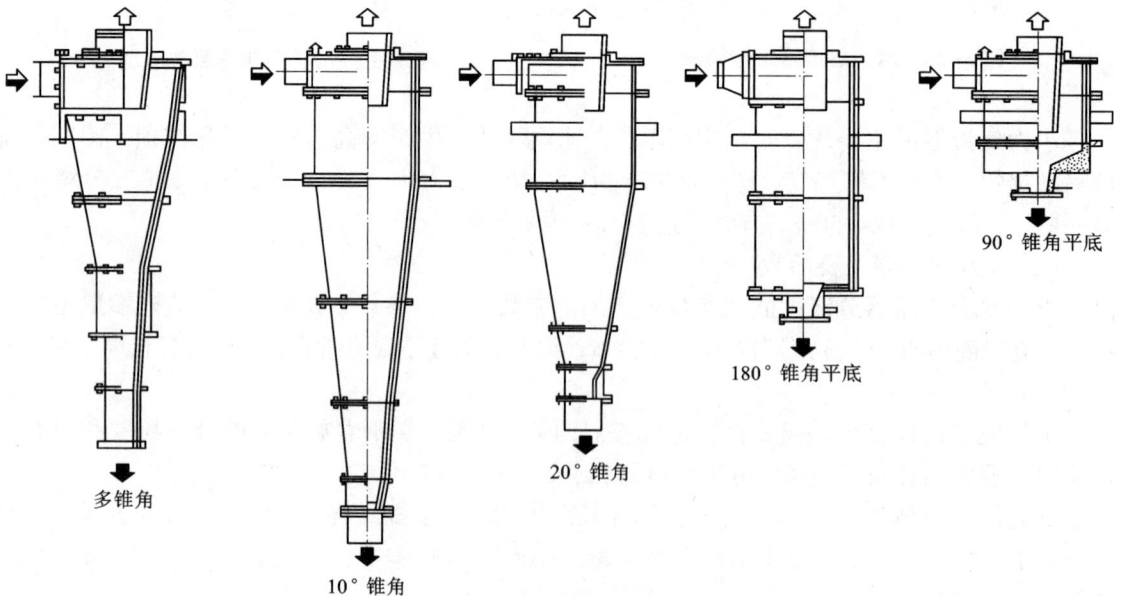

多锥角　　　10° 锥角　　　20° 锥角　　　180° 锥角平底　　　90° 锥角平底

图 3-26　不同锥角的水力旋流器

⑦沉砂口直径。旋流器沉砂口尺寸与锥角一起决定着底流浓度和粒度。合理的沉砂口尺寸能实现最大底流浓度和最少细颗粒夹杂。沉砂口直径增大，溢流量减少，溢流粒度变细，沉砂量增大且浓度变低，细粒增多。沉砂口直径减小，沉砂排出量减少，溢流出现跑粗，过小时还会出现堵塞现象。合理的沉砂口直径应使沉砂呈伞状排出，其夹角为 40°~70°，沉砂口直径与溢流管直径之比一般为 0.4~0.8。

国产水力旋流器的规格从直径 10 mm 到直径 1200 mm，共 10 多种，水力旋流器的规格以圆柱形筒体的直径(mm)表示。

(3)水力旋流器的操作维护

①水力旋流器的操作。水力旋流器的正常工作要求其给矿必须有一定的压力，因此，保持给矿压力的稳定是保证旋流器高效分级的关键。

在生产实践中，水力旋流器的给矿可以采用稳压箱给矿方式，即借助必要的高差，由管道自流给入水力旋流器。一般是用砂泵将矿浆扬送到高处的稳压箱中，再自流引入水力旋流器，以达到稳定给矿压力的目的。但是由于矿浆量的波动，给矿稳压箱或砂泵池的液面也产生波动，导致水力旋流器的给矿压力不够稳定，这是造成水力旋流器给矿压力变化和分级效率波动的主要原因。

实际操作过程中，还往往由于砂泵叶轮的磨损而导致水力旋流器的给矿压力下降和矿浆量减少，此时，可以根据矿浆量和压力大小的变化来调节水力旋流器开动的台数，以稳定给矿压力。

水力旋流器的使用过程中，还要加强产品质量的检查，主要是检查沉砂和溢流的浓度和粒度是否符合生产要求。

若旋流器的溢流浓度突然增大，应该首先观察进入选别作业的矿浆量是否发生了变化。如果矿浆量没有减少，而旋流器的沉砂量又比较正常，若是第二段分级所用的旋流器，则说明一段磨矿的处理量增加较大，应及时检查一段磨矿，保持原矿给矿量的计量准确性。如果进入选别作业的矿浆量减少，则应检查磨矿的补加水是否有变化，同时可适当增加补加水量。

若旋流器的溢流浓度突然变小，则应立即检查旋流器沉砂的变化，如果是旋流器沉砂出现"拉稀"，则说明磨矿的给矿量不足，或砂泵的压力不够，应立即进行检查和处理。

若旋流器的溢流量突然增大，则应先关闭磨矿的补加水，并停止供矿 1~2 min，使其分级过程恢复正常。需要指出的是，当旋流器的沉砂口发生堵塞时，其溢流量也会增大，但同时粒度也会明显变粗。旋流器产生堵塞的原因多半是处理量过大或给矿浓度过高，有时也会因给矿矿浆内夹有杂物而堵塞沉砂口。

水力旋流器的沉砂浓度以呈伞状喷出为正常。浓度过大时，沉砂呈绳状(或珠状)称为"拉干"。浓度过低时，呈伞状的角度很大和沉砂没有压力，称为"拉稀"。两种情况均不正常，均会使溢流跑粗。

②水力旋流器的维护。首先应该搞好隔渣工作。如果隔渣工作做不好，沉砂口就易发生堵塞，造成无法分级或沉砂口等部件的加速磨损。因此，必须在给矿矿浆池或砂泵前设置隔渣筛，同时操作工人应及时清除隔筛上的杂物。

要根据所处理的矿石性质，掌握易磨损件的更换周期。旋流器的最大缺点就是磨损太快，导致分级效率指标严重恶化。易磨件中，沉砂口的磨损是最快的，其次是给矿口。准确掌握这些易磨损件的更换周期，并及时更换易磨件，是保证旋流器正常工作的关键，也是水力旋流器操作维护工作中的一项极为重要的内容。

此外，为了减轻旋流器筒体的磨损，一般内衬有耐磨材料，如铸石和橡胶等。如果内衬橡胶的质量较差，则各段内衬橡胶不同心或脱胶也是导致分级效率下降的重要原因。旋流器如果采用砂泵直接给矿，则砂泵的工作状态也会直接影响旋流器的分级效率，因此，也应密切关注砂泵的工作状况并及时调整。

3.6.3 细筛

细筛是按颗粒的几何尺寸大小进行分级的设备。选矿生产实践中用作分级的筛子种类很多，但用于磨矿流程中取代分级设备的生产实例却比较少，这主要是因为细粒物料的湿法筛分过程中，给料的固体浓度要很低，筛分时间要较长，筛分面积要大，这些较高的要求影响了细筛在磨矿分级过程中的广泛使用。此外，在设备配置上，与螺旋分级机和水力旋流器相比，细筛难于与磨矿机构成自流联接，其给料和筛上产物几乎都要采用提升运输设备来实现。

目前，我国在铁矿石磨矿回路中使用较多的是电磁高频振动细筛，其靠重力作用完成筛分过程。铁矿石选厂由于采用细筛再磨工艺，使铁精矿品位得到了大幅度提高，但也发现了一些问题，比如一段和二段磨矿负荷分配不均衡，磨矿能耗有所升高等。尽管细筛种类较多，但其结构和原理十分相似，这里仅介绍几种典型的细筛设备。

（1）GYX 型高频振动筛

GYX 型高频振动细筛的结构如图 3-27 所示，其主要特点是：处理能力较大，筛分效率高，分离粒度较细，干式和湿式筛分均可达到 40 μm；GYX 型细筛的振动频率较高，振动幅度小；采用多层筛网重叠技术，能有效防止筛网堵塞。2003 年 6 月在河北承德黑山铁矿中使用，提高了铁精矿品位。

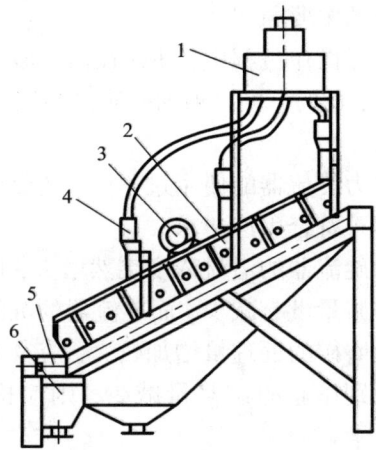

1—分矿器；2—筛框；3—高频振动电动机；4—给矿斗；5—机架；6—收集斗。

图 3-27 GYX31-1207 高频振动细筛

（2）直线振动细筛

直线振动细筛的结构如图 3-28 所示，其特点是：采用双电动机驱动的自同步原理，制造结构简单，维修方便；采用偏心激振器，可通过调节激振器来改变筛机的振幅；采用非线性橡胶弹簧，使用寿命较长，噪声小，筛分效率较高。

直线振动细筛工作时，在筛框两侧板上的两组偏心块振动器反向旋转产生激振力，物料在筛面上以 30° 倾角作斜上抛运动。物料在抛起时被松散，在与筛面接触时细粒物料透过筛孔从而实现分级。

ZKHX1856 型直线振动细筛已先后在鞍钢齐大山选矿厂、首钢大石河选矿厂和海南铁矿选矿厂投入工业应用，其运行可靠，分级效率比螺旋分级机高约 15%~20%，使磨矿机的磨矿效率提高了 20% 以上，同时，筛上产品含水量降低了 3% 以上，含泥量降低了 15% 左右。

生产实践中，细筛一般与磨矿机平行配置，筛上物料采用提升设备提升到一定高度后再自流给入到磨矿机再磨，形成闭路磨矿。

（3）Derrick（德瑞克）高频振动细筛

美国德瑞克细筛为重叠式高频振动细筛，主要由矿浆分配器、振动电机、给矿箱、筛网、机体和支撑平台 6 个部分构成，结构如图 3-29 所示。

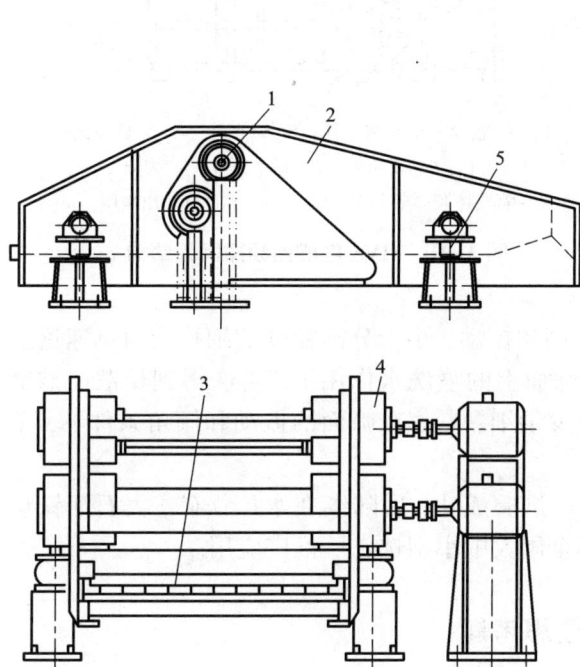

1—电动机；2—筛框；3—筛网；4—激振器；5—橡胶弹簧。

图 3-28 直线振动细筛结构示意图结构

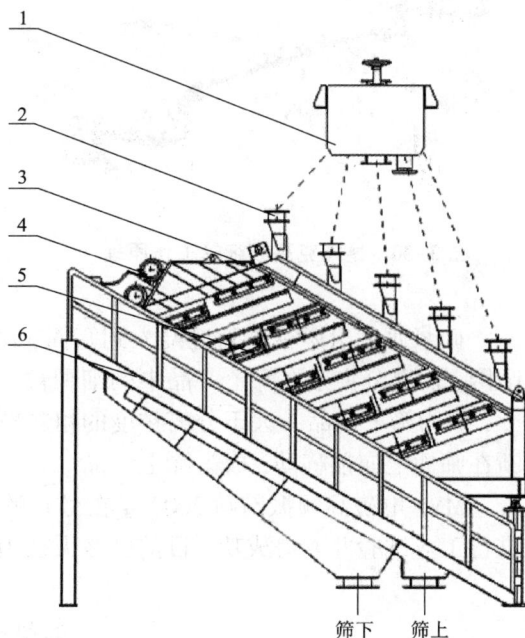

1—矿浆分配器；2—给矿箱；3—机体；
4—振动电机；5—筛网；6—支撑平台。

图 3-29 德瑞克高频细筛结构

德瑞克细筛的工作原理如图 3-30 所示。利用持续水流和高频振动的综合作用实现细粒物料的分级。在两片筛网之间配置有耐磨橡胶的洗矿槽，每台筛面根据需要配置 1~3 个洗矿槽。为使前一筛网已脱水的筛上产品在洗矿槽再造浆，喷淋装置直接向洗矿槽喷水，可以使筛上物在洗矿槽中重新造浆，固体颗粒彻底翻转和碎散，再经筛分，使粗、细物料分离。通过多次洗矿、筛分和重复造浆，高频振动细筛的筛上产品完全能满足所需的粒度规格要求。

德瑞克细筛已在我国鲁南矿业公司、莱钢莱芜铁矿选厂、太钢尖山选厂和峨口选厂等企业实现工业应用。

（4）MVS 系列电磁高频振网筛

图 3-31 为 MVS 系列电磁高频振网筛的结构，其由唐山陆凯科技有限公司生产。由设置于筛箱外侧的电磁激振器驱动布置在筛网下面的振动臂，振动臂上装有沿筛面全宽的橡胶帽，橡胶帽托住筛网并激振筛网。每台筛分机沿纵向布置有若干组振动系统，每组振动系统分别独立驱动振动臂以振动筛网，振幅可随时分段调节。物料在自重和筛面高频振动作用下沿筛面流动、分层、透筛。

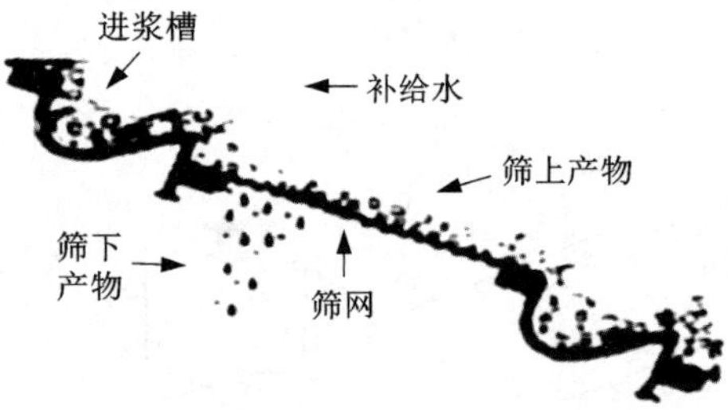

图 3-30　德瑞克高频细筛工作原理

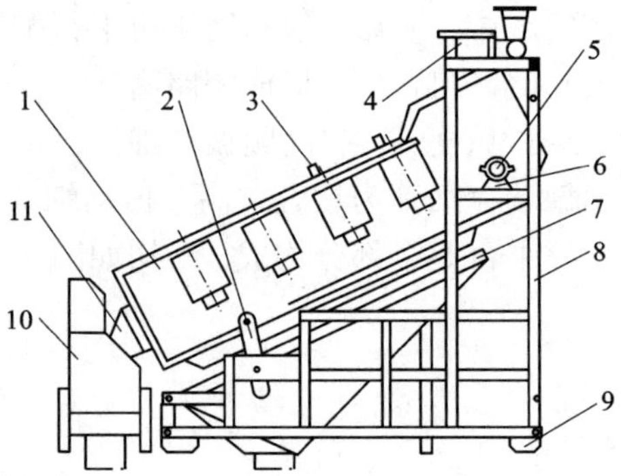

1—主机；2—角度调节杆；3—喷水管；4—给料箱；
5—卡瓦；6—支承座；7—筛下漏斗；8—机架；
9—隔振橡胶弹簧；10—筛上排矿斗；11—出料嘴。

图 3-31　MVS 电磁高频振网筛结构

矿浆通过给矿箱均匀地给入到筛面，由于高频振动，小于分离粒度的细粒物料迅速透过筛网，而部分夹杂在筛上产品中的细颗粒，在筛面上的喷洗水作用下，再次得到松散而被筛下，成为筛下产品。大于分离粒度的粗颗粒及少量细颗粒，在筛面的振动和倾角条件下，不断在筛面上向前移动，成为筛上产品。

MVS 电磁高频振网筛 2002 年在弓长岭选厂试验成功，后陆续在水厂铁矿、大石河铁矿进行工业试验并取得成功，目前已在大孤山等全国大中小型选矿厂推广应用。

本章主要思考题

(1) 选矿厂主要磨矿机械有哪些？

(2) 格子型与溢流型球磨机结构及工作原理有哪些不同？

(3) 棒磨机结构及工作原理与球磨机有哪些不同？

(4) 全/半自磨机结构及工作原理有哪些特点？

(5) 磨机衬板和介质分别有哪些类型？对磨矿过程有什么影响？

(6) 典型超细磨矿设备有哪些？各有什么特点？

(7) 磨机操作与维护需要注意哪些问题？

(8) 主要湿式分级设备有哪些？分级原理有什么区别？

(9) 简述螺旋分级机分类、结构及应用。

(10) 水力旋流器内垂直截面上的流场包括哪些流态？

(11) 影响水力旋流器性能的结构参数有哪些？各有什么影响？

(12) 螺旋分级机和水力旋流器操作与维护需要注意哪些问题？

(13) 分级细筛的种类有哪些？筛分原理有何不同？

第 4 章　重力分选设备

重力分选是利用不同矿物颗粒间的密度差异进行分离的过程,主要借助分选设备在不同介质中完成分选过程,介质主要有水、重介质和空气,其中水是最常用的介质。在干旱缺水地区或处理特殊原料时则用空气作为介质,即风力分选。在密度大于水的重介质(重液或重悬浮液)中进行分选,则称为重介质分选。

重力分选过程可概括为矿石颗粒的松散→沉降(按密度和粒度)或振动析离分层→分离3 个基本步骤。依据颗粒及颗粒群在水平或垂直介质流中的沉降和分层,以及在斜面和回转流中分选原理的不同,典型的重力分选设备有垂直重力场分选的跳汰机,斜面流场分选的摇床、圆锥选矿机和螺旋选矿机等,离心力场分选的离心机和重介质旋流器,以及复合力场分选设备等。重力分选设备结构性能对工艺指标具有重要影响,针对入选原料性质选择合适的重选设备具有十分重要的意义。

4.1　重力分选设备概述

目前,生产实践中使用的重力分选设备种类较多。根据作用力场的不同,其大致可分为垂直重力场、斜面重力场和离心力场重选设备,如表 4-1 所示。若按设备分选粒度和应用的不同进行划分,则有洗矿设备、粗粒重选设备、中等粒度重选设备、矿砂和矿泥重选设备等,如表 4-2 所示。

表 4-1　按作用力场划分的典型重选设备

作用力场	设备类型	处理粒度范围/mm			应用特性
		最大	最小	最佳	
垂直重力场	旁动隔膜跳汰机	18	0.074	12~0.1	处理量大、富集比高,可用于粗选和精选
	侧动隔膜跳汰机	18	0.074	12~0.1	
	下动隔膜跳汰机	20	0.074	6~0.1	
	锯齿波跳汰机	25	0.074	8~0.074	
	梯形跳汰机	10	0.037	5~0.074	
斜面重力场	摇床	3	0.02	2~0.037	处理量小、富集比高、可得多种产品,多用于精选
	螺旋溜槽	1.5	0.037	0.6~0.05	结构简单、富集比低,用于粗选
	螺旋选矿机	3	0.074	2~0.1	处理量较摇床大、富集比低,用于粗选

续表4-1

作用力场	设备类型	处理粒度范围/mm			应用特性
		最大	最小	最佳	
离心力场	离心选矿机	—		0.074~0.01	处理量大、富集比低,用于脱泥及微细粒矿物粗选
	重介质旋流器	30	0.1	20~2	处理量大、分选效率高,可分选密度差较小的矿物
	水力旋流器	—		0~0.074	处理量大,多用于分级和脱泥

　　垂直重力场分选中,跳汰机的应用最为广泛,其介质流波形对矿物分选是一个至关重要的因素,其中锯齿波和梯形波对矿物的处理粒级下限有积极的作用。斜面重力场主要在薄层水流(具有弱紊流流态特征)中分选微细粒矿石,尽管摇床、圆锥选矿机和螺旋选矿机等重选设备被广泛应用,但这类设备的单位面积处理量小是一个致命弱点,这类设备对细粒和微细粒级物料分选效果较好,从设备的多层化角度发展是重要方向。离心力场一直被认为是一种具有较大发展潜力的分选力场。从重力分选设备的发展进程来看,单一的作用力场已经远远不能满足现代矿物处理的要求,要开发大处理量的微细粒重选设备,仅在斜面重力场中是难以实现的,而在垂直重力场与离心力场中则相对容易实现,因此就出现了各种复合力场重选设备,如离心力场与垂直重力场的复合,离心力场与斜面重力场的复合等。

　　除矿物密度差外,矿物颗粒粒度、颗粒形状和介质性质等对重选过程和分选指标也有不可忽略的影响。为此,重选设备的选择应注意以下基本原则:

　　①充分考虑入选矿石中不同矿物的密度、单体颗粒粒度(或富连生体颗粒粒度)、矿石粒度组成等性质;

　　②充分考虑设备中介质流场特性对分选过程及指标的影响;

　　③充分考虑设备结构、流场特性和最佳分选粒度范围;

　　④为充分发挥重选设备的性能,应配合入选前的粒度分级及其设备选型。

表4-2　按分选粒度划分的典型重选设备

设备类型		分选粒度/mm			应用特点
		一般	最大	最小	
洗矿设备	圆筒洗矿机	—	300	—	处理含泥质易洗和中等可洗矿石,处理量大,水耗高
	擦洗机	—	350	—	处理高塑性难洗矿石,洗矿效率高
	倾斜式槽洗机	—	80~90	—	用于易洗和难洗矿石,生产能力大,工作可靠,洗矿不彻底
	水平式槽洗机	—	70	—	用于易洗和难洗矿石,生产能力小,洗矿较彻底
	联合洗矿机	—	125	—	仅用于易洗矿石

续表4-2

设备类型			分选粒度/mm			应用特点
			一般	最大	最小	
粗粒重选设备	重介质选矿设备	振动溜槽	75~6	100	3	分选粒度粗、生产能力大、分选精度高,适合于预选贫化率高的矿石,但介质制备及回收系统复杂
		鼓形分选机	100~6	300	5	
		圆锥分选机	50~6	75	1.5	
		涡流分选机	35~2	75	0.5	
		重介质旋流器	20~2	30	0.1	
	矩形粗粒跳汰机		50~10	70	0.074	分选精度较重介质差,生产能力大
中等粒度重选设备	跳汰机	旁动隔膜跳汰机	12~0.1	18	0.074	生产能力较大、富集比高,用于粗选和精选
		侧动隔膜矩形跳汰机	12~0.1	18	0.074	
		复振跳汰机	12~0.1	18	0.074	
		圆形跳汰机	12~0.1	18	0.074	
		下动圆锥跳汰机	6~0.1	20	0.052	
		广东Ⅰ型跳汰机	6~0.1	10	0.074	
		梯形跳汰机	-0.074	10	0.037	
	抬浮摇床		5~0.2	6	0.074	能分离出粗粒硫化矿物、分选效率高、生产能力小
矿砂重选设备	摇床		2~0.037	3	0.02	生产能力小、富集比高,多用于精选
	螺旋选矿机		2~0.1	3	0.074	生产能力较摇床大、富集比低,多用于粗选
	螺旋溜槽		0.6~0.05	1.5	0.037	
	扇形溜槽		1.5~0.074	2	0.037	
	圆锥溜槽		1.5~0.074	2	0.037	
矿泥重选设备	离心选矿机		0.074~0.01	—	—	生产能力大、富集比低,多用于矿泥粗选
	各种皮带溜槽		0.074~0.01	—	—	生产能力小、富集比高,多用于矿泥精选

4.2　垂直及水平流重选设备

4.2.1　水力分级设备

水力分级是根据颗粒在水介质中沉降速度的不同,将宽级别物料细分成两个或多个窄级别物料的作业。水力分级和筛分作业的作用相同,但筛分是按筛孔几何尺寸来分级的,水力分级则是按颗粒的沉降速度差实现粗细分级的。

对于细粒和微细粒的分级,因筛分作业效率不高,通常采用水力分级来实现。实践中,水力分级主要用于:①在摇床、溜槽等重选作业之前,将入选原料分成窄粒级,以便于选择适宜的操作条件,且得到的分级产物的粒度特性也有助于进行析离分层;②与磨矿作业组成闭路,能及时将磨矿产物中的合格粒级分出,减少过磨现象,有关这部分分级设备见第3章;③对原料或选矿产品进行脱泥或脱水;④测定微细物料(-0.074 mm)的粒度组成,即进行水力分析。

(1)云锡式分级箱

云锡式分级箱多用于重选厂,作用是将原料分成多个粒级,以便实行窄级别入选,其结构如图 4-1 所示。外观呈倒立的角锥形,底部的一侧接有压力水管,另一侧设沉砂排出管。分级箱一般是 4~8 个串联工作,中间用溜槽连接,箱体上端尺寸($B×L$)有 200 mm×800 mm、300 mm×800 mm、400 mm×800 mm、600 mm×800 mm、800 mm×800 mm 等规格。主体箱高约为 1000 mm,安装时通常由小到大依次排列。

为减小矿浆进入分级箱内引起的扰动,使箱内上升流均匀分布,在箱体上部垂直于流动方向装有阻砂条,阻砂条缝隙宽约 10 mm。矿浆中沉降的矿粒经过阻砂条的缝隙时,受到上升水流的冲洗,其中细颗粒被带到下一个分级箱中,粗颗粒则在分级箱内按干涉沉降分层,最后由沉砂口排出。沉砂的排出量用手轮调节。给水压力应稳定在 300 kPa 左右,并用阀门控制给水量,自首箱至末箱的给水量依次减小。

云锡式分级箱通常一对一地配置在摇床上方,同时担负着分配矿量的任务。通过调节沉砂量,达到在矿量、浓度和粒度上均适应摇床分选的要求。优点是:结构简单、便于操作、不耗动力,可与摇床配置在同一台阶上。缺点是:耗水量较大(5~6 m³/t 矿),矿浆在箱内易受扰动,分级效率较低,粒度不宜大于 1 mm。

(2)分泥斗

分泥斗是一种简单的分级、脱泥及浓缩设备,又称圆锥分级机。外形为一倒立的圆锥,如图 4-2 所示。在圆锥上部中心设给矿圆筒,圆筒底缘没入液面以下。矿浆沿切线方向给入中心圆筒,经缓冲后由圆筒底缘流出,然后向周边溢流堰方向流动。沉降速度大于流体上升速度的粗颗粒沉降到槽内,经底部沉砂口排出。携带细颗粒的矿浆流至溢流槽后排出。

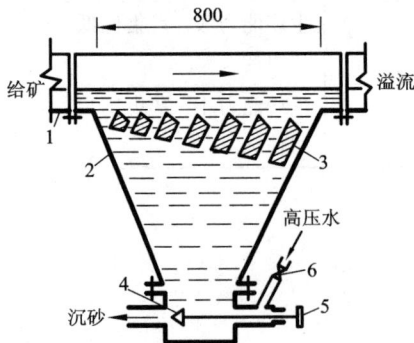

1—矿泥溜槽;2—分级箱;3—阻砂条;
4—砂芯塞;5—手轮;6—阀门。

图 4-1　云锡式分级箱示意图

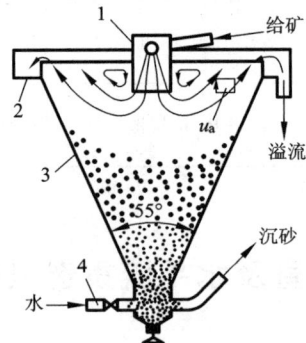

1—给矿圆筒;2—环形溢流槽;
3—锥体;4—备用高压水管。

图 4-2　分泥斗示意图

分泥斗的锥角一般为 55°~60°，有 D = 1000 mm、1500 mm、2000 mm、2500 mm、3000 mm 5 种规格。分泥斗由于具有结构简单、易于制造且不消耗动力的优点，在流程中还有缓冲矿量的作用，在选矿厂应用广泛。主要用在水力分级前对原矿进行脱泥，亦可用在水力分级后，从溢流中再回收部分粗砂送摇床选别，其给矿粒度一般小于 2 mm，分级粒度则为 74 μm 或更细。此外，分泥斗还常常安装在中矿再磨设备前对矿浆进行浓缩脱水，以提高再磨作业给矿浓度。在各种矿泥分选设备前也可采用分泥斗来控制给矿浓度和矿量。分泥斗的缺点是分级效率较低、安装高差大和设备配置不方便。

（3）机械搅拌式水力分级机

机械搅拌式水力分级机的结构如图 4-3 所示。由四个角锥形分级室组成，各室由给矿端向排矿端依次增大，并在高度上呈阶梯状排列。在分级室下面有圆筒部分 1、带玻璃观察孔的分级管 2 和压力水管 3。压力水沿分级管的径向或切线方向给入。在其下方有缓冲箱 9，用以暂时存储沉砂产物。由分级室排入缓冲箱的沉砂量通过连杆 5 下端的锥形塞 4 控制。连杆 5 在空心轴 6 的内部穿过，轴的上端有一个圆盘，由蜗轮 8 带动旋转。圆盘上有 1~4 个凸缘。圆盘转动时凸缘顶起连杆 5 上端的横梁，从而将锥形塞 4 打开，使沉砂进入缓冲箱 9。空心轴 6 的下端装有若干个搅拌叶片 11，用以使颗粒群悬浮分散，避免结团。空心轴与蜗轮 8 连接在一起，由传动轴 12 带动旋转。

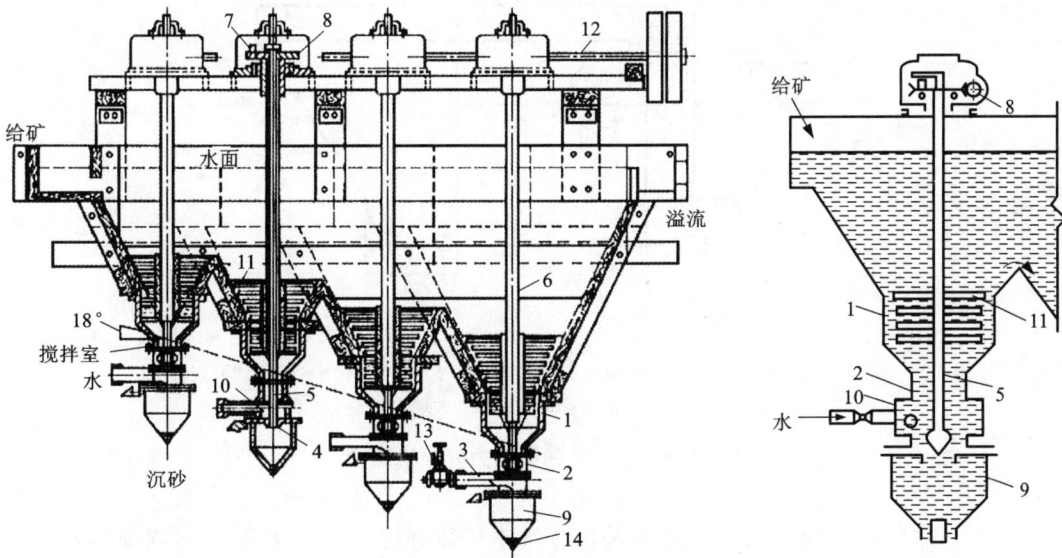

1—圆筒；2—分级管；3—压力水管；4—锥形塞；5—连杆；6—空心轴；7—凸轮；8—蜗轮；
9—缓冲箱；10—涡流箱；11—搅拌叶片；12—传动轴；13—活瓣；14—沉砂排出孔。

图 4-3　机械搅拌式水力分级机结构

矿浆由分级机的窄端给入，微细颗粒随表层水流向溢流端流走，较粗颗粒则依据沉降速度的不同分别落入各分级室。分级室的断面自上而下地减小，水流速度则相应地增大，因而可形成按粒度分层。下部的粗颗粒在沉降过程中受到分级管中上升水流的冲洗，再度实现分级，最后当锥形阀提起时排出。悬浮层中的细颗粒则随上升水流进入下一个分级室，各分级室上升水流速度逐渐减小，沉砂粒度也逐渐变细。

在分级机的下部设有分级管，并采用间断式排矿，从而增强了上升水流的冲洗作用，对减少沉砂含泥量，降低后续摇床分选时的金属损失有重要作用。间断排矿能提高沉砂的浓度（固体含量可达40%~50%），节约用水（<3 m³/t 矿石），但缺点是沉砂口易于堵塞，一般要求给水压力不低于 0.15~0.25 MPa。

机械搅拌式水力分级机主要用于大型钨矿选矿厂的准备作业。给矿适宜粒度上限为 3 mm，小于 0.074 mm 部分的分级效果很差，处理能力范围是 15~25 t/h。设备高差较大，且需和摇床配置在不同的台阶上，使得操作联系不太方便。

（4）筛板式槽型水力分级机

筛板式槽型水力分级机又称 Denver 型水力分级机，是利用筛板造成干涉沉降条件的设备，其结构如图 4-4 所示。机体外形为一角锥形箱，箱内用垂直隔板分成 4~8 个分级室。每个室的断面积为 200 mm×200 mm。在距室底一定高度处设置筛板。筛板上钻有 36~72 个直径为 3~5 mm 的筛孔。压力水由筛板下方给入，经筛孔向上流动，对在筛板上方悬浮着的物料进行干涉沉降分层，粗颗粒通过筛板中心孔排出，排出量用锥形塞（即排矿调节阀）控制。

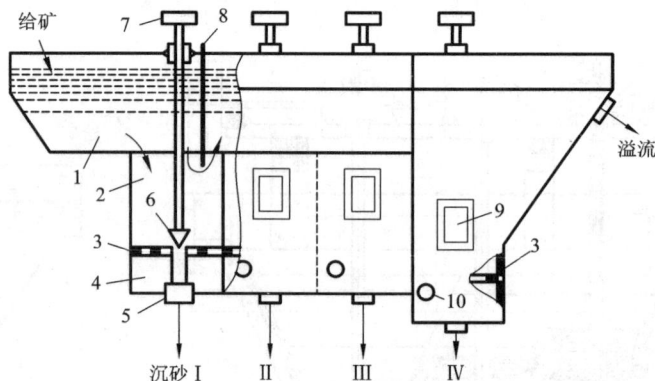

1—给矿槽；2—分级室；3—筛板；4—压力水室；5—排矿口；6—排矿调节阀；
7—手轮；8—挡板（防止粗颗粒越室）；9—玻璃窗；10—压力水管。

图 4-4　筛板式槽型水力分级机结构

工作时，矿浆由一侧给入，依次进入各分级室，各分级室的上升水速度逐渐减小，由此得到由粗到细的各级产物。分级室内上升水速度分布是否均匀对分级效果有重要影响。减小筛孔直径并相应增加筛孔数目可在一定程度上改善分级效果。但上升水速度分布不均是难免的，由此引起的二次回流搅动是造成分级效率不高的重要原因。筛板式水力分级机的优点是构造简单，不需用动力；与机械搅拌式水力分级机比较，高度较小，便于配置；可以根据选矿厂处理能力的不同，制成四室、六室和八室等不同的规格。这种分级机在我国中小型钨矿选矿厂应用较多，主要缺点则是沉砂浓度和分级效率均较低。

（5）水冲箱

水冲箱的结构如图 4-5 所示，分级室 7 主体部分高 500 mm，断面积为 350 mm×450 mm（尺寸可根据生产需要改变）。分级室下部安装有用黄铜板或塑料板制成的筛板 4，从而与底箱 3 隔开。筛板的筛孔直径为 1.5~2 mm，间距为 5 mm×5 mm，上面铺有厚 30~50 mm，粒度为 5~8 mm 的磁铁矿、锡石或铁砂等比重大且化学性能稳定的床石，以供均匀分配上升水流之用。

分级用水首先给到稳压箱 1 中，经调节阀 2（与杠杆 9 连接）进入底箱 3，再透过筛板和床石在分级室中形成上升水流。矿浆由一侧给入，在分级室中进行干涉沉降分层。悬浮在上层的细颗粒从另一侧排出，作为溢流送给摇床选别。底部粗粒级颗粒可从任意一侧的沉砂管排出，给到下一个水冲箱中继续进行分级，如图 4-6 所示。

水冲箱的工作特点是由细到粗地进行分级。上升水流通过床石给入，水速分布较均匀，分级精确性较高，沉砂中细颗粒数量很少，且沉砂浓度可在 60% 到 80% 之间调节。

水冲箱的排矿浓度在 1 h 内的变化值一般不大于 ±5%，适合对比重差小的原料进行窄分级，也可用来制备高浓度给矿原料。水冲箱可以单独应用，也可由 2~4 个箱串联工作（图 4-6）。给矿的适宜粒度范围为 2~0.074 mm。设备具有结构简单，需用的水压不高（稳压箱液面至分级溢流面的高差为 0.5~2 m），安装方便，工作灵活等优点。但处理量小，操作要求严格是其缺点，目前还只限于在重砂精选作业中为摇床制备原料使用。

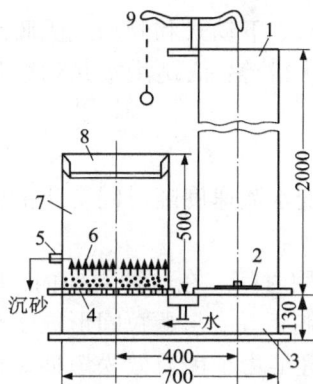

1—稳压箱；2—调节阀；3—底箱；
4—筛板；5—沉砂口；6—床层；
7—分级室；8—溢流槽；
9—杠杆（图中尺寸数字单位均为 mm）。

图 4-5　水冲箱结构示意图

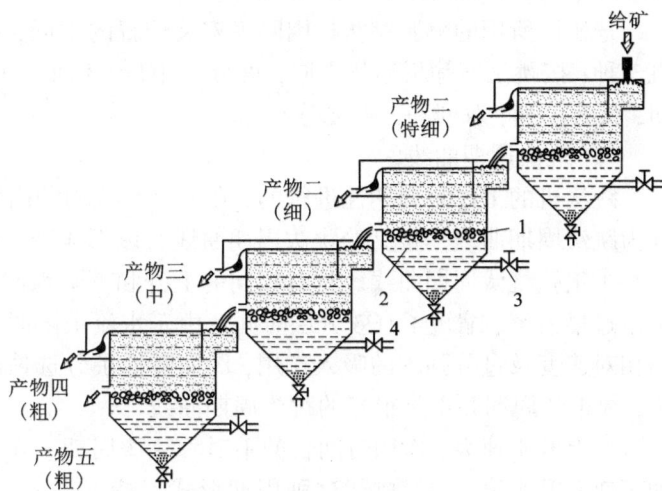

1—床层；2—筛板；3—进水；4—沉砂。

图 4-6　四级联用水冲箱工作意图

4.2.2　跳汰机

（1）跳汰机的分类

跳汰分选是在垂直交变水流中使轻重物料分层和分选的方法。常见跳汰机的结构形式如图 4-7 所示。

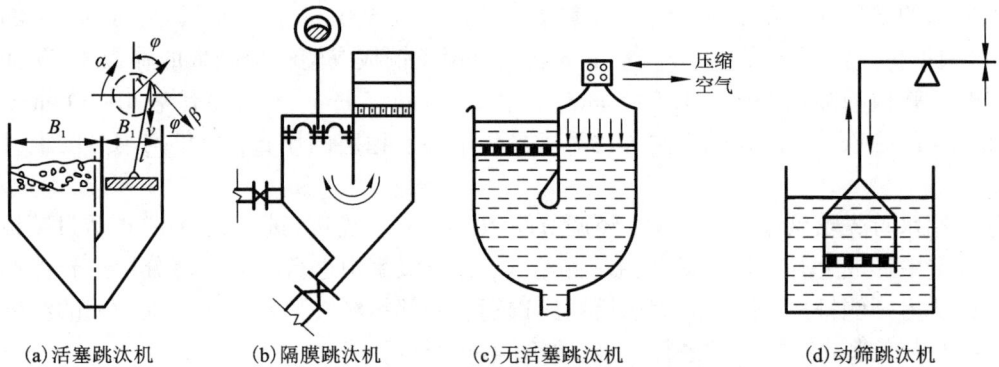

(a)活塞跳汰机　　(b)隔膜跳汰机　　(c)无活塞跳汰机　　(d)动筛跳汰机

图 4-7　常见跳汰机结构形式

最早的跳汰机为活塞式跳汰机，采用偏心连杆机构带动活塞运动，但由于活塞四周容易漏水，后来采用橡胶隔膜代替。隔膜跳汰机在 20 世纪 30 年代得到了大量推广，是处理金属矿石的主要机型。1892 年制成了用风力推动水流运动的跳汰机，取消了原有的活塞，故称为无活塞跳汰机(鲍姆跳汰机)，在选煤厂大量使用。水力鼓动跳汰机则是通过阀门间歇地鼓入上升水流进行选别的机型，目前应用已不多见。动筛跳汰机与上述筛板固定的跳汰机不同，其水体不动，而筛框作上下振动。

选矿厂所用的隔膜跳汰机因隔膜安装位置的不同，有旁动式、下动式和侧动式隔膜跳汰机 3 种；按跳汰室筛板形状不同，可分为矩形、梯形和圆形跳汰机等；依跳汰室并列数目不同，又有单列、双列和三列之分。

(2)跳汰周期曲线

跳汰机的工作是周期性进行的，在一个跳汰周期内垂直交变水流速度随时间变化的曲线称为跳汰周期曲线。常见的跳汰周期曲线有以下 4 种：

①正弦跳汰周期曲线。具有相同的上升和下降水速度及作用时间。在这种周期内，床层常常过早紧密，缩短了有效分层时间。由于水流被隔膜推动强制运动，与颗粒间形成了较大的相对速度及过分强烈的吸入作用，因而降低了分选精度。处理能力也因有效松散期短而减小，故正弦周期并不是很好的跳汰周期曲线。

②上升水速大、作用时间长的不对称跳汰周期。在正弦周期的跳汰机内，由筛下连续补加等速上升水流，即变成了这种周期形式。特点是上升水速大、作用时间长，下降水速小、作用时间短。因此，其介质与矿粒间的相对速度大，床层较松散，设备处理能力大，下降水流的吸入作用减弱，不适于处理含细粒级多的物料，而适合处理粗中粒的窄级别物料。

③上升水速大于下降水速，而作用时间相等的不对称跳汰周期。在正弦周期的水流下降阶段，利用分水阀间断地补加筛下水，即可得到这种跳汰周期。与正弦周期相比，其上升水速的作用力未变，但下降水流的速度降低且变化缓慢，吸入作用不强，故适于处理细粒级物料。

④上升水速大、作用时间短，下降水速小、作用时间长的不对称跳汰周期。在每一周期开始，急加速上升水流将床层鼓起必要的高度。接着是一段长而缓的下降水流，在此期间，床层将得到充分松散，而矿粒与介质间又具有较小的相对速度，故利于按密度分层。当床

层落到筛面以后又有适当的吸入作用,使重矿物细颗粒能较好地进入底层。实践证明,具有这种周期曲线的跳汰机可以选别宽级别物料,对细粒级也有较高的回收率,选别砂矿的圆形跳汰机和选煤的无活塞跳汰机即采用这种类型的周期曲线。

跳汰周期曲线形式是影响跳汰选别效果的重要因素之一。合理的跳汰周期曲线应与待分选物料性质相适应,使床层呈适宜的松散状态,颗粒主要借重力加速度差产生相对运动,这是选择跳汰周期曲线的基本原则。

(3)跳汰机主要部件

不同类型跳汰机的结构有所不同,但主要组成部件都包括机体、筛板和排料装置。

①机体。跳汰机的机体承受着跳汰机的全部重量和脉动水流产生的动负荷。常见形状有半圆形、角锥形和过渡形 3 种,如图 4-8 所示,通常采取分成隔室制造。

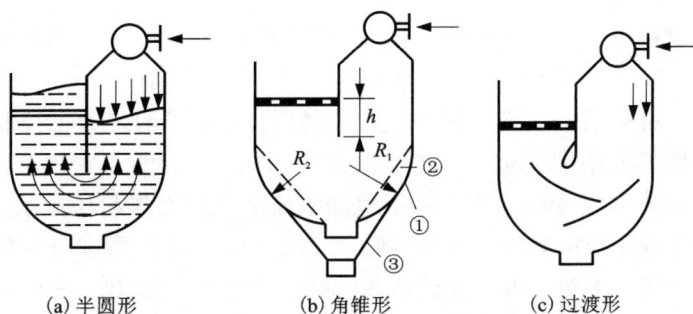

(a) 半圆形　　(b) 角锥形　　(c) 过渡形

图 4-8　跳汰机机体形状及其对水流波动的影响

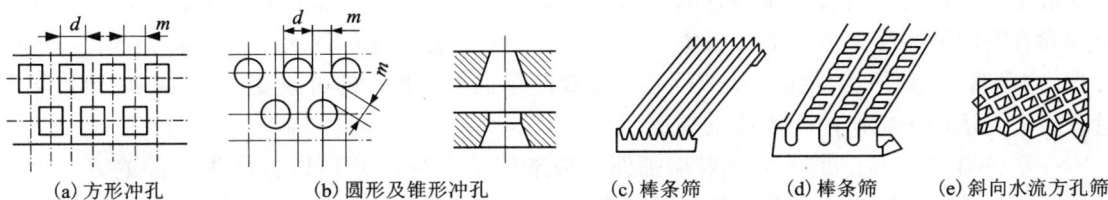

(a) 方形冲孔　(b) 圆形及锥形冲孔　(c) 棒条筛　(d) 棒条筛　(e) 斜向水流方孔筛

图 4-9　跳汰机筛板结构形式

②筛板。筛板的作用是承托床层,与机体一起形成床层分层的空间,控制透筛排料速度和重产物床层的水平移动速度。常见跳汰机的筛板结构形式如图 4-9 所示。

冲孔筛板的孔型有圆形、锥形、正方形和长方形,开孔率一般为 25%~35%。圆形筛孔应用最广泛,锥形筛孔有利于物料透筛和减少堵塞现象,且便于清理。长方形筛孔不易堵塞,但安装时应使筛孔长边与物料的运动方向一致。棒条筛筛面坚固且刚性好,开孔率大(可达 50%),为冲孔筛板的 1.5 倍。此外,还可以选择其他适当的筛孔形状。

③排料装置。跳汰分层后,轻产品随上部水流越过末端堰板排出,重产品则有多种不同的排出方式。主要包括透筛排料、中心管排料和一端排料三种,分别如图 4-10、图 4-11 和图 4-12 所示。

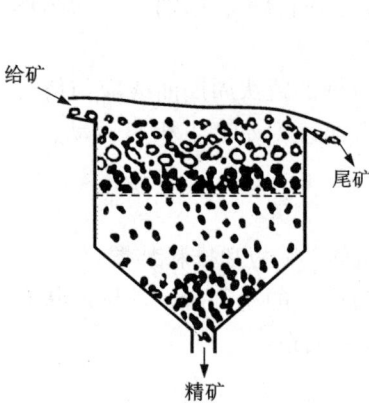

给矿
尾矿
精矿

图 4-10 透筛排料

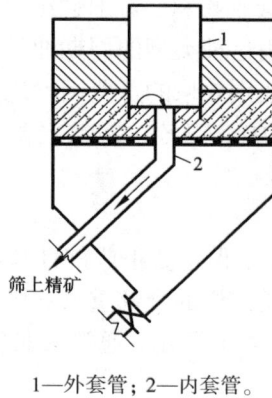

筛上精矿

1—外套管；2—内套管。

图 4-11 中心管排料

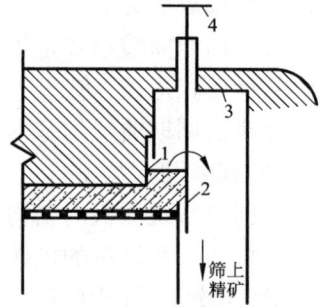

筛上精矿

1—外闸门；2—内闸门；3—套板；4—手轮。

图 4-12 一端排料

透筛排料法是让重矿物透过筛孔排入底箱，如图 4-10 所示。为了控制排料速度，需在筛面上铺置一层由接近或略大于重矿物的矿块组成的床石，有时也采用金属球，粒度为筛孔尺寸的 1.2~2 倍，称作人工床层。人工床层也随水流的升降而作起伏运动，重矿物穿过床层的曲折通道下落。改变床层的粒度、密度或厚度，即可调节重产品排出的数量和质量。根据排入底箱的重产品数量的多少，可以连续地或间断地通过阀门放出。该排料法原来用于处理粒度为数毫米以下的矿石，但近年来在处理粒度达十几毫米的铁矿石和煤矿时也有采用。

中心管排料法主要用于小型跳汰机，可排放粗粒精矿，如图 4-11 所示。在跳汰室中心线靠近尾矿端设置排料管。排料管的上口高出筛面一定距离，外面装有外套管。外套管底缘距筛面有一定的高度并可调节。聚集在套管外的重矿物借助床层压力进入套管，然后转入中心管(内套管)排到机箱外面。调节外套管下缘距筛面的高度，即可改变产品的排放数量和质量。该法只适用于精矿产率不高的情况。

一端(闸门)排料法是跳汰室末端筛面上或端壁上沿横向开口以排出重产品的方法。为了控制排出速度，常在开口设置各种排料装置，如图 4-12 所示的简单的垂直闸门。其中外闸门的作用是防止轻矿物进入重产品，内闸门的作用则是控制排料速度，两者均可调节。闸门上方的盖板开孔，以便内部压力与大气相通，促进精矿流动。其优点是重产物可顺着矿流方向沿整个筛面排出，适合大型跳汰机或重产物数量大时采用。

实践中常用的跳汰机主要有：旁动型隔膜跳汰机、矩形侧动式隔膜跳汰机、梯形侧动式隔膜跳汰机和圆形跳汰机等。

(4)旁动型隔膜跳汰机

又称丹佛(Denver)型跳汰机，结构如图 4-13 所示，其结构小巧而简单，由机架、传动机构、跳汰室及底箱 4 部分组成。

筛板面积 $B \times L = 300$ mm×450 mm，共有两室串联工作。为方便配置，有左、右式之分。从给矿端看，传动机构在跳汰室左侧的为左式，反之为右式。上部电动机带动偏心轴转动，通过摇臂杠杆和连杆推动两个隔膜交替上下运动。隔膜呈椭圆形，四周与机箱作密封联结。在隔膜室下方设补加水管。偏心轴采用双偏心套结构，在内偏心轴外面套一个偏心环，两者的偏心距均为 9 mm。转动偏心环，可使摇臂杠杆端点的冲程在 0~36 mm 变化。经过摇臂杠

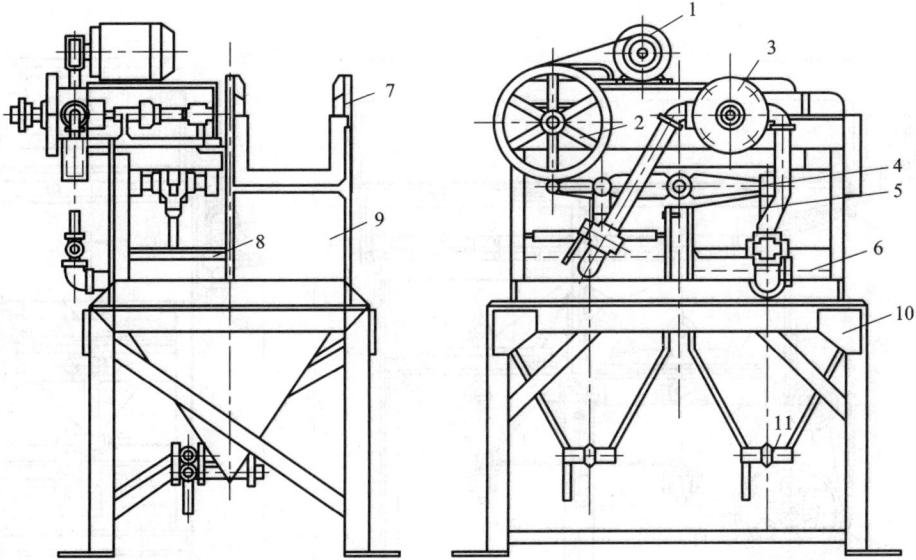

1—电动机；2—传动装置；3—分水器；4—摇臂；5—连杆；6—橡胶隔膜；
7—筛网压板；8—隔膜；9—跳汰室；10—机架；11—排矿活栓。

图 4-13　双室旁动型隔膜跳汰机结构

杆长度折算，设备的机械冲程可调范围是 0~25 mm。冲次改变，则需更换皮带轮，设计值为 320 次/min 和 420 次/min（冲程、冲次调节方法也适宜于其他型式跳汰机）。

旁动型隔膜跳汰机在我国中、小型钨、锡选矿厂应用较多。最大给矿粒度为 12~18 mm，最小回收粒度可达 0.2 mm，水流运动接近正弦曲线。给矿在入选前应适当地按粒度分级。主要缺点是耗水量较大，在 3~4 m³/(t 矿)。给水压力应达 0.15~0.2 MPa。处理能力范围在 2~5 t/(台·h)。

（5）下动型隔膜跳汰机

下动型隔膜跳汰机结构如图 4-14 所示，由机架 3、传动机构（包括隔膜）、跳汰室及锥形底箱等部件组成。传动装置安装在跳汰室下方。隔膜为圆锥状，用环形橡皮膜与跳汰室连接。电动机及皮带轮设在机械一端，通过偏心连杆机构推动隔膜上下往复运动。

下动型隔膜跳汰机不设单独的隔膜室，占地面积小。下部圆锥隔膜的运动直接指向跳汰室，水速分布较均匀，但隔膜承受着整个设备内的水和筛下精矿的重量，负荷较大。因受隔膜形状限制，机械冲程只能调到 20~22 mm。隔膜断面积也小，冲程系数只有 0.47 左右。跳汰室内的脉动水速较弱，对粗粒床层松散较困难。故这种跳汰机不适于处理粗粒原料，一般只用于分选-6 mm 的中、细粒级矿石。由于传动机构设置在机械下部，容易遭受水砂浸蚀，这也是下动型隔膜跳汰机的一个重要缺点。

下动型隔膜跳汰机的优点为：设备结构紧凑，单位有效筛面的占地面积较小。上升水流在整个筛面的分布更加均匀。因为重产品排料口设在下部锥底，故其排料较为顺利。

（6）侧动式隔膜跳汰机

侧动式隔膜跳汰机有梯形侧动式和矩形侧动式 2 种类型。其中，梯形侧动式隔膜跳汰机的基本结构如图 4-15 所示，全机共有 8 个跳汰室，分作两列，用螺栓在侧壁上连接起来形成

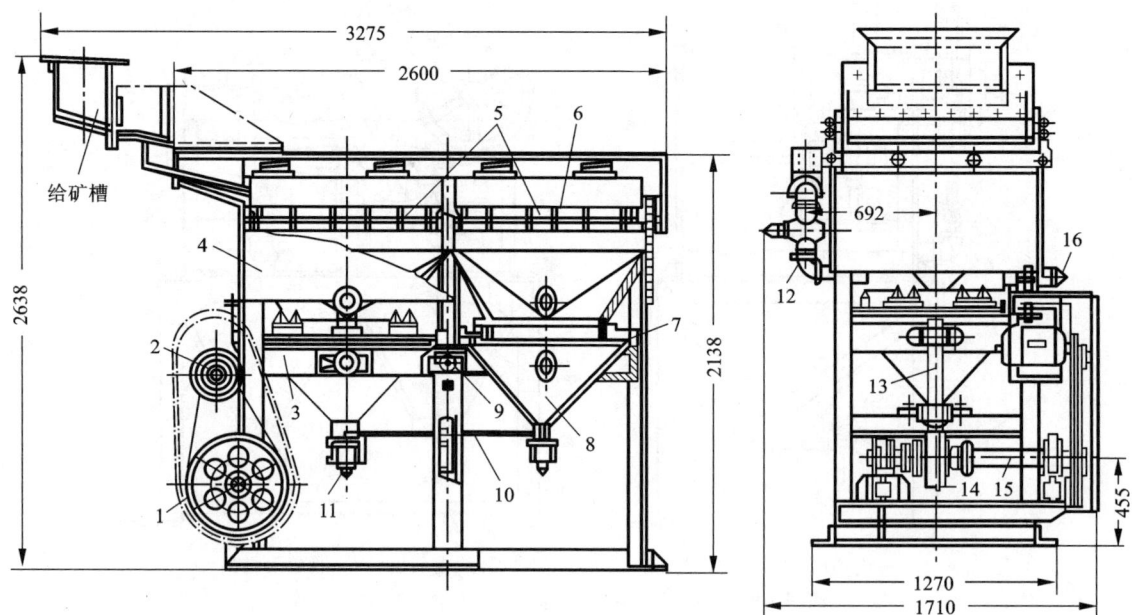

1—大皮带轮；2—电动机；3—活动机架；4—机体；5—筛格；6—筛板；7—隔膜；8—可动锥底；9—支撑轴；
10—弹簧门；11—排矿阀门；12—进水阀门；13—弹簧板；14—偏心头部分；15—偏心轴；16—木塞。

图 4-14　100 mm×1000 mm 双室下动型隔膜跳汰机结构

一个整体。每两个对应大小的跳汰室为一组，由一个传动箱中伸出通长的轴带动一组跳汰室两侧垂直的外隔膜运动。全机共两台电机，每台驱动两个传动箱。传动箱内装有偏心连杆机构。补加水由两列跳汰室中间的水管给入到各室。在水流的进口处设有弹性的盖板。当隔膜推进时，借助水的压力使盖板遮住进水口，此时水流不再能充分进入。当隔膜后退时盖板打开，水流再进入筛下，从而减弱了下降水流的吸入作用。

梯形侧动式隔膜跳汰机的规格用单个室的纵长×(单列上端宽~下端宽)表示。各跳汰室的冲程、冲次可两两地进行调节，筛下水量则可单独变化。为使水流沿整个筛面均匀分布，在筛板下方设有倾斜导水板。

梯形侧动式隔膜跳汰机和其他具有梯形筛面的跳汰机一样，可使矿浆的流速由给矿端向排矿端逐渐变缓，同时，由于矿层逐渐变薄，有利于细粒重矿物的回收。设备的处理能力比较大，一台 900 mm×(600~1000) mm 的梯形侧动式隔膜跳汰机的处理能力可达 15~30 t/h。常用于选别-5 mm 的矿石，适合处理钨、锡、金、铁和锰矿石。

矩形侧动式隔膜跳汰机的结构如图 4-16 所示。有单列和双列两种，也称为吉山-Ⅱ型，给矿方式有右式和左式两种。在传动方式上与梯形侧动式隔膜跳汰机有相同之处，不同之处是其筛面为矩形，粗粒精矿由筛板的一端排出，且吉山-Ⅱ型跳汰机的冲程系数较大，可以处理粗粒级矿石，也可处理细粒级矿石。因此，与梯形侧动式隔膜跳汰机相比，矩形侧动式隔膜跳汰机制造简单，维修容易，配置灵活，处理的粒度上限较粗，单位面积处理能力较大，运行平稳可靠。

(7)圆形跳汰机

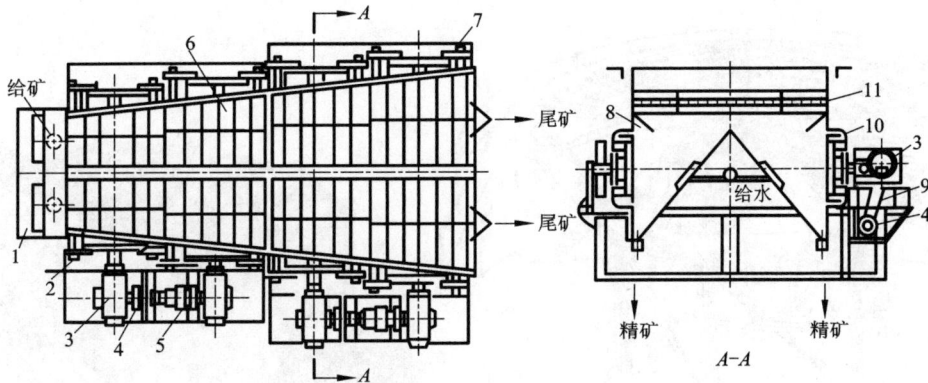

1—给矿箱；2—前鼓动箱；3—传动箱；4—三角皮带；5—电动机；
6—后鼓动箱；7—后鼓动盘；8—跳汰室；9—三角皮带；10—鼓动隔膜；11—筛板。

图 4-15　900 mm×(600~1000 mm)梯形侧动式隔膜跳汰机结构

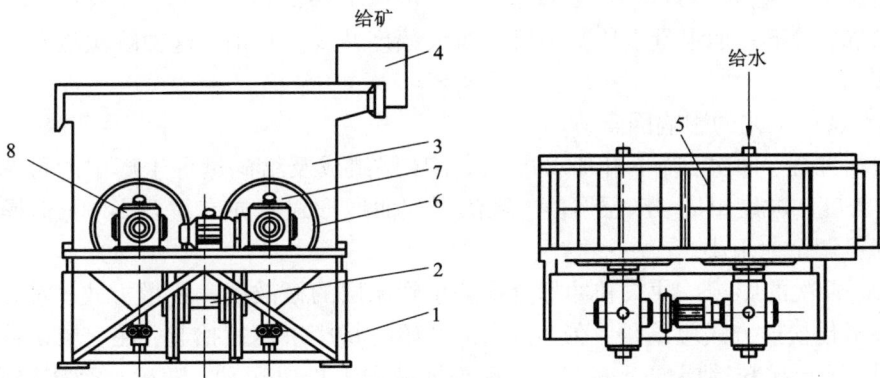

1—支架；2—中间轴；3—槽体；4—给矿槽；5—筛板；6—鼓动隔膜；7—鼓动盘；8—传动箱。

图 4-16　LTC69/2 型矩形侧动式隔膜跳汰机结构

　　圆形跳汰机可认为是由多个梯形跳汰机组合而成的。近代的圆形跳汰机由荷兰 MTE 公司首先研制成功，并于 1970 年推出了带旋转耙的液压圆形跳汰机，设备外形如图 4-17 所示。

　　我国于 20 世纪 80 年代初研制成 DYTA-7750 型跳汰机，其外形如图 4-18 所示。该机共有 12 个梯形跳汰室，直径(按最大边棱对角线计)为 7750 mm，每室筛板面积为 3.3 m²，整机面积共 39.6 m²。矿浆由中心给入，然后向四周作辐射状流动，重产品采用透筛排料法排出。

　　圆形跳汰机隔膜的位移曲线通常设计成锯齿波形，相应的速度周期曲线则是矩形波形。这样的运动足以将床层迅速抬起，尔后缓慢下落，床层的松散时间长，水流与矿粒间的相对速度小，故能有效地按密度分层。

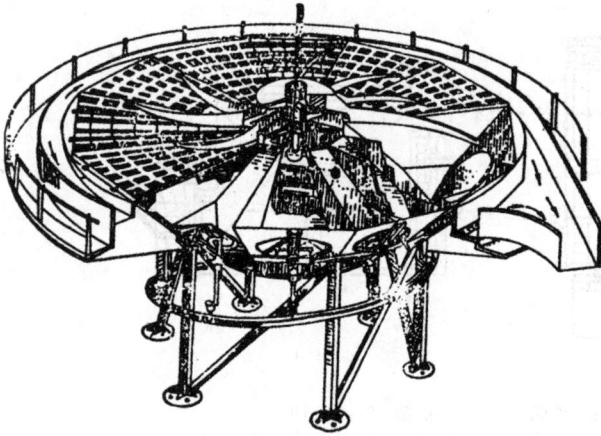

图 4-17　圆形跳汰机外形

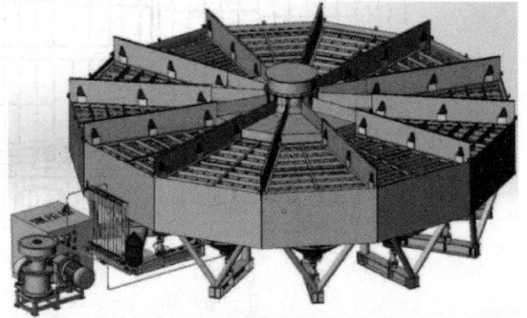

图 4-18　DYTA-7750 型径向(圆形)跳汰机外形

圆形跳汰机的优点是单位筛面处理能力大,可达 $7\sim9$ t/$(m^2\cdot h)$,回收粒度下限低且能以宽级别入选,筛下补加水量也比其他跳汰机大幅度减少。目前,这种跳汰机在我国采金船上应用较多。

(8)跳汰选矿工艺的影响因素

主要包括冲程、冲次、筛下补加水量、人工床层组成及给矿量等生产中的可调因素。此外,给矿的密度和粒度组成、床层厚度、跳汰周期曲线形式等亦有重要影响,但操作过程中这些因素的可调余地很小。

①冲程、冲次的影响。冲次和冲程直接关系到床层的松散度和松散方式,对分层有重要影响。床层最佳松散方式应该是:在上升水流开始时将床层迅速抬起,在上层矿粒保持向上运动的同时,下层矿粒逐层向下剥落,出现松散波向上推进运动;随后整个床层向下塌落,水流也应转而向下,以最小的相对速度流动,整个床层表现为两端松散,中间较紧密。这种松散方式对按密度分层是最有利的。如果冲次太大,床层将来不及松散扩展,而变得比较紧密,冲次太小又会造成松散迟缓,两者均会使松散度降低。

冲程的影响与冲次相似,应与床层密度和粒度相适应,并与冲次配合调整,通常在试车时进行。生产中操作人员要随时用探杆或手检查床层的松散度,通过改变筛下水量进行适当调整。随着床层厚度的增大或给矿粒度变粗(滞后于水流速度增大),冲程应加大,与此同时,冲次则要减小,以适应分层的时间要求。

②筛下补加水和给矿水的影响。依矿石性质和设备不同,跳汰的总水耗为 $3\sim8$ m^3/(t矿)。给矿水用来预先润湿矿石并便于均匀给矿。给矿浓度一般不超过 $25\%\sim30\%$。筛下补加水是生产中调节床层松散度的主要方法,要随时注意控制。筛下水应有稳定的供水压力,一般为 $100\sim200$ kPa。

③床层厚度和人工床层的影响。床层厚度(包括人工床层)用筛面至尾矿堰板的高度计算。用隔膜跳汰机处理中等粒度及细粒度矿石时,床层总厚度不应小于给矿最大颗粒的 $5\sim10$ 倍,一般在 $120\sim300$ mm。处理粗粒矿石时,床层厚度可达到 500 mm。

人工床层是控制筛下排料的主要手段。所用床石要能经常保持在床层的底层。生产中常用原矿中的重矿物粗颗粒作床石,有时也用铸铁球、磁铁矿或高密度的卵石等材料作床石。床层的粒度应为入选矿石最大粒度的 3~6 倍,并比筛孔大 1.5~2 倍。床层的铺置厚度直接影响着筛下精矿的数量和质量。我国钨、锡选矿厂处理细粒级跳汰机的人工床层厚 10~50 mm,选别铁矿石时为最大给矿粒度的 4~6 倍。

④给矿性质、给矿量和跳汰周期曲线的影响。给矿的粒度范围是影响分选精确性的重要因素,但同时也与周期曲线特征和待分选矿石密度有关。用正弦跳汰周期曲线处理钨、锰、铁及有色金属硫化矿时,常须以窄级别入选,而用矩形跳汰周期曲线分选金矿石和煤炭时,则可以宽级别或不分级的原料入选。

(9)跳汰机的操作要点

①筛下补加水。根据所处理的矿石粒度大小和产品质量要求,依靠水流对矿砂的松散和吸入作用,加强精选能力。

处理粗粒且粒级范围窄的物料时,因粒级窄的产品在筛网上堆积所形成床层的间隙小于重矿物颗粒的直径,因此,吸入作用对重矿物颗粒的选别无效,反而会使分选时间延长,此时,应多加补加水,提高床层的松散程度。

处理粗粒或细粒的未筛分物料时,因粗粒或细粒所形成床层的间隙均大于重矿物颗粒的直径,此时,可利用强、弱吸入形成分层,不加或少加补加水。

处理已分级的产品时,如果重矿物颗粒直径小于床层间隙,则需要吸入作用,不加或少加补加水。

处理粗中粒的产品时,应该保证供给足够的补加水量和水压,以抵消向下的水流作用。补加水量也应适当,补加水量不足会使精矿的产率增大,品位降低。反之,补加水量过大会造成金属流失,降低回收率。正常操作时,补加水量不应超过隔膜上升时从跳汰区吸出的水量。

检查补加水量是否适当,可用手插入矿层或用一块木条插入一半来观察跳动情况,或从尾矿量观察,积累经验后就能快速判断出水量和水压是否合适。

②给矿水。给矿水与给矿浓度有关。一般要求尽量少用水,只要能均匀地将矿石送入跳汰机就可以。过大的给矿水不但会使耗水量增加,而且会使矿石借水流作用而快速通过跳汰机,从而缩短跳汰机的分选时间,影响分选指标。

③精矿层厚度。精矿层厚度与矿物颗粒大小和密度有关。若有用矿物与脉石矿物的密度差较大,则精矿层厚度可以薄一些,相反则精矿层应厚一些,否则会影响精矿品位。一般处理粗粒时的精矿层要比处理细粒时的精矿层厚度大些。

对精矿层厚度的调节主要是通过控制给矿速度(量)来实现的。对产品质量要求高时,精矿层要厚些,但不宜过厚,以免损失回收率。精矿层过薄,虽可得到较高的回收率,但会降低精矿品位和设备处理能力,为此,精矿层厚度应根据产品质量和回收率的要求确定。

实践表明,钨矿的跳汰中,为回收大部分高品位的连生体,避免这些易碎的连生体进入再磨而造成泥化,应选择较薄的精矿层。

跳汰机内整个矿石层的厚度称为"矿层厚度",矿层厚度薄时,回收率降低,过厚时则会影响整个矿层的松散。

④床层。床层的厚度及比重与矿石性质相关,床层的比重最好与精矿相同。若床层太重,则必须加强上升水推力,结果会使上层矿砂产生"沸腾"现象。若床层太轻,则易被水流

冲乱或冲走，失去床层的作用。

床层颗粒的大小决定了床层间隙的大小，同时影响水流作用和吸入强弱。一般其粒径大小为筛孔的1.5~2倍或给矿中最大颗粒的3~6倍。粗而均匀的床层颗粒一般用于最后跳汰室的筛子上，以减少尾矿中金属的损失。常用的床层可由铁球、铅球、黄铁矿及所选出的精矿等组成。

床层对筛下排矿尤其重要，如果是难选的矿砂(轻重矿物密度差小)或产品品位要求很高时，床层要厚些，同时应选用混合大小的床层颗粒。床层越厚，其有效密度就越大，矿粒通过就越困难，从而就能获得较好的分选效果和较高的精矿品位。反之，如果是易选的矿砂(轻重矿物密度差大)或产品品位要求低时，应采用薄床层。

用精矿做床层时称为"自然床层"或"精矿层"。这虽能满足比重相同的要求，但由于某些精矿产品易磨损而不适合作为床层，因此，采用耐磨的"人工床层"还是有必要的。

处理细粒物料时，由于矿物颗粒小于筛孔尺寸，因此必须设置"人工床层"才能实现跳汰过程。细粒精矿穿过人工床层的缝隙再透过筛孔而排出，就称为"透筛排料"。

⑤冲程和冲次。冲程长度必须具备冲起整个矿层的能力，同时冲次也要充足，否则不仅会失去跳汰作用，还会降低生产率。生产过程中，二者应该具备适当的组合。一般处理量大、床层厚、粒度粗和密度大的矿石时，冲程要长，冲次要少。处理细粒、薄床层时，冲程要短，冲次要多。

⑥筛板落差。筛板落差是指两槽室间尾板的高度。为了使矿石向机尾流动，各槽的筛子高度是顺次降低的，而矿流速度大小完全是由落差来决定的。落差越大，矿粒移动的速度就越快，停留在筛面上受分选的时间就越短。因而，易选矿石的落差要大些，难选矿石的落差宜小些，一般为25~75 mm。

⑦给矿。给矿量应尽量保持均匀(指矿量、品位及进入跳汰机的时间分布)，给矿槽的坡度不宜太大，以免物料进入跳汰机时产生过大的冲击力而影响分选效果。

⑧排矿。从筛上排出精矿时，可采用间断式或连续式排矿。连续排矿要求一定的均匀性，即给矿速度要均匀、给矿品位要均匀、给矿粒度要均匀等。当采用"中心管排矿法"排出筛上重产物时，内外筒直径比例要适当，外套筒底缘与筛板的间隙也要适当，才能保证均匀连续地排矿。

(10)跳汰机的维护与故障分析

①加强运动部件的维护。运动部件除了要按规定要求安装好之外，在运转过程中也要注意加油，并要定期检修，使运转部件的接触点保持规定的间隙，不要过紧或过松。要注意保持运转部件的清洁，以免磨损或锈坏部件。

②加强对筛网的维护。筛网的好坏直接影响跳汰机的分选效果，筛网的安装要平稳、紧固，要经常清理筛网，以防堵塞。当筛网磨损较大时，应及时修理或更换。

③加强对隔膜的维护。跳汰机的隔膜是橡皮胶制品，安装时要平整、紧密，鼓动时不能漏水，要保护隔膜不受损坏。如果发现隔膜破损，应及时修理或更换。

跳汰机常见问题及可能的原因如表4-3所示。

表 4-3　跳汰机常见问题及原因

问题	表现特征	可能原因
床层过紧	床层不能松散，用手很难插入。水流下降时，床层甚至漏出水面，矿石运动速度慢。尾矿跑连生体，甚至有单体矿物现象	①给矿量大，粒度细，冲程与筛下水量小。②筛面普遍被阻塞或人工床层太厚，密度太大，粒度太粗。③冲次太大
床层过松	水平运动不稳定，甚至水面左右摆动大，用手插入感觉不到阻力，床层运动快，尾矿中跑单体或连生体，筛上精矿品位高，筛下精矿品位低	①冲程太大。②筛下水过大。③床层和底砂太薄或粒度太细
床层紊乱	床层翻花，床层各部松散不均匀，水流紊乱不平稳，用手插入床层，可感觉各部松散不一，尾矿中有连生体与单体	①筛面磨损或堵塞，或者筛面安装不平整或部分松动。②给矿浓度过稀。③给矿分布不均匀

4.3　斜面流重选设备

生产实践中，斜面流重选设备的种类较多，主要包括摇床、圆锥选矿机、螺旋选矿机、螺旋溜槽和皮带溜槽等。

4.3.1　摇床

摇床是分选细粒物料最常用的一种重选设备，属于流膜分选。摇床具有两个特征：一是沿床面的纵向设置了床条（或刻槽），二是床面作往复不对称运动。摇床主要由床面、机架和传动结构 3 部分组成，结构如图 4-19 所示。床面近似呈矩形或菱形，横向有明显倾斜，在倾斜的上边缘布置有给矿槽和给水槽，床面上沿纵向布置有床条。

（1）分选过程

物料由给矿槽流到床面上，在水流和床面振动作用下发生松散和分层。分层后，位于上层的轻矿物受更大的横向水流推动，沿横向倾斜向下运动，成为尾矿；位于下层的重矿物受床面不对称往复运动的推动，纵向移动到传动端的对面，成为精矿。矿粒的密度和粒度不同，其运动方向不同，矿粒群在床面上呈扇形分带（图 4-20）。主要分选过程包括以下几个方面：

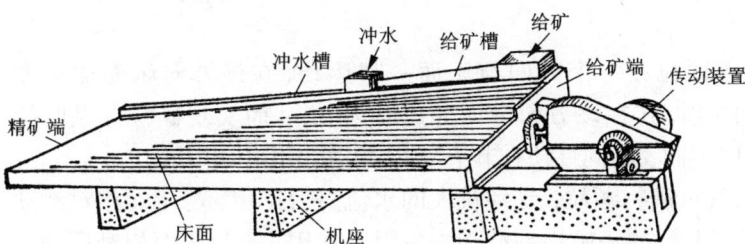

图 4-19　摇床的外形结构

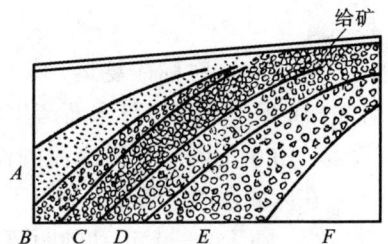

图 4-20　矿粒群在床面的扇形分带

①颗粒群在床面床条沟中的松散分层。床层松散是在横向水流和床面纵向摇动的共同作

103

用下发生的。横向水流沿斜面流动越过床条时，激起比较强烈的旋涡，在各床条间形成上升流，推动矿粒松散，但其作用深度有限。在床层的大部分厚度内是借床面的摇动来实现松散矿粒及析离分层的，如图 4-21 所示。

颗粒在床面上的受力如图 4-22 所示。紧贴床面的矿粒受摩擦力作用，产生较小的相对运动。上层矿粒则因惯性力滞后于下层，层间出现了剪切速度差。矿粒在床面的差动中发生翻滚，并向四周挤压，增大了床层的松散度。松散作用力相当于拜格诺层间的惯性剪切斥力。在剪切松散层中，分层表现为明显的析离分层。重矿物因压强较大，始终有转入底层的趋势，而细粒重矿物则因转移中受到的机械阻力较小，进入了最底层。同样地，细粒轻矿物分布到了粗粒轻矿物的下面。

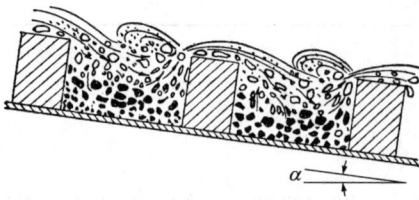

图 4-21　粒群在床条沟内的分层示意图

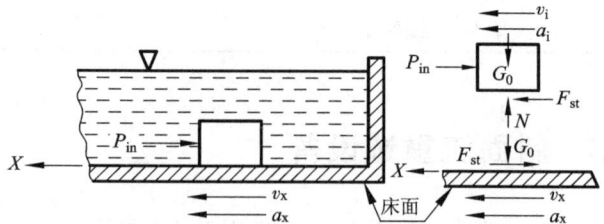

图 4-22　颗粒在床面上的受力分析

②矿粒在床面上的移动与分离。矿粒在床面上松散分层的同时还在移动。横向水流的作用使矿粒沿床面横向运动，床面的往复运动使得矿粒沿床面纵向移动，矿粒的最终移动方向与矿粒本身的性质有关。

矿粒沿床面横向的运动遵循颗粒在斜面流中的运动规律，即密度相同的颗粒，粒度大者移动速度大，粒度相同的颗粒，密度大者移动速度小。矿粒在床条沟中的分层结果，增大了它们在横向运动的速度差。位于上层的轻矿物粗颗粒在较强的横向水流作用下，获得较高的横向运动速度，首先被冲走。底层的重矿物细颗粒受横向水流作用小，横向运动速度较低。

③矿粒在纵向的运动。矿粒在床面上沿纵向移动是由床面作不对称往复运动造成的，如图 4-23 所示。床面从传动端开始以较低的正向加速度向前运动，到冲程的终点附近时，速度达到最大，而加速度降为零。接着负向加速度急剧增大，使床面产生急回运动，再返回到终点。接着改变加速度方向，以较低的正向加速度使床面折回，如此进行不对称往复运动。不对称往复运动的特点是慢进急回，即：前进期的时间长，加速度小；后退期的时间短，加速度大。

床面的不对称往复运动，造成颗粒在一个方向与床面一起运动（在该方向床面加速度小），而在相反方向与床面产生相对滑动（在该方向床面加速度大），从而实现矿粒在纵向的搬运。由于不同矿粒受水流的作用不同，不同性质矿粒在纵向搬动的距离也不同。

在床面运动过程中，靠近下层的重矿物颗粒，受到较大的水流阻力作用，与床面相对滑动速度小，随床面一起运动的距离长；上层的轻矿物颗粒受水流阻力作用小，与床面相对滑动速度大，随床面一起运动的距离短。因此实现了一个方向上不同性质矿粒的搬动和分离。一般在床面的前进期被搬运的重矿粒，在床面后退期由于较高的床面加速度，与床面发生滑动而实现搬运。上层轻矿粒在纵向的移动距离很小，从而扩大了轻重矿粒沿纵向移动的速度差。

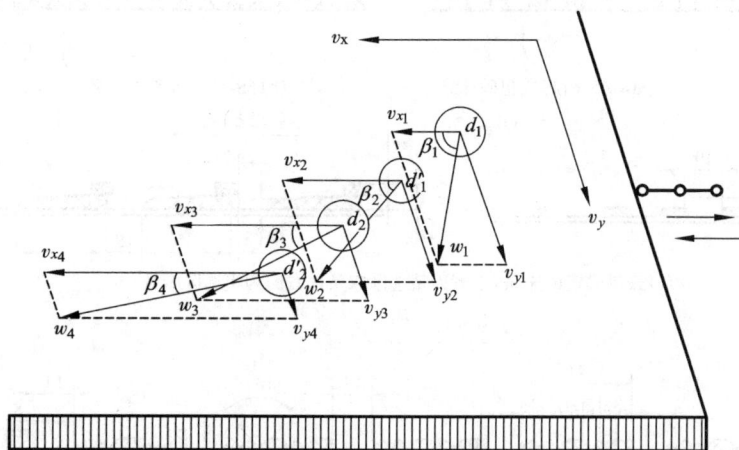

d_1、d_1'—轻矿物的粗颗粒和细颗粒；d_2、d_2'—重矿物的粗颗粒和细颗粒；

v_x、v_y—各颗粒的纵向、横向速度方向；w—各颗粒的合速度方向。

图 4-23　不同密度和粒度颗粒在摇床面上运动的偏离角

矿粒在床面上的最终运动方向为纵向速度与横向速度的向量和。矿粒实际运动方向与床面纵轴的夹角称为偏离角 β。轻矿物的粗颗粒具有最大的偏离角，而重矿物的细颗粒具有最小的偏离角，其他矿物颗粒偏离角介于两者之间，它们在床面上构成扇形分带（如图 4-20 所示），分别接出即可得不同性质的产品。

（2）摇床的分类及主要部件

按用途不同，摇床可分为矿砂摇床（处理 2～0.074 mm 粒级矿砂）、矿泥摇床（处理 -0.074 mm 粒级矿泥）等。按构造不同（主要指床头结构、床面形式和支撑方式），摇床可分为 6S 摇床、云锡式摇床和弹簧摇床，以及悬挂式多层摇床和离心摇床等。摇床的主要结构部件为床面和摇动机构。

①床面。床面有矩形、梯形和菱形 3 种。矩形床面存在无矿带，床面利用率较低。切去无矿带则形成菱形床面，菱形床面的利用率和分选效率较高，在国外应用较广。我国普遍采用的是介于矩形和菱形之间的梯形床面。

床条形状由分选物料性质确定，有 6S-凸起式粗砂、矿泥床条和云锡式粗砂、细砂、矿泥刻槽床条 5 种类型，如图 4-24 所示。矩形床条适用于处理粗砂，三角形床条适用于处理细砂和矿泥，这两种床条钉在或粘贴在床面上。另一类是刻槽床条，即在床面上刻槽，这种床条适于处理矿泥。还有一类为楔形刻槽和梯形凸条结合起来的床条，称为云锡式床条，适于处理粗、中粒。床条的高度均由传动端到精矿逐渐降低，直到尖灭。重矿物颗粒沿纵向运动到精矿的无床条平面上精选。床面上的床条数量一般为 44～50 根，床条用塑料或橡胶制造。刻槽床面的刻槽一般粗砂有 46～60 槽，中砂有 88～110 槽，细砂和矿泥则有 120～150 槽。

②摇动机构。摇动机构又称床头，是带动床面作往复运动的机构。常见的摇动机构有偏心连杆式（如 6S 摇床）、凸轮杠杆式（云锡式摇床）、惯性弹簧式（弹簧摇床）和新型的多偏心惯性轮式。

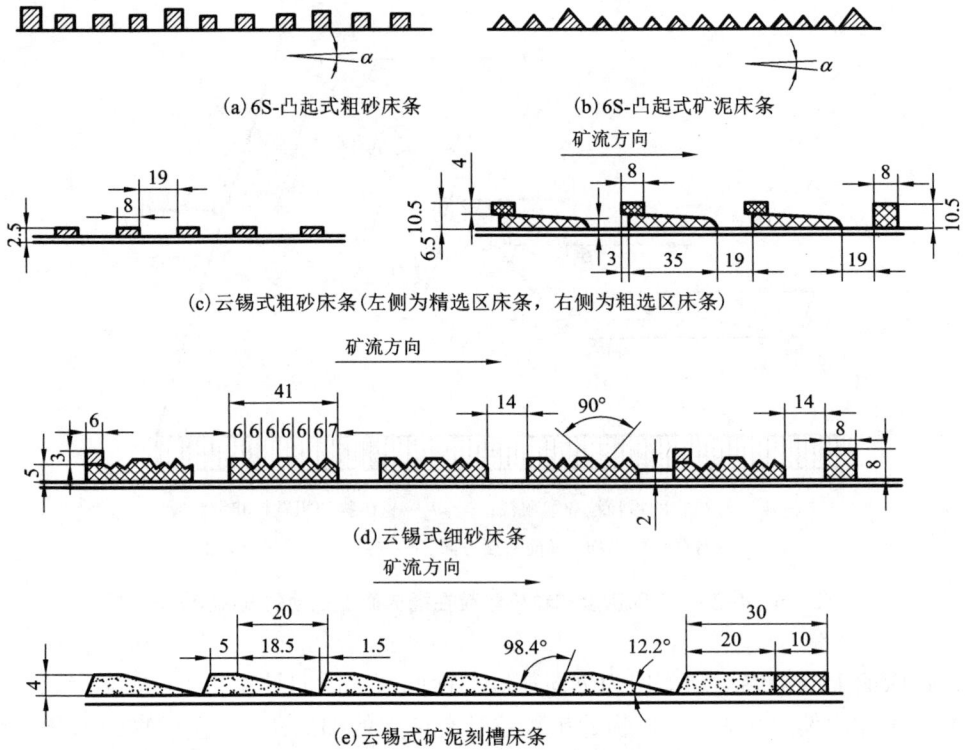

(a) 6S-凸起式粗砂床条　　　(b) 6S-凸起式矿泥床条

(c) 云锡式粗砂床条(左侧为精选区床条，右侧为粗选区床条)

(d) 云锡式细砂床条

(e) 云锡式矿泥刻槽床条

图 4-24　常见床条类型

　　偏心连杆式床头的结构如图 4-25 所示。电动机经大皮带轮 14 带动偏心轴 7 旋转，摇动杆 5 随之上下运动。由于肘板座 4(即调节滑块)是固定的，当摇动杆向下运动时，肘板 6 的端点向后推动，后轴 11 和往复杆 2 随之向后移动，弹簧 9 被压缩，通过连动座 1 和往复杆 2 带动整个床面向后移动。当摇动杆向上移动时，肘板间的夹角减小，受弹簧的伸张力推动，床面随之向前运动。床面向前运动期间，肘板间的夹角由大向小变化。肘板端点的水平移动速度则由小向大变化，故床面的前进运动由慢而快。反之，在床面后退时，床面运动则由快而慢，这样便造成了床面的差动运动。调节丝杆 3 与手轮相连，转动手轮，上下移动调节滑块 4 即可调节冲程。转动调节螺栓 13 可以改变弹簧的压紧程度。床面的冲次则需通过改变皮带轮的直径调节。其优点是冲程调节范围大，调节方便，选别粗砂时较其他床头好。缺点则是床头构造较复杂、易断肘板，易磨损零件较多。

　　凸轮杠杆式床头主要由传动偏心轮、台板、卡子和摇臂 4 个零件组成，结构如图 4-26 所示。当传动偏心轴 8 转动时，滚轮 7 同样也作自由旋转并紧压台板 10，台板绕台板偏心轴 9 作上下运动，由卡子 11 将台板的运动传递给绕固定轴作左右摆动的摇臂 1，摇臂的上臂通过丁字头 6、连接叉 4 和拉杆 3 与床面连接。当传动偏心轴向下运动时，床面后退，床面下边的弹簧被压紧；当传动偏心轴向上运动时，床面下边被压紧的弹簧松开，床面前进。通过调节台板偏心轴位置可以改变运动特性。台板偏心轴向前不对称性增大。冲程调节螺杆 5 可以使丁字头 6 上下移动，改变床面冲程的大小。其优点是运动不对称性大，且可以调整，可适应不同粒级的给矿要求，运转可靠。缺点是弹簧装在床面下部，冲程调节不便。

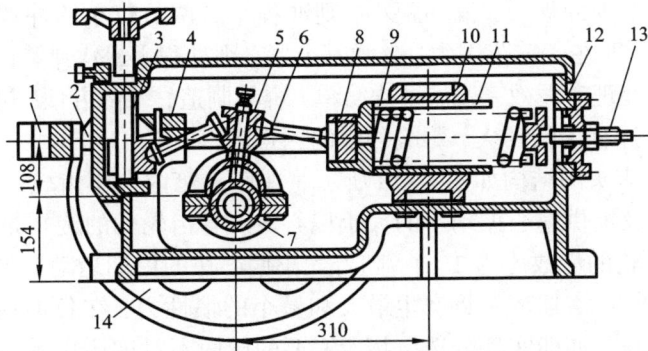

1—连动座；2—往复杆；3—调节丝杆；4—调节滑块；5—摇动杆；6—肘板；7—偏心轴；8—肘板座；
9—弹簧；10—轴承座；11—后轴；12—箱体；13—调节螺栓；14—大皮带轮。

图 4-25　偏心连杆式床头结构

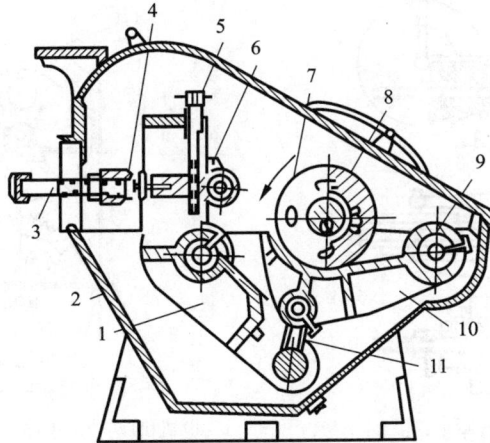

1—摇臂；2—床头箱；3—拉杆；4—连接叉；5—冲程调节螺杆；6—丁字头；
7—滚轮；8—传动偏心轴；9—台板偏心轴；10—台板；11—卡子。

图 4-26　凸轮杠杆式床头结构

惯性弹簧式床头的结构如图 4-27 所示，由惯性振动器以及带弹性碰击的差动机构两部分组成。惯性振动器主要由偏心轮 6、弹簧片 2 和悬挂弹簧 5 等组成，它的作用是使床面产生往复运动。差动机构主要由软弹簧 3、硬弹簧 7、弹簧座 8 和打击板 4 等组成，它的作用是使床面产生差速运动。

当偏心轮 6 转动时，悬挂弹簧 5 轻微地上下运动，使皮带轮与皮带保持紧张状态。弹簧片 2 则作前后运动，并带动床面作往复运动。当床面后退时，打击板 4 与弹簧座 8 之间产生了一个距离(即冲程长度)，同时，软弹簧被压缩。在床面前进行程的末期，打击板与弹簧座强烈碰击，使床面上的矿粒受到一个很大的惯性力，于是矿粒向前移动。打击板与弹簧座碰击后，床面便立即反弹回来，使床面后退行程的初期得到了一个很大的加速度，因而矿粒继续向前运动。

107

冲程可在5~25 mm调节。调节冲程的方法有：调节较大的冲程，通过调节偏心轮的偏心距来实现。偏心距大，则冲程大；偏心距小，则冲程小。调节较小的冲程，通过调节软弹簧3的松紧程度来实现，即在一定范围内，软弹簧上紧，则冲程大，软弹簧回松，则冲程小。其优点是不对称性大，处理矿泥效率高，结构简单，容易制造，维修方便，冲程调节方便，动力消耗少。缺点是运转过程中噪声大，影响冲程的因素较多。

多偏心惯性轮式床头的结构如图4-28所示。在床头箱内大小齿轮轴上安装有一对传动作用的大小齿轮，以及提供偏心振动力的大小偏心块。各齿轮轴的旋转是由床头上盖的电机提供的动力。大小齿轮的齿数比为2∶1，随着大小偏心块的周期运动，在大小偏心块同时转到同一方向和相反方向时，摇床头将产生最大和最小的惯性力，在各惯性力合力作用下，床面和床头一起产生运动，亦即实现分选矿物所需的床面不对称往复运动。

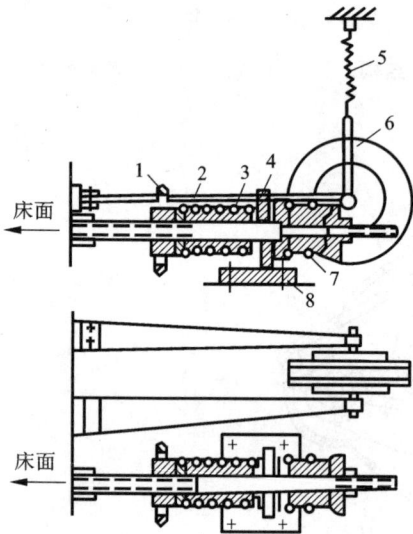

1—冲程调节螺丝；2—弹簧片；3—软弹簧；4—打击板；
5—悬挂弹簧；6—偏心轮；7—硬弹簧；8—弹簧座。

图4-27　惯性弹簧式床头结构

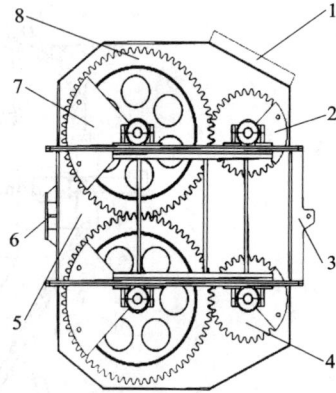

1—电机机座；2—小偏心块；3—前吊板；4—小齿轮；
5—摇床头中间箱体；6—连接法兰；7—大偏心块；8—大齿轮。

图4-28　多偏心惯性轮床头结构

（3）常见摇床设备

①6S摇床。6S摇床的结构如图4-29所示。床头为偏心连杆式，床面铺有橡胶板或玻璃钢板，以及木刻槽生漆面。根据床面型式可分为矿砂和矿泥摇床两种。矿砂床面嵌有矩形、梯形、三角形或锯齿形来复条。矿泥床面则以三角形或刻槽来复条。目前这种矿泥摇床的使用逐渐被云锡刻槽摇床和弹簧摇床取代。矿砂摇床又分为粗砂和细砂摇床。

6S摇床的优点是横向坡度调节范围较大（0°~10°），冲程容易调节，在改变横向坡度和冲程时，也可以保持床面的平稳运行，弹簧放置在床头机箱内，结构紧凑。但其缺点是要求的安装精度高，床头结构复杂，易磨损件多，在操作不当时易发生拉杆折断的事故。

②云锡摇床。在原苏式CC-2型摇床基础上改进而成，结构如图4-30所示。有的采用凸轮杠杆式床头，也有的采用简化的凸轮摇臂式床头。床面采用滑动支撑方式，尺寸大小与6S摇床基本相同，不同的是床面在纵向连续有几个坡度。床面采用生漆、漆灰（生漆与煅石

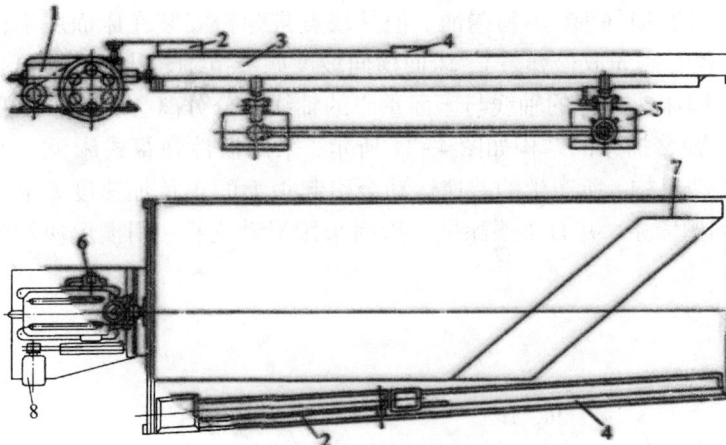

1—床头；2—给矿槽；3—床面；4—给水槽；5—调坡机构；6—润滑系统；7—床条；8—电机。

图 4-29　6S 摇床结构

膏的混合物）、玻璃钢或聚氨酯作耐磨层。床面有粗砂、细砂和矿泥 3 种，一般粗砂床面采用梯形来复条，细砂床面采用锯齿形来复条，矿泥床面则采用三角形沟槽来复条。

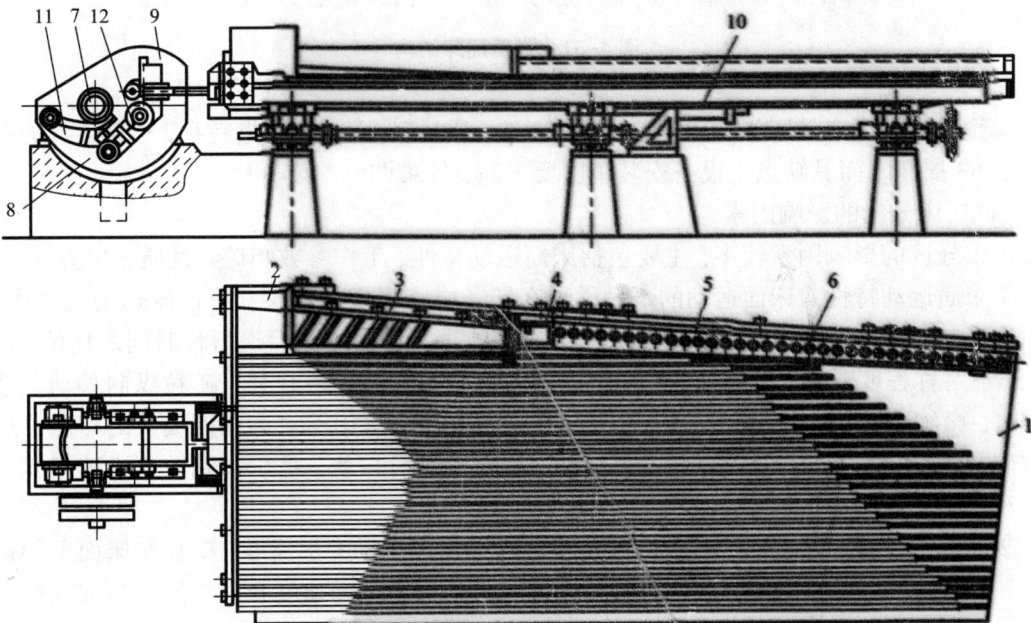

1—床面；2—给矿斗；3—给矿槽；4—给水斗；5—给水槽；6—菱形活瓣；
7—滚轮；8—机座；9—机罩；10—弹簧；11—摇动支臂；12—曲拐杠杆。

图 4-30　云锡摇床结构

云锡摇床的优点是床面平整，抗磨蚀性好，坚固耐用，不易变形，便于局部修补。床头运动的不对称性较大，且有较宽的差动性调节范围，可适应不同的给料粒度和选别要求。床头机构运行可靠，易磨损件少，不易漏油。但其缺点是弹簧安装在床面底下，检修和调节冲程均不方便(调冲程时需先放松弹簧)，床面横向坡度调节范围较小(0°~5°)，当横向坡度及冲程调节过大时，因床头拉杆的轴线与床面重心的轴线过分分离会引起床面的振动。

③弹簧摇床。弹簧摇床的结构如图4-31所示，采用惯性弹簧式床头。主要特点是采用软、硬弹簧作为差动机构，所产生的差速运动会引起很大的正负加速度差值，因此适于处理矿泥。床面采用刻槽床条，并有生漆涂层。床面采用滑动支撑，用楔形块调节坡度，可调节范围为4°~10°。

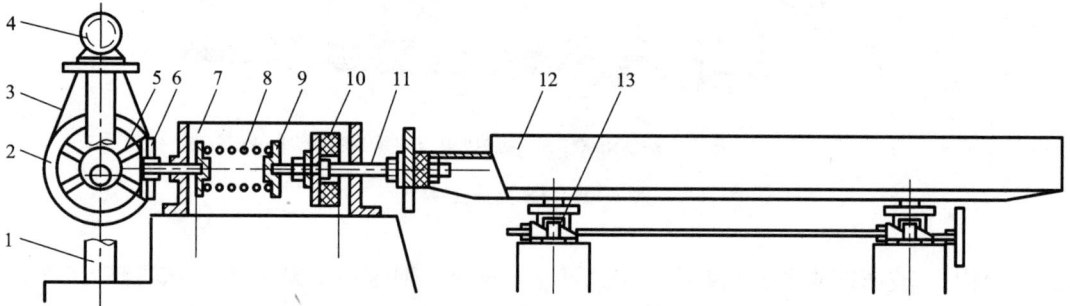

1—电机支架；2—偏心轮；3—三角带；4—电动机；5—摇杆；6—手轮；7—弹簧箱；
8—软弹簧；9—软弹簧帽；10—橡胶硬弹簧；11—拉杆；12—床面；13—支撑调坡装置。

图4-31 弹簧摇床结构

弹簧摇床的优点是床头结构简单，容易制造，质量轻，造价低，电耗小，选别矿泥的指标略优于6S摇床。而其缺点是设备安装精度要求高，较难调整，噪声大。

(4)摇床分选的影响因素

摇床分选的影响因素较多，主要包括床面运动特性、工作参数和矿石性质3个方面。

①床面运动特性。床面运动的不对称程度是影响床层松散分层和纵向搬运的主要因素。床面的不对称程度以不对称系数E表示，为床面前进行程时间与后退行程时间之比值，E值愈大，不对称程度愈高。一般来说，床面的不对称程度愈大，愈有利于矿粒纵向移动。选别矿泥时，微细颗粒与床面间黏结力大，不易相对移动，应选用不对称程度较大的摇床。选别粗粒矿石时，可采用不对称程度稍低的摇床，此时矿粒分层快，重矿物颗粒可迅速搬运。床面不对称性可通过床头调整机构作适当改变。

②冲程和冲次。冲程和冲次的大小综合决定了床面运动的加速度、矿粒在床面上的运动速度、床层的松散度和析离分层的强度。床面应有足够的运动速度和适当的正负加速度。合适的冲程和冲次主要与入选物料的粒度有关。一般在处理粗粒物料时，应采用较大的冲程和较低的冲次，若冲程不足，物料易产生堆积且松散不好。处理细砂和矿泥时，摇床条件正好相反，一般要求用较大的冲次和较小的冲程，如果冲次不足，细泥容易黏附在床面上，影响分层。一般，最佳的冲程和冲次应根据试验加以确定。我国常用摇床的适宜冲程、冲次范围如表4-4所示。

表 4-4 我国常用摇床的适宜冲程和冲次范围

摇床类型	给料种类或粒级/mm	冲程/mm	冲次/(次·min^{-1})	传动轮偏心距/mm
弹簧摇床	0.5~0.2	13~17	300	32
	0.2~0.074	11~15	315	29
	0.074~0.037	10~14	330	26
	<0.037	8~13	360	22
6S 摇床	矿砂	18~24	250~300	—
	矿泥	8~16	300~340	—
云锡式摇床	粗砂	16~20	270~290	—
	细砂	11~16	290~320	—
	矿泥(刻槽床面)	8~11	320~360	—

③冲洗水和床面横向坡度。冲洗水和床面的横向坡度均是生产中随时调节的因素，它们影响着床面的横向水流速度。冲洗水由给矿水和洗涤水两部分组成。增大横向坡度，矿粒的下滑作用力增大，可减少冲洗水的水量，但扇形分带将变窄；反之，增大水量，调小坡度，也可使矿粒具有同样的横向运动速度，但扇形分带将变宽。生产中为节约水耗，有在粗选时采用"大坡小水"，在精选中采用"小坡大水"的操作制度。

粗砂摇床所用的横向坡度较大，细砂及矿泥摇所用床的横向坡度较小。云锡公司各选矿厂的摇床实际应用的横向坡度范围是：粗砂摇床为 2.5°~4.5°，细砂摇床为 1.5°~3.5°，矿泥摇床为 1°~2°。与其他选矿方法相比，摇床的水耗较大，单位水耗可达 3~10 m^3/t 矿。给矿粒度愈小，单位给矿量的水耗愈大。

④入选前的物料分级和给矿性质。摇床选别中，析离分层占主导地位。给矿最佳粒度组成是所有密度大的矿粒粒度均小于密度小的矿粒粒度，故物料入选前常进行预先分级。

摇床的给矿量在一定范围内的变化对生产指标影响不大。过大或过小的给矿量都将降低分选效果，但总的来说，摇床的处理能力是很低的。适宜的给矿量与物料的可选性和给矿粒度的组成有关，单层粗砂摇床为 2~3 t/(台·h)，单层矿泥摇床仅 0.3~0.5 t/(台·h)。

(5)摇床的操作要点

摇床的安装要求平整，运转时不应有不正常的跳动，纵向一般为水平的，但处理粗粒矿石时，精矿端应提高 0.5°，以提高精选效果。处理细泥的摇床，精矿端应降低 0.5°，以便于细粒精矿的纵向前移。

①适宜的冲程和冲次。主要与入选的矿石粒度有关，其次与摇床负荷和矿石密度有关。当处理粒度大、床层厚的物料时，应采用大冲程和小冲次。处理细砂和矿泥时，则应采用小冲程和大冲次。当床面的负荷量增大，或者对较大密度的物料进行精选时，可采用较大的冲程和冲次。适当的冲程和冲次值，应在生产实践中针对不同入选物料逐步总结分析得出。

②适宜的床面横向坡度。增大横向坡度，矿粒下滑的作用增强，尾矿排出速度增大，导致精选区的分带变窄。一般处理粗粒物料时，横向坡度应增大些。处理细粒物料时，横向坡度应小些。粗砂、细砂和矿泥摇床的横向坡度的调节范围分别为 2.5°~4.5°、1.5°~3.5° 和

1°~2°，此外，摇床的横向坡度还要与横向水流大小相适应，才能得到好的选别指标。

③冲洗水大小要适当。冲洗水包括给矿水和洗涤水两部分。冲洗水在床面上要均匀分布，大小适当。冲洗水越大，得到的精矿品位就越高，但回收率降低。一般处理粗粒物料或精选作业时，采用的冲洗水要大些。

④给矿量要适当且均匀。给矿量的大小与入选物料粒度有关。粒度越粗，给矿量也应适当增大。对某一特定入选物料，给矿量应控制在床面利用率大、分带明显、尾矿品位高的允许范围内。给矿量过大，回收率会显著降低。此外，给矿量一旦确定，就必须保持给矿的持续和均匀，否则会导致分带不稳定，引起选别指标的波动。

⑤给矿浓度适宜。一般给矿浓度范围在15%至30%之间，选别粗粒物料时，浓度可低一些，细粒物料则要求浓度高一些。给矿中的水大部分沿尾矿带横向流走，细泥容易被冲走，造成细粒级别的金属流失。

⑥物料入选前的准备。摇床入选粒度上限为2~3 mm，下限为0.038 mm。因粒度对选别指标的影响很大，所以入选前应该对物料进行必要的分级。若物料中含有大量的微细级别，不仅难于回收，而且会导致矿浆黏度增大，降低重矿物的沉降速度，造成重矿物的损失，此时，应预先脱泥。

⑦分带和产品的截取。在摇床操作稳定和正常的时候，床面上的分带是非常明显的。分带是按照粒度的粗细和矿物组成而形成的，一般细粒较纯的重矿物富集在最前的分带，其后是粗粒的重矿物带，再后是密度较小的矿物富集带、中矿带、尾矿带和溢流带等。

摇床产品是按照床面的分带和要求的选别指标来截取的。一般可截取2~4种产品。分选矿物组成较简单的物料(如锡石、钨矿与石英的分选)时，可截取精矿、中矿和尾矿3个产品。处理高硫化矿的钨锡矿石时，至少应截取富精矿、高硫精矿、中矿和尾矿4种产品，中矿产品一般还需要进行再选。

当操作条件发生变化后，分带的情况也会随之变化，此时截取的位置也应随之调整，这样才能保证指标的稳定，这就要求操作人员严守岗位，密切观察分带的变化，随时做出调整。

4.3.2 溜槽

在斜槽中借助斜面水流进行矿石分选的方法称为溜槽选矿。溜槽选矿可以处理各种不同粒度的矿石，给矿最大粒度可达百余毫米，最小为0.1 mm以下。选别2~3 mm以上粒级的溜槽，称为粗粒溜槽；处理2~0.074 mm的溜槽，称为矿砂溜槽；给矿粒度小于0.074 mm的溜槽，称为矿泥溜槽。此外，还有叠加了离心力作用的螺旋溜槽和离心溜槽。溜槽选矿法广泛用于处理金、铂、钨、锡以及某些稀有金属矿石，在铁、锰矿石选矿中亦有应用。

(1)粗粒溜槽

一般为用木板或钢板制成的直线形长槽。槽底设置挡板或铺面物，用以造成涡流并阻留重矿物，如图4-32所示。

矿浆由槽的一端给入，矿物颗粒在斜面水流的扰动下松散，接着按密度分层。金粒和其他高密度矿粒进入最底层，聚集在木板的凹陷处，大量的轻矿物则随水流排出槽外，经过一段时间，重矿物聚集较多时，即停止给矿，进行人工清洗。清洗时先放水冲走上层轻矿物，然后降低水量，提起挡板，用耙子自槽末端向上耙动沉积物，除去混杂的轻矿物，最后得到混合的重砂精矿。有的采金船则采用吊车将槽面整体侧向翻转，卸下重产品，然后再对重产

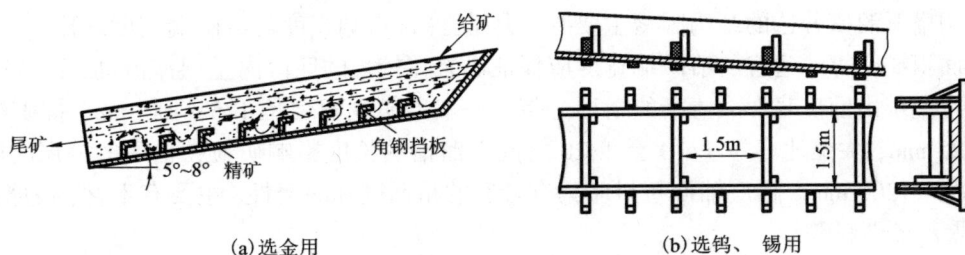

图 4-32　粗粒溜槽示意图

品进行精选处理。选金溜槽的清洗周期随矿石含金量及其他重矿物含量的不同而不同。陆地上的溜槽可间隔 4～5 天清洗一次；采金船上的横向溜槽每天清洗一次，纵向溜槽每 5 天左右清洗一次。

　　槽内设置的挡板型式有很多种，按排列方式不同有直条挡板、横条挡板和网络状挡板等。直条挡板沿水流方向平行排列，横条挡板垂直于水流方向放置，可用木条或角钢制作。为了避免重矿物细颗粒被水流带走而损失掉，还常在挡板下面铺设一层粗糙铺面物，常见的有苇席、毛毡和长毛绒等。

　　（2）尖缩溜槽

　　尖缩溜槽的结构如图 4-33 所示。槽底为光滑的平面，槽子宽度从给矿端向排矿端呈直线收缩，槽体倾斜放置，倾角为 10°～20°。给入的高浓度矿浆（达到 55%～65%）在沿槽流动过程中发生分层，重矿物逐渐聚集在下层，以较低速度沿槽底流动，轻矿物则以较高速度在上层流动。随着槽面的收缩，矿流厚度不断增大，矿流流速随之增大。当流到端部窄口排出时，上层矿浆冲出较远，而下层近于垂直落下，矿浆呈扇形面展开。借助截取器即可在不同位置得到重矿物、轻矿物及中间产物。这种溜槽因以扇形面排矿为特征，所以称为扇形溜槽。

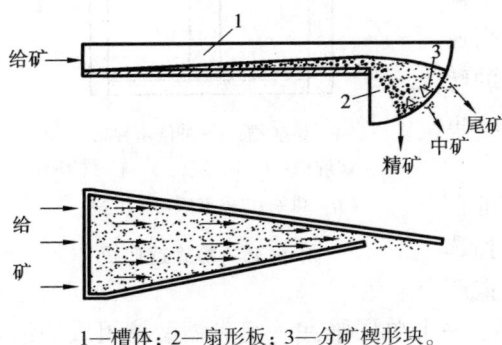

1—槽体；2—扇形板；3—分矿楔形块。

图 4-33　尖缩溜槽结构

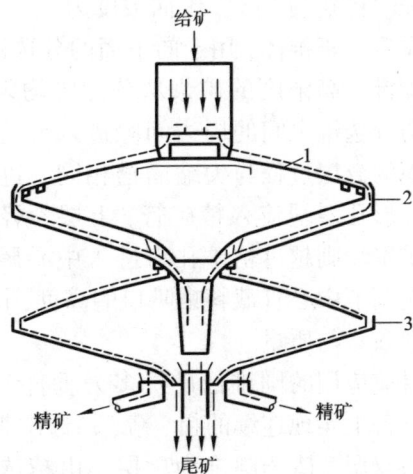

1—分配锥；2—双层分选锥；3—单层分选锥。

图 4-34　圆锥选矿机结构工作原理

113

影响扇形溜槽分选的结构因素主要有：尖缩比(排口端宽度与给矿端宽度之比)、溜槽长度和底面粗糙度等。适宜的给矿端宽度应保证矿浆在较长的区段内呈层流流动，而排矿口的宽度则应使排出的矿浆形成清晰的扇形分带。一般给矿端宽度是 125~400 mm，排矿端宽度为 10~25 mm，尖缩比介于 1/10 至 1/20 之间。溜槽的长度影响矿粒在槽中的分层时间，通常为 1000~1200 mm。槽底铺面材料应具有合适的粗糙度和耐磨性，主要有木材、玻璃钢、铝合金、聚乙烯塑料等。

影响尖缩溜槽分选的操作因素包括：给矿浓度、溜槽坡度和给矿量等。给矿浓度是最重要的因素。浓度较低时，矿浆流动的紊动度大，回收率下降；浓度过高时，分层速度降低，将使得回收率和精矿品位同时下降，适宜的给矿浓度为 50%~65%。给矿量可在较大范围内波动而对选别指标影响不太大。

尖缩溜槽具有较大的坡度，一般为 16°~20°。高浓度给矿保证了矿浆不发生沉积，较大坡度则可降低矿浆的紊动度，保持较大程度的层流流动。尖缩溜槽单位处理能力为 4~6 t/m²，有效处理粒度为 2.5~0.038 mm，主要用于选别含泥少的海滨或湖滨砂矿。尖缩溜槽具有结构简单、不需动力和处理量较大等优点，适合作为粗选设备使用。

(3)圆锥选矿机

圆锥选矿机是从尖缩溜槽演变而成的，20 世纪 60 年代在澳大利亚用于工业生产。将圆形配置的尖缩溜槽的侧壁去掉，形成一个倒置的锥面，便构成了圆锥选矿机的工作面。由于消除了尖缩溜槽侧壁对矿浆流动的阻碍效应，因而改善了分选效果并提高了单位槽面处理能力。

单层或双层圆锥选矿机的结构和工作原理如图 4-34 所示。分选锥的直径约为 2 m，分选带长 750~850 mm，锥角为 146°，锥面坡度为 17°。在分选锥面的上方设置一正锥体，用于向下面的分选锥分配矿浆，称为分配锥。高浓度的矿浆从分配锥均匀流下，通过分配锥与分选锥之间的周边间隙进入分选锥。矿浆在分选锥面的分层过程与尖缩溜槽相同。进入底层的重矿物由环形孔缓缓流入精矿管，上层含轻矿物的较高速度的矿浆流则越过精矿孔口进入中心尾矿管。借助转动手轮调节中心管截料喇叭口的高度，即可改变轻、重产品的数量与质量。

目前应用的圆锥选矿机多为垂直多层配置，可在一台设备上实现连续的粗、精、扫选作业。粗选和扫选圆锥为双层，精选圆锥为单层。由精选圆锥得到重产品，再在尖缩溜槽上进行精选。这样由一个双层锥、一个单层锥和一组尖缩溜槽组成的组合体就称作一个分选段。

圆锥选矿机处理能力大且生产成本低，适于处理数量大的低品位矿石，甚至用于再选堆存的老尾矿仍然有利可图。广州有色金属研究院研制出三段七锥圆锥选矿机。澳大利亚研制

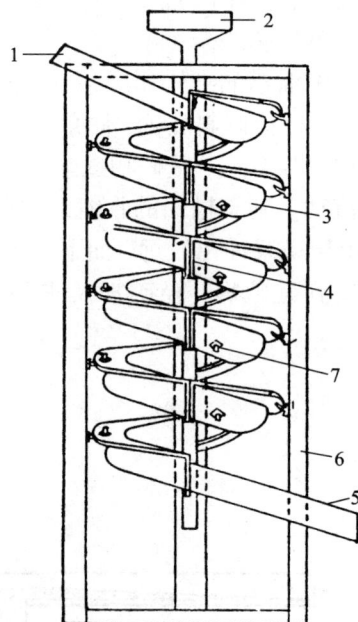

1—给矿槽；2—冲洗水导槽；
3—螺旋槽；4—法兰盘；5—轻矿物槽；
6—机架；7—重矿物排出管。

图 4-35　螺旋选矿机

出直径 3 m 圆锥选矿机，其处理能力达到 200~300 t/（台·h）。

（4）螺旋选矿机

将一个窄的长槽绕垂直轴线弯曲成螺旋状，便构成螺旋选矿机或螺旋溜槽。螺旋选矿机和螺旋溜槽的主要区别在于溜槽断面形状的不同。螺旋选矿机适用于处理-2 mm 粒级矿石，而螺旋溜槽则适用于处理-0.2 mm 的更细粒级矿石，二者其他结构参数亦有所不同。

螺旋选矿机（spiral concentrator）的主体工作部件是一螺旋形槽体，其外形如图 4-35 所示。对于易选矿石，螺旋圈数有 3~4 圈即可，对难选矿石则需有 5~6 圈。螺旋溜槽的断面轮廓线为二次抛物线或椭圆的 1/4 部分，如图 4-36（a）所示。槽底除沿纵向（矿流方向）有坡度外，沿横向（径向）亦有相当的向内倾斜。矿浆自上部给入后，在沿溜槽流动过程中颗粒群发生分层。进入底层的重矿物颗粒沿槽底的横向坡度向内缘移动，位于上层的轻矿物则随回转流动的矿浆沿着槽的外侧向下运动，最后由槽的末端排出，成为尾矿。沿槽内侧移动的重矿物颗粒速度较低，通过槽面上的一系列排料孔排出。在排料孔上安装有刮板式截料器。由上而下从第 1 和第 2 个排料孔得到的重产品可作为最终精矿，后续各排料孔的产品质量逐步降低，可作为中矿返回处理。从槽的内缘给入冲洗水，可进一步提高重产品的质量。

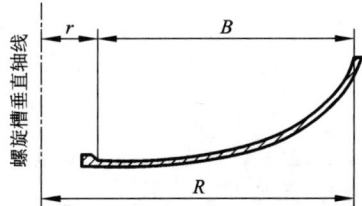

(a) 椭圆形螺旋选矿机横断面图

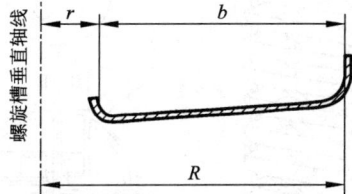

(b) 立方抛物线形状螺旋溜槽横断面图

图 4-36　螺旋溜槽和选矿机横断面形状

影响螺旋选矿机分选性能的因素主要包括结构因素和操作因素 2 种。结构因素主要有：螺旋直径、断面形状和螺距等。螺旋直径 D 为其规格参数，与处理能力相关。处理-2 mm 粗粒级时，常用椭圆形断面。处理-0.2 mm 细粒级时，常用二次抛物线形断面。螺距 h/D 决定了螺旋槽的纵向坡度，常称为距径比，以 0.4~0.8 为宜，相应的螺旋槽外缘的倾角为 7°~15°。对大螺距者，可将双层螺旋嵌镶叠装，制成双层螺旋选矿机。给矿浓度和给矿体积是最重要的操作参数。浓度过低或过高均将引起回收率下降，适宜的浓度值一般为 15%~35%。给矿体积则影响矿浆层的厚度和流速，但在较宽范围内对分选指标影响也不大。

螺旋选矿机的最大给矿粒度允许到 12 mm，但其中重矿物颗粒不宜超过 2 mm，有效回收粒度范围是 7~0.074 mm，最低可到 0.04 mm。螺旋选矿机在加拿大、美国和新西兰曾大量用于选别砂铁矿石。在原苏联则用于处理低品位的有色和稀有金属矿石。我国多用于选别砂锡矿石、红铁矿和稀有金属砂矿等。

（5）螺旋溜槽

螺旋溜槽的结构如图 4-37 所示，其断面呈立方抛物线形状，槽的底面更为平缓［图 4-36（b）］。在分选过程中不加冲洗水，可在槽的末端分段截取精、中和尾矿产品。

矿浆在槽面上的流动特性和分选原理与螺旋选矿机基本相同，差别只在于螺旋溜槽有更大的平缓槽面宽度，矿浆呈层流流动，因此更适于处理微细粒级的矿石，回收粒度下限可达 0.020~0.030 mm。螺旋圈数为 4~6 圈（常用 5 圈）。生产中常将 3~4 个螺旋溜槽组装在一起，成为多头螺旋溜槽。距径比可在 0.4 至 0.8 之间变化，给料粒度细时取小值。随着螺旋直径的增大，回收粒度下限略有升高，但处理能力急剧增大。

螺旋溜槽在我国较多地用于处理弱磁性铁矿石，在有色和稀有金属选矿厂亦有应用。处理铁矿石时，粗选的给矿浓度为 30%~40%，精选的浓度为 40%~60%。鞍钢弓长岭铁矿选矿厂用其处理大于 0.040 mm 的水力旋流器沉砂。大厂锡矿车河选厂将 φ2 m 螺旋溜槽用于圆锥选矿机粗精矿的精选和尾矿的扫选。

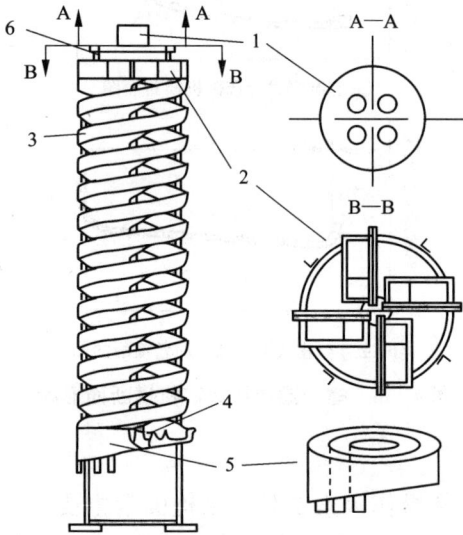

1—分矿斗；2—给矿槽；3—螺旋槽；
4—产品截取槽；5—接矿槽；6—槽钢支架。

图 4-37 螺旋溜槽结构

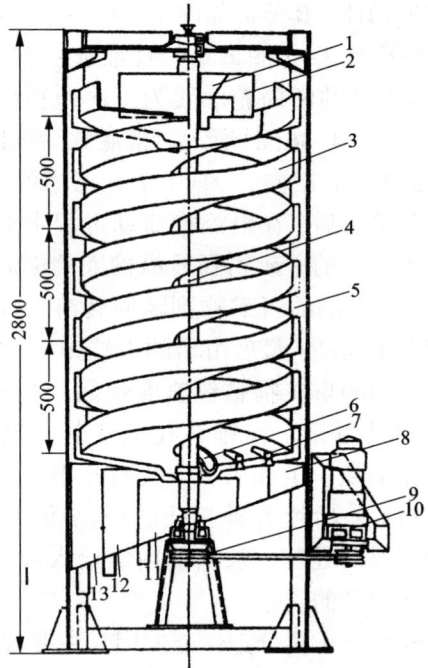

1—给水斗；2—给矿斗；3—螺旋溜槽；4—竖轴；5—机架；
6—冲洗水槽；7—截料器；8—接料器；9—皮带轮；10—调速电机。

图 4-38 旋转螺旋溜槽结构

（6）旋转螺旋溜槽

旋转螺旋溜槽的结构如图 4-38 所示，螺旋共有 3 圈，绕垂直的竖轴低速回转，转动方向与矿浆流动方向相同。

槽面由于带有条沟，能够激起一定的旋涡，增强了松散作用。槽体的回转，加大了离心分带作用力。加之在生产中由槽的内缘补加冲洗水，能达到强化分选过程，提高富集比的目的。但由于矿浆紊流的增强，回收粒度下限也随之升高，有效的选别粒度范围是 0.6~0.05 mm。

旋转螺旋溜槽已被用于处理-1 mm 铌钽矿石，以及从-1 mm 钒钛磁铁矿磁选尾矿中回收钛铁矿，指标超过摇床，而单位面积处理能力比摇床大得多。

螺旋溜槽和螺旋选矿机的外形和工作原理基本相同，但两者在结构、性能和使用方面仍有区别，主要区别可归纳为如下几点：①螺旋选矿机的槽底断面线为抛物线或椭圆的一部分 [图 4-36(a)]，而螺旋溜槽的槽底断面线为立方抛物线 [图 4-36(b)]，因此，螺旋溜槽的槽底宽而平缓，更适于处理细粒物料。②螺旋溜槽是在槽末端分别接取精、中、尾矿，而螺旋选矿机是在上部截取精矿，在槽末接取尾矿。③螺旋溜槽没有洗涤水，而螺旋选矿机加有洗涤水。④螺旋溜槽的入选粒度比螺旋选矿机小，螺旋选矿机的适宜入选粒度为 2～0.074 mm，而螺旋溜槽的适宜处理粒度为 0.3～0.04 mm。⑤螺旋溜槽要求给矿浓度高，一般不低于30%，而螺旋选矿机对矿浆浓度要求不严格，下限可到 10%。

（7）矿泥皮带溜槽

矿泥皮带溜槽外形类似于倾斜的橡胶输送带，如图 4-39 所示。皮带表面平滑，带长3000 mm，带面宽 1000 mm，约以 300 mm/s 的速度与矿流流动方向逆向向上运动。矿浆从给矿均分板给入带面，在向下流动过程中发生分层。轻矿物沿皮带斜面流至尾矿槽，重矿物则沉积在带面上不断运至上方排出。

皮带溜槽的矿浆流层薄，属层流流动，上部又很少受脉动水流干扰，有效回收粒度下限可达 0.020 mm。底部速度梯度很大，床层松散较好，析离作用强。但处理量很

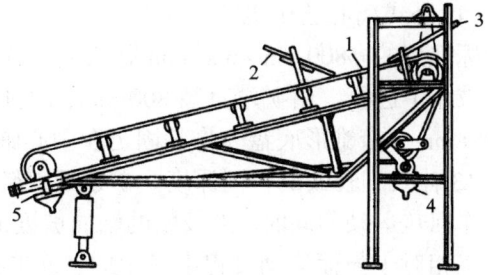

1—带面；2—给矿匀分板；3—给水匀分板；
4—精矿槽；5—尾矿槽。

图 4-39　矿泥皮带溜槽

低，仅适宜作为精选设备，精选处理量为 0.9～1.2 t/（台·h）。

（8）螺旋选矿机及螺旋溜槽操作要点

螺旋选矿机和螺旋溜槽的给矿不需要进行严格的预先分级，且给矿量和给矿浓度在一定范围内的波动对选别指标的影响也不会太大。因而，螺旋选矿机和螺旋溜槽多用于处理粗细粒级砂矿的粗选或扫选作业，其主要影响因素和操作要点为：

①给矿粒度。给矿的最大粒度不能超过 6 mm，若给矿中存在过大矿块，会对矿流产生扰动作用，还会堵塞精矿排出管，片状的大块脉石矿物对选别过程也会有不利影响，因此，给矿前应采用格筛隔除过大块矿和杂物。给矿中的细粒级矿泥含量多时，也会影响分选效果，因此，对矿泥含量高的给矿应采取预先脱泥。

②给矿浓度。当给矿浓度在一定范围内（12%～30%）波动时，对选别指标的影响不会太大。

③给矿量。处理含泥多且精矿粒度细的矿石时，给矿量应适当减小。处理精矿粒度粗且含泥量少的矿石时，给矿量可适当增大。

④洗涤水。洗涤水应该从内圈分散供给，以免冲乱矿流。洗涤水量大时，精矿产品品位提高，但精矿产率下降，回收率降低。洗涤水量小时，对提高回收率有利。洗涤水由上至下应逐步增大，具体水量应结合选别指标来确定。

⑤精矿截取。精矿的截取量是通过转动截取器的活动刮板来控制的。精矿截取的原则是，当精矿量增加，而回收率增加很少时，就不应该继续增大精矿截取量。适当的精矿截取量和截取器活动刮板的位置应该通过取样分析来确定。

4.4 离心重选设备

离心溜槽也称为离心选矿机,是借离心力作用进行流膜选矿的设备,其离心力强度(离心加速度与重力加速度之比)为40~60。矿浆松散分层原理与螺旋溜槽基本一样,但矿粒所受的离心力作用得到了强化。工业中应用的离心选矿机主要包括卧式离心机和立式离心机2种。

(1)卧式离心选矿机

标准型的 $\phi800$ mm×600 mm 卧式离心选矿机的结构如图4-40所示。分选过程在截锥形的转鼓4中进行。给矿端直径800 mm,向排矿端直线增大,坡度(半锥角)为3°~5°,转鼓垂长600 mm。借锥形底盘5将其固定在中心轴上,由电动机12带动旋转。上给矿嘴3和下给矿嘴13伸入到转鼓的不同深度。矿浆顺着转鼓转动的方向喷出,随即附着在鼓壁上,在随着转鼓作回转运动的同时,沿鼓壁的轴向坡度流动,并在空间内形成螺旋形运动轨迹。分层是在矿浆相对于鼓面流动过程中发生的,重矿物沉积到底层,轻矿物在上层随矿浆通过转鼓与底盘间的间隙(约14 mm)排出。当重矿物沉积到一定厚度时停止给矿,由冲矿嘴2喷射出高压水,将沉积物冲洗下来,即得到精矿。

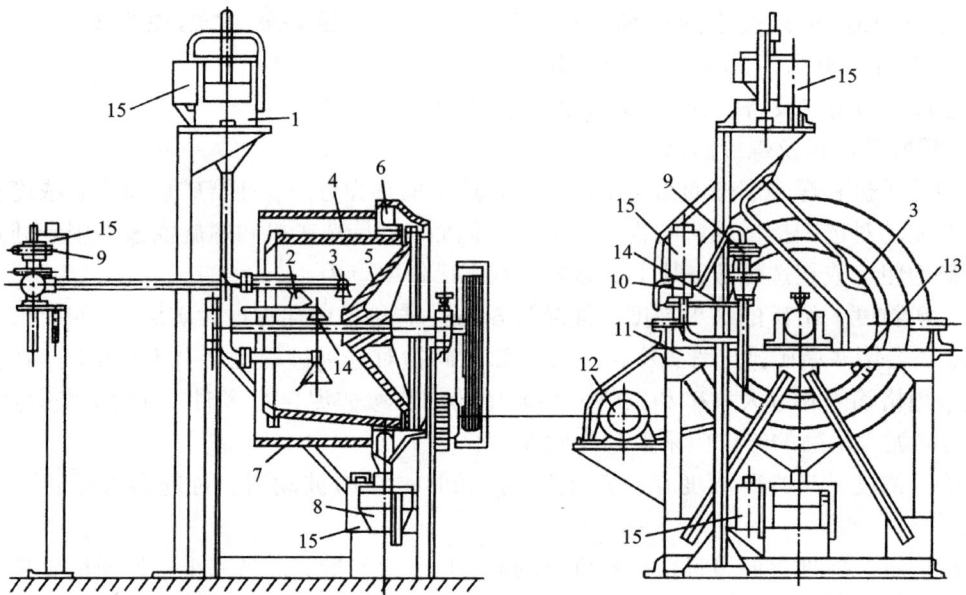

1—给矿斗;2—冲矿嘴;3—上给矿嘴;4—转鼓;5—底盘;6—接矿槽;7—防护罩;8—分矿器;
9—皮膜阀;10—三通阀;11—机架;12—电动机;13—下给矿嘴;14—洗涤水嘴;15—电磁铁。

图4-40 $\phi800$ mm×600 mm 卧式离心选矿机结构

离心选矿机通常间断工作,断矿、冲矿和精(尾)矿排放均由指挥和执行机构自动进行。指挥机构为一时间继电器,按规定时间向执行机构通入或切断电流。执行机构包括给矿斗中的断矿管、控制冲矿水的三通阀10和皮膜阀9,以及分别排放精矿和尾矿的分矿器8,它们分别由电磁铁带动动作。当达到规定的选别时间时,断矿管摆动到回流管的一侧,矿浆不再进入转鼓。与此同时,三通阀将低压水路切断,皮膜阀上部的封闭水压被撤除,于是高压水通过皮膜阀进入转鼓。此时下部的分矿器也摆动到精矿管一侧，将冲洗下来的精矿导入精矿管道内。待冲洗完后(2~3 s)，各执行机构分别恢复原位，继续进行下一次给矿和选别。

与矿泥溜槽相比，卧式离心选矿机处理能力和工艺指标均有大幅度的提高，目前已成为我国钨、锡矿泥粗选的主体设备，也可用于处理微细粒级的弱磁性铁矿石。在处理锡矿泥时，标准型的离心选矿机给矿粒度一般小于 0.074 mm，粗选生产能力为 1.2~1.5 t/h，精选生产能力为 0.6~0.8 t/h，回收粒度下限可降低到 0.010 mm(按石英计)。

（2）立式离心选矿机

尼尔森(Knelson)离心选矿机是典型的立式离心选矿机，自 1978 年投入工业应用，至今已在加拿大、澳大利亚、南非、俄罗斯和中国等 70 多个国家被广泛采用，是一种新型高效重选设备。图 4-41 是尼尔森选矿机的结构简图，其主要由内分选锥、给矿管、排矿管、驱动装置、供水装置和自动控制系统等部件组成。

尼尔森离心选矿机的分选器按 60 g 制度(即产生 60 倍重力加速度的速度)运转，工作原理如图 4-42 所示。矿浆由给矿管从上向下流到下部的分配盘上，离心力把它抛到分选锥的壁上，并由下而上迅速填满环沟，这样富集床就形成了。与此同时，冲洗水通过空心的旋转轴由下部进入水腔，在压力作用下沿着切线以逆时针方向进入分选锥内的环沟。当重矿物颗粒受到离心力大于向内的冲洗水压力时，该颗粒就沉积在环沟里。反之，轻矿物在冲洗水的冲力和新进入矿浆的挤压下，由分选锥上部进入尾矿管后排出。在持续松散的床层里，重矿物颗粒源源不断地沉积在环沟里，而轻矿物则不断从床层中清洗除去。当环沟里填满重矿物后，半连续尼尔森选矿机需停止给矿数分钟，把精矿从沟里冲出。此外，还有一种连续可变排矿类型的尼尔森离心选矿机(CVD)，可以随时调节精矿产率的大小，连续排出精矿。

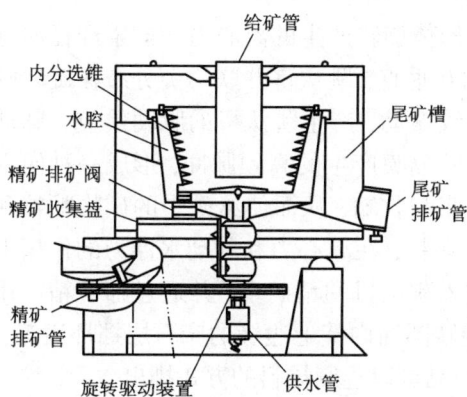

图 4-41　尼尔森选矿机结构简图

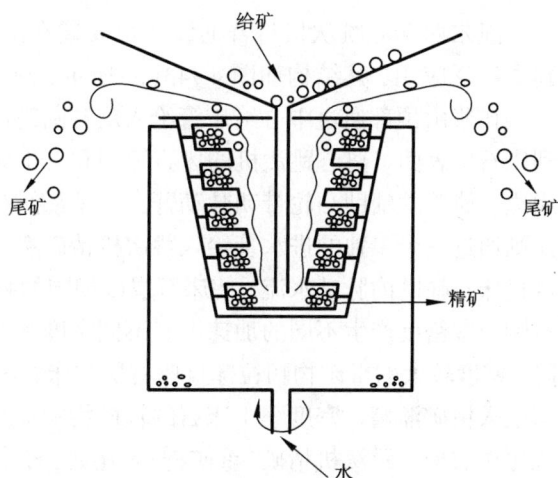

图 4-42　尼尔森选矿机工作原理

尼尔森选矿机具有处理量大、富集比高、体积小、重量轻、耗电少、耐磨性好和生产成本低等优点。半连续排矿型(BKC)一般用于回收目的矿物含量很低的贵金属(Au、Ag、Pt等)矿石，如岩金、砂金及有色金属矿石中伴生金的回收，浮选铜精矿中可见金的回收，铜镍硫化矿中铂族元素的回收等。连续可变排矿型(CVD)用于处理目的矿物含量相对较高的金属矿石(黑钨矿、锡石、钽铁矿、铬铁矿、钛铁矿、金红石等)，以及从尾矿中回收含金的硫化物，从炉渣中回收铁合金，进行重矿砂的预选和脱泥等。

（3）离心跳汰机

澳大利亚的 Kelsey（凯尔西）离心跳汰机，将传统跳汰和离心力相结合，在引入离心力场以增加矿物之间的表观密度差的同时，还可使细粒床石部分起到重介质作用，与单一离心力场作用的离心机相比，可大幅提高分选精度。

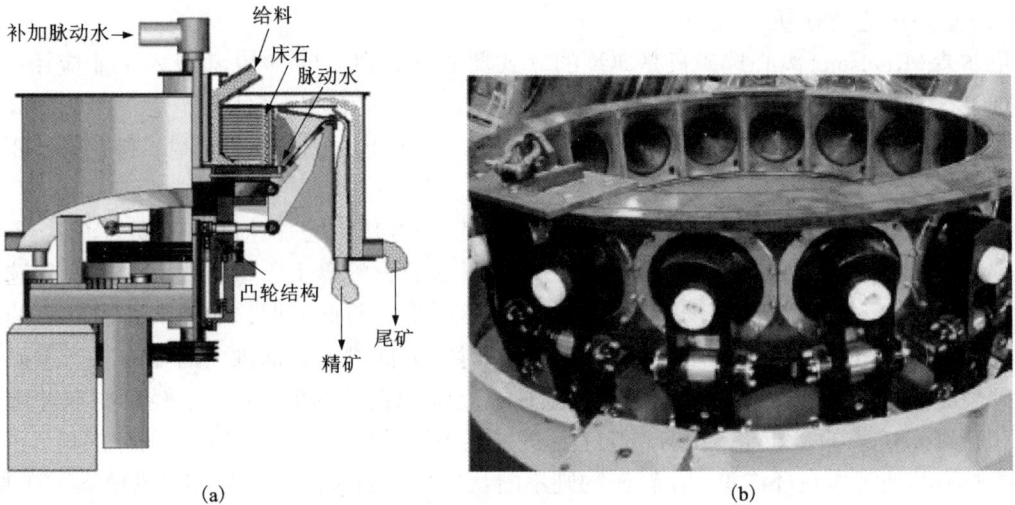

图 4-43　凯尔西离心跳汰机结构（a）和跳汰室（b）

凯尔西离心跳汰机将普通跳汰机安装在离心机上，自 2001 年起，J1800 型离心跳汰机得到了广泛应用，其结构如图 4-43(a)所示，跳汰室如图 4-43(b)所示。

矿浆由顶部通过中心给矿管给入旋转圆筒内壁，筒体旋转产生的离心力使矿浆经径向分散到床石层表面。离心跳汰机的床石筛网和人工床石相互垂直，跳汰室并联均衡分布在旋转圆筒周边。简单的辅助凸轮带动脉动臂，实现橡胶隔膜连续振动，产生跳汰机的脉动效应。脉动水流则通过一个单独的进水管给入跳汰机精矿室，由橡胶隔膜产生的高频脉冲，形成一种向内并透过床石筛网的脉动水流，使床石层以相同的频率膨胀和收缩，从而使给矿中的矿物颗粒和床石颗粒按密度产生不同的加速度。不同密度和粒度的颗粒，在离心力和脉动水浮力的作用下沉降，密度较大的重矿物颗粒穿过床石层和床石筛网进入跳汰机的精矿室，并通过筛下精矿排矿嘴汇入精矿溜槽。密度小于床石的轻矿物颗粒则从旋转圆筒内壁上边缘的床石层挡环溢流，汇入尾矿溜槽。跳汰机精矿（重矿物）及尾矿（轻矿物）产品都以连续排料的方式排出。

J1800 型离心跳汰机处理-300 μm 铁尾矿，可从品位低至 12%Fe 的给矿中一次分选获得 Fe 品位为 67%~68.5%的产品，生产能力达到 50~60 t/h。对给料品位为 26% Cr_2O_3 的铬铁矿，一次分选后能使精矿品位提高到 42% Cr_2O_3，SiO_2 脱除率达到 98%，Cr_2O_3 回收率达到 65%。对平均粒度为 75 μm 的钽矿，品位可提高 80 倍，Ta_2O_5 回收率达到 68%。对粒度细至 5 μm 的金粒，回收率可达到 95%，富集比达到 100。

（4）离心选矿机操作要点

①给矿粒度。离心选矿机合适的给矿粒度范围是 0.074~0.010 mm，大于 0.074 mm 的

粗粒和小于 0.010 mm 的细粒矿泥太多,均会影响选别指标,因此,入选的物料应该采取预先分级,去除粗粒及细粒矿泥。

②给矿矿浆体积。离心选矿机的给矿矿浆体积要保持适当,给矿矿浆体积决定了矿浆流速和流膜的厚度。一般给矿矿浆体积大,则设备处理能力强,精矿品位上升,但精矿产率和回收率会降低,当给矿矿浆体积过大时,还会出现无精矿的现象。适宜的给矿矿浆体积和流膜厚度,应该在生产实践中针对特定的物料进行反复的调整、取样分析得出。

③矿浆浓度。矿浆浓度越高,矿浆黏度越大,流动性变差,此时,尾矿量减少,精矿量增加,精矿品位下降。矿浆浓度过大,会导致离心机内无法产生分层,失去分选作用。合适的给矿浓度与转鼓的长度和坡度有关,一般应从实践中总结得到。

④检查。经常检查离心选矿机的控制机构是否灵活,分矿、断矿、冲水、排矿等是否准确,特别是要防止给矿管和冲矿管堵塞,发现问题应及时停车处理。

4.5　重介质分选设备

重介质分选设备主要包括圆锥型重介质分选机、圆筒型(鼓型)重介质分选机、重介质振动溜槽、重介质旋流器、斜轮重介质分选机等。

(1)圆锥型重介质分选机

圆锥型重介质选矿机分内部提升式和外部提升式 2 种,其结构如图 4-44 所示。机体为一倒置的圆锥槽 2,在它的中心装有空心的回转中空轴 1,由电动机 5 带动旋转。空心轴同时又作为排出重产物的空气提升管。中空轴外面有一个穿孔的套管 3,上面固定有两扇三角形刮板 4,以每分钟 4~5 转的速度转动,借以保持上下层悬浮液密度均匀,并防止矿石沉积。

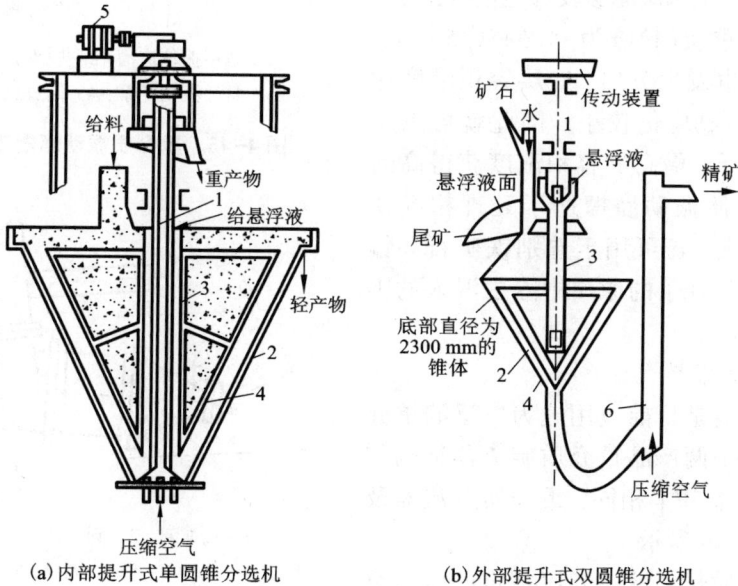

(a)内部提升式单圆锥分选机　　(b)外部提升式双圆锥分选机

1—回转中空轴;2—圆锥槽;3—套管;4—刮板;5—电动机;6—外部空气提升管。

图 4-44　圆锥型重悬浮液选矿机

121

入选原料由上方给入，轻矿物浮在悬浮液表层经四周溢流堰排出，重矿物沉向底部。与此同时，压缩空气由中空轴 1 的底部给入。在中空轴内，重矿物、重悬浮液和空气组成气-固-液三相混合物。当其综合密度低于外部重悬浮液的密度时，即在静压强作用下沿管向上流动，从而将矿物提升到高处排出，重悬浮液是经过套管 3 给入，穿过孔眼流入分选圆锥的。

这种重介质分选机的槽体较深，分选面积大，工作稳定，适于处理轻产物排出量大的原料，且分选精确度较高。主要缺点是要求使用细粒加重质，重介质的循环量大，增加了重介质制备和回收的工作量，需要配备专门的压气装置。设备规格按圆锥直径计为 2~6 m，锥角为 50°，给矿粒度范围一般为 5~50 mm。

（2）重介质振动溜槽

重介质振动溜槽的工作过程如图 4-45 所示，给矿粒度一般为 6~75 mm。矿石由溜槽首端的上方给入，重悬浮液由介质锥斗给入，在槽内形成厚约 250~350 mm 的床层。在槽体振动和槽底压力水的作用下，床层具有较大的流动性。矿物按自身密度不同在床层内分层，密度大的重矿物分布在床层下部，由分离隔板的下方排出；轻矿物分布在床层上部，由分离隔板的上方流出。轻重两种产物分别落在振动筛上脱除介质后通过皮带运输机运走。筛下的介质则由砂泵返回到介质锥斗中循环使用。

设备工作特点是床层能够较好地松散，可以使用较粗粒的加重质（粒级为 -1.5+0.15 mm）。加重质在床层内也发生分层，底层容积浓度达到 55%~60%，而黏度仍较小。因此就可采用较低密度的加重质，借高的容积浓度获得高的分离密度。重介质振动溜槽适于处理粗粒矿石，处理能力很大，还可用于选别铁矿石和锰矿石，以及从地下开采的原矿中除去混入的围岩等。

（3）重介质旋流器

重介质旋流器是目前应用最为广泛的重介质分选设备，其中两产品重介质旋流器结构与普通水力旋转流器基本相同，重介质旋流器及配套设施如图 4-46 所示。

矿石与重介质悬浮液一起以一定的压力给入旋流器。在回转运动中，矿物颗粒依自身密度的不同分布在重悬浮液相应的密度层内。与水力旋流器中的流速分布一样，在重介质旋流器内也存在一个轴向零速包络面。包络面内的

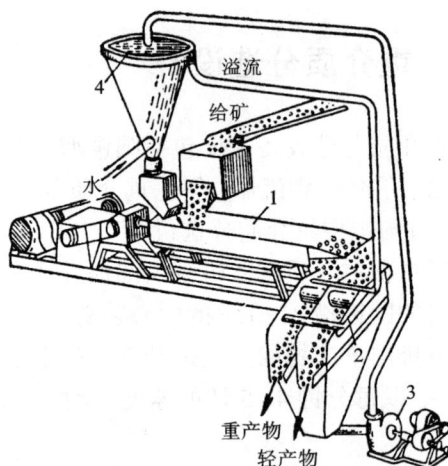

1—振动溜槽；2—脱重介质筛；
3—悬浮液循环泵；4—储放悬浮液圆锥。

图 4-45　重介质振动溜槽工作示意图

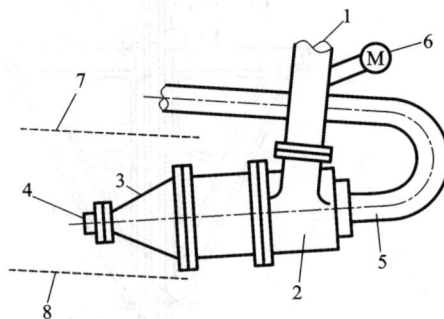

1—给矿管；2—圆柱体；3—圆锥体；
4—沉砂口；5—溢流口；6—压力表；
7—轻产物脱介筛面；8—重产物脱介筛面。

图 4-46　重介质旋流器及配套设施示意图

悬浮液密度小，在向上流动中将轻矿物从溢流中带出获得轻产物。重矿物分布在包络面外部，在向下回转运动中从沉砂口排出。但在整个包络面上，悬浮液的密度分布并不一致，而是由上往下增大，位于上部包络面外的矿粒在向下运动过程中受悬浮液密度逐渐增长的影响，又不断地得到分选。其中密度较低的颗粒又被推入包络面内层，从上部溢流口排出。因此，分离密度基本上取决于轴向包络面下端的悬浮液密度，其大小可通过改变旋流器的结构参数和操作条件进行调整。

将两产品重介质旋流器串联起来使用，可形成三产品重介质旋流器。根据给矿方式不同，可分为有压给料（图 4-47）和无压给料（图 4-48）。三产品重介质旋流器的第一段均采用圆筒形旋流器，第二段均采用锥形旋流器。

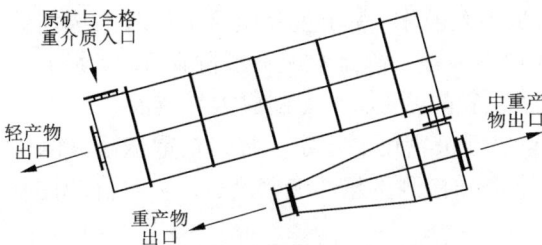

图 4-47　有压给料三产品重介质旋流器示意图

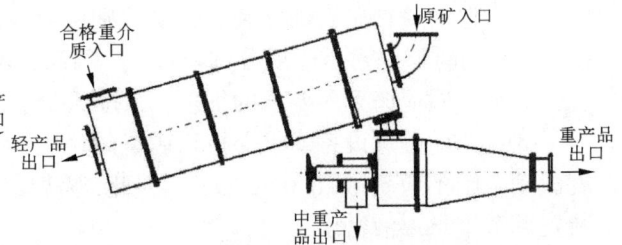

图 4-48　无压给料三产品重介质旋流器示意图

有压给料三产品重介质旋流器是依据阿基米德原理，在离心力场中对不同物料按密度差异进行分选的。重悬浮液和原矿混合均匀后以一定的工作压力（0.1 MPa 以上）进入到一段旋流器，在离心力作用下重物料向旋流器壁移动，并在外螺旋流的作用力下沿切线方向进入第二段旋流器。轻物料进入空气柱，随中心内螺旋流从位于下部的溢流管排出。经过浓缩的粒度较粗且密度较高的重悬浮液随同一段旋流器重物料进入二段旋流器，为二段旋流器中重物料按高密度分选创造了条件。重产物从位于二段旋流器下部的底流口排出，中重产物从位于旋流器上部的溢流口排出。

无压给料三产品重介质旋流器中，合格重介质悬浮液以一定的工作压力沿切线方向进入第一段旋流器，原矿则从顶端沿轴向以自重方式给入。在重介质的离心力作用下，重物料向旋流器壁移动，在外螺旋流的轴向速度作用下从上部出口排出并进入第二段旋流器。轻物料则移向空气柱，随中心内螺旋流从位于中心底部的溢流管排出。随同一段重物料进入第二段旋流器的是经过浓缩的较浓和较粗的重悬浮液，经分选后重产物从二段旋流器底流口排出，中重产物从旋流器溢流口排出。

通常有压给料三产品重介质旋流器的分选精度或效率均略低于无压给料三产品重介质旋流器。对分选粒度较粗的原矿，选择无压给料三产品重介质旋流器可有效减少设备磨损，降低能耗。此外，无压给料三产品重介质旋流器具有分选精度高的优势，分选粒度上限可达100 mm，有效分选粒度下限可达 0.3 mm，可实现不分级和不脱泥入选。

重介质旋流器在生产中多采用倾斜或竖直的安装方式，亦可作横卧或倒立安装。与其他重介质选矿设备相比，重介质旋流器借离心力作用加快了分层过程，因此单位面积处理能力大，给矿粒度下限降低，最低达到 0.3 mm。悬浮液在旋流器内急速回转，很少可能形成结构化，所以加重质可达到很高的容积浓度。采用密度较低的加重质，如磁铁矿、黄铁矿等，仍可获得足够高的分离比重。

影响重介质旋流器分离比重的结构参数主要是溢流管直径、沉砂口直径和锥角。增大锥角，则悬浮液的浓缩作用增强，分离比重增大，但悬浮液的密度分布变得更不均匀，分选效率降低。因此，一般重介质旋流器的锥角在 $15° \sim 30°$。

增大沉砂口或减小溢流管，则轴向零速包络面向内收缩，分离比重降低，重产物产率增大。反之则向相反方向变化。生产中对已经选定的旋流器，调节分离比重或轻、重产物的产率，是借改变角锥比（即溢流管直径/沉砂口直径）实现的。

重介质旋流器的给矿粒度一般不超过 20 mm，其在钨、锡、铁矿石的处理中得到了广泛应用，同时在磷矿和锂辉石选矿中，也有采用重介质旋流器进行预富集或分选的应用。

（4）重介质工艺操作要点

①入选前要把矿石破碎到重介质选别所要求的粒度范围。由于重介质对细粒级的选别效果很差，同时矿泥对重介质分选干扰大，因而，入选前应该筛除细粒级并脱除矿泥。

②加重质应磨到所要求的细度，并按照要求的悬浮液密度加水配制成重悬浮液。

③重介质分选设备要求保持给矿量的稳定和重悬浮液密度的稳定，尤其是重悬浮液的密度波动范围不应超过 ± 0.02 g/cm³。因此，需要经常取样检测重悬浮液密度，并采取自动控制装置调节重悬浮液密度。

④加重质的回收和再生是重介质工艺的关键作业。由分选设备排出的轻重产物均带有大量的重悬浮液，最简单的方法是采用振动筛分离重介质，一般采用两段筛分，第一段筛分得到的重介质与原重介质性质相近，可直接返回使用，第二段筛分需采用冲洗水才能清洗干净矿粒所黏附的加重质，此时重介质的密度会改变，且会受到污染，根据加重质的性质，可采用磁选、浮选、重选等方法进行提纯，然后采用水力旋流器、倾斜板浓缩箱等设备进行脱水，再重新配制重悬浮液在返回流程中使用。

4.6 流化床重选设备

4.6.1 流化床分选原理

不同密度和粒度的矿物颗粒，在同一流体介质中的干涉沉降速度不同。高密度粗颗粒矿物的干涉沉降速度较大，低密度细颗粒矿物的干涉沉降速度较小。在分选设备内提供一上升流体，使其速度介于高密度粗颗粒和低密度细颗粒沉降末速之间，则高密度粗颗粒矿物将在该上升流体中沉降，而低密度细颗粒矿物将上浮，从而实现矿物按密度与粒度的分离，流化床分选原理如图 4-49 所示。

分选过程中，由于固体颗粒体积分数较大，周围颗粒的存在使颗粒沉降运动受到阻碍，使得设备内形成有效密度和表观黏度与原流体介质（如水）相比显著增加的流态化床层，导致颗粒的干涉沉降末速大大降低。粗重颗粒干涉沉降速度仍较大，可透过流化床层在底部锥体段聚集，轻

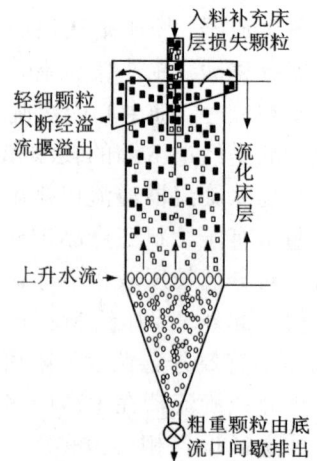

图 4-49　流化床分选原理示意图

细颗粒干扰沉降末速较小，其会随上升水流向上运动并穿过流化床层成为溢流，床层内减少的颗粒则通过给入的物料不断得到补充。

4.6.2　流化床分选设备

目前典型的流化床分选设备主要包括 TBS 分选机、FDS 分选机、CFS 分选机和逆流分选柱等。

（1）TBS 分选机（Teeter bed separator）

TBS 分选机是应用广泛的粗煤泥分选设备，其结构如图 4-50 所示。其分选过程为：煤粒通过水流变成液态和固态混合物，因不同煤粒密度上的差异会产生不同的干扰层。当床层运动稳定时，煤粒密度未能达到干扰层密度的细粒会上浮到溢流面，密度较高的颗粒会穿过干扰层沉入底部，最终实现分选目的。

TBS 分选机的特点是可以调节分选颗粒的密度、可按密度范围调整、灵活性高、分选效率高、工艺结构简单、分选成本低、操作成本低和后期维护费用低等。

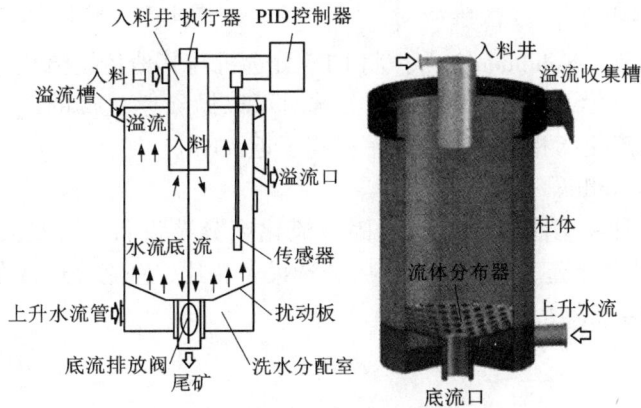

图 4-50　TBS 流化床分选机结构

（2）FDS 分选机（Floatex density separator）

FDS 分选机结构如图 4-51 所示。FDS 又称弗洛特克斯比重分级机，是一种先进的干涉沉降分选机，其利用流化干涉床层，使得比重和形状不同的矿物颗粒得到分离。FDS 分选机主要由 A、B 和 C 三个区域组成。采用切向给料的方式，矿浆流从主体上方约三分之一处给入。上升水分布器与 TBS 分选机有所不同，是由成排的管子构成的。下部床层的排料由压力传感器控制。FDS 最早用于处理筛分和水力旋流器较难处理的中间粒级，目前已广泛用于各类矿石与煤炭的分选和分级。

瑞典卢基矿业公司将 FDS 与螺旋分级机联合，用于分选细粒级铁矿。采用一粗三扫流程，得到回收率为 80%，含硅仅 1% 的铁精矿产品。将 FDS 与水力旋流器结合，用于处理 -1 mm 赤铁矿中的 Al_2O_3，经过 FDS 处理，原矿中 Al_2O_3 含量由 4.28% 下降至 1.66%，72% 的 Al_2O_3 被抛除。采用 FDS 从尾矿中回收铬矿砂，在高床层压力、低上升水流速率条件下，利用一段 FDS 便可有效脱除尾矿中的含铁杂物，底流中 Cr_2O_3 品位为 22%~23%，Cr_2O_3 回收率最高可达 83%。

（3）CFS分选机（Cross flow separator）

CFS分选机是对TBS分选机进行改进后的固液流化床分选设备，其结构和原理如图4-52所示。矿浆给料从设备顶部沿切线方向给入（可大大降低给料时矿浆流对设备内部床层的扰动作用）。同时在给料导入器的排出端还设置有导管板，用以防止矿粒直接进入溢流槽。此外，在CFS的上升水分配板的底部增加了大直径出水孔（消除了底流堵塞的问题）。改进后的进料系统和简化的配水系统的结合使用，使分离效率和处理能力得以提高。

与FDS和TBS分选机相比，CFS分选机在处理能力、耗水量和设备维修等

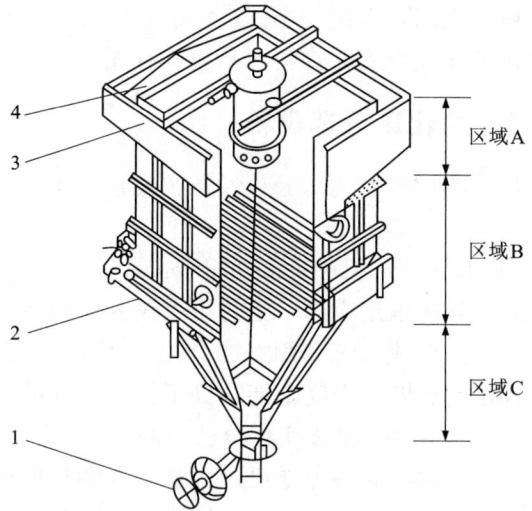

1—底流阀；2—给水；3—入料；4—溢流槽。

图4-51 FDS分选机结构

方面都有较大幅度改善。Kohmuench等人将CFS分选机与其他传统流化床设备的分选能力进行了对比，结果表明，该设备在用于重晶石分选时可以抛除近90%的硅，同时重晶石的回收率高达90%，与传统流化床相比，分选效率提高了近33%。

（4）逆流分选柱（Reflux classifier）

逆流分选柱是一种新型高处理能力的固液流化床分选设备，由澳大利亚Galvin教授于2002年发明并用于煤炭分选。与传统流化床分选设备相比，逆流分选柱在床层上部增加了平行放置的斜板，如图4-53所示。

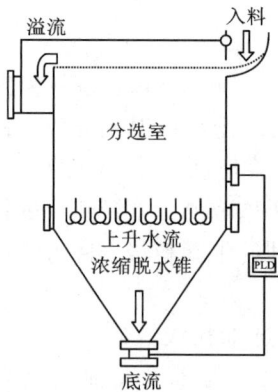

图4-52 CFS分选机结构和原理

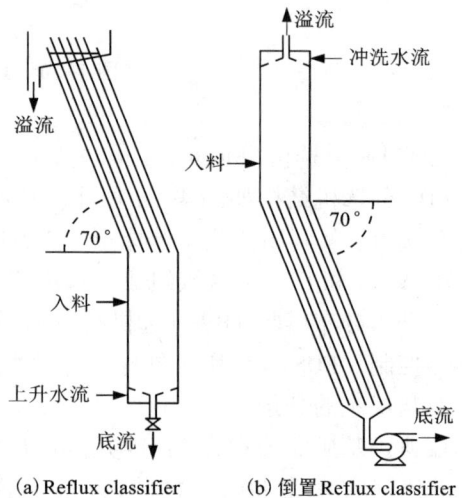

（a）Reflux classifier　　（b）倒置Reflux classifier

图4-53 逆流分选柱结构示意图

矿浆由柱体中上部进入设备，颗粒在上升水流作用下形成稳定的流态化床层，部分细的

重矿物进入斜板区后,在 boycott 效应下加速沉降至斜板形成的沉积层,而后滑落回柱体区域。另一部分在悬浮液中随上升水流进入溢流。滑落回柱体区域的颗粒在上升水流作用下再次进入斜板区形成循环,该效应被称为回流效应。逆流分选柱与传统流化床设备相似,重矿物则通过床层压差传感器控制底流排矿。

逆流分选柱因其出色的分选精度和远超传统流化床设备的处理能力,在煤炭和金属矿物的分级与分选中得到了广泛应用。在煤炭分选方面:逆流分选柱与 TBS 分选机对比,在处理 2 mm 以下的煤粒时,处理能力是 TBS 分选机的三倍,且分选精度也高于 TBS 分选机。在处理 2~8 mm 的粗粒煤时,足够的上升水流对该粒级的分选至关重要,逆流分选柱能在较高处理量下对粗粒级煤进行有效分选。在金属矿物分选方面:利用逆流分选柱分选-0.106 mm 粒级赤铁矿,通过一次分选可以得到 66.1%TFe 的精矿品位,铁综合回收率可达 80%。其中,-0.038+0.020 mm 粒级的回收率高达 68.8%,即使是-0.020 mm 的超细颗粒,其回收率依旧能够达到近 60%。

在倒置逆流分选柱中加入磁铁矿重介质,在 6.8 t/($m^2 \cdot$ h) 给矿条件下处理-1.0 mm 细粒精煤,试验床层密度可以达到 1537.4 kg/m^3,可以得到灰分为 12.2%,回收率为 81.9%的精煤产品,但在入选粒度小于 0.3 mm 时,其分选效率大幅下降。

本章主要思考题

(1) 重选设备按流场特性不同分为哪几类? 按分选粒度不同又分为哪几类?

(2) 简述云锡水力分级箱、水力分级机和分泥斗的结构、工作原理和应用。

(3) 常见跳汰机有哪几种? 其中金属矿选矿常用哪种类型?

(4) 跳汰机的筛板有哪几类? 排矿方式有哪几种?

(5) 简述跳汰机中物料的分选过程。

(6) 跳汰机的分选粒度范围是多少? 操作需要注意哪些问题?

(7) 摇床分选粒度范围是多少? 按照分选粒度不同,可分为哪几种类型?

(8) 摇床的摇动机构主要有哪几种类型?

(9) 简述 6S 摇床的结构和工作原理。

(10) 螺旋流槽与螺旋选矿机的异同点有哪些?

(11) 简述卧式和立式离心机的结构和工作原理。

(12) 简述离心跳汰机的结构及工作原理。

(13) 简述有压和无压三产品重介质旋流器分选过程和分选性能的差异。

(14) 简述流化床分选设备的基本原理。

(15) 典型的流化床分选设备有哪些? 特点是什么?

第5章 磁电分选设备

磁选是根据被分离矿石中不同矿物间的磁性差异，在磁选机所产生的非均匀磁场中，因所受磁力大小不同而实现的分选。因此，除矿石中不同矿物的磁性应存在差异外，还需要提供一个磁场强度和梯度合适的非均匀磁场，这就必须依靠磁选设备来实现。电选则是依据矿石中不同矿物导电性的差异，在电选机所产生的电场中，因荷电不同而产生的分选。实践表明，磁选和电选设备的结构和工作参数，对磁选和电选工艺及其分选指标会产生重要的影响。

5.1 磁选设备概述

（1）磁选设备分类

在矿物加工过程中，磁选设备多用于磁铁矿等磁性矿产资源的分选，因此，磁选设备一般也称为磁选机。

磁选机（magnetic separator）主要依据磁场类型、磁场强度、磁场梯度、分选介质和分选机结构等的不同进行分类。根据磁场强弱可分为弱磁场磁选机（磁极表面的磁感应强度一般为0.09~0.2 T）、中磁场磁选机（0.2~0.6 T）和强磁场磁选机（0.6~2 T）。根据分选介质不同可分为干式磁选机（介质为空气）、湿式磁选机（介质为水）和磁流体分选机（介质为磁流体）。根据分选机结构不同可分为圆筒式、带式、辊式、盘式和环式等磁选机。根据磁体产生磁场的方式不同可分为永磁、带轭铁的电磁、螺线管和超导体磁选机。根据磁场类型不同可分为恒定磁场、旋转磁场、交变磁场和脉动磁场磁选机。矿物加工过程中的典型磁选设备分类如表5-1所示。

表5-1 典型磁选设备分类

分类依据	区别	磁选机种类	典型磁选设备
分选介质	空气介质	干式磁选机	磁力滚筒、盘式磁选机等
	水介质	湿式磁选机	筒式磁选机、萨拉强磁选机等
	磁流体介质	磁流体静力分选机	DCY-1和DCY-2分选机
磁场产生方式	永磁材料	永磁磁选机	永磁筒式磁选机等
	电激磁	电磁磁选机	电磁筒式磁选机、超导磁选机等

续表5-1

分类依据	区别	磁选机种类	典型磁选设备
磁极表面磁场强弱	磁场强度 $H=72\sim160$ kA/m （900~2000 Oe）	弱磁场磁选机	永磁、电磁筒式磁选机，磁力脱水槽等
	磁场强度 $H=160\sim480$ kA/m （2000~6000 Oe）	中磁场磁选机	永磁中磁筒式磁选机等
	磁场强度 $H=480\sim1600$ kA/m （6000~20000 Oe）	强磁场磁选机	盘式干式强磁选机、琼斯强磁选机和环式强磁选机等

（2）磁选设备的磁系结构

磁系是磁选机的核心组成部件，在生产实践中，按照磁极配置方式的不同，主要有开放磁系和闭合磁系两大类。

①开放磁系。如图5-1所示，指磁极极性交错配置，磁极间无感应铁磁介质，其排列方式主要有平面磁系[图5-1(a)]、曲面磁系[图5-1(b)]和塔形磁系[图5-1(c)]三种。平面排列磁系多用于带式弱磁选机中，曲面排列磁系多用于圆筒式(或称"鼓式")弱磁选机中，塔形磁系则多用于磁力脱水槽内。

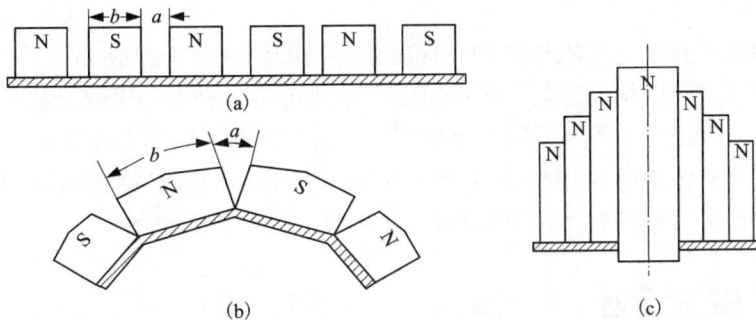

图 5-1　开放磁系

开放磁系中，磁通是通过较长的空气路程而闭合的，因而磁路中的磁阻大且漏磁多，其磁场强度和磁场梯度均较低，通常适用于强磁性矿物的分选。当开放磁系结构有利于提高回收率时，应具有以下特征：磁场深度和磁场磁力大(磁场深度指距磁极表面磁力有效作用距离)；沿物料运动轨迹上的磁极极性单一排列(即被吸引颗粒无磁翻滚作用)；扫选带长；给矿点位置处于磁场磁力最大区域。当开放磁系结构有利于提高精矿品位时，则应具有以下特征：磁场深度和磁场磁力相对小一些；沿物料运动轨迹上的磁极极性交错排列(即形成磁翻滚作用)。

②闭合磁系。大多数强磁场磁选设备采用了闭合磁系，闭合磁系的特点是：异性磁极面对面排列，极距小(即空气隙小)，因而磁极间的磁阻小、漏磁少且磁场强度高。常见的闭合磁系主要有螺线管磁系和铁芯磁系两种。为了产生磁场梯度，通常将闭合磁系的感应磁极做成不同形状的齿形，与相对的平面磁极或凹槽磁极构成不同型式的磁极对，这些不同型式的磁极对被用于不同类型的强磁选机中。按工作原理不同，闭合磁系主要有：在两磁极之间，设置具有一定形状的聚磁介质(如圆盘、转辊等)，磁场空间形成单层聚磁磁路，如图5-2

（a）和（b）所示；在磁极间设置多个具有特定形状的磁感应介质（如齿板、钢球、钢棒、编织网、钢毛等），磁场空间形成多层聚磁磁路，磁场强度和磁场梯度显著增大，如图5-2（c）、（d）、（e）和（f）所示。

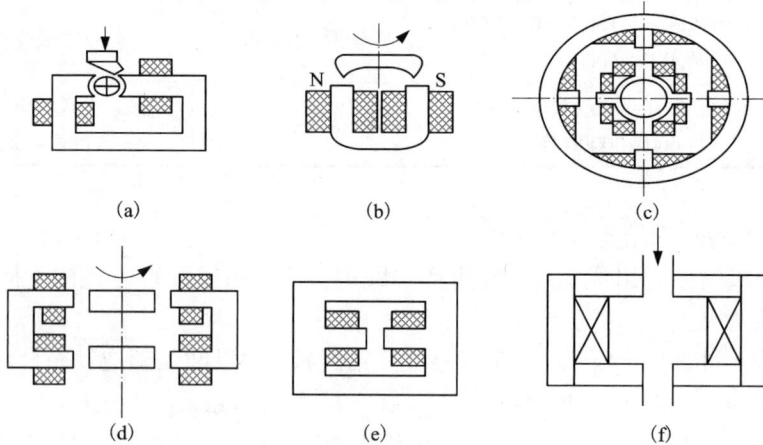

图5-2　闭合磁系

（3）聚磁介质

背景磁场和聚磁介质是强磁选机和高梯度磁选机的两个核心组成部分。背景磁场通常是由永磁体或电磁体产生的均匀磁场，在均匀磁场中使用不同类型的聚磁介质后会扰乱均匀磁场磁感线的走向，从而诱导产生不同的磁场梯度，这为分离不同的弱磁性矿物提供了依据。

根据目前生产实践中所使用聚磁介质的几何形状的不同，主要有钢球（棒）、椭圆形钢棒、齿板、菱形介质、钢板网、编织网和钢毛介质等，如图5-3所示。

5.2　弱磁场磁选设备

通常将产生背景磁场强度 $H=72\sim160$ kA/m（$900\sim2000$ Oe）的磁选设备称为弱磁场磁选设备或弱磁选机。弱磁选机的磁系均为开放磁系，磁源有电磁和永磁两种。永磁因具有结构简单、工作可靠和节省电能等众多优点而得到广泛应用。根据弱磁选机分选介质的不同，又有干式和湿式弱磁选机两大类。

5.2.1　干式弱磁选设备

干式弱磁选机多用于粗粒磁铁矿的预选，传统的干式弱磁选设备主要有磁力滚筒和干式永磁筒式磁选机。

（1）磁力滚筒

磁力滚筒的磁极结构主要有两种，一种磁极是沿物料运动方向同极性排列（即极性沿轴向NS交替排列），这种极性排列的磁力滚筒适用于处理粗中等粒度的矿石。另一种磁极是沿物料运动方向异极性排列（即极性沿圆周方向NS交替排列），这种极性排列的磁力滚筒则适用于处理小于10 mm的物料。由于沿圆周方向极性交替排列，减少了两端的漏磁，提高了筒

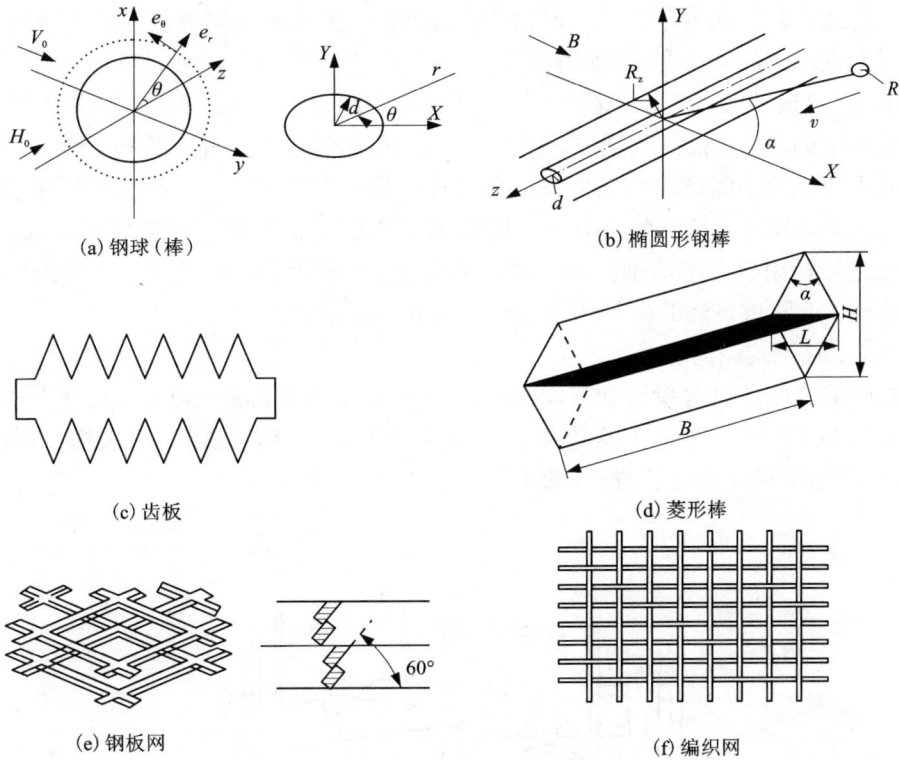

(a) 钢球(棒) (b) 椭圆形钢棒

(c) 齿板 (d) 菱形棒

(e) 钢板网 (f) 编织网

图 5-3 常见聚磁介质

体表面的磁场强度,因而后者被广泛采用。

典型的 CT 永磁磁力滚筒结构如图 5-4 所示。主要部分是一个回转的锶铁氧体多极磁系,以及套在磁系外面的用非导磁材料制成的圆筒。磁系包角为 360°,磁系和圆筒均固定在同一个轴上,作为皮带的首轮使用,故又称为"磁滑轮"。

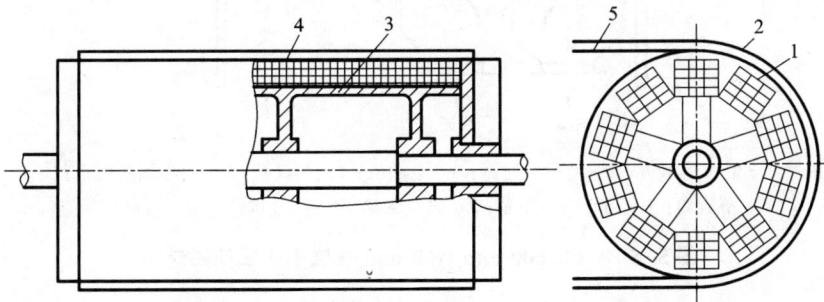

1—磁系;2—滚筒;3—磁轭;4—铝环;5—皮带。

图 5-4 CT 永磁磁力滚筒

CT 型磁力滚筒磁系的极性采用圆周方向 NS 交替排列。矿石均匀地给到皮带上,当矿石经过磁力滚筒时,非磁性或磁性很弱的矿粒在离心力和重力作用下脱离皮带面,而磁性较强的矿粒受磁力作用被吸在皮带上,并由皮带带到磁力滚筒的下部。当皮带离开磁力滚筒时,矿粒由于磁场强度减弱而落于磁性产品槽中。操作时，主要通过调节装在磁力滚筒下面的分离隔板位置实现对产品产率和质量的调控。

磁力滚筒（磁极轴向 NS 交替排列）多用于大块（10~120 mm）强磁性矿石的预选，它能分选出混入矿石中的围岩，提高入选原矿品位。一般可分离出产率占原矿约 15%~30% 的废弃尾矿及需要再处理的中间产品。磁力滚筒多安装在粗碎作业之后。一些选矿厂在细碎和磨矿之间，用磁力滚筒分选出部分废弃尾矿，既降低了入磨的矿石量，又提高了入选矿石品位。有些焙烧磁选厂还用磁力滚筒来控制焙烧矿的质量，将磁性弱的焙烧矿，再次返回焙烧炉中进行磁化焙烧，返回再焙烧的矿量约占焙烧矿的 6%~8%。

（2）干式永磁筒式磁选机

干式永磁筒式磁选机有单筒和双筒两种，其中，CTG 600 mm×900 mm 永磁干式双筒磁选机的结构如图 5-5 所示。主要由给矿装置（电振给矿机）、辊筒、磁系、分选箱、调节装置（可调挡板）、感应卸矿辊及传动装置（无级调速器和电动机）组成。

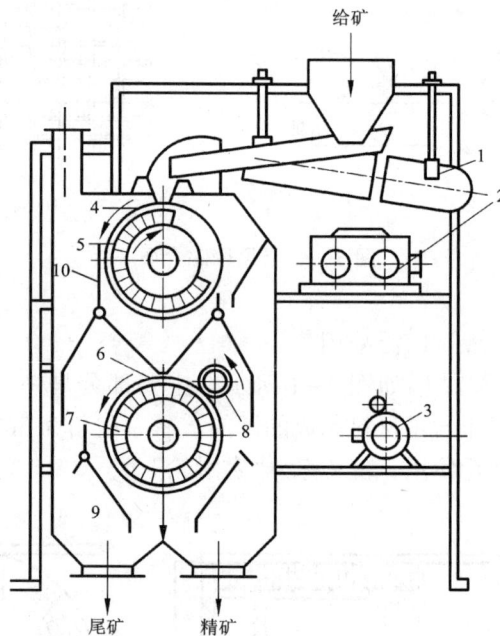

1—电振给料机；2—无级调速器；3—电动机；4—上辊筒；5—同心圆缺磁系；
6—下辊筒；7—同心旋转磁系；8—感应卸矿辊；9—分选箱；10—可调挡板。

图 5-5　CTG 600 mm×900 mm 永磁干式双筒磁选机

辊筒是由 2 mm 厚的玻璃钢制成的，为了提高辊筒的耐磨强度，在筒皮上粘一层耐磨橡胶。由于干式磁选机是在空气介质中进行分选的，空气的冷却效果较差，加之辊筒的转速高，为了防止涡流作用使辊筒发热和电功率损耗，所以用玻璃钢代替不锈钢作辊筒，这一点与湿式永磁筒式磁选机有所不同。上、下辊筒均由电动机经无级调速器、三角皮带带动旋转。磁系 5 和 7 都是由锶铁氧体永磁块组成的。采用的磁系结构有如图 5-6 所示的三种，即同心圆缺磁系、同心旋转磁系和偏心旋转磁系。

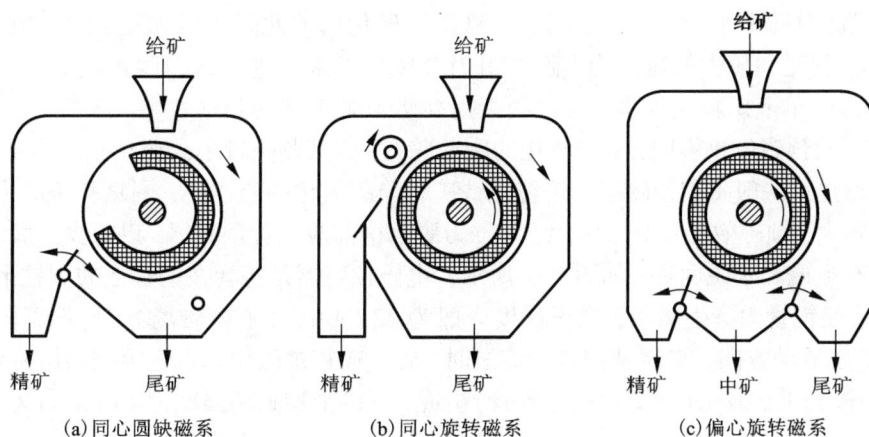

(a)同心圆缺磁系　　　　(b)同心旋转磁系　　　　(c)偏心旋转磁系

图 5-6　磁系的三种典型结构

同心圆缺磁系的磁包角小于 360°，装在辊筒内固定不动，磁极沿圆周局部排列，其选别带较短，适于分选粒度粗且易选的强磁性矿石。同心旋转磁系的磁极沿整个圆周排列，筒皮与磁系以相反方向旋转，用感应辊卸矿，选别带较长，磁系可以正转也可以反转，磁场频率可以在较宽的范围内调整，适于分选粒度细且难选的强磁性矿石。偏心旋转磁系的磁极沿整个圆周排列，但与辊筒不同心，有一较小的偏心距，辊筒表面的磁场强度或磁场力是逐渐变化的，因此辊筒周边的不同动部位可排出质量不同的产品，但选别带较短，适于分选粒度粗且易选的强磁性矿石。

CTG 600×900 mm 永磁双筒磁选机的磁系采用同心圆缺磁系，极距有 30 mm、50 mm、90 mm 三种，所对应的筒面磁感应强度分别为 0.105 T、0.115 T 和 0.125 T，以便分别处理 0~5 mm、0~1.5 mm、0~0.5 mm 粒级的物料。φ600×900 mm 辊筒，置于分选箱中。分选箱上部有进料口和抽风口，下部有精矿和尾矿排出口。工作时分选箱处于负压状态，矿尘从抽风口排出。

干矿石经分级后，由电磁振动给料器均匀分散地给到上面的辊筒上之后，由于辊筒高速旋转，非磁性颗粒在离心力作用下被抛到尾矿漏斗中。磁性颗粒所受的磁力大于离心力和重力，被吸到辊筒上，随辊筒运转并经受强烈的磁翻滚作用，不断排出被夹杂的脉石颗粒和连生体成为中矿。当磁性颗粒被带到无磁区时，被抛入精矿漏斗中。上辊筒分出的中矿给到下辊筒再选，分出精矿和尾矿两种产品，分别与上辊筒的精矿和尾矿合并。必要时，通过调节分选箱中的分矿板(即可调挡板 10)，下辊筒可对上辊筒的精矿、中矿或尾矿进行再选。

CTG 干式磁选机主要用于细粒级强磁性矿石的分选，适合干旱缺水和寒冷地区使用，也适用于从粉状物料中，剔除强磁性杂质和提纯磁性材料等。

5.2.2　湿式弱磁选设备

湿式弱磁选设备的种类较多，主要包括预磁器和脱磁器、磁力脱水槽、筒式弱磁选机、磁选柱和磁场筛等。

（1）预磁器和脱磁器

在磁铁矿磁选厂，为了提高磁力脱水槽的分选效果，在进入磁力脱水槽之前，通常使矿浆流经预磁器(时间不小于 0.2 s),细粒磁铁矿经磁化后彼此间会形成磁聚团。离开磁场后,由于矿粒具有剩磁和较大的矫顽力,磁聚团仍会保存下来。进入磁力脱水槽后,磁聚团受到的磁力和重力比单个矿粒大得多,这有利于提高磁力脱水槽的分选效果。

不同矿石的预磁效果不同,未经氧化的磁铁矿石,因其剩磁较小,预磁效果不明显,故处理该类矿石的磁选厂一般不用预磁器。焙烧磁铁矿和局部氧化的磁铁矿,剩磁和矫顽力都比未氧化的磁铁矿要大,预磁效果较好。因此,在磁力脱水槽前应设置预磁器,以减少金属流失。

预磁器有电磁和永磁两种,如图 5-7 所示。电磁预磁器是将套在铜管上的圆柱形多层线圈通入直流电,使铜管内产生磁场,磁场强度一般为 32 kA/m 左右。磁场方向(铜管内磁力线方向)平行于矿浆流动方向。矿浆从铜管中流过时,磁性矿粒被磁化。永磁预磁器由磁铁(铁氧体磁块)、磁导板和工作管道(硬塑管或橡胶管)组成,管内平均磁场强度为 40 kA/m 左右。

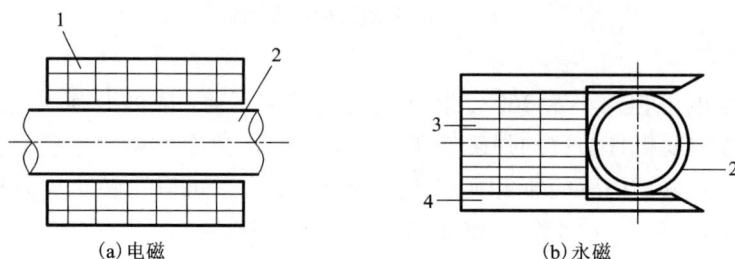

(a)电磁 (b)永磁

1—线圈;2—工作管;3—磁块;4—磁导板。

图 5-7　电磁(a)和永磁(b)预磁器

脱磁则是在脱磁器中进行的,脱磁器由套在非磁性材料管上的塔形线圈构成,并通有交流电,脱磁器及磁场分布如图 5-8 所示。

脱磁的基本原理是,根据在不同外加磁场作用下,强磁性物料的磁感应强度 B 和外磁场强度 H,形成形状相似但面积不等的磁滞回线而进行脱磁。当脱磁器通入交流电,在线圈中心产生方向不断变化、强度逐渐减弱的磁场,如图 5-9 所示。当矿浆通过绕有线圈的管道时,其中磁性颗粒受到反复脱磁,最后消除剩磁。

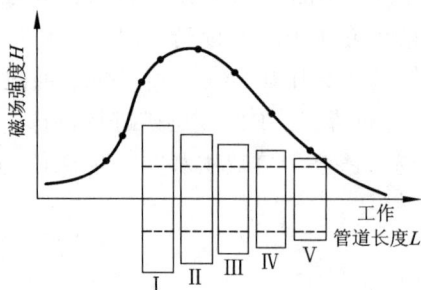

图 5-8　脱磁器及磁场分布

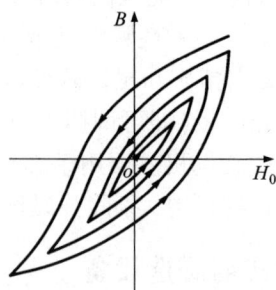

图 5-9　脱磁器磁滞回钱

对于阶段磨矿阶段分选流程,一段磁选精矿进入二段精选之前,一般需要进行二段细磨。粗精矿中存在的磁聚团会给二段分级带来困难,因此,二段分级前需对粗精矿进行脱磁。采用细粒筛分流程时，对细筛入料也应进行预先脱磁，否则会影响细筛的筛分效率。采用强磁性矿物作加重质时，在回收重新使用前，也应进行脱磁。

（2）磁力脱水槽

磁力脱水槽也叫磁力脱泥槽或磁选槽，是我国磁选厂普遍使用的一种磁重复合力场的分选设备，有电磁和永磁脱水槽两种。磁力脱水槽主要用来脱除细粒脉石和矿泥，有时也用于磁选中矿的浓缩脱水。其设备构造简单，造价便宜，没有运转部件。永磁脱水槽因不会消耗电能，在我国强磁性矿物的磁选中得到了广泛应用。图 5-10 是永磁磁力脱水槽的结构。

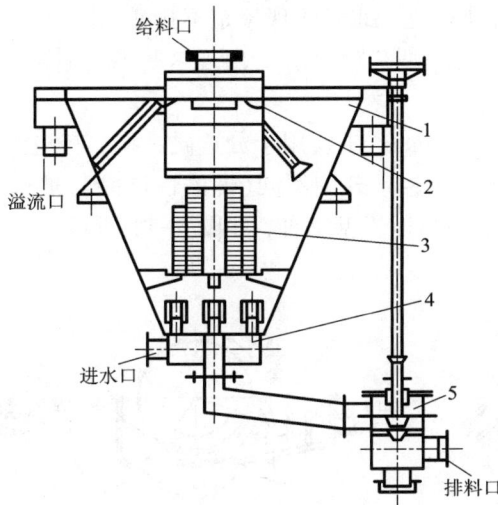

1—槽体；2—拢矿筒；3—塔形磁系；4—上升给水管；5—排料装置。

图 5-10　永磁磁力脱水槽结构

磁力脱水槽包括槽体、拢矿筒、磁系、给水管和排矿管等部分。磁系由锶铁氧体永磁块组成，排成圆柱台阶形（塔形磁系）放置在槽内下部，用以产生磁场。也有将塔形磁系倒放在槽体上部横梁上的（称为上部磁系脱水槽）。上升水管装在槽子底部，水管口设有迎水帽，以使上升水能沿槽体的水平截面均匀地分散开。

磁力脱水槽中，沿轴向的磁场强度是上部弱下部强，沿径向的磁场强度是外部弱中间强，等磁力线大致和塔形磁系表面平行。

重力的作用是使矿粒下沉，磁力的作用是加速磁性矿粒向下的沉降并将之吸引到磁系表面周围。上升水流的作用是阻止非磁性细粒脉石和矿泥的沉降，并使它们随上升水流进入溢流，从而与磁性矿粒分开。同时上升水流也可使磁性矿粒呈松散状态，将夹杂在其中的脉石颗粒冲洗出来，从而提高精矿品位。

分选过程中，矿浆由上部进矿筒给入，均匀地散布在塔形磁系上方。磁性矿粒在重力和磁力作用下，克服上升水流的向上作用力，沉降到槽体底部并从排矿口（沉砂口）排出。非磁性细粒脉石和矿泥在上升水流的作用下，克服重力等作用而顺着上升水流进入溢流。

磁力脱水槽的安装要求槽体放正，给矿管居中放平，不然给料容易产生偏析，导致翻花和溢流金属流失增大。

生产中，永磁磁力脱水槽的主要调节因素包括：上升水量和排矿口大小。排矿口大小一定时，上升水量太大，细粒磁性产物容易进入溢流，出现溢流跑浑或翻花现象；上升水量太小，细粒非磁性脉石矿粒又容易混入磁性精矿，从而降低精矿品位。在上升水流量一定时，排矿口太大，排矿浓度偏低，精矿中混入的非磁性脉石矿粒增多，导致精矿品位降低；排矿口太小，上升水流速度迅速增大，细粒磁性产品进入溢流，导致尾矿品位偏高。

操作过程中，一定要做到不堵、不放和不翻花。最适宜的上升水量和排矿口大小，应根据所处理的矿石性质、给矿量和选别作业指标要求来确定。须注意水压变化和排矿口胶砣的偏正和磨损情况对分选指标的影响。

生产中常见事故有：掉排矿砣，此时的现象是不排矿，槽面会翻花；迎水帽磨掉或脱落，此时的现象是槽面局部不稳定或翻花跑"黑"。出现这些情况时，应停车进行检修。

（3）湿式圆筒磁选机

湿式圆筒磁选机（drum separator）主要用于分选磁铁矿，有电磁磁系和永磁磁系两种，后者应用最为广泛。根据分选箱结构形式的不同（即磁性产品与被选物料流的相对运动方向的不同），分为顺流型、逆流型和半逆流型三种，如图5-11所示。

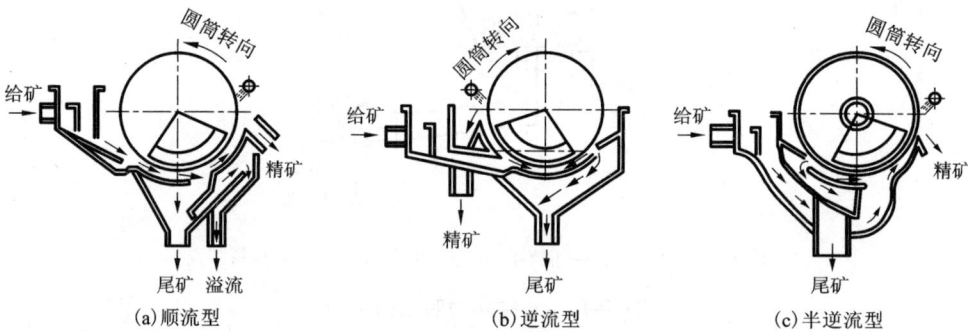

图5-11　湿式圆筒弱磁选机槽型

三种型式的湿式圆筒磁选机的基本特点是：顺流型获得的精矿品位较高，逆流型获得的回收率较高，而半逆流型兼有顺流型和逆流型两者的特点，获得的精矿品位和回收率都较高，因此半逆流型的应用最为广泛。

CTB半逆流型永磁圆筒式磁选机的构造如图5-12所示，由分选圆筒、磁系和分选箱等主要部分组成。

分选圆筒由非导磁材料（如不锈钢、铜等）做成。筒面覆盖有一层约2 mm厚的耐磨材料（橡胶、沥青或绕一层细铜线），目的是保护筒面，并使筒面具有一定的粗糙度，使磁性矿粒不至于在筒面上滑动。圆筒旋转的线速度一般为1.0~1.7 m/s。

磁系通常由几个磁极组成（取决于圆筒直径的大小），每个磁极均由永磁块和磁导板组成，永磁块一般为锶铁氧体。磁系固定在圆筒轴上，工作时不旋转。磁极极性沿圆周方向交变，沿轴向不变。磁系包角（圆弧中心点与磁系两侧最外缘顶点连线的夹角β）为106°~135°。磁系的磁极数目和圆筒直径有关，$D \leqslant 600$ mm时为3极，$D \geqslant 750$ mm时为4~7极。整个磁系偏向精矿排出端，磁系偏角（磁系中线与垂直线所夹的锐角α）为15°~20°，可以通过扳动装在轴上的转向装置来调节。

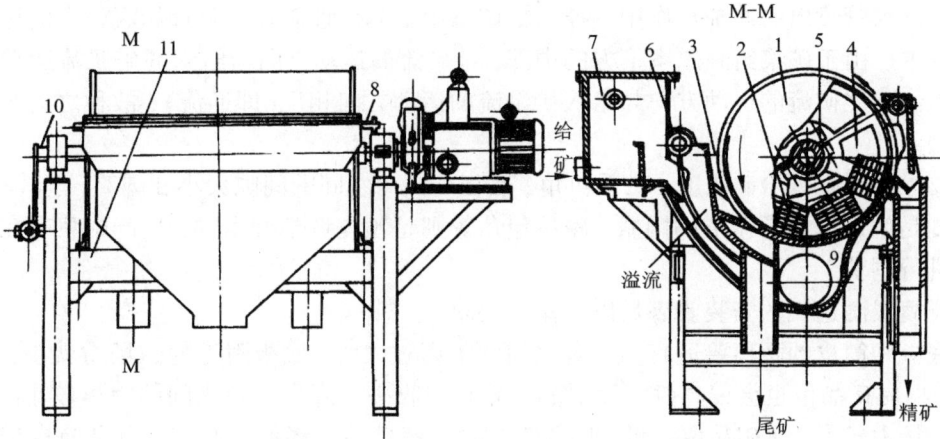

1—圆筒；2—磁系；3—槽体；4—磁导板；5—支架；6—喷水管；
7—给矿箱；8—卸矿管；9—底板；10—磁偏角调整装置；11—机架。

图 5-12　CTB 半逆流型永磁筒式磁选机构造

　　磁场分布表明，边缘磁极由于漏磁多，磁场感应强度低。在磁极面上，磁极边缘区较磁极间隙中心区和磁极面中心区的磁场强度都要强一些。新型永磁材料产生的磁感应强度较高，在筒表面和距筒面 40 mm 处的磁感应强度分别为 0.22 T 和 0.09 T。为了进一步改善这种常规磁系的磁场强度分布特性，采用了 T 型永磁磁系，即在常规排列的开路磁系磁极间隙中加入和主磁极极性相同的辅助磁极，如图 5-13 所示，从而具备了磁场强度高、磁场深度大、磁力大、磁极数多、选别带长等优点。

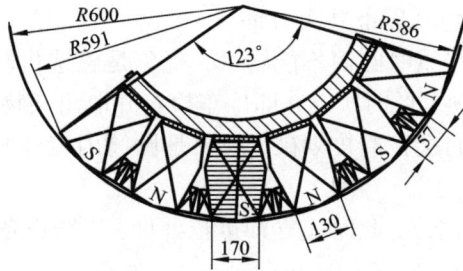

图 5-13　永磁筒式磁选机的 T 型磁极结构示意图

　　分选箱用普通钢板或硬质塑料板制成，但靠近磁系的部位应采用非导磁材料制作。分选箱下部为给矿区，其中插有吹散水管，用以调节矿浆浓度，同时把矿浆吹散成松散悬浮状态，以利于提高分选指标。分选箱下部还设有底板，底板上开有矩形孔，用以排出尾料。底板和圆筒之间的间隙为 30~40 mm，而且可以调节。

　　矿浆由给矿箱下部给到旋转的分选圆筒下方。在吹散水管喷出的吹散水的作用下，矿浆呈松散悬浮状态。磁性矿粒受到向上的磁力，被吸在圆筒表面随圆筒一起旋转。在旋转过程中，由于磁极的极性交变，产生了磁搅动或磁翻滚作用，使夹杂在磁聚团或磁链中的脉石被清洗出来，从而提高了精矿品位。磁性矿粒随圆筒旋转至磁系外区时，由于磁场强度减小，在精矿冲洗水管喷出的冲洗水作用下掉入精矿槽中。非磁性矿粒从分选箱底板上的尾矿孔流入尾矿管中。由于矿浆给到磁系下方的中部，精矿流的运动方向与给入的矿浆流运动方向相同（即顺流），尾矿流的运动方向与给入矿浆流的运动方向相反（即逆流），故称之为半逆流或半顺流型。

主要操作因素有给矿浓度、磁系包角、底板与圆筒之间的间隙大小和圆筒转速等，其中，给矿浓度是生产中经常调节的因素，磁系包角等则是预先调整好了的，生产中只有在特殊情况下才进行调节。

永磁筒式磁选机的安装要满足以下基本要求：

①底板和筒皮的距离要适宜。二者之间的距离过大时，底板附近的磁场力就小，精矿品位提高，但尾矿品位也会偏高（颜色偏黑），导致回收率下降。二者之间的距离较小时，底板附近的磁场力较大，尾矿品位降低，回收率提高，精矿品位降低，生产现象是筒皮带水。二者之间的距离过小时，矿浆在磁场分选区间的流速增大，磁性颗粒被矿浆流带至尾矿中，导致尾矿跑高，严重时会因尾矿排放不及时而产生"溢槽"现象。底板至筒皮间的适宜距离应根据生产的具体情况确定。

②磁系偏角大小要适宜。磁系偏后，尾矿品位偏低。但太偏后，排出精矿困难，反而会使尾矿品位升高，一般磁系太偏后的现象是精矿带不上来。磁系偏前，尾矿品位偏高，精矿品位变化不明显，会出现尾矿跑"黑"，回收率下降。生产中发现磁系偏前或偏后时，应及时调整到正常的位置。

生产过程中，永磁筒式磁选机主要是调节吹散水和卸矿冲洗水。吹散水太大，矿浆在磁选机磁场工作区间的流速增大，尾矿品位跑高。吹散水太小，矿浆中的矿粒又不易松散，分选效果差。适宜的吹散水量应根据矿石性质、给矿量和作业指标要求来确定，一般应使给矿浓度为30%～38%。

生产过程中的常见故障包括以下几个方面：

①磁选机内进入杂物，严重时圆筒不能转动，现象是磁选机转动的声音发生变化，槽体发生颤动，筒皮有被划的痕迹，此时，应立即停车检查并取出杂物。

②磁系磁块脱落，严重时会把筒皮划破，现象是圆筒内有咔哒的响声，此时也应立即停车检修。

③传动装置螺丝松动和错位，此时应立即进行处理，以防设备严重损坏。

（4）磁选柱

磁选柱由上部给矿装置和溢流槽、中部分选柱和电磁磁系、下部上升给水管和精矿排出管，以及激磁电源控制系统等组成，其结构如图5-14所示。

磁选柱的磁系由多个短直线圈叠加组成。在特殊的直流电控柜装置控制下，采用间断的直流脉冲供电方式，使线圈磁场时有时无。磁选柱的上中下线圈依次通电，产生连续向下移动的磁场力。在这种磁场的作用下，强磁性矿物颗粒磁化并形成磁链，在交替发生的磁聚合与分散过程中，借助上升水流可将含于其中的单体脉石，以及中等和贫磁铁矿连生体从磁选柱上端排出，成为尾矿（若尾矿品位较高时可返回磨矿机再磨）。单体磁铁矿及富连生体在磁场力及重力的作用下，由磁选柱下部排出，成为高品位磁铁矿精矿。

上升水流的冲洗分散作用加强，对提高精矿品位有利。但当上升水流速度一定的条件下，给矿量突然增加或出现翻花跑"黑"现象时，应缩短磁场变换周期，以有效防止该现象的发生。

一般情况下，将磁场变换周期设置为 6.5 s，磁场强度和磁场变换周期通常同时进行调整。

磁选柱属于电磁式弱磁场磁重复合力场分选设备，常用于铁矿磁选厂的精选作业。影响磁选柱分选的主要因素有：磁场强度、磁场变换周期、上升水速和处理量等。工业试验指标表明，由圆筒弱磁选机获得的品位在 60% 左右的磁铁矿精矿，经磁选柱一次精选就可获得品位 ≥65% 的高品位磁铁矿精矿。

（5）磁场筛选机

磁场筛选机由给矿装置、分选装置和储排矿装置 3 大部分组成，其结构如图 5-15 所示。其中，给矿装置由分矿筒、给矿器等部件组成，分选装置由磁系、分选筛片及辅助部件组成，储排矿装置由螺旋输送机、（尾矿和精矿）矿仓及阀门组成。

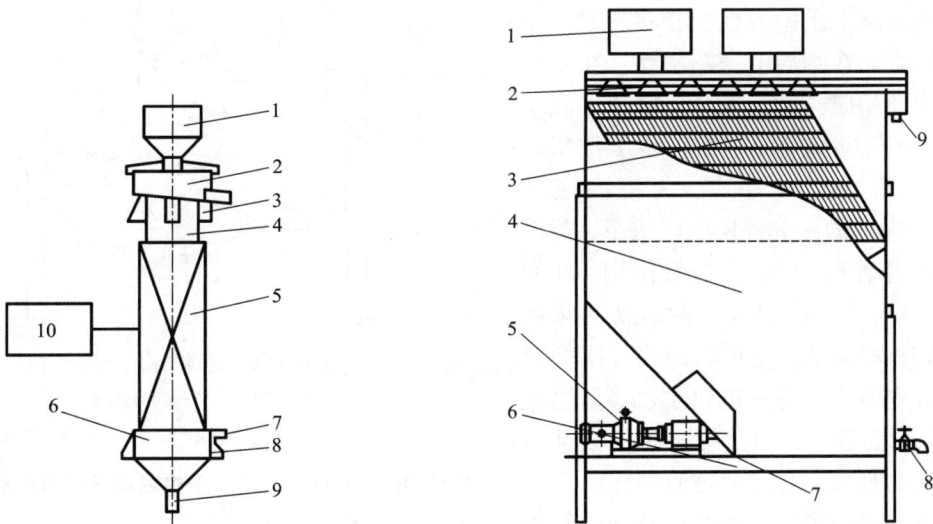

1—给矿斗和给矿管；2—溢流槽；3—上支脚；
4—分选柱；5—电磁磁系；6—底鼓；7—给水管；
8—下支脚；9—精矿排矿管和阀门；10—电源系统。

图 5-14　磁选柱结构

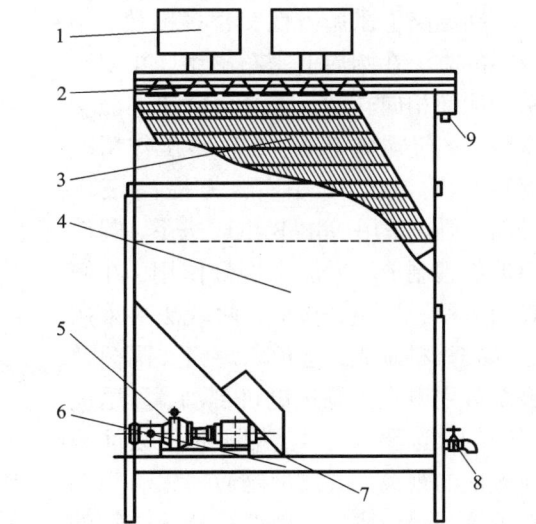

1—给矿筒；2—给矿头及给矿头连接横梁；3—专用筛片；
4—设备槽体；5—螺旋输送机；6—设备外支撑框架；
7—尾矿闸门；8—精矿出口；9—溢流口。

图 5-15　磁场筛选机结构

磁场筛选机的分选过程包括给矿、分选、分离及排矿。物料从给矿箱分配给设备上部的给矿筒后，经给矿筒二次分配到安装在筛子上端的给矿器中，均匀地给入筛面。每片筛面单独分选都能得到精矿和中矿两种产品，精矿和中矿分离后集中进入到设备下部特设的精矿和中矿区，再自行排出箱体。

磁场筛选机与传统磁选机最大的区别是：磁场筛选机不是靠磁场直接吸引磁性矿物，而是在低于磁选机数十倍的弱的均匀磁场中，利用单体铁矿物与脉石及连生体矿物之间的磁性差异，使磁铁矿单体矿物实现有效磁团聚后，增大与脉石及连生体之间的尺寸和比重差，再利用安装在磁场中的专用筛子（筛孔比最大给矿颗粒尺寸大许多倍），使磁铁矿在筛上形成链状磁聚体，再沿筛面滚下进入精矿箱，而脉石和连生体矿粒由于磁性弱，以分散状态存在，并透过筛孔进入中矿排出，因此，磁场筛选机比磁选机更能有效地分离脉石和连生体，使精矿品位进一步提高。

5.3 中磁场磁选设备

中磁场磁选设备的筒面背景磁场强度一般在 160 kA/m（2000 Oe）至 480 kA/m（6000 Oe）之间，其通常用于分选中等磁性的矿石，同样有干式和湿式两种类型。

5.3.1 干式中磁场磁选设备

这里以 2CTG（A）-29 型中磁场干式磁选机为例加以介绍，其结构如图 5-16 所示。

在磁路上采用极性交替多极数、小极距的方法在圆周上密布磁系，并使磁系和滚筒相向转动，这大大增加了磁交变频率，使磁交变频率在正常工作情况下达到了 200 Hz 左右，为提高滚筒表面场强，采用 NdFeB 组成磁系，圆筒用玻璃钢制成，为加强携带作用，在筒表面上贴一层耐磨橡胶，两端法兰采用非导磁材料制成，避免磁短路。圆筒及磁系分别由直流调速电机带动，以适应不同的分选要求，尽量缩短磁极表面与筒表面的距离，以减少磁通损失。为卸料配置了感应辊，它是直接分选矿物的

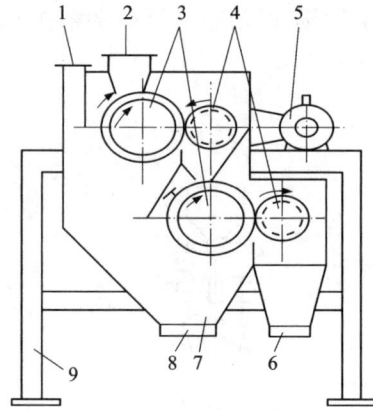

1—除尘口；2—进料口；3—磁系滚筒；
4—卸料辊；5—传动装置；
6—尾矿口；7—料箱；8—精矿口；9—机架。

图 5-16　2CTG（A）-29 型中磁场干式磁选机示意圈

部件之一，其卸料齿沟自辊两端向中间逐步递增，辊齿均布，以保证各辊卸料均匀。分选箱顶部装有与除尘器相连的管道，使分选箱处于负压状态工作，以减少粉尘的飞扬。分选箱内靠近磁系的部分采用非导磁材料制作，其他采用普通钢板制作。

当矿石经振动给料机均匀地给入磁场时，强（或中等）磁性矿物在磁场力作用下被吸附在圆筒表面，由于高速交变磁场的作用，磁性矿粒在圆筒表面形成磁链并进行翻动。在磁翻滚过程中，夹杂在磁性矿粒中的部分非磁性或弱磁性矿物因离心力和重力作用被抛离磁场，落到尾矿箱中或进入下级磁场区进行扫选。磁链在翻滚时受到局部或全部破坏，当磁性矿粒磁翻滚至感应辊时，在聚磁效应的作用下被带到感应辊上，转过一角度后因磁场强度急剧减弱而脱落到下一级磁场区进行精选或直接从精矿箱排出。

该设备的操作要点在于：滚筒和磁系均可无级调速，应根据原矿品位、分选要求选取不同的分选箱结构和转速。精选时适当调高转速，增大磁交变频率，可获得较高品位的精矿，但回收率下降。原矿品位高，精矿指标高时，转速可适当高些，反之应降低转速。磁场强度的大小取决于被处理物料的磁性和分选要求。精选磁性强的矿物，场强宜小些；扫选磁性弱的矿物，场强应大些，以保证回收率。

5.3.2　湿式中磁场磁选设备

典型的湿式中磁场磁选设备为永磁筒式中场强磁选机，其与永磁筒式弱磁磁选机基本相似，也有逆流型、顺流型和半逆流型 3 种类型，其中，半逆流型使用最为广泛。

这里以 YZJ1024 型永磁湿式筒型中磁机为例，其结构如图 5-17 所示，由磁系、筒体、主轴等组成。磁系由主磁极、辅助磁极和磁轭等组成开放磁路。磁包角为 128°，分扫选、给矿和脱水三个区域。位于扫选区的主磁极及辅助磁极，由锶铁氧体和新一代永磁磁钢复合而成，扫选区的磁场强度高，磁场作用深度大。脱水区的主磁极和辅助磁极主要由锶铁氧体构成，其磁场强度较低，有利于卸除精矿。工作时，磁系不动，筒体可绕主轴旋转。根据需要，磁系偏角可由固定于主轴端头的调节手柄进行调整。

筒体采用不导磁不锈钢焊接，表面涂有 2 mm 厚的玻璃钢耐磨层。底箱采用半逆流式结构，由不导磁不锈钢及普通钢板焊接而成，箱体的矿浆流经表面均刷涂有玻璃钢耐磨层，箱底给矿腔中装有底水管，对矿浆起搅拌作用。给矿箱箱体内装有隔板及均矿管，以实现均匀给矿。

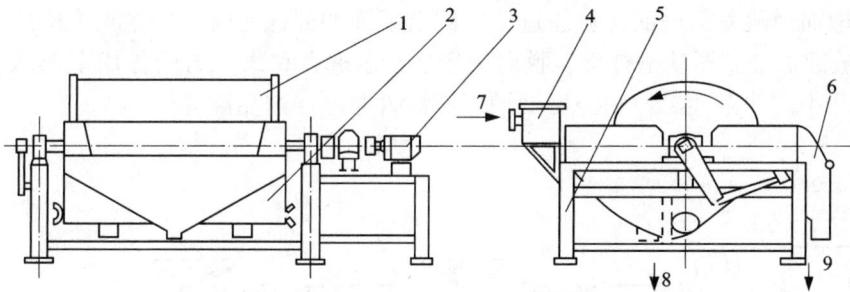

1—永磁滚筒；2—底箱；3—传动机构；4—给矿箱；5—机架；6—精矿槽；7—给矿口；8—尾矿口；9—精矿口。

图 5-17　YZJ1024 型永磁湿式筒型中磁机结构

分选时矿浆经由给矿箱中的均矿管进入底箱的给矿腔，然后进入分选区。磁性矿物在磁场的作用下，被吸附于滚筒表面，转动的滚筒将这些矿物带出脱水区。在脱水区，磁场强度逐渐减弱，在卸矿水管喷射出的压力水的冲击作用及矿物自身重力的作用下，磁性矿物落入精矿槽内，而非磁性矿物和磁性较弱的矿物则作为尾矿从尾矿管流出。

5.4　强磁场磁选设备

强磁场磁选机简称为强磁选机，均采用闭合磁系，多为电磁体，也有永磁体。工作机构主要包括：转筒、转盘、齿辊和聚磁介质（如齿板、球、钢毛）。强磁选机还设有产品排出装置或分选箱，以及对整机的控制系统和冷却装置。

强磁选机用于分选弱磁性矿物，如弱磁性铁矿、锰矿、黑钨矿、钛铁矿、铌铁矿、钽铁矿和独居石等，也用于除去蓝晶石和玻璃砂等非金属原料中的铁杂质。

工业中应用的强磁选机类型很多，早期以圆盘磁选机和感应辊式磁选机为主。自 20 世纪 60 年代末以来，为解决细粒和微细粒弱磁性物料的分选或杂质脱除等问题，多种类型的湿式强磁选机陆续出现，主要包括琼斯(Jones)型磁选机、SHP 型磁选机、SQC 型磁选机、双立环磁选机、Slon 立环脉动磁选机等。

5.4.1　干式强磁选设备

（1）圆盘强磁选机

圆盘强磁选机(Disc separator)有单盘、双盘和三盘 3 种，它们的构造和分选原理都基本相同。双盘强磁选机的结构如图 5-18 所示，主要由给料圆筒、偏心振动输矿槽、电磁铁和分选圆盘等构成。给料圆筒由钢板卷成，内装永磁铁，用以预先除去给料中的磁铁矿和机械磨损铁，并将物料按整个分选宽度均匀布料。

磁系则由"山"形铁芯和双盘构成，磁路结构为复合矩形磁回路，并形成了四个分选点，四个分选点的极距从给料端至尾矿卸料端依次递减，而磁场强度依次递增，以便加强后续分选点的扫选作用。分选圆盘是用工程纯铁制成的，盘下部成齿形，可以是单齿、二齿或三齿，齿尖与振动输矿槽的距离可调。

入选物料经弱磁筒除去强磁性成分后，经过隔渣筛均匀分布在振动输矿槽上，在振动输矿槽面上松散而弹跳着前进的矿粒通过旋转圆盘下面的分选区时，弱磁性矿粒被吸到圆盘的齿极上，并被圆盘带到振动槽外面，脱离磁场后，在重力和离心力的作用下落入，或经刷子刷入精矿漏斗中。非磁性矿粒则经振动槽尾部卸入非磁性产品漏斗中。

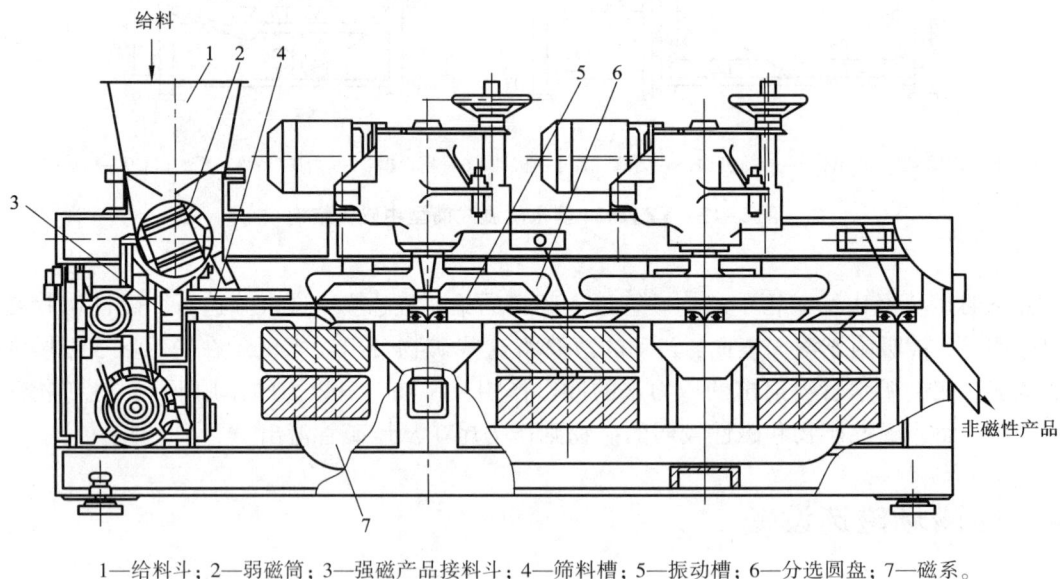

1—给料斗；2—弱磁筒；3—强磁产品接料斗；4—筛料槽；5—振动槽；6—分选圆盘；7—磁系。

图 5-18　双盘式强磁选机结构

可根据入选物料的性质调节矿层厚度、磁场强度、工作间隙、振动槽的振幅和振次。适宜的操作参数应由试验确定。给料粒度范围为 0~2 mm，细粒级的给矿厚度可达给料最大粒度的 10 倍，而粗粒级的给矿厚度可小到给料最大粒度的 1.5 倍。磁性物料的含量较少或磁性较强时，给矿层可厚一些。

盘式强磁选机主要用于从干燥的重选粗精矿中分离出较粗的弱磁性矿粒,如黑钨矿和锡石的分离,独居石和锆英石的分离,钛铁矿或石榴石和金红石的分离,以及钽铌铁矿与长石和石英的分离等。

(2)三辊强磁选机

三辊强磁选机的结构如图 5-19 所示,磁系包括电磁铁 1、固定磁极头 2、可动磁极头 3。为了排矿方便,可动磁极头一般制成 50°~105°的倾角,在两磁极间装有一个可旋转的感应辊 4,感应辊的表面制成齿槽形或用铜环和铁环交替嵌布。磁选机磁场强度为 960~1120 kA/m(12000~14000 Oe),感应辊直径为 100~150 mm,长度为 500~1500 mm。适用于处理 3~6 mm 粒级的弱磁性矿石。

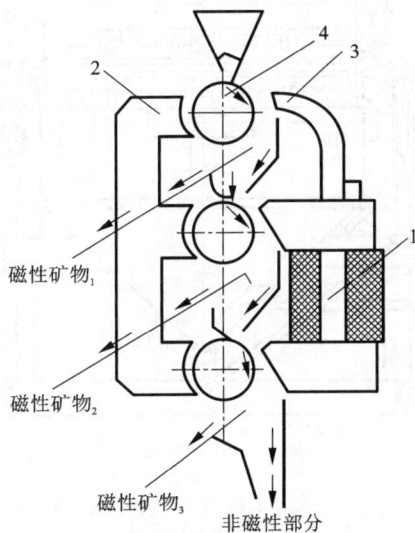

1—电磁铁;2—固定磁极头;3—可动磁极头;4—感应辊。

图 5-19　三辊强磁选机结构

5.4.2　湿式强磁选设备

(1)感应辊式强磁选机

感应辊式强磁选机主要有 CS-Ⅰ型感应辊式强磁选机和双排六辊强磁选机等。图 5-20 是 CS-Ⅰ型感应辊式强磁选机的结构,主要由给矿箱、电磁铁芯、磁极头、分选辊、精矿及尾矿箱等构成,是我国于 20 世纪 70 年代末研制的第一台大型双辊湿式强磁选机。

磁系由电磁铁芯、磁极头和感应辊组成。两个电磁铁芯和两个感应辊对称平行配置,四个磁极头连接在两个铁芯的端部,组成一个矩形闭合磁回路。四个磁极头与两个感应辊之间构成的四道空气隙即为四个分选带,这种磁路的特点是不存在非分选间隙,磁能利用率较高,激磁功率为 5.5 kW,采用风冷散热。

感应辊即为分选辊,由纯铁制成,沿辊长分为三段,中段为一个较短的非分选带,两近端段为齿形分选带,每个分选带有 15 个辊齿,辊径和有效长度分别为 375 mm 和 1452 mm。

磁极头由工程纯铁制成,磁极头与分选辊之间的环形区为分选区。磁极头端部与辊齿对应的位置有与齿数相等的过浆槽,以便让非磁性颗粒随尾矿流从过浆槽进入尾矿箱,而磁性颗粒能随辊继续前进,卸入精矿箱。环形分选区两端与分选辊圆心连线所成的夹角称为磁包角。磁包角大小对磁场强度和分选指标有影响,原则上磁包角范围内磁极头的弧形面积应小于铁芯的横截面积。当分选间隙为 14 mm,激磁电流为 110 A 时,感应辊齿端磁感应强度可达 1.87 T,磁场梯度约为 80 T/m,沿磁极法线方向磁场强度的变化规律符合多齿-凹弧磁极对的磁场特性。

原矿经给料箱的给矿辊进入分选带后,磁性矿粒在磁力作用下被吸到辊齿上,随分选辊运转,并在水介质的作用下受到精选作用。当离开强磁场区时,在重力和介质阻力等竞争力作用下,脱离辊齿,沉入精矿箱底,从精矿排矿口流出。非磁性矿粒随矿浆流经磁极头端部的过浆槽进入尾矿箱,从尾矿排矿口流出。

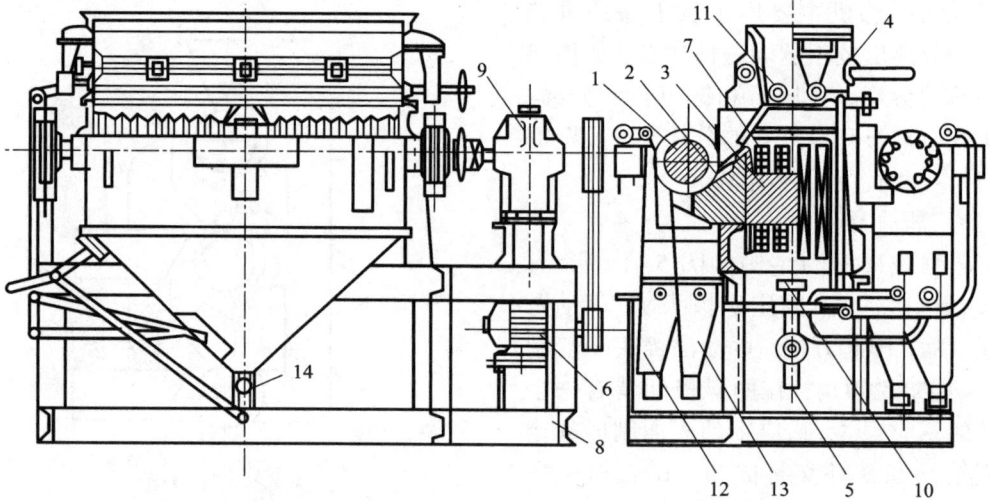

1—辊子；2—座板(磁极头)；3—铁心；4—给矿箱；5—水管；6—电动机；7—线圈；
8—机架；9—减速箱；10—风机；11—给矿辊；12—精矿箱；13—尾矿箱；14—球形阀。

图 5-20　CS-1 型电磁感应辊式强磁选机结构

操作时，可根据原矿性质(磁性和粒度)和对产品质量的要求，适当调节给矿量、补加水量和磁场强度，必要时还可调节极距和转速。原则上，矿物磁性较强，粒度较粗时，场强可低些或极距可大些。对产品质量要求更高时，给矿量可少些，场强可低些或补加水量可大些。此外，给矿中过量的强磁性矿粒会积聚在精矿和尾矿分界处的磁极头上，阻碍精矿通过，降低对磁性成分的回收率，因此应事先除去强磁性物质。

CS-Ⅰ型感应辊式强磁选机已成功应用于-5 mm 锰矿石的生产，对低品位弱磁性锰矿石的处理也获得了较好的指标。对于其他中粒级的弱磁性赤铁矿、褐铁矿、镜铁矿、菱铁矿以及钨锡分离也有着广泛的应用前景。

(2)琼斯强磁选机

琼斯强磁选机是最早应用多层聚磁介质，在工业上得到有效推广的湿式强磁选机。琼斯强磁选机综合利用了高磁感应强度和弗朗茨(Frantz)聚磁介质的思想，使得磁选机的磁力比干式强磁选机增大了几个数量级。由于聚磁介质作用合理，工作间隙加宽，其中充填的聚磁介质既能聚磁，又能增加磁性物吸附面积，解决了第一代强磁选机磁感应强度和处理能力不能兼顾的矛盾，因此很快在世界各地得到了推广。之后的高梯度磁选机也是在利用聚磁介质的基础上发展起来的。

DP-317 型琼斯型湿式强磁选机的结构如图 5-21 所示。琼斯强磁选机安装在一个钢制框架内，由两个"U"型磁轭和两个转盘构成矩形闭合磁回路，磁包角为 90°，磁轭焊接在结构钢框架上，在磁轭的上下两端放置用铝扁线绕制成的激磁线圈，线圈密封在风筒中，用 8 台风机冷却。转盘的边缘设置 27 个分选箱，每个分选箱内都装有齿角为 110°，齿尖对齿尖排列的齿板介质，形成 21 道分选间隙，磁场梯度约为 2.5×10^3 T/m。8R 型齿板(每英寸宽有 8 个齿槽)，齿板间隙为 3 mm，用于处理 1.5~0.3 mm 的物料。4R 型齿板，齿板间隙为 6 mm，用于处理-4 mm 物料。12R 型齿板，齿板间隙为 0.7 mm，用于处理-0.1 mm 物料。

齿板用耐磨导磁不锈钢制成。每台有两个转环，整机共有四个分选区。

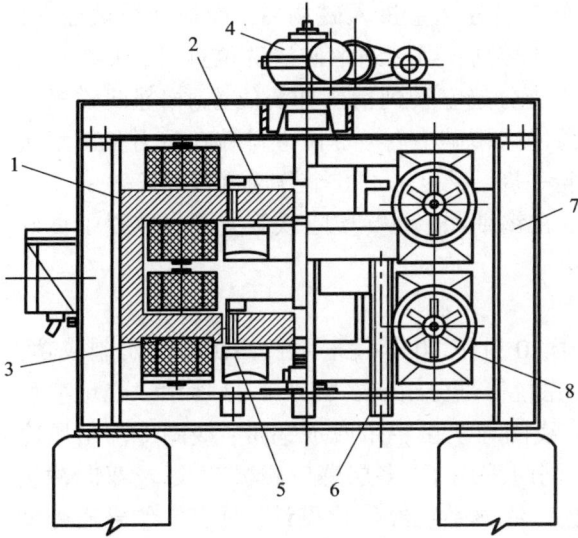

1—"口"形磁系；2—分选转盘；3—铁磁性齿板；4—传动装置；
5—产品接收槽；6—水管；7—机架；8—风机。

图 5-21　DP-317 型琼斯型双盘强磁选机结构

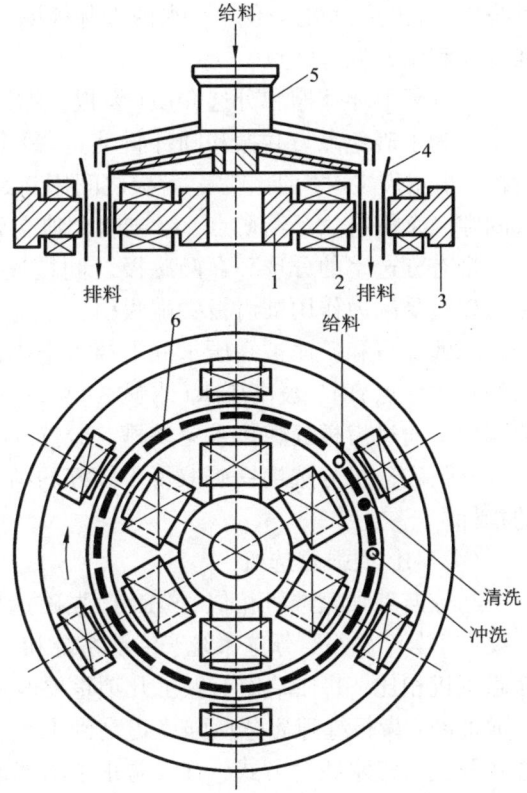

1、3—内、外环形磁轭；2—线圈；
4—分选圆环；5—给料箱；6—齿板分选室。

图 5-22　SQC-6-2770 型平环式强磁选机结构

　　电机通过传动机构使转环在磁轭之间慢速旋转，矿浆经过筛子隔除渣屑和粗粒后进入齿板分选箱。非磁性颗粒随矿浆流迅速穿过分选间隙，流入尾矿槽中。磁性颗粒被吸引在齿板的尖端上，在给矿点后 60°角位置用 $5×10^3$ Pa 压力水清洗出中矿，再转 60°角，即到了磁中性点时，用 $(5\sim8)×10^3$ Pa 高压水冲洗出精矿。

　　琼斯磁选机新的改进是增加分选转环和磁极头，由原来的两个转环和四个极头，增加到四个转环和八个极头(即八个分选区)。这样整机的处理能力能增大一倍，而单位处理能力的机器重量都显著减小。

　　琼斯型湿式强磁选机主要用于选别细粒嵌布的赤铁矿、假象赤铁矿、褐铁矿和菱铁矿等矿石，也可用于处理稀有金属和非金属矿石的提纯，但对小于 0.03 mm 的微细粒级弱磁性矿石的回收率较差。

　　(3)平环式强磁选机

　　平环式强磁选机在分选磁场空间中同样采用了聚磁介质，其分选原理和过程与琼斯型强磁选机类似，但两者的结构和磁路形式各具特点。图 5-22 是 SQC-6-2770 型平环式强磁选机的结构示意图，主要由给矿装置、分选转环(平环)、磁系、精矿和中矿冲洗装置、接矿槽和传动机构组成。

采用环式链状闭合磁路，磁系由内、外同心环形磁轭及放射状铁芯构成。线圈用空心铜管绕制、低电压大电流供电、水内冷却线圈。具有结构紧凑、磁路短、漏磁少、噪声低、磁场强度高和温升低等特点。

分选环由环体槽和分选介质(齿板)组成。全环由非导磁隔板分成79个分选室(单数分选室是为了避免磁力共振和圆环抖动)。每个分选室内都装有两块单面齿板和9~11块双面齿板，采用齿尖对齿尖组装，齿板之间用2.5~3 mm厚的非导磁钢片隔开，形成10~12道分选间隙。全机有六个给矿点，组成六个独立分选系统。

带有分选室的分选环在两磁极之间慢速旋转，当分选室进入磁场后，齿板介质被磁化，磁性矿粒受磁力作用被齿板尖端吸引，并随分选环转动，当转到中矿清洗位置时，夹在磁性颗粒间的脉石和矿泥被高压水冲下掉入中矿槽。当分选室转到精矿冲洗位置(相邻两磁极之间的磁中性点)时，被高压水(水压3~5 kg/cm²)冲入精矿槽内。非磁性矿粒在重力和矿浆流的作用下通过齿板缝隙排入尾矿槽。分选环每转一周，反复经过6个分选过程。

该强磁选机分选褐铁矿取得了较好的结果，在钨细泥、高岭土除铁等方面也取得了良好的指标。

(4)SHP型强磁选机

与琼斯型强磁选机相似，SHP型强磁选机于20世纪70年代末由长沙矿冶院研制成功，主要由框架、磁系、分选系统、传动系统和冷却系统等部分组成，如图5-23所示。与琼斯型强磁选机相比，其在结构上做了几项重要改进：线圈导线由铝带改成铜带；线圈冷却由风冷改成油冷；齿板缝隙磁感应强度提高到1.5 T。同时采用了"多层感应磁极"，以及双向冲洗方式及压力气水联合方式，有效防止了堵塞现象。激磁系统经优化设计，具有工作磁通密度和梯度高、吨矿能耗和运行成本低、生产效率高的特点。

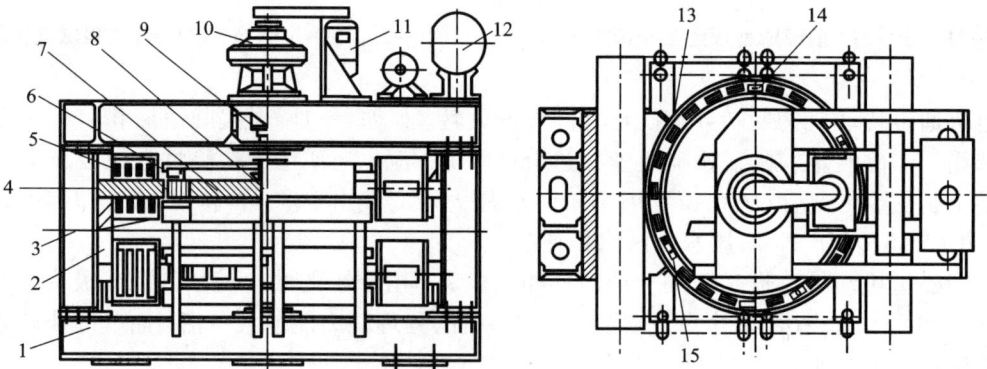

1—框架；2—磁系；3—接矿槽；4—分选箱；5—激磁线圈；6—拢矿圈；7—转盘；8—主轴；9—联轴器；10—减速机；11—电动机；12—冷却系统；13—中矿冲洗水；14—精矿冲洗水；15—给矿嘴。

图5-23 SHP型强磁选机结构

在转盘旋转过程中，分选箱进入磁场区，齿板被磁化。当给矿嘴将矿浆送入分选箱时，弱磁性矿物被吸附在齿板上部的齿尖上，非磁性尾矿逐渐通过齿板间隙排入分选箱下部尾矿槽。当分选箱转至中矿冲洗嘴下方时，冲洗水将吸附在齿板上部的矿物冲至齿板下部。并将夹杂的脉石连生体和少量脉石矿物一起排入中矿槽，再排出机外。当转到与磁极中心线相垂直的位置时，分选箱处于磁中性区，由精矿冲洗嘴喷入高压水，将精矿冲入接矿槽，再排出机外，从而完成分选过程。

SHP 型湿式强磁选机由四个独立的分选过程构成，一般是平行作业，也可以串联起来完成流程中不同的作业。设备工作场强高，比能耗低，运转平稳，单机处理能力大，分选效果好，运行成本低，适应性强，易于操作。可有效分选粒度为 0.01~1 mm 粒级的弱磁性矿物，适用于分选赤铁矿、镜铁矿、褐铁矿、菱铁矿、钛铁矿、锰铁矿、铬铁矿、黑钨矿、镍矿、铌钽铁矿以及稀土矿等。

SHP 型湿式强磁选机的主要操作因素包括：磁场强度、冲洗水压、转速、给矿浓度和给矿速度。

①磁场强度可根据矿物磁性进行调节，若矿物磁性较强，则可适当减弱磁场强度，若矿物磁性较弱，则应提高磁场强度。

②中矿清洗水压的高低可以控制精矿质量和中矿量。水压较高时，中矿量增多，精矿质量提高。水压较低时，中矿量减少，精矿品位降低。精矿冲洗水压高时，有利于将黏附在齿板上的磁性矿粒，尤其是强磁性矿粒和较难排除的杂质，迅速冲洗干净。

③合适的给矿浓度为 30%~50%，当浓密机不容许过高的排矿浓度时，给矿浓度也不应低于 10%~20%。

④给矿粒度上限必须严格控制，因为过大颗粒容易堵塞分选间隙。这就是入选物料必须预先通过筛子的原因。给矿粒度上限与齿板间隙的关系可用经验公式确定：$d_{max} = (1/2~1/3)\Delta$。式中：$d_{max}$ 为给矿粒度上限；Δ 为分选齿板齿尖之间的间隙。

SHP 型强磁选机是目前生产实践中应用较多的一种强磁选机，其开机顺序是：全面检查→给水→启动润滑油泵→启动线圈冷却油泵→开动主机→激磁→给矿。停机顺序与开机顺序相反。SHP 型强磁选机使用过程中的维护要求如下：

①介质板要求不串不堵，保持 20~30 天清洗一次，定期更换介质板(视齿板磨损情况半年或一年更换一次)，齿板压盖螺丝要拧紧。

②运转中注意润滑油和冷却油的温升，过高时要采取措施或停机检修，定期更换润滑油。

③减速机的温升超限时，要立即停车检修。

④注意观察各油压表、水压表、电压表、电流表的指针是否灵活，读数是否正确，发现问题要及时处理。

SHP 型强磁选机的操作要点如下：

①入选矿浆要经筛子除渣并用弱磁选机或中等磁场磁选机去除给料中的强磁性矿物，防止堵塞齿板间隙。

②给矿最大粒度与齿板极距要匹配，一般极距为最大给料粒度的 2~3 倍。

③磁场强度可根据入选矿石性质进行调整。

④中矿清洗水根据需要设置，不出中矿时可补加中矿清洗水，但中矿清洗水压和水量都不宜过大，通常水压为 $(2~3) \times 10^5$ Pa。精矿冲洗水压要高些，不仅冲洗得干净，而且可消除堵塞，一般水压为 $(4~5) \times 10^5$ Pa。

⑤齿板齿尖磨损后，极距增大，场强下降，回收率降低，此时应更换齿板。

（5）SLon 立环强磁选机

SLon 立环强磁选机由赣州金环磁电高技术有限责任公司生产。其主要特点是能使分选室内的矿浆产生上下脉动和采用了有序排列的 ϕ2~3 mm 的圆棒介质，有效地克服了介质盒被堵塞的问题。由于其独特新颖的结构，具有富集比大、回收率高、分选粒度宽、不易堵塞、适应性强、工作稳定和便于操作与维护等优点。已在马钢姑山铁矿、上钢梅山铁矿、鞍钢弓长岭选厂和攀钢选钛厂等多家选矿厂成功应用，并出口南非等国。

SLon 型强磁选机的结构如图 5-24 所示，其中脉动机构、激磁线圈、铁轭和转环是关键部件。脉动机构由碗形橡皮膜、中心传动杆、冲程箱和电机组成，脉动冲程和冲次可任意调节。激磁线圈采用空心铜管绕制，工作时以水内冷方式冷却线圈，磁包角为 120°。转环采用非导磁不锈钢制造，沿转环周边具有若干个矩形分选室，每个室内都放置着有序排列的导磁不锈钢棒聚磁介质。对每个分选室的磁介质而言，给矿矿浆流方向与冲洗磁性精矿的水流方向相反，粗颗粒不必穿过磁介质便可冲洗出来。工作过程中，立式转环沿顺时针方向旋转，矿浆从给矿斗给入后，沿上铁轭的穿孔通道流经转环，经过分选区时，矿浆中的磁性颗粒即被磁介质吸附，并随转环带至上部无磁场区，被冲洗水冲入精矿斗。非磁性颗粒则沿下铁轭穿孔通道进入尾矿斗。脉动作用可以使矿粒始终保持良好的松散状态，有利于大幅度提高磁性精矿的质量。反冲精矿可防止磁介质堵塞。这些措施保证了设备的有效回收下限可达到 0.010 mm，分选粒度上限可提高到 2 mm，从而扩大了分选粒度范围。

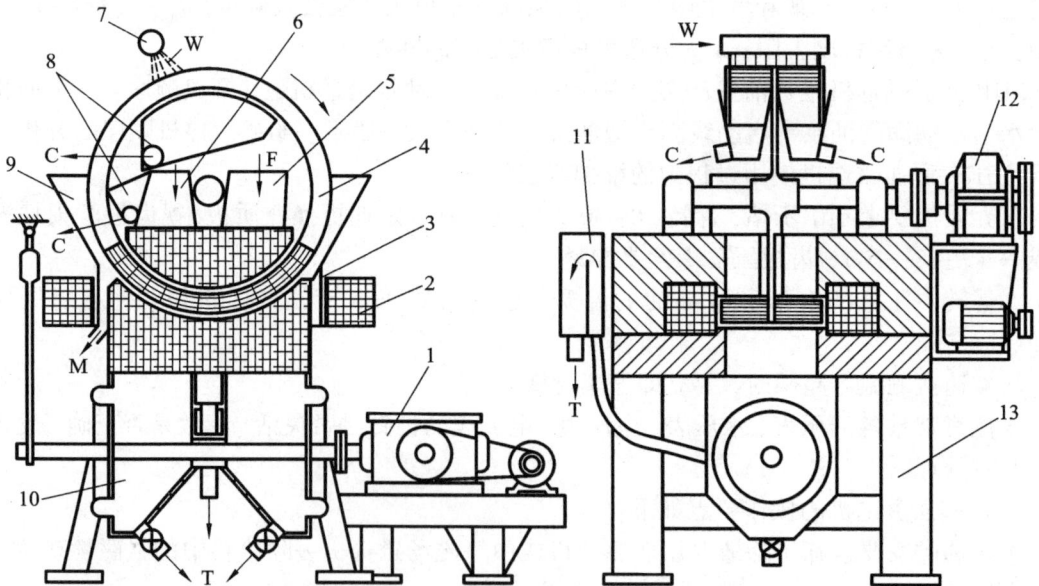

1—脉动机构；2—激磁线圈；3—铁箱；4—转环；5—给矿斗；6—漂洗水斗；7—精矿冲洗水装置；
8—精矿斗；9—中矿斗；10—尾矿斗；11—液面斗；12—转环驱动机构；13—机架；
F—给矿；W—清水；C—精矿；M—中矿；T—尾矿。

图 5-24　SLon 型强磁选机结构

SLon 立环脉动强磁选机的操作规程如下：

①开机前的准备。检查磁介质是否松动，压杆销是否断失。对棒介质应检查压紧螺栓是否松动，如有问题应先处理好；检查磁选机运转部件附近是否有零星铁块或其他杂物，如有应清除。

②操作参数。包括激磁电流(A)、脉动冲程(mm)、脉动冲次(次/min)、矿浆流量(m^3/h)、漂洗水量(m^3/h)，这些参数调节范围要根据相应选矿要求来确定。

③操作顺序。开机顺序是：开水阀→电源→转环→脉动→激磁→圆筒筛→给矿。停机顺序是：停给矿→圆筒筛→断磁(2 min 后)→脉动→转环→电源→水阀。紧急停机顺序是：关电源→停给矿→停其他。

值得注意的是，停机断磁后必须空转 2 min 以上，将磁选机内积累的强磁性物质冲洗出来后才允许关水关机。

SLon 立环脉动强磁选机使用过程中，应注意以下几个方面：

①如果液位太低，脉动不起作用，精矿品位会大幅度下降，尾矿品位会升高。提高液位的方法有关小尾矿阀、增大给矿量和增大漂洗水量。

②如果增大脉动冲程或冲次，在一定范围内精矿品位会提高，回收率基本不变，但冲程或冲次太高会使尾矿品位升高。

③磁场强度越高，尾矿品位越低，但精矿品位略有下降。

④如果磁介质堵塞或不清洁，选矿指标会严重降低，应及时清洗。

SLon 立环脉动强磁选机的操作注意事项包括：

①带矿停转环易造成磁介质堵塞，一般情况下不准带矿停转环；紧急情况下应先关电源，立即关给矿。任何情况下停机都必须先停给矿。

②每个班必须检查一次磁介质是否松动，压杆销是否断失，对棒介质应检查压紧螺栓是否松动，如有问题应立即停机处理，以免磁介质损耗过快或转环卡死。

③勤检查液位高度是否与液位斗溢流面同样高。

④勤检查供水压力是否正常，整流器冷却水压应控制在 0.03~0.15 MPa。

⑤勤检查冷却水出水量和温度是否正常，出水温度不得超过 70 ℃。

⑥勤检查脉动部分和转环是否运转正常，激磁电压和电流是否在要求的范围内。

⑦如冷却水压过低或激磁电路短路，则整流器保护装置会自动切断激磁电源，警铃会自动发生报警。操作时如遇警铃报警，应检查水压是否过低或激磁电路是否短路，排除故障后，按复位键，再重新激磁。若一时无法处理，应停机。

(6)双立环强磁选机

双立环强磁选机由给矿器、分选环、磁系、尾矿槽、精矿槽、供水系统和传动装置等部分组成，其结构如图 5-25 所示。磁系由磁轭、铁芯和激磁线圈组成。磁轭和铁芯构成"日"字形闭合磁路。采用低电压高电流激磁，激磁线圈采用风冷，铁芯用工程纯铁制成。磁系兼作机架，下磁轭为机架底座，上磁轭为主轴，两侧磁轭是主轴的支架。两个分选环垂直安装在同一轴上，故称双立环。

装载球介质的分选圆环在磁场中慢速旋转，矿浆经细筛排除过粗颗粒和纤维杂质后，沿全环宽度给入处于磁场中的分选室内，在重力作用下，非磁性颗粒随矿浆穿过球介质间隙，从尾矿槽下部排出。磁性颗粒在磁力作用下被球介质表面吸住，然后随分选环离开磁场，当

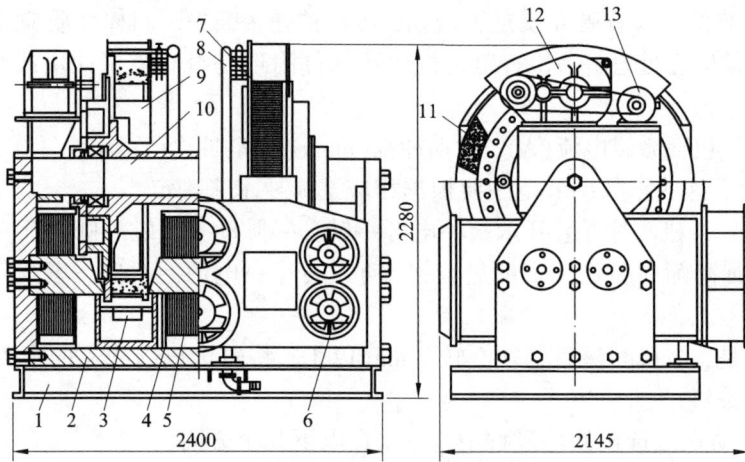

1—机座；2—磁轭；3—尾矿槽；4—线圈；5—磁极；6—风机；7—分选环；
8—冲洗水；9—精矿槽；10—给矿器；11—球介质；12—减速器；13—电动机。

图 5-25　φ1500 mm 双立环强磁选机结构

运转至最高位置时，受到压力水的冲洗，流入精矿槽。

由于采用钢球聚磁介质，球介质随分选环作垂直运转时可得到较好的松动，有利于解决堵塞问题，而且兼有退磁作用，容易排卸精矿。双立环强磁选机用于黑色、有色和稀有金属矿石的分选时具有较好的选别效果。

5.5　高梯度磁选设备

高梯度磁选技术是从 20 世纪 60 年代末发展起来的，其主要特点是：铁铠螺线管内磁场均匀，且能获得高达 2 T 的磁感应强度。将铁磁性细丝置于均匀磁场中磁化到饱和时，可产生 10^5 T/m 数量级的高磁场梯度，比琼斯磁选机高出 1~2 个数量级（琼斯磁选机的磁场梯度为 2.5×10^3 T/m），但磁力作用范围小，因而，高梯度磁选机适用于捕集微细顺磁性颗粒。

琼斯磁选机的介质充填率一般为 50%~70%，而高梯度磁选机的介质充填率仅为 5%~14%，分选区利用率大大提高。高梯度磁选已成为微细粒磁分离最有效的技术之一，主要应用范围包括：①精选高纯玻璃和陶瓷工业原料（如高岭土和玻璃砂）；②净化工业垃圾、城市垃圾、热电厂和核电厂的冷却水；③从化学合成过程、电站液流和蒸汽中回收固体颗粒；④富集超细粒矿物（如铁、钼、钨或稀土金属），或回收金属废渣；⑤处理催化剂；⑥在生物化学、生物、食品工业领域的应用。

高梯度磁选机（high-gradient magnetic separator）按间断或连续给料方式可分为周期式和连续式高梯度磁选机。

5.5.1　周期式高梯度磁选机

自美国麻省理工学院（MIT）和前磁力工程联合公司（MEA）合作，于 1968 年研制第一台周期式高梯度磁选机以来，各国相继生产的周期式高梯度磁选机种类繁多，但基本构造和分选过程是相同的。周期式高梯度磁选机主机的结构如图 5-26 所示。铁磁性介质主要是金属压延网或不锈钢毛，常用的几种分选介质如表 5-2 所示。

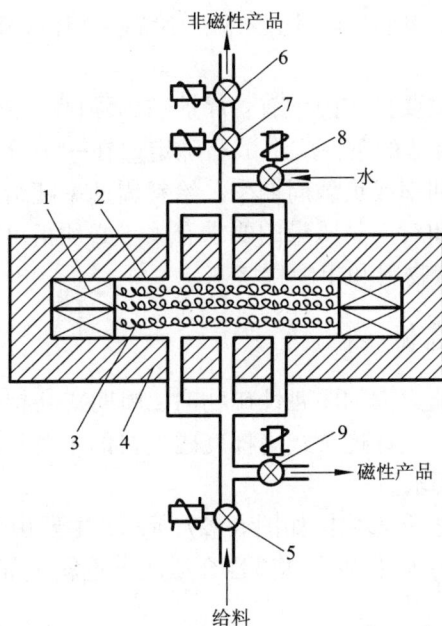

1—螺线管；2—分选箱；3—钢毛；4—铠装铁壳；5—给料阀；6—排料阀；7—流速控制阀；8、9—冲洗阀。

图 5-26　周期式高梯度磁选机主机结构

表 5-2　常见的几种分选介质

介质型号	代号	尺寸/μm	充填率/%
粗拉板网	EM1	700(600~800)*	12.3
中拉板网	EM2	400(250~480)	9.7
细拉板网	EM3	250(100~330)	15.9
粗钢毛	SW1	100~300	4.8
中钢毛	SW2	50~150	4.9
细钢毛	SW3	25~75	6.6
极细钢毛	SW4	8.2	1.9

注：＊测定值。

　　周期式高梯度磁选机主要由铁铠装螺线管、充填有铁磁性介质的分选罐，以及出口、入口和阀门等部分组成。铁铠和磁极头用纯铁制成，其作用是与螺线管构成闭合磁回路，磁力线完全封闭在方框铁壳内，以提高管内腔的磁场强度。螺线管由空心扁铜线绕成，空心导线通水冷却，外部设备有激磁电源、加压冷却水泵及分选过程全自动控制系统。

周期式高梯度磁选机工作时分给矿、漂洗和冲洗 3 个阶段。矿浆浓度一般为 30% 左右。接通激磁电流后，经过充分分散的料浆从下部进入分选区，非磁性颗粒随流体从上部出浆管排出，成为非磁性产品。磁性颗粒吸附在钢毛表面上，至饱和吸附时停止给料，从下部给入清洗水，清洗出磁性物中夹杂的非磁性物，然后切断直流电，从上部给入高压冲洗水，反向冲洗出磁性物，完成一个工作周期。因此，激磁→给料→清洗→断磁→反向冲洗的全过程为一个工作周期。

周期式高梯度磁选机的主要操作因素有：背景磁场强度、磁介质的种类和充填率、给料周期、矿浆流速和浓度等。合适的条件应由试验确定。在一个分选周期中，给料时间与周期总时间的百分比称为给料周期率或负载周期率。给料周期率随给矿中磁性成分含量的不同而不同。处理能力与原料性质和对产品质量的要求有关。必须指出的是，矿浆在进入分选罐之前必须严格隔渣，严防纤维状物料和粗颗粒堵塞。

5.5.2　连续式高梯度磁选机

处理含量高且要求生产能力大的弱磁性矿物时，周期式高梯度磁选机就不适用了，这时应采用连续式高梯度磁选机。设计连续式高梯度磁选机的主要目的在于提高磁体的负载周期率，适应大规模工业应用的要求。

萨拉型连续式高梯度磁选机的结构如图 5-27 所示，主要由分选环、马鞍形螺线管线圈（图 5-28）、铠装螺线管铁壳，以及装有铁磁性介质的分选箱等部分组成。

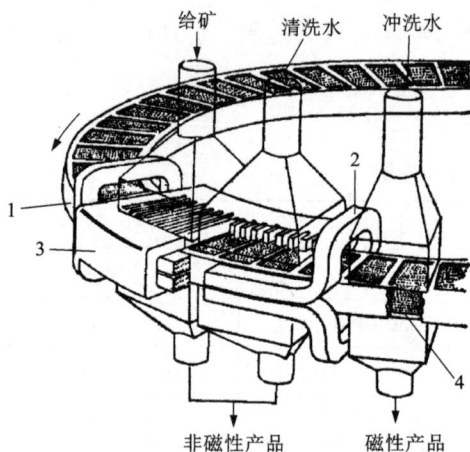

1—旋转分选环；2—马鞍形螺线管线圈；
3—铠装螺线管铁壳；4—分选室。

图 5-27　Sala-HGMS 连续式高梯度磁选机结构

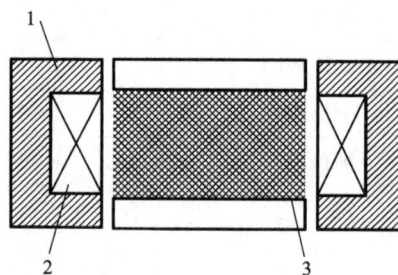

1—铁铠回路框架；2—磁体螺线管线圈；3—磁介质。

图 5-28　马鞍形螺线管电磁体示意图

分选环安装在一个中心轴上，由电动机经减速机驱动，根据选别需要确定其转速大小。环体由非磁性材料制成，分选环分成若干个分选室，分选室内装有耐蚀软磁聚磁介质（金属压延网或不锈钢毛）。分选环的直径、宽度和高度应根据选别需要设计出不同的规格。

磁体由两个分开的马鞍形螺线管线圈组成（图 5-28），以使装有磁介质的环体能通过线圈而转动。马鞍形螺线管线圈一般可采用空心方形软紫铜管绕成，通以低电压大电流并通水内冷。铁铠回路框架包围螺线管电磁体并作为磁极,磁场方向与矿浆流方向平行,分选介质的轴向与磁场方向垂直,因而磁介质上下表面的磁力最大,流体阻力最小,容易将磁性颗粒捕收在磁介质的上下表面。

充填分选介质的圆环连续通过磁场区域时,矿浆从上部给入,通过槽孔进入分选区,非磁性矿粒随矿浆流穿过磁介质的缝隙,从非磁性产品槽中排出,磁介质上捕集的磁性矿粒并随分选环运转到清洗区域,清洗出被夹杂的非磁性矿粒,然后离开磁化区域,到达磁场基本为零的冲洗区域被冲洗下来,成为精矿。

5.6　超导磁选机

与常导磁选机相比,超导磁选机(superconduct magnetic separator)具有以下突出优点:磁场强度高,用 NbTi 超导材料做成的磁体,其磁感应强度可达到 5 T 或更高(常规磁体不超过 2 T);体积小且重量轻,超导材料的电流密度比铜导线高二个数量级,使磁体体积和重量大大减小;能耗低,比常导磁体节能 90%;高磁场带来的高磁力,使磁选机能处理微细粒顺磁颗粒甚至顺磁性胶体颗粒。主要缺点是制冷装置结构复杂,操作的可靠性不及常导磁选机。

根据是否装有磁介质,超导磁选机可分为超导高梯度磁选机(有磁介质)和超导开梯度磁选机(无磁介质)。

5.6.1　圆筒式超导磁选机

圆筒式超导磁选机原名为 DESCOS,意即筒式电磁超导开梯度分选机,由德国 KHD 洪堡-韦达格公司于 1987 年制成。DESCOS 的主体结构如图 5-29 所示,由超导磁系、制冷容器和分选圆筒组成。

超导磁系由 5 个梭形线圈沿轴向按极性交替排列而成,磁系包角为 120°,线圈用 NbTi 线绕制而成,可配铁轭,也可不配铁轭。磁系可以绕轴旋转,因而可调节磁偏角。

主要磁性能参数为:额定电流为 1800 A,无铁轭和有铁轭时,筒面最高磁感应强度分别为 4.25 T 和 5.23 T,筒面最低磁感应强度分别为 3.45 T 和 4.2 T,磁场磁力分别为 69.5 T^2/m 和 125.6 T^2/m。

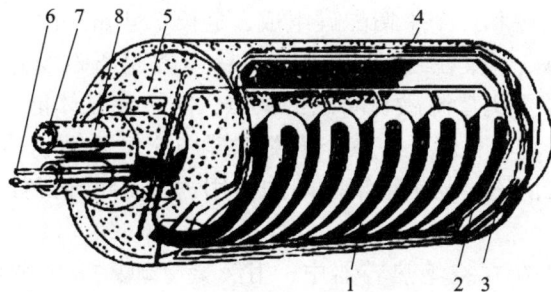

1—超导线圈;2—辐射屏;3—真空容器;4—分选圆筒;5—普通轴承;6—He 源;7—真空管道;8—供电引线。

图 5-29　圆筒式超导磁选机主体结构

超导线圈被放置在液氮容器中冷却到 4.2 K。液氮容器外面有辐射屏和真空层。筒外制冷系统将液氦经输氦管给入磁体容器的底部,挥发的氦气从容器上部排出,循环再用。分选圆筒用增塑碳纤维制成,其外直径为 1216 mm,长度为 1500 mm,筒面磁感应强度为 3.2 T,转速可在 2 r/min 至 30 r/min 之间调节。处理含磁性物不高的物料时,处理量可达 100 t/h。

5.6.2 往复串罐式超导高梯度磁选机

往复串罐式超导磁选机又称低温磁滤器(Cryofilter),由英国瓷土公司首先构思并申请专利,构造与主要特征如图 5-30 所示,主要由超导磁体、往复介质罐、制冷机、真空容器和线性传动器构成。

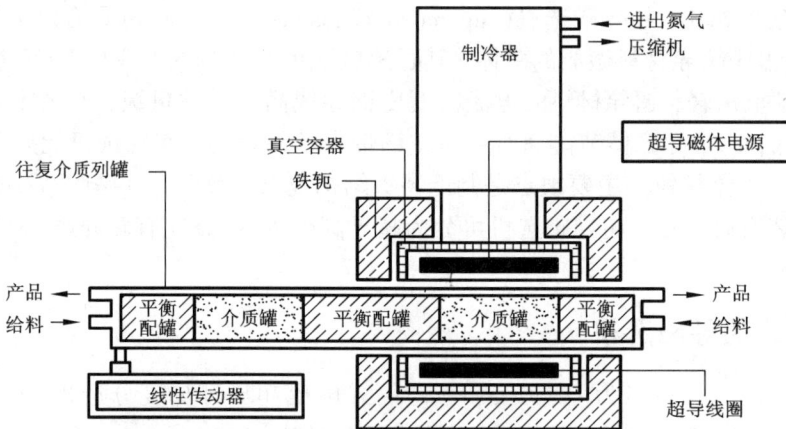

图 5-30　往复串罐式超导磁选机结构

超导线圈用 0.5 mm Nb-Ti 线绕制而成,线圈内直径为 275 mm,外直径为 570 mm,长度为 750 mm。激磁电流为 90 A 时,中心磁感应强度为 5 T。铁轭厚 130 mm,加设厚铁轭可提高内腔磁场,降低外部磁场。后者可带来两点好处,一是能采用短列罐,二是能消除磁体对附近工作人员的危害。按健康和安全规定,磁感应强度大于 0.5 mT(5 Gs)的区域,限制人员入内。若无轭铁,0.5 mT 的边缘会延伸到离磁体 12 m 以外。

介质列罐由两个钢毛罐和三个平衡配罐组成,全长 7.4 m。由线性传动器带动,可在磁场中往复运动,以便实现一个罐在磁场中给料,另一个罐脱离磁场并冲洗磁性物,克服了常导周期式高梯度磁选机需要交替激磁与断磁的缺点,使超导磁体能不耗功地保持恒定激磁。处理能力提高,生产成本和电耗降低。三个平衡配罐中充填磁性物质,但不是用于磁滤,而是用于移动钢毛罐时,抵消磁体与钢毛罐之间的作用力,使超导磁体少受机械力的干扰,工作更加稳定。

制冷超导线圈被封闭在真空绝热容器中,用液氦冷却,挥发的氦气可循环使用。工作时,超导磁体处于恒定激磁状态,列罐由线性传动器带动,使两个钢毛罐交替进出超导磁体的内腔磁场,进入磁场中的钢毛罐加工高岭土料浆,移出磁场的钢毛罐被压力水冲洗出磁性物,每个周期的停料时间只有 10 s。

5.6.3　往复式低温超导磁选机

我国首台工业级超导磁选机是由潍坊新力超导磁电科技有限公司等多家企业联合研发的 5.5 T/300 型低温超导磁选机，其中心磁感应强度可达 5.5 T，磁感应强度可调范围为 0～5.5 T。主要由超导磁体、分选腔系统和往复运动系统三部分组成，结构如图 5-31 所示。

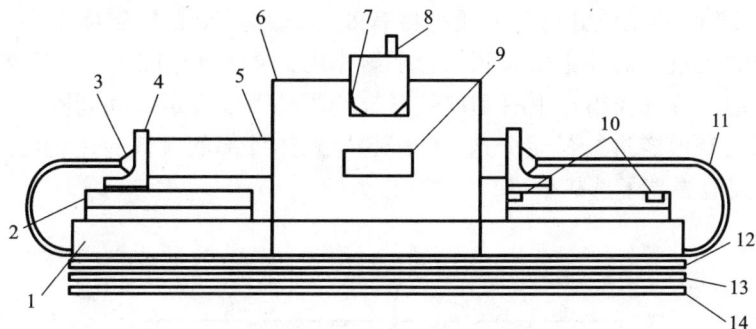

1—底座；2—轨道；3—角型管组；4—托架；5—分选腔；6—铁屏；7—磁体；8—冷头；
9—放能二极管；10—限位开关；11—软管；12—精矿管；13—尾矿管；14—水管。

图 5-31　往复式低温超导磁选机总体结构

利用低温下超导线圈电阻为零的特性，以大电流通过浸泡在液氦中的超导线圈，由一个外部直流电源激励，使超导磁选机达到 5.5 T 以上的背景磁感应强度，分选腔内导磁不锈钢介质表面产生巨大的高梯度磁场，可有效分离弱磁性物质。

超导磁体是低温超导磁选机的核心部件，其结构如图 5-32 所示。磁体主要由超导线圈、液氦部分、磁低温箱、屏蔽罩、冷却器及铁轭等部分构成。超导线圈由铌-钛（NbTi）合金材料绕制而成，这种材料在 4.2 K 低温下能够呈现超导状态。液氦以及磁低温箱为超导线圈提供 4.2 K 的低温环境，冷却器为液氦起到制冷作用，使线圈持续处在 4.2 K 温度下，屏蔽罩以及铁轭起到屏蔽超高磁场的作用。

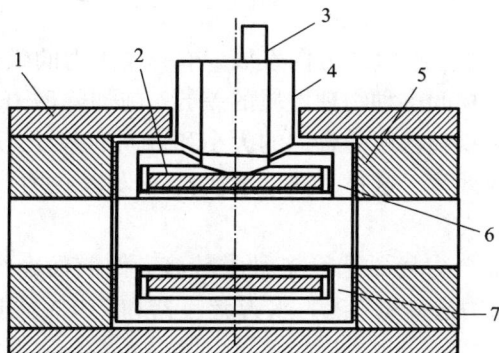

1—铁屏；2—超导线圈；3—冷头；4—服务塔；5—300 K 外筒；6—冷屏；7—4 K 外筒。

图 5-32　超导磁体结构

超导磁体由一个小型专用电源励磁，励磁之后超导线圈将工作在永久状态，不再需要电源提供电流。永久状态是磁体内终端之间的超导开关可以闭合时的工作状态。当需要励磁磁体时，超导开关被加热，从而使电源可以励磁磁体。在获得所需磁场后，超导开关的加热器断电，超导开关进入超导状态，使电流在磁体内的闭环内流动，每年衰减不到1%。根据使用要求，磁感应强度可以在0~5.5 T自由设定。

分选腔系统由3个无效分选腔和2个有效分选腔组成，以保持分选腔组的磁平衡，结构如图5-33所示。两侧的无效分选腔主要是将有效分选腔送至超导磁体中心，确保受到最高的磁场力。中间的无效分选腔主要起到磁力平衡作用，可使分选腔组在不需要较大外力的情况下在磁场内移动。分选腔组在电机和皮带系统的驱动下以设定时间间隔水平往复移动，处于超导磁体内部的有效腔进行矿浆分选，处于超导磁体外部的有效腔进行磁性产物冲洗，交替往复运行，极大地提高了选矿效率。

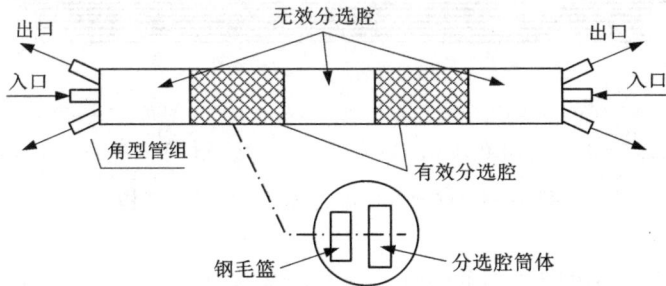

图 5-33　分选腔结构示意图

工作时使矿浆通过处于强磁场内且填充有钢毛的分选腔，当一个有效分选腔处于磁场内部时，矿物进行分选，磁性颗粒吸附于分选腔内的钢毛介质上，非磁性矿物从排矿口排到非磁性产物池矿池中，此时另一个分选腔处于磁场外部，用高压水冲洗吸附在钢毛上的弱磁性矿物，由管道排放到磁性产物池中，从而实现弱磁性矿物与非磁性矿物的分离。

5.7　复合力场磁选设备

随着矿产资源日益向"贫、细、杂"方向发展，单一作用力的磁选设备越来越难以适应复杂资源的分选要求。利用矿物间多种物理性质的差异，施加除磁力之外的物理力场，可进一步扩大目的矿物与非目的矿物颗粒所受合力的大小和方向的差异，从而扩大颗粒运动路径或运动速度的差别，提高分选效率，这样一来，就需要开发以磁力为主的新型复合力场磁选设备。

目前工业生产应用的复合力场磁选设备种类较多，如前面介绍的磁力脱水槽和磁选柱等，这里主要介绍磁团聚重力选矿机、磁力水力旋流器和ZCLA磁选机等典型的复合力场磁选设备。

5.7.1　磁团聚重力选矿机

磁团聚重力选矿机的结构如图5-34所示。主要在重力场和磁场构成的复合物理场中工

作。与永磁磁力脱水槽的最大区别是：磁
团聚重力选矿机将集中的磁系改为分散的
多圈多层结构，相邻两层有一定间隔形成
环形永磁场，从而使磁场在垂直方向和径
向得以适当均匀分布，增大磁场力作用范
围；筒体由永磁脱水槽的单一锥形槽体改
为带收缩口的筒体和锥体构成，给水方式
由直冲式改为旋转给入方式，允许的上升
水速得到较大提高；物料给入后，将经历
多次磁场区和非磁场区，矿浆分散得以改
善，分选指标得以提高。

目前磁团聚重力选矿机工业机型包括
直径 600~2500 mm 共 8 种规格型号产品，
已在国内 30 多家大中小磁选厂得到成功的
应用。首钢矿业公司还在此机型基础上先
后开发出了变径型磁聚机和复合闪烁磁场
精选机(电磁聚机)。利用通电线圈产生交
变磁场技术、单片机线性控制技术与 PID

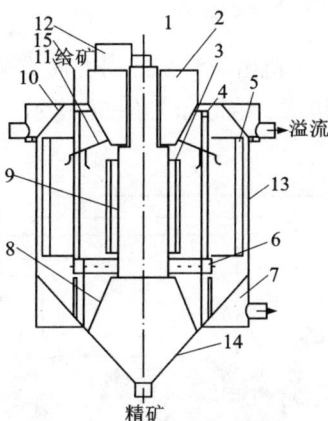

1—提升杆；2—给矿器；3—内磁系；4—中磁系；
5—外磁系；6—给水装置；7—水包；8—支撑架；
9—中心筒；10—溢流档；11—分矿管；12—提升杆执行器；
13—筒体；14—锥体；15—水位检测管。

图 5-34 磁团聚重力选矿机结构

技术，制作出能够独立运行、自动调整，并且随矿石性质变化自动产生线性磁场的分选设备。
使团聚和分散交替作用的选别原理得到进一步的发挥，提高了分选精度。在首钢矿业公司水
厂选矿厂、大石河选厂的应用中取得了较好的效果。

5.7.2 磁力水力旋流器

磁力水力旋流器通常有两种类型：第一种类
型是把受磁场感应的颗粒吸引到旋流器的中心部
位，然后通过溢流排出；第二种类型是在旋流器
的外部配置一组电磁铁，把含有磁性的颗粒吸引
到旋流器的侧壁，然后沿着外螺旋线向下运动，
最后由沉砂口排出。

前苏联研制的 МГП-2 型磁力旋流器有 2 个
磁化器，一个装在给矿管上，一个装在溢流管下
端，如图 5-35 所示。矿浆由给矿管给入时，铁
磁性颗料被磁化成磁团，磁团在离心力和重力的
作用下被抛向器壁，经沉砂口排出，部分弱磁性
的磁团由于剩磁不足，在离心力作用下被破坏，
细粒磁性矿粒在溢流管处进入第二个磁系的磁

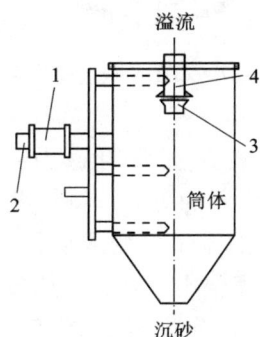

1—外磁系；2—给矿管；3—内磁系；4—溢流管。

图 5-35 МГП-2 型磁力水力旋流器

场，再次形成磁团，并经沉砂口排出。进入溢流的仅为非磁性和弱磁性颗粒，从而使磁性颗
粒与非磁性颗粒分开。

5.7.3 ZCLA 磁选机

ZCLA 磁选机由长沙矿冶研究院有限公司设计制造，主要由磁系装置、分选筒、支撑平台、驱动装置等组成，结构如图 5-36 所示。其磁系结构和分选空间分别如图 5-37 和图 5-38 所示。

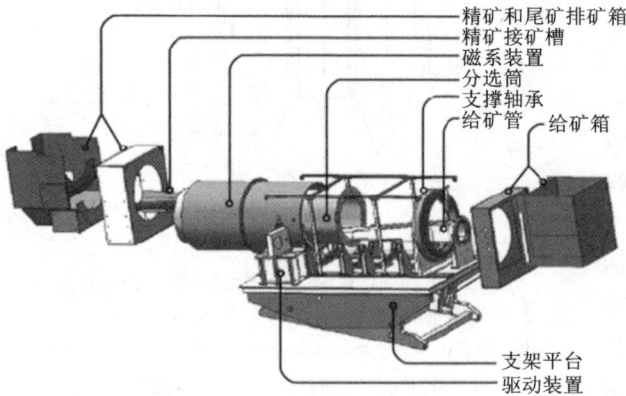

图 5-36　ZCLA 磁选机结构示意图

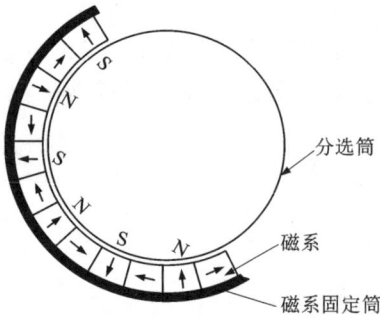

图 5-37　ZCLA 磁选机磁系结构

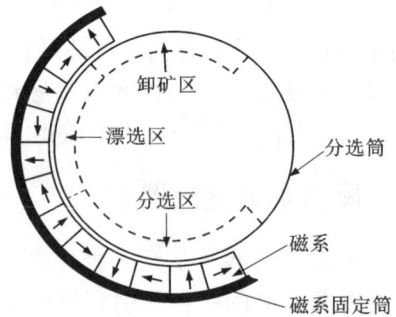

图 5-38　ZCLA 磁选机分选空间

ZCLA 磁选机采用磁力-重力-离心力协同的方式，将这些常规磁选机中的竞争力变成协同力，其分选过程完全不一样，分选效果也不同。其分选过程如图 5-39 所示。

待选物料通过中心给矿管，径向给入分选滚筒并进行分选。磁性矿物在分选区受到磁力、重力和离心力的作用后紧贴着分选滚筒的筒壁，沿其旋转方向在漂洗区运行，

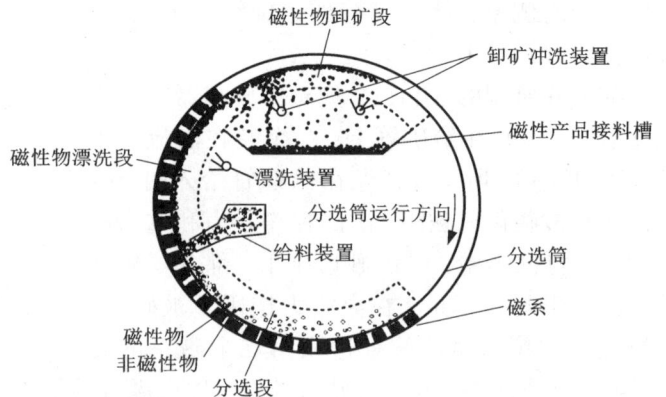

图 5-39　ZCLA 磁选机分选过程

受到漂洗水洗涤和脱水作用后进入卸矿区，在卸矿区内通过顶部冲洗水卸入磁性产品接矿箱，非磁性产物则通过底部收集箱排出。

ZCLA 磁选机已成功应用于钒钛磁铁矿、梅山铁矿选矿厂的预选，在磁铁矿–赤褐铁矿型混合铁矿和海滨砂矿预选工业试验中，新设备分选效率和分选指标的优越性充分展现。

5.8　电选设备

电选机的种类很多，其分类原则也各不相同。按矿物带电方法划分，有接触传导电选机、电晕带电电选机和摩擦带电电选机。按电场特征分，有静电选矿机、电晕电选机和复合电场电选机。按结构特征分，有鼓式电选机、室式电选机、振动槽式电选机、圆盘式电选机、溜槽式(滑板式)和摇床式电选机等。按分选粒度划分，有粗粒电选机和细粒电选机。

电选机由于对入选物料要求高，处理能力低，在生产中通常用于少量产品的精选或脱杂，其中应用最为广泛的是鼓筒式电选机。

5.8.1　DXJ ϕ320 mm×900 mm 高压电选机

生产实践表明，电选机的电压太低或鼓筒直径太小，均不利于分选。我国于 1971 年研制成功了筒径为 320 mm，电压高达 60 kV 的高压电选机。随后在矿山将之用于钽铌矿的精选和金红石与石榴子石的分选，一次分选就能获得高质量的精矿。

DXJ ϕ320 mm×900 mm 高压电选机由中南大学于 1971 年研制，其构造如图 5-40 所示，由分选鼓筒、电晕极、静电极、分矿板、给料装置和接料装置等构成。

电选机鼓筒用无缝钢管加工而成，筒面经抛光后镀以硬铬。筒内装有电加热元件，可自动控制加热温度至 50～80 ℃。鼓筒转速可在 0～300 r/min 调节，并可自动显示。电晕极(6 根)和单根静电极对接地鼓筒正极。电晕丝和静电极的直径分别为ϕ0.2 mm 和 ϕ45 mm，并组装在同一弧形支架上，极距和入选角可在运行时调节。挡板用于调节三种产品的产率。毛刷用木棍和棕毛按螺纹状排列。为了便于使辊刷与筒面接触或离开，辊刷可在 0～20 mm 内平移，停车时，应使辊刷脱离筒面，以免烧坏。辊刷的转速约为鼓筒转速的 1.25 倍。给料装置包括给料斗、给料辊和给料板。料斗和料板都有加热器并分别配有电磁振动器和机械振动器，以便顺利而均匀地给入热干料。接料装置包括导体产品斗、中间产品斗和非导体产品斗，

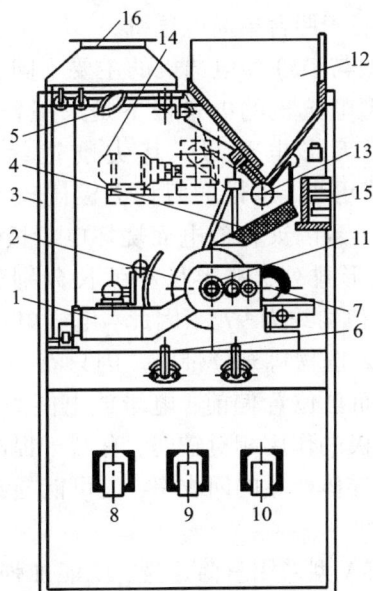

1—电极支撑及调节装置；2—转鼓；3—机架；
4—给矿槽；5—照明灯；6—分隔板；7—毛刷；
8—导体矿排出口；9—中矿排出口；10—非导体矿排出口；
11—电极调节手轮；12—矿斗；13—给矿辊；
14—给矿电机；15—平衡锤；16—抽尘口。

图 5-40　DXJ ϕ320 mm×900 mm 高压电选机结构

其特点是接料斗可产生机械振动，自行将电选产品卸到机壳外面。

该电选机采用 1 个静电极与多根（最多为 6 根）电晕极，其电场为复合电场。具有许多优点：①电压最高能达 60 kV，从而增加了电场力，也提高了分选效果，扩大了应用范围。例如，在低电压下，钽铌矿无法电选，白钨锡石的分选效率也很低，用这种高压电选机都能实现有效分选，突出表现在经一次分选的效率高。②采用了多根电晕极与静电极相结合的复合电场，增大了电晕放电的区域，因而增加了颗粒通过电场荷电的机会，从而可提高分选效果。此外，极距和入选的角度有调节装置，有利于多种矿物的分选。③采用转筒内加温，使鼓筒表面温度保持在 50~80 ℃，能保持物料的干燥，从而提高分选效果。④鼓筒转速采用直流马达无级变速，调节灵活方便。⑤为了适应各种矿物的分选需要，电晕极可以采用一根或多根。如果对非导体矿物要求很纯，则可采用较少根数电晕极；反之，如果要求导体中尽可能地的含非导体矿，则应采用多根电晕极。⑥毛刷采用螺纹形式，比固定压板刷优越。缺点是只有一个分选转筒，不能实现中间产品的连选。

5.8.2 YD 型高压电选机

YD 型高压电选机由长沙矿冶研究院研制，有 YD-1 至 YD-4 共四种机型，其中 YD-1 和 YD-2 为试验机型，而 YD-3A 和 YD-4 为工业机型。YD-3A 型为三筒上下排列（图 5-41），YD-4 型则为两筒左右排列，相当于两台单筒电选机。

YD 型与 DXJ 型电选机的主要不同之处是电极结构。YD 型电选机的电晕极不是采用普通的镍铬丝，而是采用刀形电晕极，其尖削边缘的厚度可在 0.1 mm 或更小，这样的刀片电极比较容易产生电晕放电，也不致因火花放电而烧坏电晕极。7 片刀片电晕极呈弧形排列，弧半径和弧长分别为 231 mm 和 390 mm，包角约为 97°。因此，电极电晕放电范围很宽，可使入选物料充分带电。因只有一根 ϕ45 mm 的静电极，而且位置偏前，电晕放电能力强且范围宽，而偏转电极的作用相对较弱，有利于提高导体产品的品位和非导体产品的回收率，但可能导致导体颗粒的回收率偏低。

YD-3A 型采用三筒连选，既能加强精选或扫选，又有利于提高处理能力（是国内目前最大的工业型电选机）。当需要加强精选时，下筒可用于分选上筒的导体产品或中间产品，这可通过调节分矿挡板的位置来实现。欲使下筒分选上筒的中间产品时，则分矿板应使上筒产出导体、中间产品和非导体三种产品，并将中间产品给入下筒再选。欲使下筒分选上筒的导体产品时，则分矿板只能使上筒产出导体和非导体两种

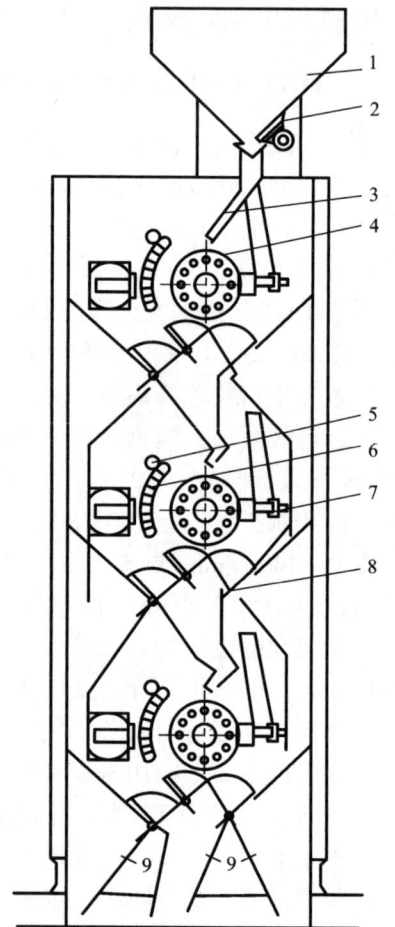

1—给料斗；2—给料闸门；3—给料溜槽；
4—接地鼓筒；5—偏转电极；6—刀形电极；
7—毛刷；8—分料板；9—接料斗。

图 5-41 YD-3A 型高压电选机

产品，并将导体产品引入下筒再选。当加强扫选时，分矿板也只能使上筒产出导体和非导体两种产品，并将非导体产品引入下筒再选。

5.8.3　卡普科高压电选机

美国卡普科公司是专门生产各种高压电选机的著名公司。由该公司制造且在各国广泛采用的鼓筒式电选机，有大型多筒、中型单筒及实验研究型若干系列产品。分选鼓筒有 ϕ200 mm、ϕ250 mm、ϕ300 mm、ϕ350 mm 等多种规格。图 5-42 卡普科电选机其电极结构简图。图 5-43 为大型工业生产型卡普科电选机简图。

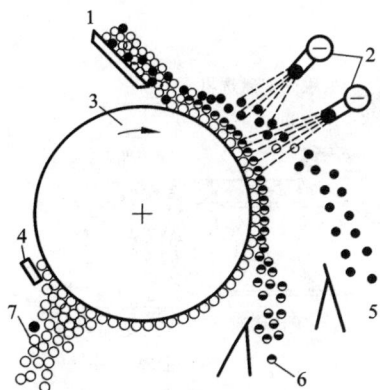

1—给矿；2—电极；3—转筒；4—毛刷；
5—导体矿；6—中间产品；7—非导体矿。

图 5-42　卡普科电选机电极结构

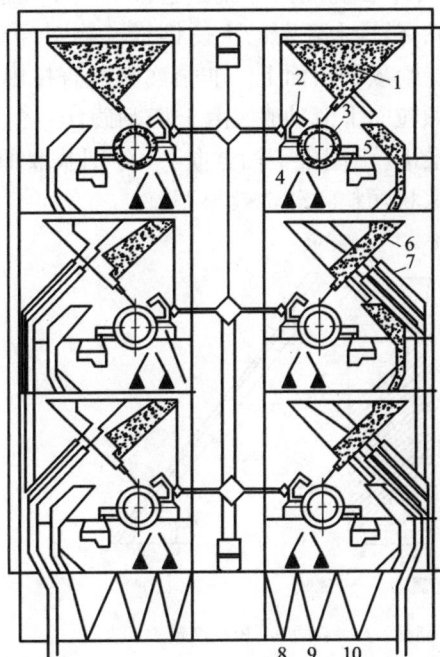

1—给料斗；2—高压电极；3—转筒；4—分矿板；5—毛刷；6—给料板；
7—接料斗；8—导体矿斗；9—中间产品斗；10—非导体矿斗。

图 5-43　卡普科工业型电选机

6 个分选鼓筒呈二列平行对称配置，除共用电源外，互不相关，自成系统。每个系统的三个分选鼓筒按等距离上中下形式配置，其作业性质可以灵活多变，既可以单独处理同一种原料（图 5-43 右系统），也可以上下连选，使下筒分选上筒的导体产品或非导体产品或中间产物（图 5-43 左系统）。但无论单独分选或是连选，每个系统都只有 3 种最终产品。

电极为双电晕丝极和双静电极的复合电极。电晕极和静电极呈两前两后安装在同一电极架上，电极架可作径向和周向移动，以便调节极距和入选角，适应不同性质物料的分选。输入电压为 40 kV，电晕极和静电极符号可正可负，高压电场为复合电场，电极结构能产生束状电晕放电，并能加强静电极的作用，有利于提高分选效果。

卡普科电选机呈六筒二列对称配置，是迄今为止筒数最多的工业电选机，大幅度提高了电选机的处理能力，降低了生产成本。在加拿大和瑞典等国用于处理铁粗精矿，可获得低硅高品位铁精矿，但缺点是中间产品循环量大，达到 20%～40%。

5.8.4 涡电流分选机

涡电流分选的物理基础是两个重要物理现象：其一是一个随时间而变的交变磁场总是伴生一个交变电场，其二是载流导体产生磁场。因此，如果导电颗粒暴露在交变磁场中，或者通过固定磁场运动，那么在导体内就会产生与交变磁场磁通相垂直的涡电流。导体内的涡电流会引发与感应磁场相对的镜像磁场，对导体产生排斥力，使导体从物料流中分离出去。

涡电流分选机目前主要用于分选城市固体废料中的有色金属和非金属。分选过程如图 5-44 所示，在斜面涡电流分选板上呈 45°角并排按极性背靠背交替放置大量永磁铁（锶或钡铁氧体），磁铁上盖薄的不锈钢板。物料经磁选预先脱除钢铁等强磁性物质后，有控制地经斜槽单层给入到斜面上。非金属颗粒直接由斜面下滑（沿图中 x 轴方向），不受磁场影响。有色金属颗粒向下滑动时，由于切割磁场，金属内部产生了涡电流，受到电磁力的作用，它们向边部推进（沿图中 y 轴方向）。分别截取即得到非金属物和金属物，其中板状扁平有色金属颗粒较球状颗粒的分选效果要好。

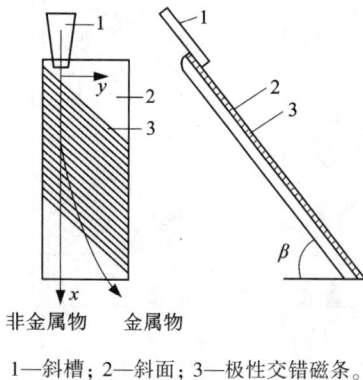

1—斜槽；2—斜面；3—极性交错磁条。

图 5-44 涡电流分选过程

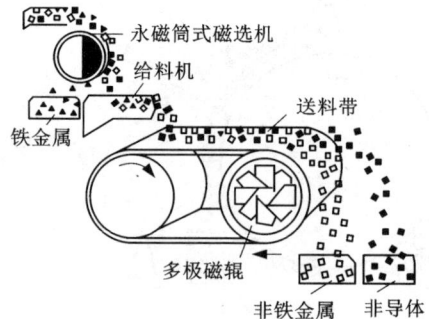

图 5-45 LECS 型多极磁辊式涡电流分选机

图 5-45 为 LECS 型多极磁辊式涡电流分选机，包括主体和控制两部分。主体部分主要由磁滚筒（包括驱动装置）、物料输送系统（包括物料输送带、输送带驱动滚筒及减速电机）、分料装置（包括分料箱）、机架及罩体等部分构成，磁辊有同心式和偏心式两种。对多种非磁性金属的分选效果优良，不仅可以分选粗粒，也可以分选细粒。设备机械结构可靠，磁场交变频率高（可调节），分选效率高。

5.8.5 电选机参数调节及操作

电选过程是一个较为敏感和复杂的工艺过程，影响电选工艺的因素较多，主要包括电选机调节参数、物料性质参数和操作参数 3 大类。其中，电选机的调节参数主要包括电压大小、电极位置、滚筒转数和分矿隔板位置等。

①电压。一般来说，要提高导体产品的质量，电压可稍高一些，如果要提高非导体产品的质量，则电压可稍低一些。决定电压大小的因素，还有物料粒度，一般粒度较大时，为了

使矿粒能够吸附在辊筒上，需提高电场的电力，可通过提高电压来实现；粒度较小时，电压可低一些。

②电极位置。电极的位置包括电晕电极、偏向电极和辊筒三者之间的角度和距离。一般电晕电极随着离辊筒距离的减小，其电晕电流值增大。一般电晕电极离辊筒表面的距离为 20~45 mm，与辊筒的角度是 15°~25°。

偏向电极离辊筒的距离和角度的变化，可改变静电场的电场强度和电场梯度，偏向电极的距离越小，静电场强度越大，对矿粒的作用力也越强。偏向电极距离的变化与改变电压的作用不同，电压改变时，电晕电场和静电场同时发生变化，而前者变化时只对静电场起作用，从而改变矿粒在静电场中所受的电力。但当偏向电极的距离太小时会产生火花短路，因此，偏向电极的距离选择应以不引起电极间短路为原则。偏向电极离滚筒表面的距离一般为 20~45 mm，其角度在 30°~90°。

电晕电极和偏向电极之间距离的变化，会使电场的位置也随之发生相应变化。随着两电极间距离的减小，电场强度减弱，电场位置向上推移。相反，随着两电极间距离的增加，电场强度增大，电场位置向下推移，使偏向电极的作用推迟。

③滚筒转数。矿粒在带电过程中获得的电荷量，决定了矿粒在滚筒表面上的吸力大小。作用在矿粒上的机械力除重力外，主要是离心力。改变滚筒转数就能改变矿粒受到的离心力大小，从而改变矿粒受到的合力大小。

一般粒度较大时，滚筒转数应小些；粒度小时，转数应大些。当给料中大部分为非导体矿粒时，为了提高非导体的质量，滚筒转数可稍大一些；当给料中大部分为导体矿粒时，为了提高导体的质量，滚筒转数可稍低一些。由此可见，电选机调节参数对分选指标影响较大，必须通过实验来确定适宜的电选机调节参数。

④分离隔板的位置。为了调整电选过程中矿粒的运动路径，保证分选指标，在实践操作中应选择好前后分离隔板的位置。要注意的是，前分离隔板的位置要从产品的质量、回收率和产率的分配等方面综合考虑。处理的物料性质不同，前分离隔板的位置也不一样。后分离隔板的位置影响不大，因为矿粒的分离是在电场区域进行的，非导体产品在辊筒表面上吸附得比较牢固，要靠毛刷的作用才能离开筒面，因此，实践中只需要根据经验确定一个合适的位置，来保证分选过程的一致性。

电选机的运转过程中，在严格遵守工艺条件的同时，要仔细观察和保证设备各部分运转正常，严格按照操作规程来操作和维护高压设备，以确保电选机在安全条件下进行生产。

电选机的所有接电设备和金属结构件都必须采取接地处理（接地电阻一般为 2~4Ω）。高压装置均应采用电器闭锁系统和信号系统，以达到防护高压电的目的。高压电断开时，高压电极上尚有残余电荷，必须接地放电器将其放掉，然后才可与其接触。此外，需要经常检查高压静电发生器是否正常。在高压静电发生器前面和主机部分前后地板上可铺 5 mm 左右厚度的橡胶板，以提高操作人员的绝缘效果。

电选机必须安装在比较干燥、通风良好的地方，这是因为高压电器在运转过程中会产生对操作人员和设备均有害的气态氮氧化物。

电选机主机和高压静电发生器的配置距离应该尽可能靠近，以便缩短高压供电线路的距离，从而减少故障，保证安全。

本章主要思考题

(1) 简述磁选设备按分选介质、激磁方式和磁场强度不同的分类。

(2) 磁选机的磁系结构包括哪些? 各适合什么条件下使用?

(3) (聚) 磁介质的作用是什么? 常见的磁介质有哪些类型?

(4) 常见的干式弱磁选机有哪几种? 其结构和工作原理是什么?

(5) 常见的湿式弱磁选机有哪几种? 其结构和工作原理是什么?

(6) 常见的中磁磁选机有哪几种?

(7) 典型的干式强磁选机有哪几种?

(8) 典型的湿式强磁选机有哪几种? 其结构和工作原理是什么?

(9) 何谓高梯度磁选机? 典型的高梯度磁选机有哪几种?

(10) 超导磁选机有哪几种? 其结构和工作原理是什么?

(11) 谈谈湿式强磁选机、高梯度磁选机及超导磁选机的区别和特点。

(12) 复合力场磁选设备与常规磁选设备有什么区别?

(13) 常见的电选设备有哪些? 其结构和工作原理是什么?

第 6 章 浮选设备

　　浮选设备通常简称为浮选机(flotation machines)，是完成浮选过程的重要设备。浮选过程中，矿浆与浮选药剂经搅拌槽调浆后再送入浮选机，在浮选机中进行充气和搅拌，使目的矿物附着于气泡上形成矿化气泡，矿化气泡上浮到矿浆表面形成矿化泡沫层，矿化泡沫层以自溢或刮板刮出的方式排出浮选机，即可得到泡沫产品，而槽内产品则自槽底排出。浮选工艺技术经济指标的好坏，除受浮选药剂制度的影响外，还与所选用浮选机的性能有密切关系。

6.1 浮选设备概述

6.1.1 浮选设备分类

　　生产实践中使用的浮选设备类型多达数十种，按充气和搅拌方式不同，可分为机械搅拌自吸气式浮选机、充气机械搅拌式浮选机、充气式浮选机和气体析出式(变压式)浮选机等类型；按槽体结构不同，可分为深槽和浅槽浮选机；按泡沫产品排出方式不同，可分为刮板式和自溢式浮选机等。常见浮选设备分类如表 6-1 所示。

表 6-1　常见浮选设备分类表

类别	充气方式	典型浮选机型号		基本特点
		国内	国外	
机械搅拌	自吸气	XJK 型(A 型)、JJF 型、XJQ 型、SF(BF)型、棒形	FW 型(法连瓦尔德)、WEMCO 型、ΦMP 型(米哈诺布尔)、WN 型(瓦尔曼)	优点：自吸空气和矿浆，无需外加充气装置；易实现中矿返回，简化设备配置。缺点：充气量较小且调节不便，能耗较高，磨损较大。JJF 型、XJQ 型和 WEMCO 型浮选机吸气量大，气泡充分弥散，矿浆面平稳，但无自吸矿浆能力
	外部充气	CHF-X 型、BS-K 型、XCF 型、KYF 型	AG 型(阿基泰尔)、MX 型(马克斯韦尔)、D-R 型(丹佛)、TANKCELL	优点：充气量大且易于调节，能耗较低，磨损较小。缺点：无吸浆能力，设备配置不便，需增加风机和中矿返回泵。其中，XCF 型浮选机具有吸浆能力

类别	充气方式		典型浮选机型号		基本特点
			国内	国外	
空气式	压气式	单纯压气	KYZ-B 型	CALLOW 型(卡洛)、MACLNTOSH 型(马格伦拓什)	优点：结构简单，易操作，能耗低，单位容积处理量大。缺点：充气器易结垢堵塞，空气弥散效果较差，粗粒回收率较差等
		气升式		SW 型(浅槽)、EKOF 型(埃科夫)	
	析气式	真空式		ELMORE 型(埃尔莫尔)、COPPEe 型(科坡)	优点：充气量大，浮选速度快，处理量大、能耗低，占地面积小等
		加压式	XPM 型(喷射旋流式)	WEDAG 型(维达格)、DAVCRA(达夫克勒)	

实践表明，无论什么类型的浮选设备，其工作过程都基本相似，主要包括气泡生成、气泡与颗粒间的作用、疏水和亲水矿物的分离这三个基本过程。因此，根据浮选设备中疏水矿物矿化方式的不同，也可将目前工业应用的浮选机划分为机械搅拌矿化浮选机、逆流矿化浮选机和混流矿化浮选机三大类。

机械搅拌矿化浮选机是目前工业应用最广泛的浮选机，其矿化过程如图 6-1 所示。通过叶轮旋转切割空气产生气泡，并在叶轮附近产生强湍流环境，使气泡和颗粒相互碰撞，从而实现机械搅拌矿化。

逆流矿化浮选机由于其槽体高度通常较高而被称为浮选柱，其矿化过程如图 6-2 所示，原矿从柱体上方给入，受重力作用向下运动，气泡则在槽体底部产生，在浮力作用下向上运动。运动方向相反的气泡和颗粒在槽体垂直方向上发生碰撞而实现逆流式矿化。

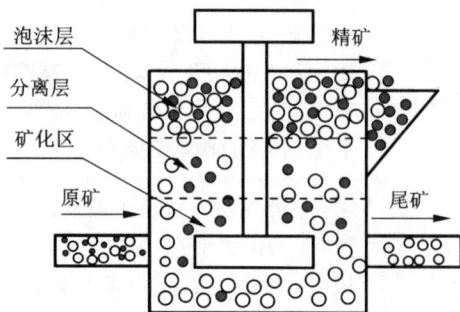

图 6-1　机械搅拌矿化浮选机矿化过程

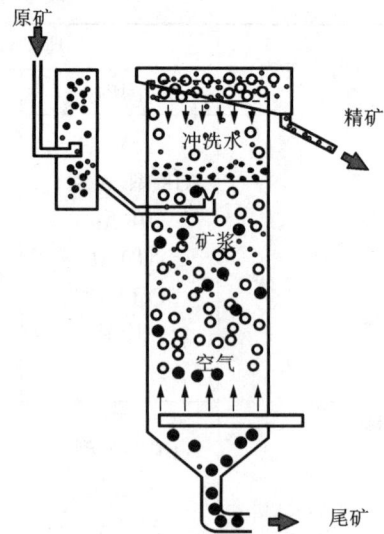

图 6-2　逆流矿化浮选机矿化过程

混流矿化浮选机通常由独立的矿化区和槽体组成，矿粒和气泡在矿化器中混合并发生强烈的相互作用完成矿化，然后进入槽体完成分离，其矿化过程如图 6-3 所示。相比而言，机械搅拌矿化浮选机和逆流矿化浮选机则无独立的矿化区，矿化和分离均在同一槽体内完成。混流矿化浮选机由于采用了独立的矿化区，具有矿浆停留时间短、气泡尺寸小和矿化效率高等优点，且矿化过程对分离过程的影响较小。

6.1.2　浮选设备工作原理

通常泡沫浮选可细分为以下几个过程：

①悬浮矿粒与浮选药剂相互作用，使目的矿物表面疏水化，非目的矿物亲水化。

②使矿浆处于紊流状态，以保证矿粒在浮选槽内均匀地悬浮。

③在矿浆中产生气泡，并使之均匀地弥散，且与矿粒产生良好的接触。

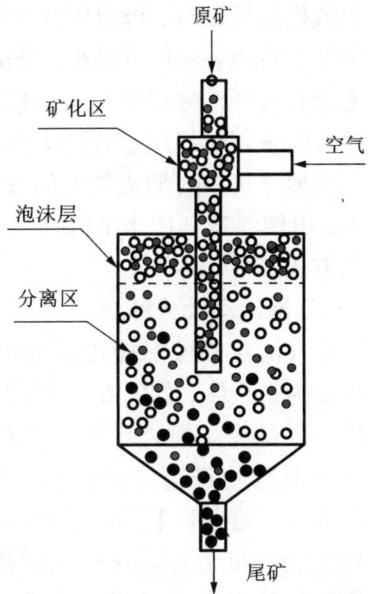

图 6-3　混流矿化浮选机矿化过程

④疏水矿粒与气泡碰撞并黏附在气泡上，形成矿化气泡。

⑤矿化气泡连续不断地浮升至液面，形成泡沫层。在泡沫层中气泡不断兼并、破裂和脱水，脱除部分夹杂的亲水性矿粒，产生"二次富集"作用。

⑥矿化泡沫排出浮选槽，得到泡沫精矿。

由此可见，矿浆充气和气泡矿化是浮选最重要的两个过程，也是评定浮选机工作效率的关键因素。浮选槽中矿浆的充气程度，取决于单位体积矿浆内空气的含量和气泡在矿浆中的分散程度，以及气泡在槽内分布的均匀度。气泡矿化的可能性、矿化速度及矿化程度，除与矿粒和药剂的物理化学性质有关外，还与浮选机中矿粒和气泡碰撞接触的条件密切相关。

（1）气泡的形成

吸入或由外部风机压入浮选机内的空气流，可通过不同方法使之分散成单个的气泡。浮选机内气泡形成方式主要包括：

①利用机械搅拌作用粉碎空气流形成气泡。机械搅拌式浮选机内，气泡的形成就是采用叶轮等机械搅拌器对矿浆进行强烈搅拌，使矿浆产生强烈的湍流运动。由于矿浆的湍流作用，或矿浆和气流垂直交叉运动的剪切作用，以及浮选机导向叶片或定子的冲击作用，吸入或压入的空气流被分割成细小的气泡。矿浆与空气的相对运动速度差越大，矿浆流紊动度越大，液-气界面张力越低，则气流被分割成单个气泡的速度越快，所形成的气泡尺寸也就越小。通常，气流往往是先被分割成较大的气泡，这种较大的气泡常常是不稳定的，因为矿浆湍流作用会不断从气泡表面带走少量空气，从而形成细小的气泡。

②使空气流通过细小孔眼的多孔介质而形成气泡。在某些浮选机（如浮选柱）内，压入的空气流通过带有细小孔眼的多孔陶瓷、微孔塑料、穿孔的橡皮和帆布等特制的充气器时，就会在矿浆中形成细小气泡。

③从溶有气体的矿浆中析出气泡。在标准状态下，空气在水中的溶解度约为 2%，当降

167

低压力或提高温度时，被溶解的气体会以气泡的形式从溶液中析出。从溶液中析出的气泡具有两个基本特点：一是直径小，分散度高，在单位体积矿浆内，有很大的气泡表面积；二是这种气泡能有选择性地优先在疏水矿物表面上析出，因而是一种"活性微泡"。近年来，利用这种活性微泡来强化浮选过程的方法越来越受重视。

④其他浮选机内形成气泡的方法。如喷射式浮选机和喷射旋流浮选机等采用射流方式产生气泡，电解浮选利用水电解产生大量微泡等。有时在同一种浮选机内，可以同时采用两种以上的方式产生气泡。

（2）气泡运动及分区

通常气泡在机械搅拌式浮选机内的运动大体可分为三个区，如图6-4所示。

第一区是充气搅拌区。主要作用是：对矿浆空气混合物进行强烈搅拌，粉碎气流，使气泡弥散；避免矿粒沉淀；增加矿粒和气泡的碰撞接触机会等。在充气搅拌区，由于气泡跟随叶轮甩出的矿浆流作紊流运动，所以，气泡升浮运动的速度较慢。

第二区是分离区。在此区间内，气泡随矿浆流一起上升，同时矿粒向气泡附着，形成矿化气泡上浮。随着槽体上部矿浆紊流运动变弱，静水压力减小，气泡变大，矿化气泡升浮速度也逐渐加大。

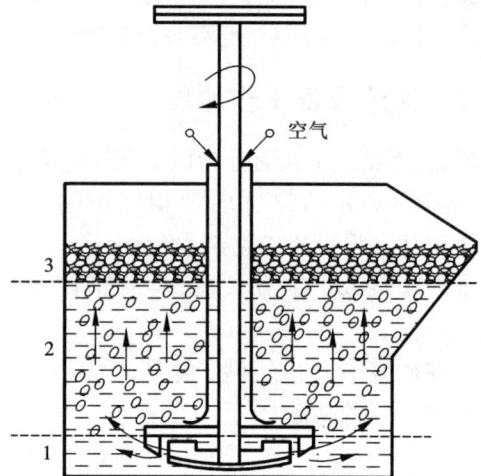

空气

1—搅拌充气区；2—气泡分离区；3—泡沫层。

图6-4 浮选机内各作用区的分布

第三区是泡沫区。带有矿粒的矿化气泡上升至此区并形成有一定厚度的矿化泡沫层，由于大量气泡的聚集，气泡升浮速度减慢。泡沫层上层的气泡会不断自发兼并，产生"二次富集"作用。

6.1.3 浮选设备选型基本原则

①具有良好的充气作用。浮选过程中，气泡的作用是运载疏水性矿物。为增加矿粒与气泡碰撞接触的机会，营造有利于附着的条件，并能将疏水性矿粒及时运载到矿浆表面，在浮选机内必须有足够大的气泡表面积(空气弥散度)以及适宜的气泡升浮速度。为此，浮选机必须保证能向矿浆中吸入(或压入)足量的空气，并使这些空气在矿浆中充分地弥散，以便形成大量大小适宜的气泡，同时这些弥散的气泡，又能均匀地在浮选槽内分布。在一定充气量范围内，充气量愈大，空气弥散愈好，气泡分布愈均匀，矿粒与气泡接触碰撞的机会也愈多。

②具有良好的搅拌作用。矿粒在浮选机内的悬浮状况也是影响矿粒向气泡附着的重要因素。为使矿粒能与气泡充分接触，应使全部矿粒处于悬浮状态，并使矿粒在浮选机内均匀分布，从而营造矿粒与气泡接触和碰撞的良好条件。此外，搅拌作用还可以促进某些难溶浮选药剂的溶解和分散，进一步提高药剂作用效果。

③能形成平稳的泡沫区。在浮选槽的矿浆表面应能形成平稳的泡沫区，以使矿化气泡顺利浮出。同时，为使气泡能充分地矿化，气泡在矿浆中的运动应有足够的矿化路程。在泡沫区中，矿化气泡不仅要能保持目的矿物的黏附(强度适合)，还要让夹杂的脉石从气泡上脱落(兼并作用)，当然，这还需要起泡剂的配合。

④矿浆的循环流动作用。为增加空气和矿粒的接触机会，浮选机应能使矿浆循环流动，以强化浮选过程中各种界面的传质作用。

⑤应能连续和平稳工作，且便于操作和调节。

除以上工艺性能要求外，还应具备结构简单、操作方便、维修工作量小、节能高效、便于实现自动控制和生产费用低等特点。因此，要根据实际情况，通过详细的技术经济论证来选取浮选设备。

浮选设备的充气程度与空气弥散程度将直接影响气泡的矿化过程、浮选速度、工艺指标和浮选药剂用量等。充气程度通常用充气量表征，即每分钟每平方米浮选槽面积上通过的空气量 $[m^3/(m^2 \cdot min)]$，或者每立方米矿浆中含有的空气量。空气弥散程度或空气分布均匀性通常用 K 值表征，即单位时间和槽体截面积内，平均空气量与最大空气量和最小空气量之差的比值，或者单位容积内平均空气量与最大空气量和最小空气量之差的比值。通常充气程度应根据具体浮选过程的要求确定，而空气弥散程度和分布均匀性则能反映出颗粒与气泡间的碰撞和矿化概率。

6.2　机械搅拌矿化浮选机

使用最早的机械搅拌矿化浮选机主要有 XJK 和棒型浮选机等，随后逐渐出现了 WEMCO 型、KYF 型、JJF 型和 SF 型等机械搅拌式浮选机。

6.2.1　机械搅拌自吸气式浮选机

这类浮选机的工作原理是在机械搅拌作用下，依靠定子和转子间形成的负压实现空气的吸入，并在叶轮的切割作用下产生气泡。

（1）XJK 型浮选机

XJK 型浮选机，又称 A 型或 XJ 型浮选机，属于一种带辐射叶轮的空气自吸式机械搅拌浮选机，其结构如图 6-5 所示。浮选机单槽容积包括 0.13 m³、0.23 m³、0.35 m³、0.62 m³、1.1 m³、2.8 m³ 和 5.8 m³，共 7 个规格。

XJK 型浮选机一般由两槽构成一组，第一槽（带有进浆管）为吸入槽或吸浆槽，第二槽（无进浆管）为自流槽或直流槽。每组之间设有中间室（闸门），用以调节矿浆液面。叶轮安装在主轴下端，主轴上端有皮带轮，通过电机带动其旋转。空气由进气管吸入。叶轮上方装有盖板和空气筒（或称竖管），空气筒上开有孔，用以安装进浆管、中矿返回管，或作矿浆循环之用，并可通过拉杆调节孔的大小。

叶轮用生铁铸成，上面有六个辐射状叶片，在叶轮上方 5~6 mm 处，装有盖板，叶轮和盖板的结构如图 6-6 所示。盖板的主要作用如下：①当矿浆被叶轮甩出时，在盖板和叶轮之间形成负压而吸入空气；②调节进入叶轮的矿浆量；③停车时，防止矿砂沉积在叶轮上而"压死"叶轮，从而可以随时开车；④起一定程度的稳流作用。

浮选机工作时，矿浆由进浆管给到盖板的中心处，叶轮旋转产生的离心力将矿浆甩出，在叶轮与盖板间形成一定负压，外界空气便能自动经进气管吸入。在叶轮的强烈搅拌作用下，矿浆与空气得到充分混合，同时气流被分割成细小的气泡。矿粒与气泡接触碰撞形成矿化气泡，上浮至泡沫区，借助刮板刮出即可得泡沫产品。

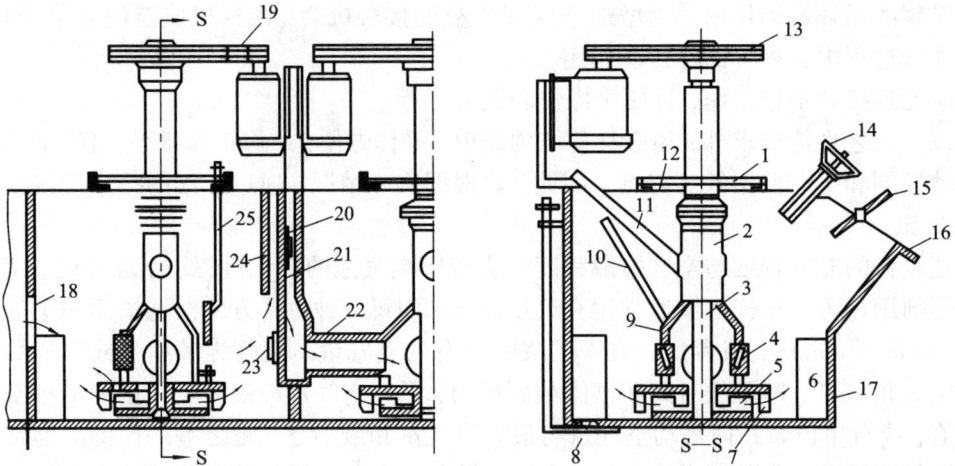

1—座板；2—空气筒；3—主轴；4—矿浆循环孔塞；5—叶轮；6—稳流板；7—盖板(导向叶片)；8—事故放矿闸门；
9—连接管；10—砂孔闸门调节杆；11—吸气管；12—轴承套；13—主轴皮带轮；14—尾矿闸门丝杠及手轮；
15—刮板；16—泡沫溢流堰；17—槽体；18—直流槽进浆口；19—电动机皮带轮；20—尾矿溢流堰闸门；
21—尾矿溢流堰；22—给矿管(吸浆管)；23—粗砂闸门；24—中间室隔板；25—内部矿浆循环孔闸门调节杆。

图 6-5　XJK 型浮选机结构

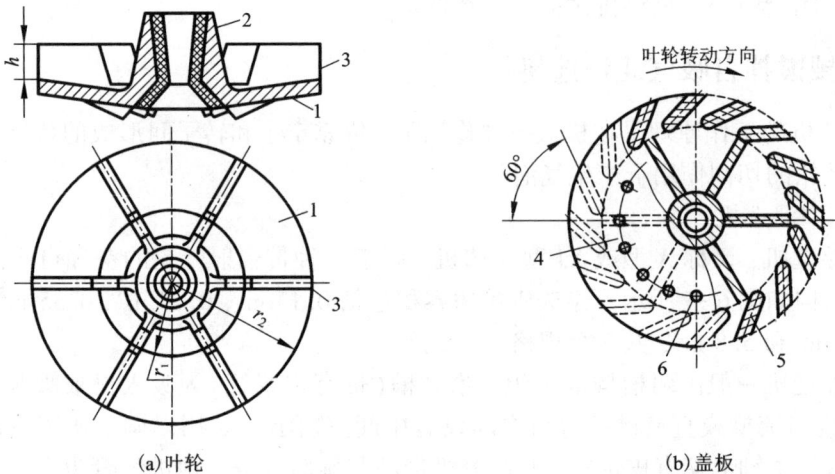

(a)叶轮　　　　　　　　　　　(b)盖板

1—叶轮锥形底盘；2—轮壳；3—辐射叶片；4—盖板；5—导向叶片(定子叶片)；
6—循环孔；r_1—矿浆入口半径；r_2—矿浆出口半径；h—叶片外缘高。

图 6-6　XJK 型浮选机的叶轮和盖板结构

　　浮选机的主要结构与工作特点是：①盖板上装有 18~20 个导向叶片(盖板又叫定子)。这些叶片倾斜排列，与半径成 55°~65°倾角，它们对叶轮甩出的矿浆流具有导向作用。在盖板上的导向叶片之间开有 18~20 个循环孔，供矿浆循环使用，由此可增大充气量。②叶轮与盖板导向叶片间的间隙一般应为 5~8 mm。过大会对吸气量和电耗造成不良影响。通常，将叶轮、盖板、主轴、进气管和空气筒等充气搅拌零件组成一个整体部件，可使叶轮和盖板同心装配，以保证叶轮与盖板导向叶片之间的间隙符合要求，而且便于检修和更换。③在空气筒下部，有一个调节矿浆循环量的循环孔，并且用闸板来控制循环量。因此，通过叶轮中心的矿浆量，可随外部给矿量的变化加以调节。在直流槽中，也可使内部矿浆循环，以满足在最大充气量时所需要的叶轮中心的矿浆量。

XJK 浮选机的缺点是：①空气弥散不佳，泡沫不够稳定，易产生"翻花"现象，不易实现液面自动控制；②浮选槽为间隔式，矿浆流量受闸门限制，导致矿浆流通压力降低，粗而重的矿粒容易沉槽；③叶轮和盖板磨损较快，造成充气量减少且不易调节。

（2）XJQ 型和 JJF 型浮选机

XJQ 型浮选机由北方重工沈阳矿山机械集团有限责任公司（原沈阳矿山机器厂）于1976年研制而成，有 XJQ-20、XJQ-40、XJQ-80、XJQ-160 和 XJQ-280 共5种规格，对应的浮选槽容积为 2 m³、4 m³、8 m³、16 m³、28 m³。JJF 型浮选机则由矿冶科技集团有限公司（原北京矿冶研究总院）设计制造，共有多种规格型号，浮选槽容积为 1～160 m³。XJQ 型和 JJF 型浮选机与美国维姆科浮选机的结构相似，主要由槽体、叶轮、定子、分散罩、假底、导流管、竖筒和调节环等组成。XJQ 型和 JJF 型浮选机结构如图 6-7 所示。

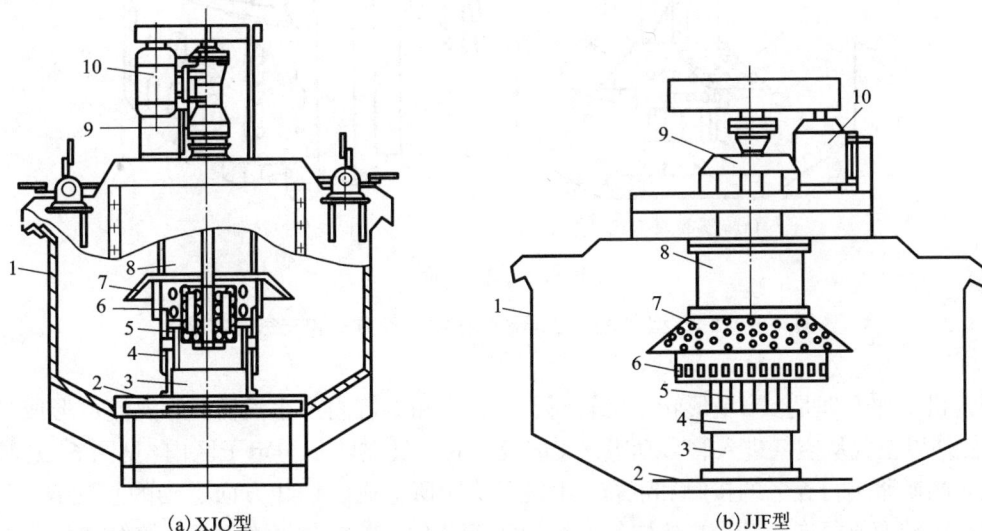

(a)XJQ型　　(b)JJF型

1—槽体；2—假底；3—导流管；4—调节环；5—叶轮；6—定子；7—分散罩；8—竖筒；9—轴承体；10—电机。

图 6-7　XJQ 型和 JJF 型浮选机结构

XJQ 型和 JJF 型浮选机均采用深型叶轮，形状为星形，叶片为辐射状，定子为圆筒形，其上均匀布有椭圆孔作为矿浆通道，其中 JJF 型浮选机叶轮结构如图 6-8 所示。定子遮盖叶轮高度仅三分之二，定子外增加了表面均布小孔的锥形分散罩，起稳定液面的作用。为实现自吸气，叶轮下部又增设了导流管和假底，导流管与假底相连，由于假底不紧贴槽壁，矿浆可通过假底和槽底之间的间隙，并经导流管形成下部大循环，有助于

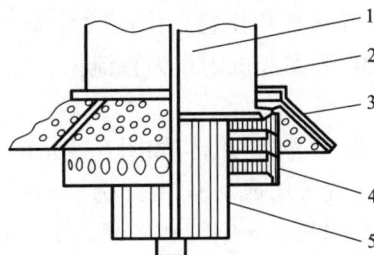

1—主轴；2—竖筒；3—分散罩；4—定子；5—叶轮。

图 6-8　JJF 型浮选机叶轮结构

实现槽子下部矿粒的循环,防止沉槽。

XJQ 型和 JJF 型浮选机转子和定子间的空隙较大(如图 6-9 所示),其中 JJF-8 型的间隙为 180 mm,可削弱或消除转子和定子间的涡流,使矿浆和空气混合流沿着槽子容积均匀分布,形成较为稳定的矿化气泡。其优点除结构简单外,还由于转子的转速低,转子和定子间存在着较大的空隙,可大大减少搅拌器的磨损,节省经营维修费用,降低动力消耗,停车后再起动也比较容易。槽底上方设有一假底,矿浆可在二者之间流过,并通过导流管进行循环,实现以固定路线进行的下部大循环(见图 6-9)。XJQ 型和 JJF 型浮选机矿浆液面稳定,便于自动控制,但缺点是不能自吸矿浆,需阶梯配置,中矿返回时要使用泡沫泵,或与具有吸浆功能的浮选机配套使用。

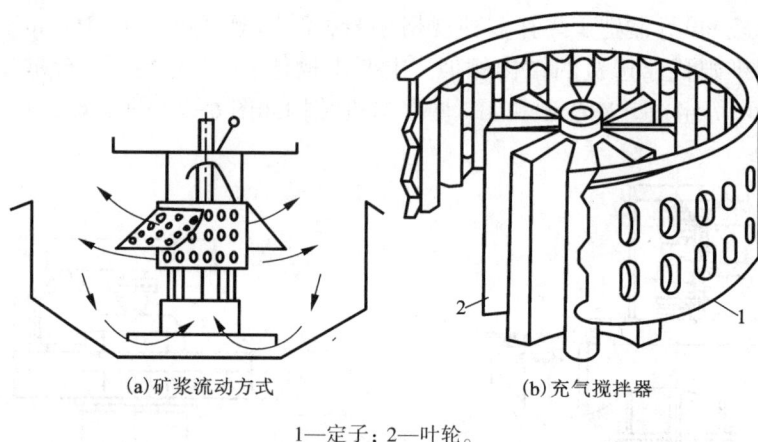

(a)矿浆流动方式　　　　(b)充气搅拌器

1—定子;2—叶轮。

图 6-9　XJQ 型和 JJF 型浮选机矿浆流动方式和充气搅拌器

浮选机工作原理是,当星形转子旋转时,在竖管和导管内产生涡流,此涡流可形成足够的负压,使外界空气从空气进入管自动吸入,被吸入的空气在转子与定子区内(见图 6-9)与经导流管吸入的矿浆进行充分的接触和混合,由转子旋转所造成的切线方向运动的浆气混合流,经定子的作用转换成径向运动,并被均匀地抛甩于槽体内,矿粒与气泡碰撞、接触和黏附形成矿化气泡,向上升浮至泡沫区并聚集成矿化泡沫层,自流溢出或由刮板刮出即为泡沫产品。

(3)SF(BF)型浮选机

SF 型浮选机由矿冶科技集团有限公司于 1986 年研制,可与 JJF 型浮选机组成联合机组。即 SF 型浮选机用作每个作业的首槽,起自吸矿浆作用,实现不用阶梯配置,不用泡沫泵返回中矿;JJF 型浮选机则作为直流槽,充分发挥各自的优势。SF 型浮选机单独使用的效果也比较好。

SF 型浮选机的结构如图 6-10 所示,主要由槽体、装有叶轮的主轴部件、电动机、刮板及其传动装置等组成。SF 型浮选机的叶轮为后倾式双叶片叶轮,由上、下叶片和轮盘组成。上叶片的作用是吸入空气和矿浆。下叶片的作用主要是借助叶轮旋转的离心力抽吸其下部的矿浆并向四周抛出,该部分矿浆的比重比上叶片抛出的气液混合物比重大,其离心力和速度亦大,对气液混合物具有带动加速作用,从而加大了上叶轮腔的真空度,起到辅助吸气作用。另外,由于叶轮旋转,矿浆通过下叶轮腔向四周甩出的同时,其下部矿浆由四周向中心补充,形成在叶轮之下的矿浆循环。容积大于 10 m³ 的 SF 型浮选机，设置了导流管和假底，矿浆通过假底之下的通道和导流管由下向上循环，在导流管和假底之下的通道内，矿浆流速大，足以使粗粒矿物悬浮而不沉淀。

SF 型浮选机保持了"A"型浮选机的自吸空气和矿浆的优点，但与"A"型浮选机相比，吸气量大，叶轮周速低，叶轮与盖板间隙大，磨损轻。对流程复杂，选别段数多的中小型选矿厂尤为合适。

BF 型浮选机则是对 SF 型浮选机的改进型，其结构如图 6-11 所示。叶轮由闭式双截锥体组成，可产生强烈的矿浆下循环，吸气量大且功耗低。每槽兼有吸气、吸浆和浮选三重功能，可自行组成浮选回路，无需其他辅助设备，而且可以水平配置，便于流程的变更。矿浆循环合理，能最大限度地减少粗砂沉槽。由于设有矿浆液面自控和电控装置，调节方便。

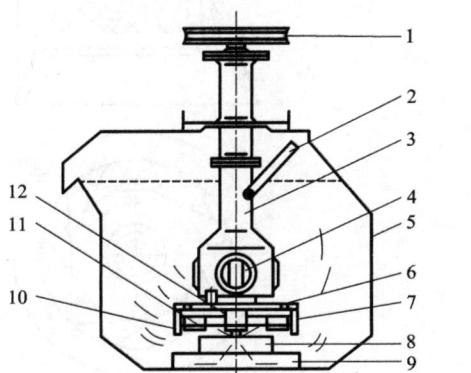

1—皮带轮；2—吸气管；3—中心筒；4—主轴；5—槽体；
6—盖板；7—叶轮；8—导流管；9—假底；10—下叶片；
11—上叶片；12—叶轮盘。

图 6-10　SF 型浮选机结构

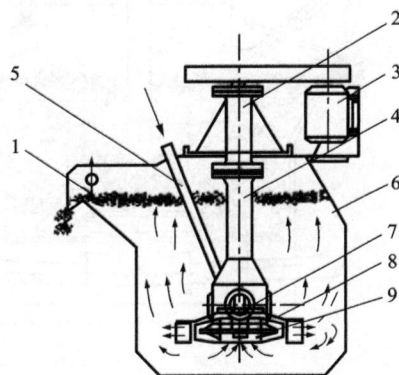

1—刮板；2—轴承体；3—电动机；
4—中心筒；5—吸气管；6—槽体；
7—主轴；8—定子；9—叶轮。

图 6-11　BF 型浮选机结构

（4）棒型浮选机

棒型浮选机是在"瓦尔曼"型自吸和充气两用浮选机的基础上改进而成的浅槽自吸气式浮选机，适用于浮选各种黑色和有色金属矿物，可以用于粗选、精选、扫选和反浮选作业。

棒型浮选机也是由一排金属制的长方形槽子组成的，槽体之间用螺栓连接。槽子的结构有两种：吸入槽和浮选槽。选用何种结构及选用的数量多少，取决于浮选工艺流程、处理量和矿石的浮选时间。每个槽均由槽体 1、轴承体（连同中空主轴）2、斜棒叶轮 3、稳流器 4、凸台、刮板 5、传动装置 6 等部分组成。吸入槽中，除有上述部件（凸台由压盖代替）之外，在其中空主轴的下端还有提升叶轮 7、压盖 8 和底盘 9，棒型浮选机结构如图 6-12 所示。

浮选槽只起浮选作用，吸入槽除起浮选作用之外，还兼有吸浆能力，即把槽外的矿浆通过提升叶轮的作用并经导浆管 10 吸入槽内。稳流器置于槽体底部，由几十条垂直放置的曲率不同的圆弧板组成。凸台和压盖用稳流器的圆弧形边缘压在槽体底部。刮板的形式和固定方法与其他浮选机相同，并采用了双边刮泡。

棒型浮选机也是利用叶轮（即斜棒叶轮，见图 6-13）回转时所产生的负压，经空心主轴吸入空气，并弥散形成气泡。靠棒轮的强烈搅拌与抛射作用，使空气与矿浆充分混合，并由混合区向下方推出，借助凸台和稳流器的导向作用，使之连续且均匀地射向槽体四周，而后又徐徐扩大上升到液面。这样，既能使矿粒和气泡有较多的接触机会，使有用矿物颗粒在药剂的作用下很快被气泡吸附而浮至液面，又能使矿流在分选区稳定流动，不致因气泡破灭而使有用矿物重新落于槽底，从而保证了浮选过程的顺利进行。

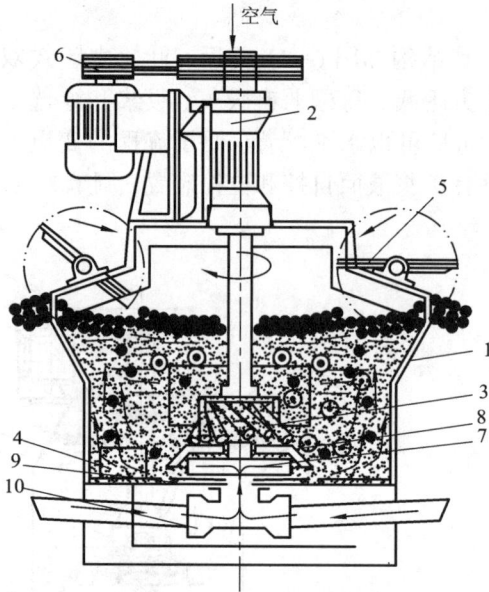

1—槽体；2—轴承体；3—斜棒叶轮；4—稳流器；5—刮板；
6—传动装置；7—提升叶轮；8—压盖；9—底盖；10—导浆管。

图 6-12　棒型浮选机结构

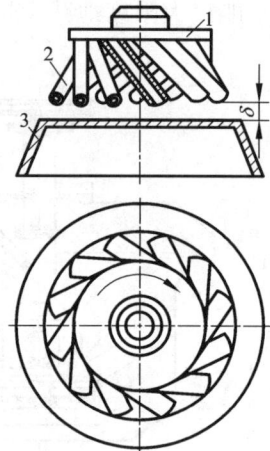

1—圆盘；2—斜棒；3—凸台。

图 6-13　斜棒叶轮及凸台构造

棒型浮选机的特点主要包括：采用扩散型的斜棒叶轮作为搅拌器，并配以凸台作为导向装置，还有独特的弧形稳流板等充气搅拌器组。棒形浮选机属于浅槽式自吸气浮选机，浮选速度快，吸气量大，搅拌力强，适用于矿浆浓度高、密度大、粒度较粗的矿物浮选。但缺点是吸入槽的结构复杂，棒型叶轮磨损较快。

（5）维姆科浮选机

维姆科浮选机是由美国维姆科（WEMCO）公司设计制造的。目前生产实践中使用的大型WEMCO浮选机容积最大为300 m³。图6-14是维姆科浮选机的结构示意图，由带放射状叶片的星形转子、周边有许多椭圆形孔的圆筒（扩散器）和突出筋条的定子、锥形罩盖、一个供矿浆循环用的假底、导管、竖管、空气进入管及槽体等组成。

WEMCO浮选机的工作原理如图6-15所示，当星形转子旋转时，便在竖管和导管内产生涡流，此涡流形成负压，将槽子外面的空气吸入。被吸入的空气，在转子与定子区内与从转子下面经导管吸进的矿浆进行混合。由转子造成的切线方向运动的浆气混合流，经定子的作用转换成径向运动，并均匀地抛甩于浮选槽中。矿化气泡向上升浮至泡沫层，自流溢出即为泡沫产品。

WEMCO浮选机的基本特点包括：①采用新型充气搅拌器及圆锥形泡沫罩。定子具有较

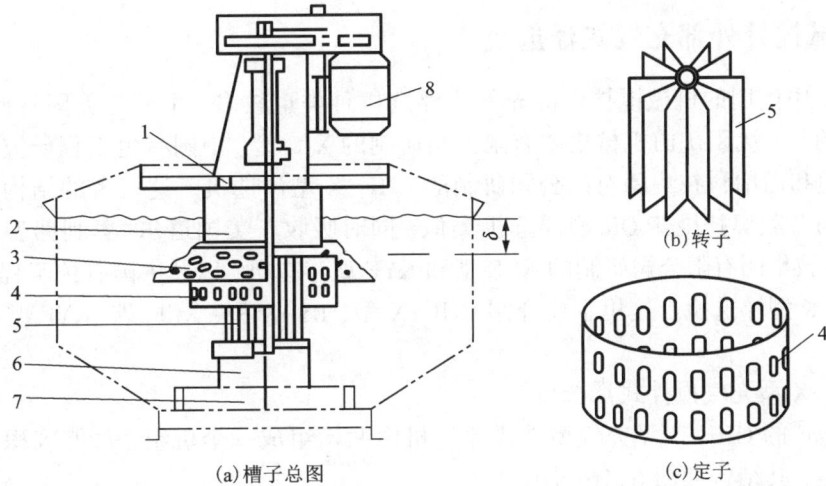

1—进气口；2—竖管；3—锥形罩；4—定子(扩散器)；5—转子；6—导管；7—假底；8—电动机；δ—浸没深度。

图 6-14　维姆科型浮选机结构

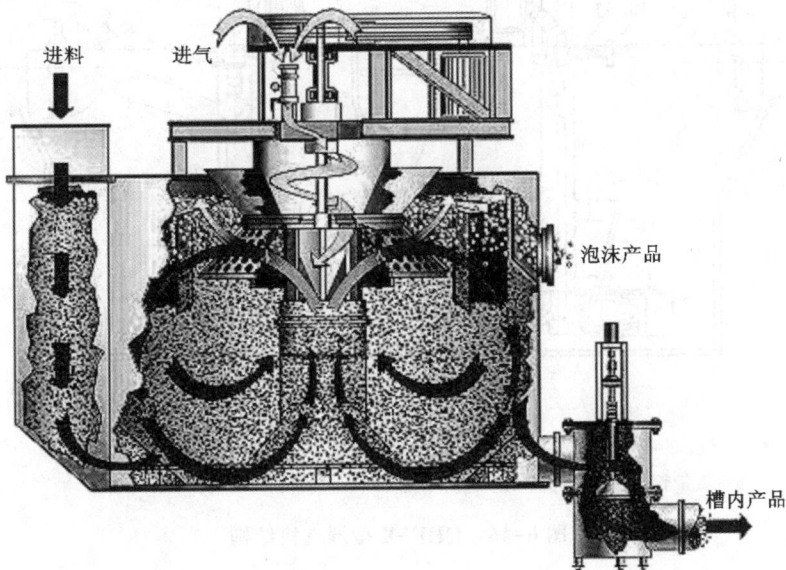

图 6-15　WEMCO 浮选机工作原理

好的变向和扩散作用，使浆气混合流呈径向运动，可形成较为稳定的矿化气泡。圆锥形泡沫罩则将转子产生的涡流与泡沫层隔离，保持液面平稳。②设有假底和套筒，增强了搅拌能力，并形成了矿浆的大循环。叶轮的安装浸入矿浆中深度较浅，可使充气量增大，避免粗粒沉槽，减少动力消耗。③矿浆按一定径向速度，形成以竖轴为中心的旋流，使矿浆的充气量加大，提高了充气效率。转子转速可以降低，转子与定子间隙较大(约 200 mm)，磨损减少，维修方便。④由于不能自吸矿浆，安装时需设置 200~300 mm 的液面高差，或采用砂泵实现中矿返回。

6.2.2 机械搅拌外部充气式浮选机

目前生产中使用的机械搅拌外部充气式浮选机种类也较多,主要与美国丹佛 D-R 型浮选机相类似的有:沈阳矿山机械集团有限公司研制的 XJC 型、中国有色工程研究设计总院研制的 BS-X 型和矿冶科技集团有限公司研制的 CHF-X 型浮选机。这三者的结构和工作原理基本相同。与芬兰奥托昆普 OK 型浮选机类似,同时吸收了美国道尔-奥利弗型浮选机优点的有:矿冶科技集团有限公司研制的 XCF 型和 KYF 型浮选机,以及中国有色工程研究设计总院研制的 BS-K 型浮选机。这里主要介绍 CHF-X 型、BS-K 型、XCF 型、KYF 型和 CLF 型浮选机。

(1)CHF-X 型充气搅拌式浮选机

容积 14 m³ 的 CHF-X 型充气搅拌式浮选机由两槽组成一个机组,每槽容积 7 m³,两槽体背靠背相连,其结构如图 6-16 所示。

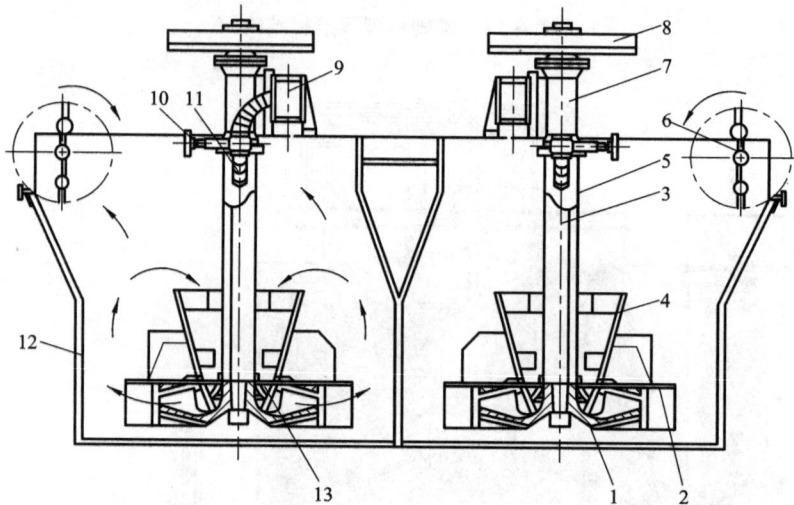

1—叶轮;2—盖板;3—主轴;4—循环筒;5—中心筒;6—刮泡装置;7—轴承座;
8—皮带轮;9—总风筒;10—调节阀;11—充气管;12—槽体;13—钟形物。

图 6-16 CHF-X 型浮选机结构

主要部件为主轴、叶轮、盖板、中心筒、循环筒、钟形物和总风筒等。整个竖轴部件安装在总风筒(兼作横梁)上。叶轮为带有 8 个径向叶片的圆盘。盖板由四块圆盘组装而成,在其周边均布有 24 块导向叶片。叶轮与盖板的轴向间隙为 15~20 mm,径向间隙为 20~40 mm。中心筒上部的给气管与总风筒、鼓风机相连,中心筒下部与循环筒相连。钟形物安装在中心筒下端。盖板与循环筒相连,循环筒与钟形物之间的环形空间供循环矿浆使用,钟形物具有导流作用。

CHF-X 型浮选机除具有与一般叶轮式机械搅拌浮选机相似的结构外,还设有矿浆垂直循环筒(国外丹佛 D-R 型浮选机亦设有类似的矿浆循环筒)。运用了矿浆的垂直大循环和从外部设置的低压鼓风机压入空气来提高浮选效率。由于矿浆通过循环筒和叶轮形成的垂直大循环而产生的上升流，可把粗粒矿物和比重大的矿物提升到浮选槽的中上部，浮选机内出现的分层和沉槽现象就被消除了，其结构如图6-17所示。

鼓风机所压入的低压空气经叶轮和盖板叶片被均匀地弥散在整个浮选槽中。矿化气泡随垂直循环流上升，进入浮选槽上部的平静分离区，矿化气泡上升到泡沫层的路程较短。

浮选机叶轮只用于循环矿浆和弥散空气，且可在低转速下工作，搅拌器磨损较轻，矿浆液面比较平稳。叶轮与盖板间的轴向和径向间隙都比"A"型浮选机大，且没有严格要求，易于安装和调整。该浮选机适用于要求充气量大，矿石性质较复杂的粗重难选矿物的浮选。但该浮选机需采用阶梯配置，无自吸气和自吸矿浆的能力，需设置低压风机，中矿返回需设砂泵，不利于复杂流程的配置，多用于大、中型浮选厂的粗选和扫选作业。

（2）BS-K型浮选机

BS-K型浮选机属深槽充气式浮选机，其结构如图6-18所示。浮选机采用了低转速大叶片叶轮，断面呈截圆锥形，叶片与矿浆接触面大，增强了叶轮搅拌能力。采用了"U"形槽体，且槽体上部断面不断扩大，以利于保持液面稳定。

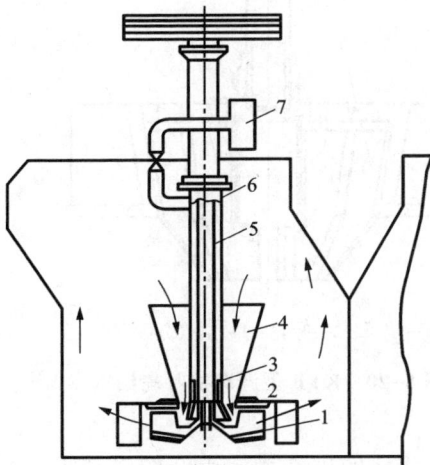

1—叶轮；2—盖板；3—钟形物；4—循环筒；
5—主轴部件；6—中心筒；7—风筒。

图6-17　浮选槽内矿浆运动方式示意图

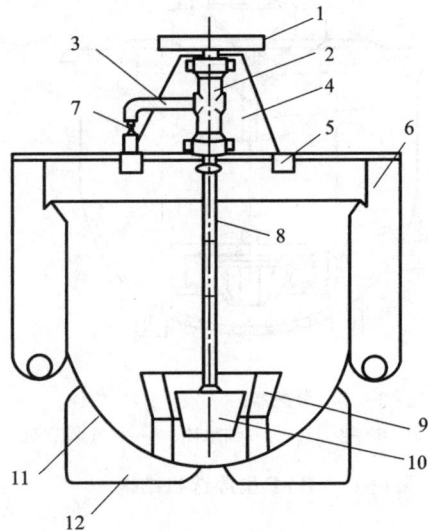

1—皮带轮；2—轴承体；3—进风管；4—支座；5—风槽；
6—泡沫槽；7—风阀；8—空心主轴；9—定子；
10—转子（叶轮）；11—槽体；12—槽体支座。

图6-18　BS-K型浮选机结构

浮选机工作时，由鼓风机送来的低压空气经风槽（支承梁）、风管、调节阀进入中空轴，再经叶轮腔排出，同时进行浆气混合。叶轮旋转时，空气在叶轮与定子中间与矿浆进一步混合、弥散并形成泡沫，矿化泡沫上升到稳定区后富集，从溢流堰溢出或刮出，流入泡沫槽。

浮选机具有单槽、双槽、三槽、四槽、五槽及六槽等六种单元（大型号最多四槽），可由几个单元组成一列（即几个作业区），形成一个大的选别作业。首槽装有给矿箱，尾槽装有排矿箱。由于浮选机无自吸矿浆能力，单元之间阶梯配置，并装有中间箱。作业中间产品返回时需要泡沫泵。

浮选机由于采用了低转速大叶片叶轮，具有强的搅拌力，加快了矿化速度。同时空气由外部单独供给，避免了矿浆短路，提高了浮选效率。充气量也可依生产工艺条件的变化进行调节，有利于矿物的浮选。采用"U"形槽体，大大减少了粗颗粒的沉积，充分利用了槽体容积。结构上的这些优点，保证了BS-K型浮选机适用于不同条件的选厂，在铜矿、镍矿和金矿浮选中得到了广泛应用。

（3）KYF型浮选机

KYF型浮选机的结构如图6-19所示，叶轮结构如图6-20所示。KYF型浮选机的浮选槽为"U"型槽体，空心轴实现充气和悬挂定子。其独特之处包括：采用了单壁后倾叶片和倒锥台状叶轮(类似于高比转速的离心泵轮，扬送矿浆量大、压头小、功耗低)；在叶轮腔中设置了多孔圆筒型气体分配器，使空气能预先均匀地分散在叶轮叶片的大部分区域，提供了较大的矿浆-空气接触界面。

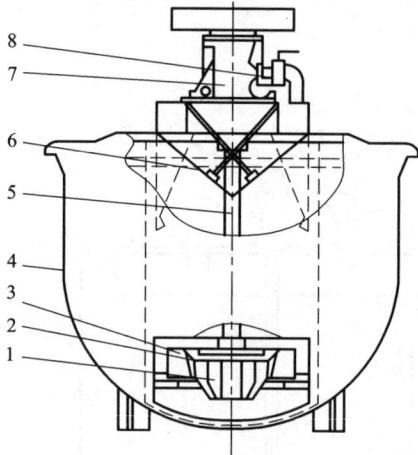

1—叶轮；2—空气分配器；3—定子；4—槽体；
5—空心主轴；6—推泡板；7—轴承体；8—空气调节阀。

图6-19　KYF型浮选机结构

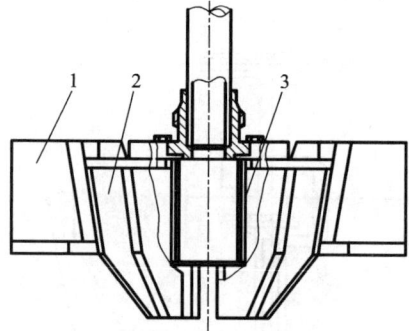

1—定子；2—叶轮；3—空气分配器。

图6-20　KYF型浮选机叶轮结构

KYF型浮选机的工作原理是，当叶轮旋转时，槽内矿浆从四周经槽底由叶轮下端吸入叶轮叶片间，与此同时，由鼓风机给入的低压空气，经风道、空气调节阀和空心主轴进入叶轮腔的空气分配器，通过分配器周边的孔进入叶轮叶片间，矿浆与空气在叶轮叶片间进行充分混合后，由叶轮上半部周边向斜上方排出，并经安装在叶轮四周斜上方的定子稳定和定向后，进入整个浮选槽。矿化气泡上升到槽子表面形成泡沫，经泡沫刮板刮到(或自溢至)泡沫槽中，部分矿浆再返回叶轮区进行再循环，重新混合形成矿化气泡，剩余的矿浆流向下一槽，直到最终成为尾矿。

（4）XCF型浮选机

XCF型浮选机为吸浆式充气机械搅拌浮选机，不仅具有一般充气机械搅拌式浮选机的优点，而且能自吸给矿和中矿，通常与KYF型浮选机配套使用。该浮选机的结构如图6-21所示，叶轮和定子系统如图6-22所示。

1—传动装置；2—轴承体；3—横梁；4—槽体；
5—中矿管；6—盖板；7—定子；8—叶轮；9—给矿管；
10—中心筒；11—连接管；12—空气调节阀；13—电机。

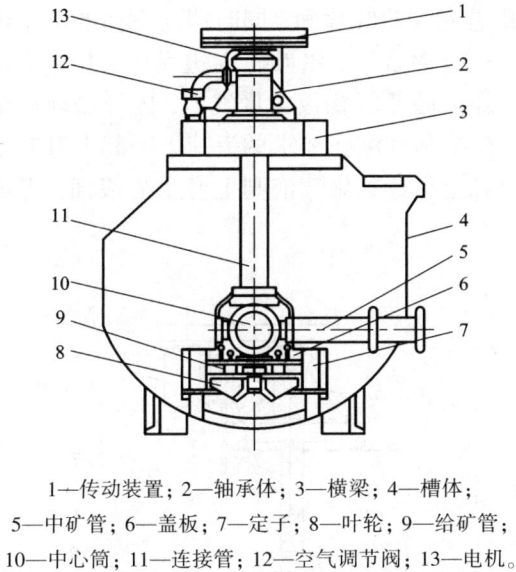

图 6-21 XCF 型浮选机结构

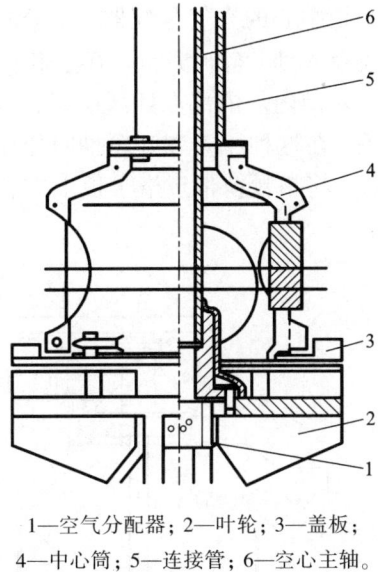

1—空气分配器；2—叶轮；3—盖板；
4—中心筒；5—连接管；6—空心主轴。

图 6-22 XCF 型浮选机叶轮和定子系统

XCF 型浮选机的槽体采用"U"形设计，有利于粗重矿粒返回叶轮区进行再循环，同时避免矿砂堆积，减少矿浆短路现象。叶轮由上叶片、下叶片和大隔离盘组成。上叶片为辐射直叶片，下叶片为后倾某一角度的多边形叶片，隔离盘直径大于或等于叶片外圆直径。上叶片主要从槽外吸入矿浆并与盖板一起组成吸浆区。下叶片负责矿浆循环和分散空气，称为充气区。隔离盘将充气区和吸浆区分开，空气分配器安装在叶轮充气区中。盖板是一种具有特殊结构参数的重要零件，它与叶轮上叶片一起组成吸浆区。盖板封闭上叶片，使上叶片中心区形成负压，同时还起到将吸浆区与槽内其他区隔离的作用，有效地防止充入的空气被导入到吸浆区，使吸浆得以实现。连接管的作用在于定位中心筒和盖板，连接管上设计有一排气装置，能及时将浮选机运转过程中产生的大量气体排出，防止出现连接管内空气及压力不断增加，上叶片中心区负压不断减小，最终无法吸入给矿和中矿的情况。

XCF 型浮选机的工作原理为：当叶轮旋转时，叶轮上叶片抽吸给矿及中矿，槽内矿浆从四周经槽底由叶轮下端吸入到叶轮下叶片间，由鼓风机给入的低压空气通过分配器进入叶轮下叶片间，矿浆和空气在叶轮下叶片间进行充分混合后，从叶轮下叶片周边排出，叶轮上下叶片排出的矿浆和空气混合物，经安装在叶轮周围的定子稳流定向后进入槽体内部，矿化气泡上升到槽子表面形成泡沫层，槽内矿浆一部分返回叶轮下叶片进行循环，另一部分通过槽壁上的流通孔进入下槽再选别。

（5）CLF 型浮选机

CLF 型浮选机是矿冶科技集团开发的充气式粗粒浮选机，其中 CLF-4 型浮选机有直流槽和吸浆槽 2 种，其结构如图 6-23 所示。直流槽和吸浆槽的主要区别在于叶轮结构不同，如图 6-24 所示。直流槽采用了单一叶片叶轮，它与槽体相配合可产生槽内矿浆大循环，分散空气效果良好。吸浆槽则采用了双向叶片叶轮，其下叶片高度比直流槽叶轮小，增强了吸浆能力，与槽体和格子板联合作用，充分保证了粗粒矿物的悬浮及空气分散。

CLF 型浮选机的工作原理是：当浮选机叶轮旋转时，由鼓风机给入的低压空气通过空心轴进入叶轮中心的空气分配器，由分配器周边的孔进入叶轮叶片间，同时假底下面的矿浆由叶轮下边吸入到叶轮叶片间，矿浆和空气在叶轮间充分混合后，沿叶轮周边甩出，并由定子稳流后进入槽内。内部循环区矿浆含大量气泡，而外部循环区含极少量气泡，内外循环矿浆产生压差，在这种压差和叶轮抽吸作用下，内部区矿浆和气泡在要求的流速下一起上升并通过格子板，将粗颗粒带至格子板上方，形成粗颗粒悬浮层，矿化气泡则上升至矿液面，形成泡沫层。

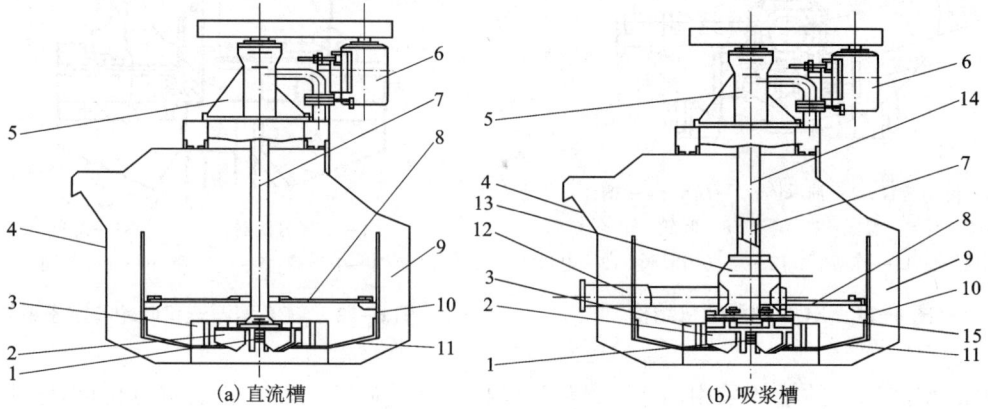

(a) 直流槽　　　　　　　　　　(b) 吸浆槽

1—空气分配器；2—转子；3—定子；4—槽体；5—轴承体；6—电动机；7—空心主轴；8—格子板；
9—循环通道；10—隔板；11—假底；12—中矿返回管；13—中心筒；14—连接管；15—盖板。

图 6-23　CLF-4 型粗粒浮选机

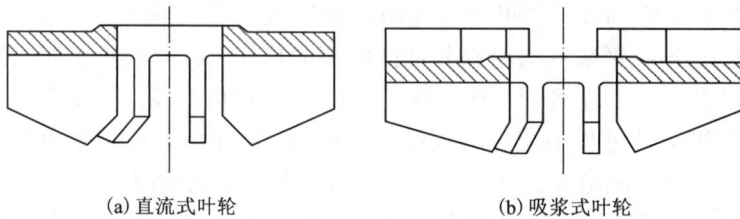

(a) 直流式叶轮　　　　　　　　　(b) 吸浆式叶轮

图 6-24　CLF-4 型粗粒浮选机叶轮结构

CLF-4 型浮选机的特点如下：①采用了新式的叶轮-定子系统及全新的矿浆循环方式，在较低叶轮周速下，粗粒矿物可悬浮在槽体中部区，而返回叶轮的循环矿浆浓度低，矿粒粒度细，有利于粗粒和细粒浮选；②槽内产生了上升矿浆，有助于附着有粗粒矿物的矿化气泡上浮，减少了粗粒矿物与气泡之间的脱附；③叶轮周速低，返回叶轮的循环矿浆浓度低且粒度细，叶轮和定子磨损小，功耗低；④叶轮与定子间的间隙大，随着叶轮和定子的磨损，充气和空气分散情况变化不大，可保证选别指标的稳定性；⑤格子板造成了粗颗粒悬浮层，减少了槽体上部区的紊流，有利于粗粒浮选，可处理粒度达 1 mm 的粗矿；⑥采用外加充气方式，充气量大，气泡分散均匀，矿液面稳定；⑦设计了吸浆槽，可使浮选机配置在同一水平上而不需要泡沫泵，且兼顾了细粒矿物的选别；⑧具有矿液面自动控制系统，易于操作和调整。

6.3　逆流矿化浮选设备

逆流矿化浮选设备是借助多孔筛板或喷嘴等方式将压缩空气从外部充入浮选槽体内的矿浆中的一类浮选设备。矿浆从槽体上方给入，受重力作用向下运动，气泡则在槽体底部产生，在浮力作用下向上运动。气泡和颗粒在槽体垂直方向逆向运动而发生碰撞和矿化。这类浮选设备以各种类型的浮选柱为代表。

浮选柱的核心部件是气泡发生器。不同类型浮选柱的槽体结构基本类似，而区别主要在于气泡发生器种类和结构的不同。最初的气泡发生器设置于浮选柱内部，一般为多孔的橡胶管和布料等。由于这类微孔气泡发生器易堵塞，故其没有大规模的工业应用。目前工业应用的浮选柱气泡发生器类型主要包括空气射流气泡发生器、线性混合气泡发生器和文丘里管气泡发生器 3 大类，如表 6-2 所示。

表 6-2　不同类型气泡发生器及浮选柱

气泡发生器类型	设备名称	气泡发生器名称	生产单位
空气喷射	KYZ-B	喷射气泡发生器	矿冶科技集团
	CCF	喷枪气泡发生器	中工矿业
	CPT	Slam Jet Sparger	Eriez
	COLUMNCELL	Sonic Sparger Jet	Outotec
线性混合	Microcel	Microcel Sparger	Metso
文丘里管	CSMFC	自吸式气泡发生器	中国矿大
	COLUMNCELL	Sonic Sparger Vent	Outotec
	CPT	Cav Tube	Eriez

6.3.1　微孔气泡发生器浮选柱

最早的浮选柱采用了微孔气泡发生器，主要为多孔陶瓷材料等，浮选柱的结构较为简单，即在一个柱体槽内安装有充气器（即气泡发生器），配有给矿器、泡沫槽及管网等，其结构如图 6-25 所示。

经浮选药剂处理后的矿浆，从柱体上部的给矿器均匀地给入，矿粒在重力作用下缓缓沉降，空气则由空气压缩机经浮选柱底部的充气器（即气泡发生器）不断压入，并经由气泡发生器产生细小的气泡，均匀地分布在柱体的整个断面上。细小气泡穿过向下流动的矿浆徐徐向上升浮。气泡和矿粒在这种对流运动中，相互接触和碰撞，实现逆流矿化。矿化气泡升浮至矿液面后形成泡沫层，自溢流流出或刮出泡沫便可得到泡沫产品，非泡沫产品则由柱体底部排出。

由于浮选柱的柱体通常较高，气泡和颗粒在运动过程中的轴向混合较为严重，从而影响浮选柱的效果。为减轻轴向混合效应，在柱体中加入充填介质，就形成了充填式浮选柱，其基本结构如图 6-26 所示，一般由柱体、填料、压缩空气管、给矿装置、泡沫产品溢流槽、尾矿锥、调节器和洗涤水管等组成。

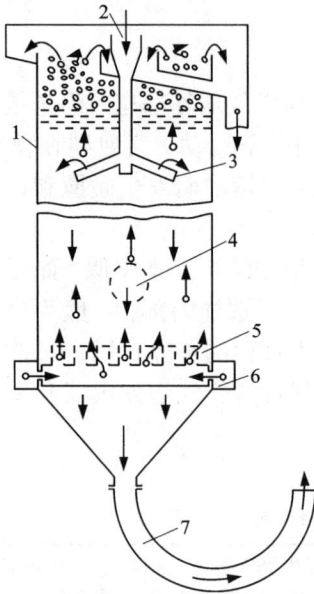

1—柱体；2—给矿槽；3—矿浆分配管；4—人孔；
5—充气器；6—环形供气管道；7—尾矿管。

图 6-25 微孔气泡发生器式浮选柱结构

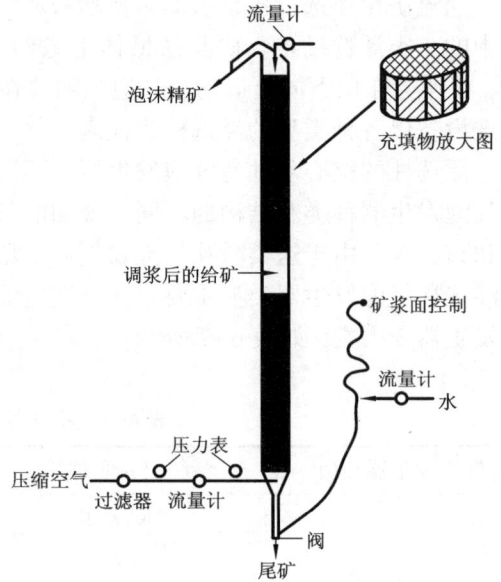

图 6-26 充填式浮选柱示意图结构

充填物的采用，可有效减少矿浆中颗粒和气泡的轴向混合作用，提高颗粒与气泡间碰撞的机会，此外，根据采用的充填式介质形状的不同，充填介质还可以起到产生细小气泡的作用。充填方式主要有填料充填、筛板充填和混合充填三种。合理的充填介质能显著改善气体在柱内的径向分布，有效防止气泡兼并等，但充填方式不当，又会出现易堵塞、停车须放矿等问题。

充填介质的作用主要包括：①改变并控制浮选柱内流体的流动状态，实现浮选过程的"柱塞流"（即浮选柱同一截面上，矿浆和气泡的流速均相等，像"柱塞"流一样平行且有规则地向前推进）；②强化浮选柱内三相体系之间的能量交换，是一条提高柱浮选逆流碰撞与矿化效率的有效途径；③气泡在升浮过程中不易兼并；④充填介质对泡沫层具有支撑作用，使分选过程更稳定。

6.3.2 空气喷射气泡发生器浮选柱

典型代表为 SlamJet 空气喷射气泡发生器，其外形和运行状态分别如图 6-27(a)和(b)所示。气泡发生器喷口插入浮选柱底部矿浆中，通过高压空气(0.2~0.7 MPa)穿过直径 1 mm 的喷孔形成高速空气流剪切矿浆，产生大量微细气泡。空气喷射气泡发生器的喷嘴和针阀由耐磨材料制成，以提高其使用寿命。

当前应用较广泛的空气喷射气泡发生器浮选柱主要有矿冶科技集团的 KYZ-B 型浮选柱、中工矿业的 CCF 型浮选柱、加拿大的 CPT 型浮选柱和奥图泰(Ototec)公司的 COLUMNCELL。

(a)气泡发生器

(b)运行状态

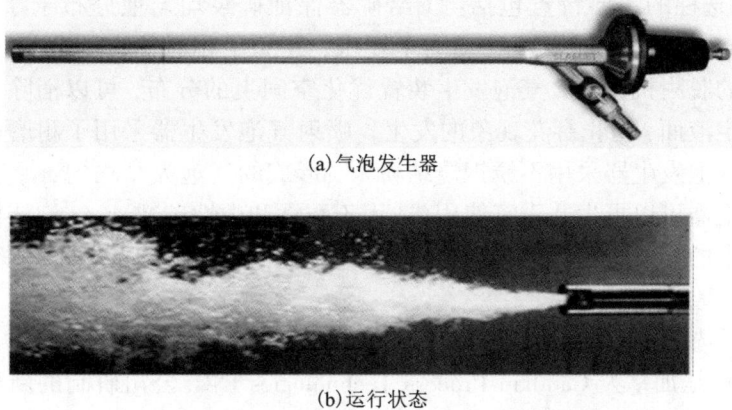

图 6-27　SlamJets 气泡发生器(a)和运行状态(b)

(1)KYZ-B 型浮选柱

KYZ-B 型浮选柱由矿冶科技集团研制开发,其结构如图 6-28 所示,主要由柱体、给矿系统、气泡发生系统、液位控制系统、泡沫喷淋水系统等构成。

给矿器能保证矿浆均匀地分布于浮选柱的截面上,速度较小且不会干扰已经矿化的气泡脱落。泡沫槽增加了推泡锥装置,能缩短泡沫的输送距离,加速泡沫的刮出。充气量易于调节,操作简单方便。此外,能合理安排冲洗水系统的空间位置和控制冲洗水量大小,提高泡沫堰负载速率,泡沫可及时进入泡沫槽,有利于消除泡沫层的夹带,提高精矿品位。

尾矿箱可以根据不同选矿厂的处理量和选矿工艺进行设计,即保证尾矿流速小于矿化气泡的上升速度,同时又具有最优的处理量,避免矿化气泡从尾矿中被夹带排走。通过控制给气、加药、补水、调节液面,可迅速改变浮选过程,实现自动控制。

采用空气压缩机作为气源,气体经总风管送至各充气器并产生微泡,从柱体底部缓缓上升。矿浆由距顶部柱体约 1/3 处给入,经给矿器均匀分布后,缓缓向下流动,矿粒与气泡在柱体中逆流碰撞,疏水性矿物附着在气泡上形成矿化气泡并上浮到泡沫区,经过二次富集后的产品从泡沫槽流出。亲水性矿物颗粒则随矿流下降至尾矿管排出。

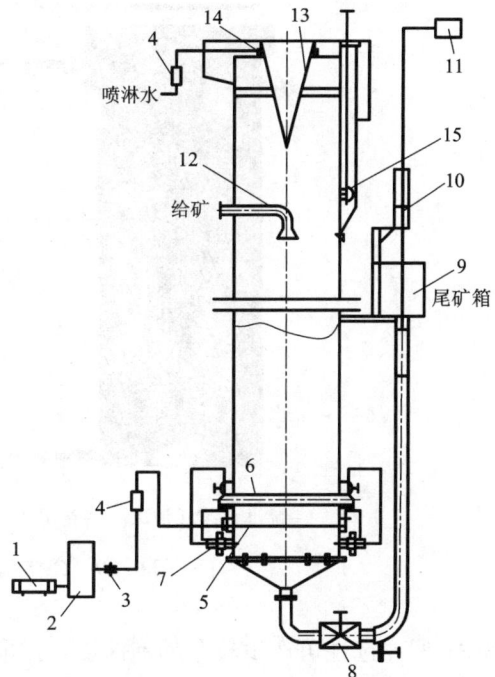

1—风机;2—风包;3—减压阀;4—转子流量计;5—总水管;6—总风管;7—充气器;8—排矿;9—尾矿箱;10—气动调节阀;11—仪表箱;12—给矿管;13—推泡器(锥);14—喷水管;15—测量筒。

图 6-28　KYZ-B 型浮选柱结构

KYZ-B 型浮选柱的主要特点包括：①给矿器保证矿浆均匀地分布于浮选柱的截面上。气泡发生装置所产生的气泡满足浮选动力学要求，建立了相对稳定的分离区和平稳的泡沫层，减小了矿粒的脱附机会。②气泡发生装置优化空间上的分布，可以消除气流余能，形成细微空气泡，稳定液面，防止翻花现象的发生。喷射气泡发生器采用了耐磨的陶瓷衬里，使用寿命长；微孔气泡发生器采用不锈钢烧结粉末，形成的气泡大小均匀，浮选柱内空气分散度高，该气泡发生器可以再生并重复使用(适用于酸性和中性矿浆)。③泡沫槽增加了推泡锥装置，缩短泡沫了的输送距离，加速了泡沫的刮出。④给气、加药、补水、调节液面实现了自动控制。

（2）CPT 型浮选柱

CPT 型浮选柱是加拿大 Candian Process Technologies INC. 公司研制的新型浮选柱，在世界各地得到了广泛应用，其结构如图 6-29 所示。

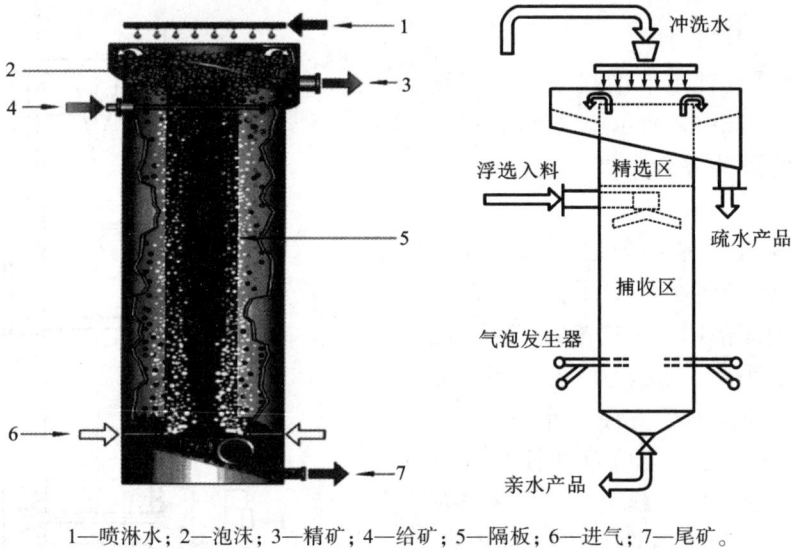

1—喷淋水；2—泡沫；3—精矿；4—给矿；5—隔板；6—进气；7—尾矿。

图 6-29　CPT 型浮选柱结构示意图

CPT 型浮选柱可产生较厚的泡沫层，并采用泡沫喷淋水来保持柱体内的下行流，减少泡沫产品中亲水性颗粒的夹杂污染。为了产生更大的气泡表面积，除采用空气喷射气泡发生器外，CPT 型浮选柱还采用了一种基于水动力气穴原理的工业化喷射装置(图 6-30)，即文丘里管气泡发生器。水动力气穴现象是在外力作用下，由于液-液或固-液界面的破裂，导致气泡产生和长大的过程。在溶液中的某处，由于高流体速度的作用，其压力降低至液体的蒸气压时，就会产生水动力气穴现象，空气或充满气泡的蒸汽被流体瞬间带至高压区，从而产生气泡，且气泡尺寸可以独立控制。因此，这种浮选柱的性能优于其他浮选柱。

矿浆从浮选柱顶部以下 1~2 m 的给矿口给入，从上向下做干扰沉降运动，底部气泡发生器产生的微小气泡在浮力作用下从下往上运动，逆向流动的气泡和颗粒在捕收区发生逆流碰撞完成矿化过程，随后疏水矿物黏附在气泡上向上运动最终成为泡沫产品，亲水矿物向下运动进入底流。

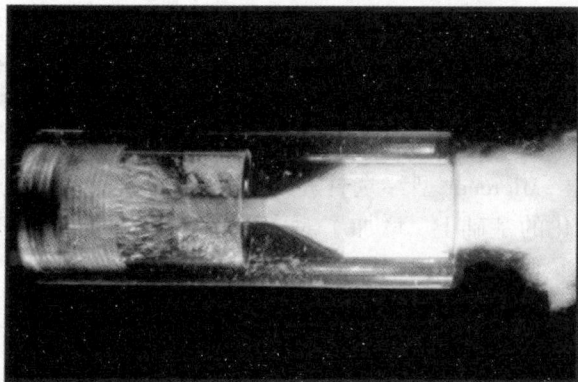

图 6-30　基于水动力气穴原理的工业化喷射装置

CPT 型浮选柱的基本特点包括：①使用独立的气泡发生器，具有能耗低、易维护等优点。②高柱体能实现较长的矿浆停留时间，利于提高细粒级回收率。③厚泡沫层配合冲洗水可获得高的精矿品位。

6.3.3　线性混合气泡发生器浮选柱

典型的线性混合气泡发生器 CISA/Microcel 如图 6-31 所示，其从浮选柱内抽取中矿矿浆，在静态混合器作用下矿浆切割空气产生大量细小气泡，同时强化中矿中难选颗粒和气泡间的作用，增加矿粒和气泡的碰撞概率，提高精矿回收率。

现今工业应用线性混合气泡发生器的浮选柱主要为美卓公司的 Microcel 型浮选柱，其主体结构和 CPT 型浮选柱类似，如图 6-32 所示。

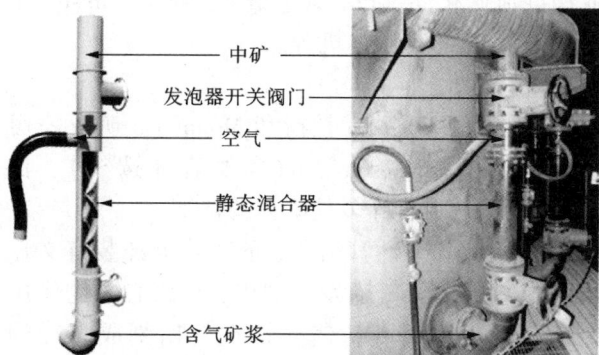

1—槽体；2—泡沫槽；3—给矿管；4—泡沫淋洗管；
5—中矿循环泵；6—环形矿浆管；7—线性混合发泡器；
8—环形气管；9—精矿管；10—尾矿管。

图 6-31　CISA/Microcel 气泡发生器　　图 6-32　Microcel 型浮选柱结构示意图

原矿浆从柱体上方给入，不同的是采用了中矿循环泵抽取槽体内矿浆，矿浆经过充气的线性混合气泡发生器，产生的气泡矿浆混合物被输送至槽体底部。原矿浆向下运动，气泡向上运动，在槽体内完成逆流矿化。Microcel 型浮选柱是在 CPT 单一对原矿逆流矿化的基础上，增加了对中矿进行的混流矿化，进而强化了浮选速率较小的细颗粒的回收效果。

6.3.4 文丘里管气泡发生器浮选柱

艺利(Eriez)公司研发的文丘里管气泡发生器 CavTube 和使用 CavTube 的浮选柱如图 6-33 所示。同样地，使用离心泵从浮选柱中抽取中矿矿浆，矿浆通过文丘里管气泡发生器时产生高速射流，吸入并剪切空气，在产生大量细小气泡的同时，强化了矿粒和气泡间的作用，提高了精矿回收率。

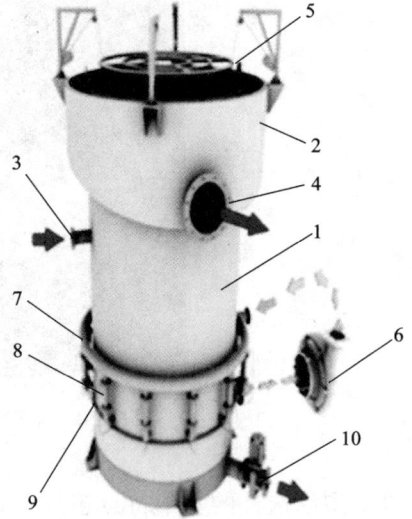

1—柱体；2—泡沫槽；3—给矿管；4—精矿管；
5—泡沫淋洗管；6—中矿循环泵；
7—环形矿浆管；8—文丘里管气泡发生器；
9—环形气管；10—尾矿管。

图 6-33 CavTube 气泡发生器及浮选柱

6.4 混流矿化浮选设备

1912 年出现了基于机械搅拌式浮选机设计的混流矿化浮选机，其结构如图 6-34 所示。这种混流矿化浮选机，采用了独立的矿化室。在矿化室内设有搅拌叶轮，通过叶轮的高速搅拌实现矿化作用，矿化后的矿浆再进入分离室，实现亲水和疏水矿物的分离。

20 世纪 60 年代出现了第一台高效的管流式混流矿化浮选机 Davcra cell，其结构如图 6-35 所示，空气和矿浆经过旋流器形式的混流矿化器实现矿化，矿化后的矿浆通过喷嘴射入浮选槽体内，高速的射流击打在垂直挡板上进一步强化了颗粒和气泡间的作用，随后矿浆在挡板的阻挡作用下向上运动进入富集分离区，实现亲水和疏水矿物的分离。

在此之后，相继研制出了多种类型的工业型混流矿化浮选机，其中最典型的有 Jamson 浮选机、Concorde cell 浮选机、Imhoflot cell 浮选机和 Stack cell 浮选机等。

（1）Jameson 浮选机

基于 Davcra cell 浮选机，澳大利亚 Newcastle 大学的 Jameson 教授和 Mount Isa 矿业公司联合研制出了当前应用最广泛的混流矿化浮选机——Jameson cell（詹姆森浮选机）。自 1986 年出现至今，Jameson 浮选机已成功用于煤、铜、铅和锌等多种矿物的选别。

Jameson 浮选机的结构如图 6-36 所示，主要由槽体和下冲管组成，下冲管上部装有文丘里管气泡发生器，而下部则插入槽体底部区域。在文丘里管气泡发生器中，在离心泵的作用下矿浆高速通过喷嘴形成射流，高速矿浆射流形成负压吸入空气并将空气切割成直径约 0.1~0.6 mm 的微泡，并完成矿化过程。矿化后的矿浆在下导管中向下运动进入浮选机槽体。随后，矿化气泡向上运动进入泡沫层，而亲水矿物进入底流。

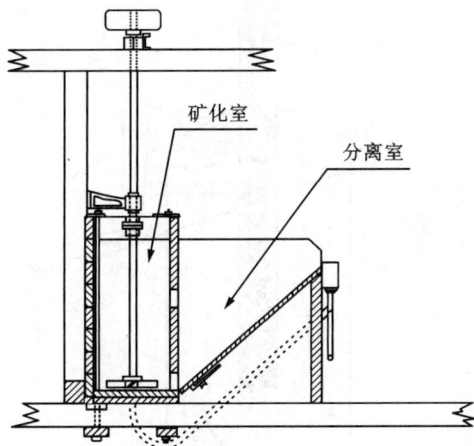

图 6-34 矿化分离浮选机结构示意图

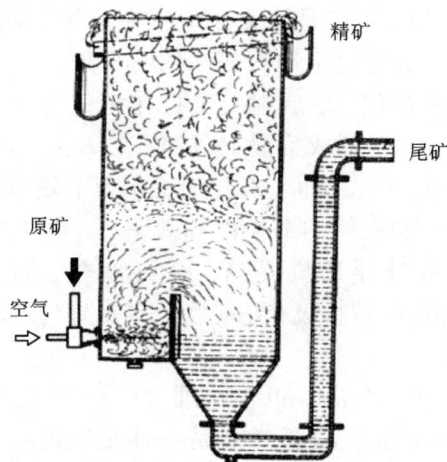

图 6-35 Davcra cell 浮选机结构示意图

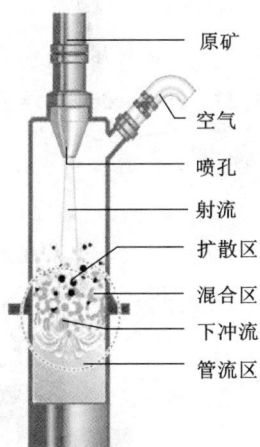

图 6-36 Jameson cell 结构示意图

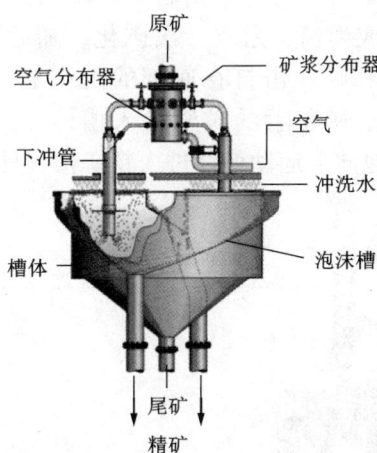

詹姆森浮选机除具有普通浮选柱的优点外，本质上还消除了因柱体过高而带来的一些缺点。混有药剂的矿浆用泵打入导管的混合头内，经过喷嘴形成喷射流而产生一个负压区，从而吸入空气并产生气泡，形成了稳定的气、液、固三相混合流，从而避免了常规浮选柱压入空气所引起的问题。气泡矿化过程是在下导管（下冲管）内完成的，由于下导管内矿浆溶气率高达 40%~60%，而普通浮选柱溶气率仅为 4%~16%，因此其矿化速度快且浮选效率高。

与传统机械搅拌浮选机相比，Jameson 浮选机由于采用了文丘里管气泡发生器，产生了微泡并强化了气泡和颗粒的作用，具有细粒浮选效果好和矿浆停留时间短的明显优势。此外，还具有节能、槽体高度低、占地面积小、自动化程度高和生产稳定、使用寿命长等优点，但詹姆森槽也存在诸如喷嘴的堵塞与磨损等问题。

（2）Concorde cell 浮选机

基于 Jameson cell 浮选机，Jameson 教授研制出通过三次矿化来提高细粒浮选效果的

Concorde cell 浮选机，其结构如图 6-37 所示。原矿矿浆首先通过文丘里管完成第一次矿化，然后矿浆通过下冲管底端的喷口形成射流完成第二次矿化，最后射流击打在矿化管下方的碗形反射底，形成旋涡完成第三次矿化。通过三次矿化，Concorde cell 浮选机实现了较小矿浆停留时间和良好的细粒浮选效果，其浮选速率比机械搅拌浮选机提高了近 100 倍，且对 4 ~ 150 μm 的宽粒级有用矿物具有良好的浮选回收效果。

（3）Contact cell 浮选机

Contact cell 浮选机是一种充气式混流矿化浮选机，其结构和工作原理如图 6-38 所示。高压空气和矿浆进入气泡发生器后混合产生微泡并强化气泡和颗粒的作用。矿化后的矿浆通过孔板上的小孔形成射流，完成二次矿化。随后矿浆经过下导管和喷口击打在底部的内锥上，完成第三次矿化。矿化后的矿浆进入槽体后，疏水矿物随着气泡向上运动最终进入精矿槽，而亲水矿物进入底流。

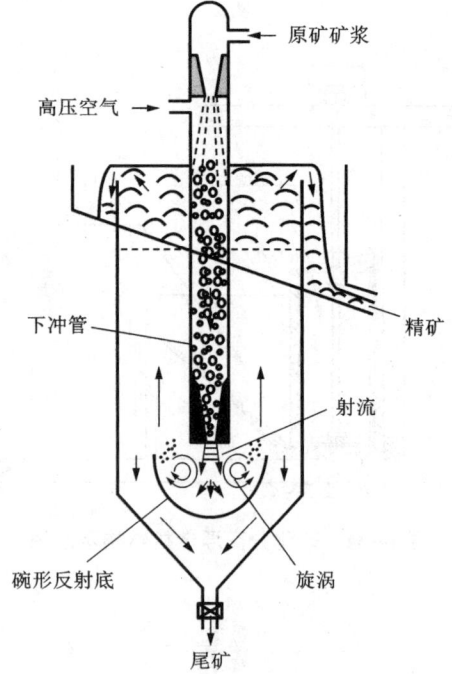

图 6-37　Concorde cell 浮选机结构示意图

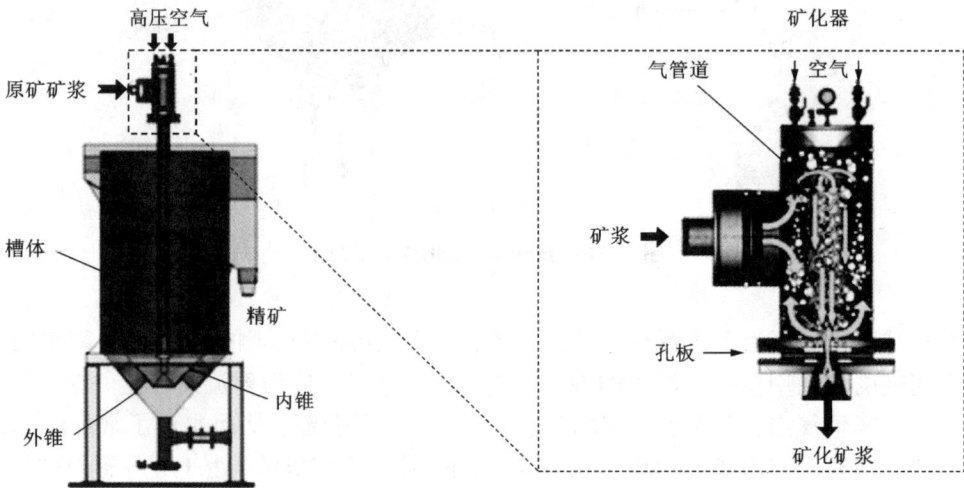

图 6-38　Contact cell 浮选机结构和工作原理示意图

（4）Imhoflot cell 浮选机

借助文丘里管矿化方式矿化效率高的优势，通过特定槽体和文丘里管的配合使用，粗粒和细粒的浮选可得到强化。南非 MAELGWYN（迈尔格恩）公司于 20 世纪 80 年代研究出了使用文丘里管发泡技术的 Imhoflot V-cell 粗粒浮选机和 Imhoflot G-cell 细粒浮选机。Imhoflot

V-cell 粗粒浮选机结构如图 6-39(a)所示,完成调浆的矿浆经过槽体上方的文丘里管气泡发生器矿化后,通过下导管进入槽体底部的矿浆分配器中,矿浆分配器将矿浆均匀地散布在槽体内,矿化气泡向上运动最终进入精矿槽,而亲水矿物向下运动最终进入底流。

Imhoflot V-cell 提高粗粒浮选效果的措施主要有以下几点:

①文丘里管矿化方式配合低槽体设计,减小矿浆停留时间,减少粗颗粒脱附概率。

②文丘里管气泡发生器产生高气含率矿浆,以利于粗颗粒的回收。

③可调节的倒圆锥形推泡锥有利于提高精矿泡沫的流量,减少粗粒在泡沫层的停留时间,从而减少粗颗粒脱落。

④喷口向上的矿浆分配器有利于提高粗颗粒的上升速度,减少粗粒停留时间,从而减少粗颗粒脱附概率。

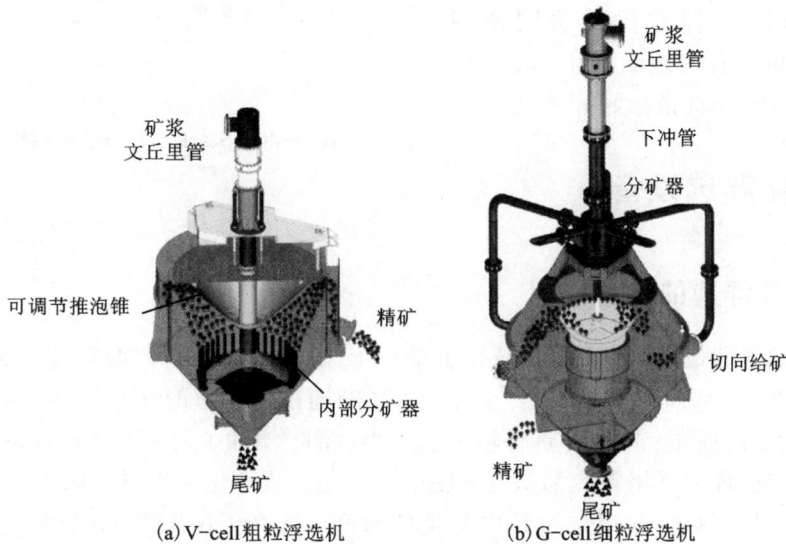

(a)V-cell粗粒浮选机　　　　　　(b)G-cell细粒浮选机

图 6-39　Imhoflot cell 浮选机结构示意图

Imhoflot G-cell 细粒浮选机结构如图 6-39(b)所示,槽体形状上部为圆锥,而槽体下部为倒圆锥形。调浆后的矿浆经过槽体上方的文丘里管气泡发生器矿化后沿着底部倒圆锥的切向方向给入,在底部圆锥作用下,强化了细颗粒矿化气泡向上运动,在顶部圆锥形槽体和中间圆柱形精矿槽的作用下,槽体径向截面积变小,精矿泡沫加速流入精矿槽。粗粒脉石矿物则在底圆锥作用下进入底流。Imhoflot G-cell 提高细粒浮选效果的指标主要有以下几点:

①下部倒圆锥槽体设计,提高了细颗粒回收率,强化了细颗粒与粗颗粒的分离。

②上部圆锥和中部精矿槽设计,提高了泡沫的流量,提高了细颗粒的回收率。

(5)Stack cell 浮选机

除了使用单一混流矿化方式的浮选机外,还有多种矿化方式组合使用的浮选机。美国 Eriez 公司的 Stack cell 浮选机就是通过文丘里管混流矿化和机械搅拌矿化的协同作用,强化细粒浮选效果的浮选设备,Stack cell 浮选机结构如图 6-40 所示。

Stack cell 浮选机是一个两级机械浮选槽,将分选槽内隔离出一个单独的颗粒捕收槽(反应室）。颗粒捕收槽的作用是最大限度地集中能量用于气泡与颗粒间的碰撞，且最小限度地将能量传输到分离槽，减少返混，提高精矿品位。与传统浮选槽相比，可显著减少停留时间，能量输入仅用于气体弥散和气泡-颗粒间的碰撞与黏附。

工作过程中，首先通过文丘里管气泡发生器完成第一次矿化，随后矿浆进入反应室，在叶轮的搅拌下完成第二次矿化，完成两次矿化后的矿浆进入槽体后，在槽体内完成有用矿物与脉石矿物的分离。由于混流矿化和机械叶轮搅拌矿化的协同使用，Stack cell 浮选机具有占地面积小、能耗小、处理能力大和细粒浮选指标好等优点。

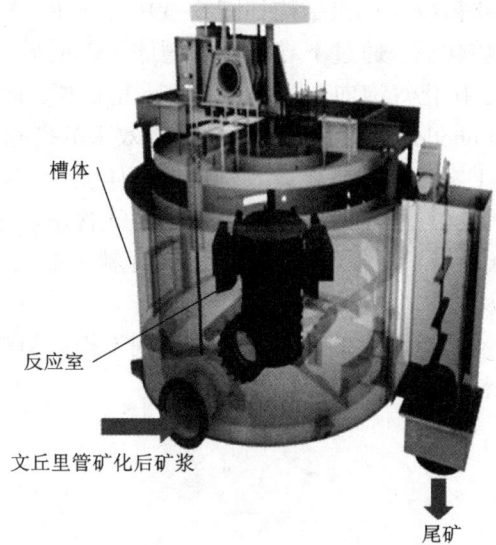

图 6-40　Stack cell 浮选机结构示意图

6.5　流态化浮选设备

6.5.1　流态化浮选的基本原理

不同于常规浮选过程，流态化浮选技术是基于流态化干涉沉降原理，即：颗粒在干涉环境中，沉降末速小，从而降低了颗粒与气泡之间的速度差；薄泡沫层减少了矿化气泡穿过浆-气界面而造成的脱落；同时浮选环境中引入小气泡，增加了对粗颗粒矿物的捕收概率，有效减轻了常规浮选环境下粗颗粒易从气泡脱落的问题。流态化浮选具有以下特点：

①流化床延长了颗粒在浮选过程中的停留时间，提高了碰撞和回收概率。三相流化床（即固液气）浮选给料浓度比常规浮选机给料浓度高，矿浆黏度增加降低了粗颗粒沉降速度；保证了粗颗粒的悬浮和均匀分散，改变了传统浮选机依靠叶轮强力搅拌维持颗粒悬浮的方式。

②小气泡的"二次捕集"作用，加速了大气泡的黏附。

基于 Miettinen 等人的研究，矿浆中小气泡的存在对粗粒浮选是有益的。小气泡在矿浆中密布在粗颗粒矿物上，有助于大气泡的黏附，如图 6-41 所示。流态化环境中的大气泡，易在高浓度矿浆的颗粒与颗粒之间的缝隙中弥散成小气泡，提高了粗颗粒的浮选速率。

③薄泡沫层减少了矿化气泡穿过泡沫层而造成的脱落。

一般来说，气泡浮力不足以将粗颗粒从分离区运送至泡沫区，且形成的矿化气泡强度低。薄的泡沫层使矿化气泡不需要具有足够的

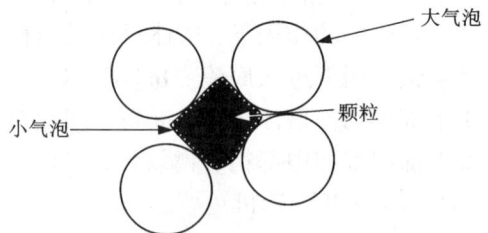

图 6-41　小气泡"二次捕集"作用示意图

浮力就能穿过矿浆-泡沫层分界面，避免了常规浮选机和浮选柱泡沫层厚而造成粗颗粒难以回收的困难。

④流化床的低紊流分选环境中，颗粒的临界接触角变小，低解离粗颗粒的接触角易大于临界接触角，浮选行为更容易发生。

6.5.2　典型流态化浮选设备

目前工业生产中应用的典型流态化浮选设备主要有 Hydro float 浮选机、Nova cell 浮选机和 Reflux flotation cell 浮选机等。

（1）Hydro float 浮选机

Hydro float 浮选机由位于上部的矩形横截面的分选槽和位于下部的脱水圆锥组成，如图 6-42 所示。

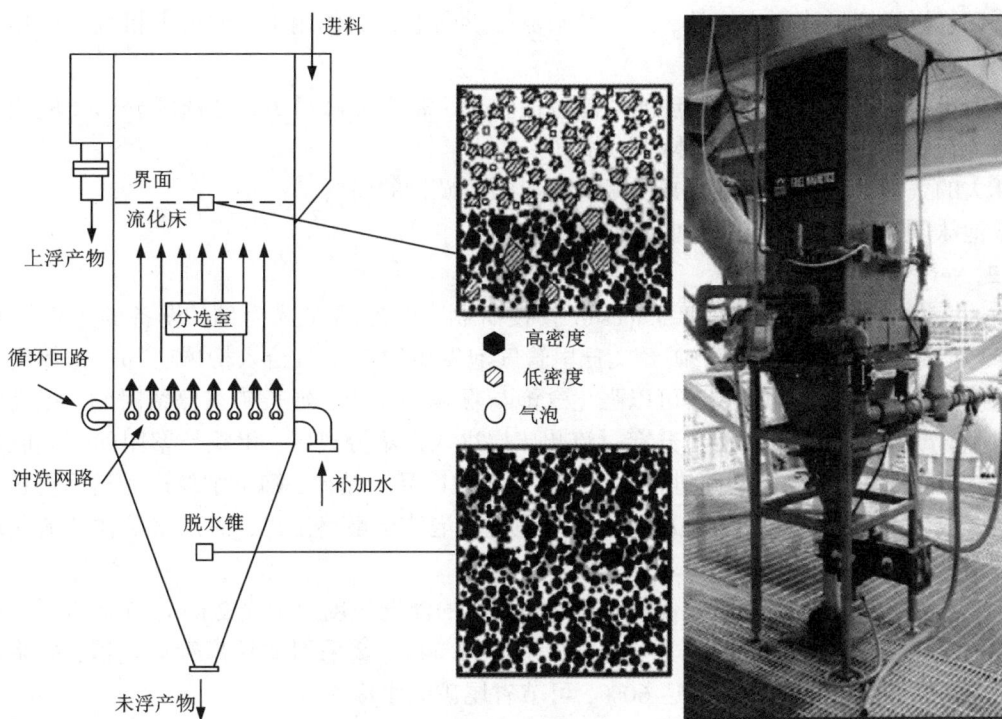

图 6-42　Hydro float 浮选机结构及实物示意图

与两相流态化分选机工作类似，Hydro float 浮选机也是通过分选室底部整个横截面的网状管路供给流态化水。注入压缩空气，向流态化水中添加少量起泡剂，以连续向流态化床充气。在离心泵组成的闭路中，水通过高剪切混合器循环，气体分散为小气泡。在流态化床中，气泡固着在疏水颗粒上，因而，降低了气泡-颗粒集合体的有效密度。颗粒可以是天然疏水的，也可以通过添加浮选捕收剂使其疏水化。较轻的气泡-颗粒集合体上升到较高密度流态化床的顶部，进而从分选室的顶部溢出。

与常规浮选机不同，气泡-颗粒集合体上升到槽子顶部不需要很大浮力。干扰床的流态

191

化效应推动低密度气泡-颗粒集合体溢流到溢流产品槽中。亲水颗粒不固着在气泡上,而是继续向下运动进入流态化床,最终穿过流化床沉降到脱水锥中。通过分选机底部的控制阀门,这些颗粒以高固体流(含75%固体)排出。安装在分选室旁边的压力传感器发出的控制信号开启和关闭阀门,可使流态化床保持恒定的有效密度。

Hydro float 浮选机主要通过以下几点措施提高粗粒浮选效果:

①上升水流和气泡的共同作用提高了粗颗粒受到的浮升力。

②高浓度矿浆提升了粗颗粒的浮力,增加了气泡和颗粒的碰撞概率,逆流矿化方式增加了矿浆停留时间。

③流态化流场减少了径向混合和湍流强度,利于减少粗颗粒的脱落。

与传统的机械搅拌式浮选设备相比,Hydro float 浮选机具有以下特点:

①给矿矿浆浓度大,增加了矿物颗粒与气泡的碰撞概率,同时流态化床层的形成,降低了颗粒的干扰沉降速度,增加了碰撞概率。

②矿浆以逆流形式给入槽体,在上升水流提供向上力的作用下,增加了粗颗粒矿物的停留时间,从而提高了选别指标。

③无机械搅拌机构,单位处理能力能量消耗低,需要维修量少,分选区分选环境相对平稳,从而减小了气泡-矿粒集合体的脱附概率。

④大的气泡矿物颗粒簇的形成,减少了粗颗粒矿物的脱落。

⑤泡沫层薄,不利于回收细粒矿物。

(2)Nova cell 浮选机

Nova cell 浮选机由澳大利亚 Jameson 教授研制,以煤的浮选为例,设备的工作原理如图6-43所示。原矿和返回的中矿经文丘里管气泡发生器矿化后给入槽体底部。槽体底部为矿浆浓度高达60%的流化床层,可以强化气泡与颗粒的作用,延长矿浆停留时间,提高粗颗粒回收率。疏水颗粒随着气泡上升穿过流化床层进入富集分离区,粗颗粒絮团回落被收集为中矿,中矿使用0.5 mm振动筛进行筛分,筛上粗粒产品为精矿,筛下细粒产品返回再选。富集分离区较细或疏水性更好的疏水矿物随气泡进入泡沫层最终溢出,而亲水矿物从流化床层的上端以高达60%的浓度排出。

Nova cell 浮选机主要有以下优点:①提高煤矿的浮选粒度上限至2 mm,而通常浮选机和浮选柱的煤矿浮选粒度上限分别为0.3 mm和0.15 mm。②采用文丘里管矿化器,矿浆处理能力大,能耗低。③尾矿浓度高达60%,可节省尾矿脱水成本。

(3)Reflux flotation cell 浮选机

Reflux flotation cell(RFC)浮选机结合使用了微孔管混流矿化、斜板、流态化分选多个技术,其工作原理如图6-44所示。

通过槽体上方的新型微孔管混流矿化器产生高气含率小气泡的三相矿浆。矿浆进入流化床层后,向下的冲洗水,使得亲水矿物向下运动进入底流,可减少精矿中脉石的夹杂,疏水矿物随着气泡向上运动进入精矿管排出。流化床下方为斜板区间,可以避免高速向下运动的气泡短路进入尾矿。

与 Nova cell 浮选机使用水实现流态化不同的是,RFC 浮选机使用空气实现流态化,流态化区位于槽体上部,从上部进入的水主要起冲洗和降低气泡上升速度,增加矿浆停留时间的作用。

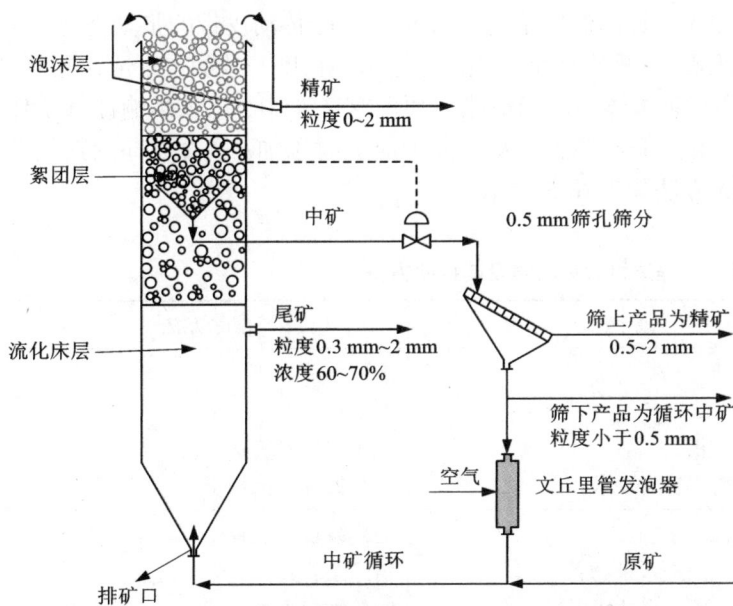

图 6-43 Nova cell 浮选机结构和工作原理示意图

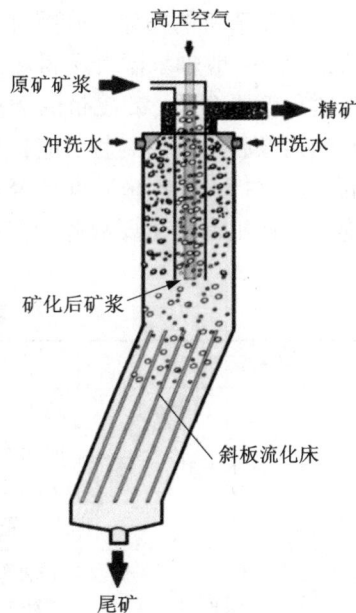

图 6-44 Reflux flotation cell 浮选机结构和工作原理示意图

RFC 浮选机具有以下优点：①新型微孔管混流发泡方式可产生有利于细粒回收的微泡，而高气含率有利于粗颗粒的回收。②取消泡沫层，向下的冲洗水不仅可以提高精矿品位，而且可以通过提高精矿流量来提高精矿回收率。②斜板流化床可避免矿浆短路进入尾矿。

6.6 浮选设备管理与维护

对于机械矿化浮选机、逆流矿化浮选机和混流矿化浮选机，后面两种浮选机的工作原理相近，为此，这里以机械搅拌矿化浮选机和逆流矿化浮选柱为代表，介绍浮选设备的安装和操作维护。

（1）机械搅拌矿化浮选机

虽然机械搅拌矿化浮选机种类较多，结构也各不相同，但是对这类浮选机的安装、操作和维护的基本要求是相同的。

①浮选机的安装。浮选机的组合装配可分多种形式（一槽一闸门、两槽一闸门和多槽一闸门），给矿管的位置亦可灵活地确定，刮板传动的位置分左右安装。总之，浮选机各部件均可满足多种浮选工艺配置的需要。安装浮选机应按选矿厂设计的浮选工艺流程图进行槽体组合，安装槽体时并不需要专门的基础，也无需用螺栓固定。

当浮选机安装完毕，在开动之前，应仔细检查和清理浮选槽，然后进行空车试运转，并逐渐加入清水运转（注意调整循环孔的大小），直至给矿，同时应注意叶轮体是否有振动和冲击现象。在启动电动机时，应注意电动机轴的正确旋转方向，必须保证叶轮按顺时针方向旋转（俯视）。在使用时要注意矿浆液面的调整（闸门打开的程度），只有及时地调整矿浆液面高度，才能保证有效地刮出泡沫并防止矿浆溢流到泡沫槽中。

②浮选机的操作。在操作浮选机过程中应经常检查：a.电动机和叶轮体中滚动轴承的过热情况，一般轴承温升不得超过 35 ℃，最高温度不得超过 65 ℃；b.传动皮带的张紧情况，其张紧程度要合适；c.皮带的磨损情况，发现有严重磨损时，应选择长度一致的皮带成组更换；d.油封橡胶圈的密封性，应特别注意轴承体中的润滑脂不要漏到矿浆中，以免影响浮选工作的正常进行；e.各润滑点是否有足够的润滑脂，如发现油少应及时添加；f.槽中有无其他杂物。浮选机常见主要故障及其排除方法如表 6-3 所示。

表 6-3　浮选机常见故障及其排除方法

故障现象	原因	排除方法
轴承发热	缺少润滑油； 油质不良； 主轴安装不正； 叶轮静平衡不符合要求	加油； 换油； 校正主轴安装精度； 叶轮做静平衡校正
支座摆动	主轴弯曲； 叶轮与定子间进入杂物； 叶轮静平衡不符合要求	更换或校正主轴； 清除杂物； 叶轮做静平衡校正
三角带磨损加剧	三角带长短不一； 三角带张紧不当； 两带轮端面不同平面	统一更换； 调节张紧程度； 校正两带轮相互位置

③浮选机的维护。在维护过程中应做到：a.在更换被磨损的叶轮和定子时，应用垫片调整好叶轮和定子之间的间隙，使间隙保持在 6~10 mm；b.在安装叶轮之前应检查保护主轴用的胶管是否磨损，如磨坏应更换新管；c.当轴承因磨损而导致轴向间隙过大时，只要调整里外座圈的压紧程度即可；d.若发现轴承体下盖油封漏油，应及时更换新油封，并注意不要压得太紧。

同其他设备一样，浮选机也应该按要求进行检修，其检修周期及内容是：a.小修的周期为 3~6 个月，主要检查叶轮、定子的损坏情况，并对主轴承进行换油；b.中修的周期为 6~12 个月，主要更换主轴部轴承、轴承体、叶轮和定子；c.大修的周期为 60~120 个月，主要更换槽体、泡沫槽、给矿箱、中间箱和尾矿箱。

（2）逆流矿化浮选柱

①浮选柱的安装与操作。安装浮选柱时要找正水平，并用螺栓将下柱体牢固地连接在基础上，然后再连接中间圆筒和上柱体及其他部件。

开车时先向充气管送风，经检查没问题后，再向柱中加清水，待清水盖住充气管后，打开尾矿连接管的闸门，见到清水能够流出后，即可开始给入矿浆，同时停止给水，微开尾矿管闸门形成尾矿流，随着矿浆液面的升高，尾矿管闸门也随之逐渐打开，当有精矿泡沫产出时，调整尾矿管闸门，达到尾矿排出量与进矿量平衡的程度，以保持液面恒定。

②浮选柱的维护。为了保证浮选柱的正常运转，要求严格控制好给矿量、风量和风压，并及时观察是否有下列情况出现：a.翻花。造成翻花的主要原因是空气管破裂和给入空气的压力太高。消除方法是调整风压。如仍有翻花则应停车，检查充气管是否破裂或存在未压紧

的现象，排除故障后方可开车。b.尾矿管堵塞。这是操作中最容易发生的故障。原因多是矿浆中的矿石粒度太大，或者给矿量突然增大和尾矿管闸门开得太小，以及柱中落入其他杂物等。排除方法是：事先应在排矿管最下端的适当位置安装高压水管或高压风管，一旦发生堵塞，可用高压水或压缩空气来疏通。检查粒度与给矿量是否正常，直至调到正常。c.泡沫量减少。主要是由于空气量太少或药剂制度有问题，消除办法是增大风量和调整药剂量，以及控制矿浆的搅拌调浆时间。

浮选柱停车时，应先停止给矿，同时将尾矿管闸门适当地关闭并注入清水，依靠补加水将矿化泡沫去除后，停止给药和注水，将尾矿管闸门全部打开，直至放完矿浆，并用清水冲洗干净(避免空气管微孔堵塞)，最后才停止供风。

在事故停车时，操作人员应立即将尾矿管闸门全部打开，同时关闭给矿管，使柱中的矿浆迅速放完，避免出现淤塞现象，并用清水冲洗空气管。风室中的积水也应放净。另外，每天要放掉一次风包中的油水，避免机械油混入矿浆中而影响浮选作业指标。

本章主要思考题

(1)简述浮选设备的基本工作原理。
(2)浮选设备性能要求包括哪些？按矿化方式的不同主要有哪些？
(3)简述机械搅拌矿化、逆流矿化和混流矿化的区别。
(4)机械搅拌矿化浮选机有哪几大类？典型浮选机分别有哪些？
(5)简述 SF(BF)型和 JJF 型、XCF 型和 KYF 型浮选机的结构特点与应用。
(6)机械搅拌矿化浮选设备结构中最关键的部件是什么？
(7)典型的逆流矿化浮选设备有哪些？其关键部件是什么？有哪几种类型？
(8)逆流矿化浮选设备的缺点是什么？充填介质的作用是什么？
(9)典型的混流矿化浮选设备有哪些？其优点是什么？
(10)流化态浮选设备的基本原理是什么？典型设备有哪些？主要解决什么浮选问题？

第7章 化学分选设备

随着社会和经济发展对矿产资源需求的迅猛增长，实践表明，对部分难处理的矿产资源，采用物理分选和化学分选的联合技术，能实现资源最大限度的利用。化学分选是借助化学反应来富集分离有价成分或脱除有害杂质的过程，与重选、磁电选和浮选等物理方法存在本质差异，因此，化学分选过程使用的工艺设备也与物理分选工艺设备有着本质的不同。

7.1 化学分选设备概述

化学分选的基本过程通常包括准备作业、焙烧作业、浸出作业、固液分离作业、净化作业及有价组分提取作业，最终获得化学精矿，如图7-1所示。

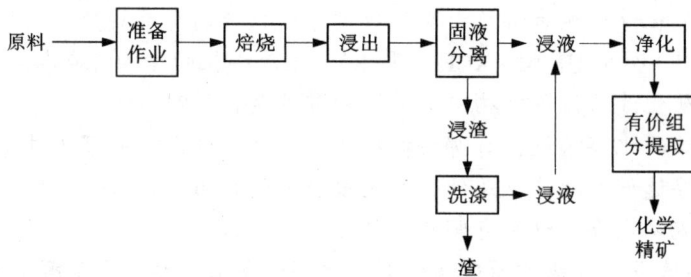

图7-1 化学分选基本过程

准备作业包括矿石的破碎筛分、磨矿分级和配料混匀等环节，目的是为后续作业准备粒度和浓度合适的均匀混合原料，所涉及的机械设备与前述破碎筛分和磨矿分级设备相同。焙烧作业则是通过高温反应使目的矿物转化为易于分离提取的形态，或为后续分离提取创造有利条件，主要涉及各种焙烧设备的使用。对焙烧后仍难采用物理方法分离提取的有价组分，常需添加各种不同溶剂(如酸、碱等)，使有价组分浸出并转移至液相，从而达到分离目的，这就需要使用各种不同的浸出设备来实现。固液分离作业是指采用沉降、过滤和分级等方法，使浸液和浸渣分离，所使用的设备与第9章中的浓缩和过滤设备相似。洗涤作业是将固液分离后的浸渣中残留的有价组分，通过溶剂或水反复洗涤出来，提高有价组分的回收率。由于浸出液中通常含有杂质组分，为获得目的组分含量较高的浸出液，通常要采用化学沉淀、离子交换或溶剂萃取等方法进行净化，然后再采用化学沉淀、金属置换、电积或浮选等方法获得化学精矿产品。这些作业将使用离子交换与吸附、萃取、置换和电解等设备来完成。化学分选过程中，焙烧、浸出、净化和提取作业所使用的主要设备如表7-1所示。

表 7-1　化学分选主要设备分类

作业	设备种类	典型设备
焙烧	焙烧炉	多膛焙烧炉；沸腾焙烧炉；竖炉；回转炉(回转窑)
浸出	常温常压浸出	渗滤浸出槽；搅拌浸出槽；压缩空气搅拌浸出槽；流态化逆流浸出塔
	高温高压浸出	机械搅拌高压釜；气流搅拌高压釜；机械-气流联合搅拌高压釜
净化与提取	离子交换、吸附	固定床离子交换吸附塔；连续逆流吸附塔；矿浆悬浮吸附塔；空气搅拌吸附塔
	萃取	厢式混合萃取澄清槽；旋转盘式混合萃取塔；脉冲筛板萃取塔
	置换	置换溜槽；置换转鼓；锥形置换器
	电解	电解槽

7.2　焙烧设备

焙烧过程是在焙烧炉内完成的，焙烧炉最基本的要求是能创造良好的气-固接触条件。工业生产中使用的焙烧炉主要有多层焙烧炉、竖炉、沸腾焙烧炉和回转炉等。

7.2.1　多层焙烧炉

多层焙烧炉是用耐火砖砌成的一个圆筒，炉外包有钢皮，炉内有 6~9 层用耐火砖砌成的平坦的炉拱，从上至下，第一、三、五等奇数层炉拱的中心部分有一个围绕中心转轴的环形开口，第二、四、六等偶数层炉拱的外围靠近炉壁处有数个开口，因此，各拱层之间是相互连通的，其结构如图 7-2 所示。在各层炉拱间都有两个联结在中心转轴上的铁耙，奇数层铁耙的耙齿稍向内倾斜，偶数层铁耙的耙齿稍向外倾斜。

将预先破碎的黄铁矿等矿石从入口处加入炉中，被最上层炉拱中的铁耙齿(铁耙随着中心转轴缓缓地转动)拨到中心开口处而落入第二层；然后又被第二层炉拱中的铁耙齿拨到外围，经过边缘开口处落入第三层，其后依次

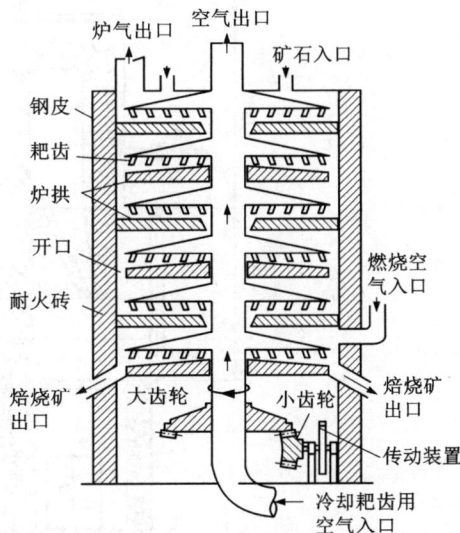

图 7-2　多层焙烧炉结构示意图

逐层下落。供燃烧用的空气自入口处送入，与矿石下落相逆的方向渐次逆流上升。矿石在炉里一边移动，一边燃烧并产生二氧化硫气体，最后由出口处导出。矿石燃烧后剩下的焙烧矿渣，由出口处排出炉外。焙烧炉中心的转轴和多层铁耙的内部，都用空气来冷却。焙烧炉中部的第四、第五层附近的温度最高，一般控制在 850 ℃左右。

多层焙烧炉主要用于黄铁矿（FeS$_2$）的燃烧，制备二氧化硫，进一步制造硫酸。攀钢（集团）攀宏钒制品公司从德国GFE公司引进的多层焙烧炉是车间焙烧工段的一个重要设备，用于钒渣和添加剂的焙烧。多层焙烧炉内径5500 mm，共10层，炉子分为炉体、燃烧室、热风通道和中心轴4个部分。燃烧室装有烧嘴，燃烧产生的高温烟气与二次风混合成1200 ℃的混合气后，通过热风通道进入炉内焙烧炉料，中心轴上带有耙子，中心轴带动耙子转动而使炉料按规定的方向移动。

7.2.2 竖炉

竖炉适合焙烧块度为20~75 mm的矿块或由粉矿制成的直径为10~15 mm的球团矿。以我国鞍山式竖炉为典型代表，其中50 m^{3}竖炉的外形为长方形，炉体轮廓尺寸长、宽、高分别为6 m、3 m和9 m，结构如图7-3所示。由上至下可分为预热、加热和反应三个主要带。

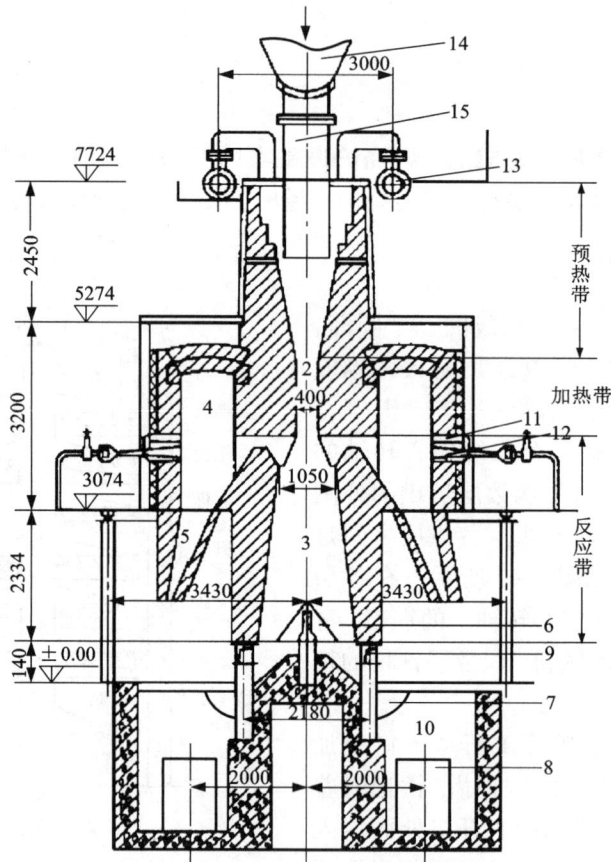

1—预热带；2—加热带；3—还原带；4—燃烧室；5—灰斗；6—还原煤气喷出塔；7—排矿辊；8—搬出机；9—水箱梁；10—冷却水池；11—窥视孔；12—加热煤气烧嘴；13—废气排除管；14—矿槽；15—给料漏斗。

图7-3 50 m^{3}鞍山式竖炉结构

①预热带：由给料斗向下垂直至斜坡和加热带交点为预热带（高2.7 m）。炉膛耐火材料

砖体的角度对矿石的下降速度、预热温度有直接影响。矿石在预热带利用上升废气的温度实现预热，预热带平均温度达到 150~200 ℃。

②加热带：由炉体腰部最窄处(即导火孔中心线至上部平行区)到炉体砌砖的斜坡交点为加热带(高度为 900~1000 mm，宽 400 mm)。加热带的宽度对炉体寿命、焙烧矿的质量影响较大。矿石粒度相同时，加热带宽度越大，温度越低(尤其是炉体中心部位矿石的加热温度低)，还原质量差，但炉体的寿命长。加热带过窄时，可使矿石的温度提高，但炉体砌砖的磨损大，寿命短，炉子的产量降低。对块状矿石(20~75 mm)，加热带宽度以 400~500 mm 为宜，对粉矿，加热带宽度应更窄一些。

③反应带：从加热带导火孔向下至炉底为反应带(有效高度为 2.6 m)。为使矿石充分与还原气体接触，反应带呈向下扩散状，焙烧过程的主要化学反应在反应带中完成，最后通过炉底卸料口将焙烧好的物料排出。

以上竖炉的三个主要分带是针对铁矿石的磁化焙烧而言的，随焙烧反应类型的不同，三个主要分带的划分也存在一定差异。在氯化焙烧中，加热带也是反应带，球团矿中氯化剂($CaCl_2$)的分解与析出氯气的氯化反应即在此带完成，而磁化焙烧过程的反应带在氯化焙烧中的作用则是冷却球团矿。

竖炉的优点主要是生产率及热效率高，易于密封与调节炉内气氛和温度。但其缺点是加热带横断面上温度分布不均匀，因而容易产生局部过烧和局部欠烧。

7.2.3　回转炉

工业上的回转炉又称为回转窑，是一种中空卧式圆筒形焙烧设备，在国外应用得较多，主要用于 0~30 mm 中等粒度矿石的焙烧，其结构如图 7-4 所示。炉体为圆筒形，炉身用钢板制成，内壁用耐火砖作内衬，直径一般为 3.6~4 m，长度一般达 50 m 或更长，炉身沿长度方向可分为加热带、反应带和冷却带。

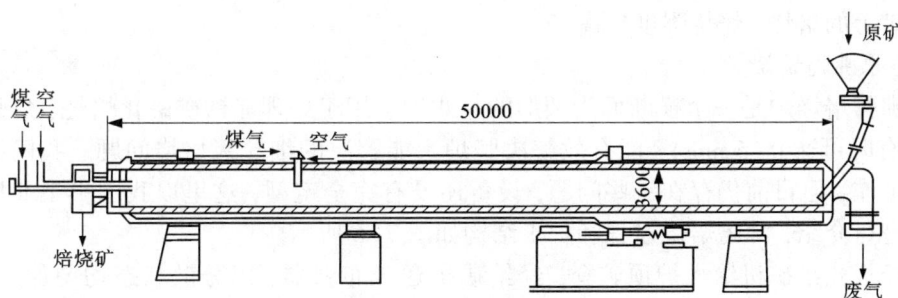

图 7-4　回转炉结构构造

矿石从炉体一端由圆盘给矿机给入溜槽并送至炉子的加热区。矿石在炉内与热气流逆向运动，在加热区将矿石加热到还原温度。为了使气流和矿石充分接触，炉内装有搅拌叶片。加热后的矿石进入反应带，与还原煤气接触，完成还原反应生成磁铁矿。反应产物进入冷却带与煤气相遇，煤气受到预热，而还原产物被冷却，最后排除炉外(此时产物温度为 50~70 ℃)。矿石在炉内停留时间一般为 2~4 h。

炉内温度为550~600 ℃,处理1 t矿石的热耗为1.09~1.26 GJ。炉子充填系数为20%~30%。炉子的处理能力与给矿粒度和炉子规格有关。回转炉的耗钢量大,设备费用高,处理每吨矿石所需要的建设费也比竖炉高,且电能消耗和热量消耗都高。设备检修工作量大且周期短,作业率低。

7.2.4　沸腾焙烧炉

沸腾焙烧炉是近来工业上所使用的较新型的焙烧设备,适合处理粉状物料。沸腾焙烧炉的种类较多,这里主要介绍道尔焙烧炉和还原焙烧炉。

(1)道尔沸腾焙烧炉

道尔沸腾焙烧炉属于比较先进的浆式进料沸腾炉。所谓浆式进料就是将精矿拌以25%~30%的水,在搅拌槽中预先制成矿浆,用泵和压缩空气喷入炉内。美国Dorroliver公司最先开发这一工艺,后被日本和澳大利亚等多家黄金冶炼厂采用。这种方法的优点在于取消了精矿干燥系统,消除了干燥废气中低浓度二氧化硫对空气的污染,避免了干燥过程中煤灰混入精矿所引起的金氰化浸出率降低的问题,减少了干燥及筛分造成的精矿损失,提高了金的回收率,增强了炉体的密闭性能,改善了劳动条件。

炉体为钢壳,内衬保温砖和耐火砖,为防止冷凝酸腐蚀,钢壳外设有保温层,其结构如图7-5所示。炉子的最下部是风室,设有空气进口管,其上是空气分布板。空气分布板上是耐火混凝土炉床,埋设有许多侧面开小孔的风帽。炉膛中部为向上扩大的圆锥体,上部焙烧室截面积比沸腾层截面积大,以减小固体颗粒被吹出的概率。沸腾层中装有废热锅炉冷却管,炉体还设有加料口、矿渣溢出口、炉气出口、二次空气进口、点火口等接管,炉顶设有防爆孔。

按炉型不同,可分为直筒型炉和上部扩大型炉。其中,直筒型炉的炉膛上部不扩大或微扩大,外观基本呈圆筒形,多用于有色金属精矿的焙烧,焙烧强度较低。上部扩大型炉的炉膛上部直径扩大,外观基本呈上大下小的倒圆筒形,早期用于硫铁矿的焙烧,后用于有色金属浮选精矿等的焙烧,焙烧强度较高。

(2)还原沸腾焙烧炉

还原沸腾焙烧炉是一个横断面为圆形的竖式炉。用于处理赤铁矿磁化焙烧,焙烧粒度为0~3 mm(有时可达0~5 mm),能有效解决竖炉不能解决的细粒级焙烧问题。我国已开展了很多试验工作,但目前仍存在一些问题,设备还没有完全定型,这里以我国半工业性试验沸腾炉为例进行介绍,沸腾焙烧过程和炉子结构如图7-6所示。

矿粉经板式给矿机给入炉顶矿仓,经给矿机送入布料器,以分散状态均匀加入主炉中,并靠自重下落。矿粉与加热段的高温气流在稀相段(指固-气两相混合物中固体体积分数小于0.01%)进行热交换。矿粉加温至还原所需温度后,进入浓相沸腾床中与还原煤气流接触,发生还原反应(即稀相加热、浓相还原),还原后的矿粒在沸腾床下经星轮排料器排入矿池。主炉中上升气流(速度与最大颗粒有关,一般为1~2 m/s)对给入的矿粉进行分级,粗粒进入浓相沸腾床还原。细粒被上升气流带入副炉,在副炉中与气流同向运行(即半截流),截流气体保持还原气氛($CO+H_2$,占4%左右)和还原温度(500 ℃以上),使细粒在半截流过程中完成还原焙烧,焙烧后一部分进入贮矿池,一部分随废烟气被带走并被除尘器回收,回收不了的作为吹损。冷却矿浆池的矿浆经砂泵送至选别车间进行处理。还原煤气经加热机送至沸腾床下,加热煤气在主炉部分分两段给入,副炉内有一备用加热煤气管道,当炉温低时可以补充加热。

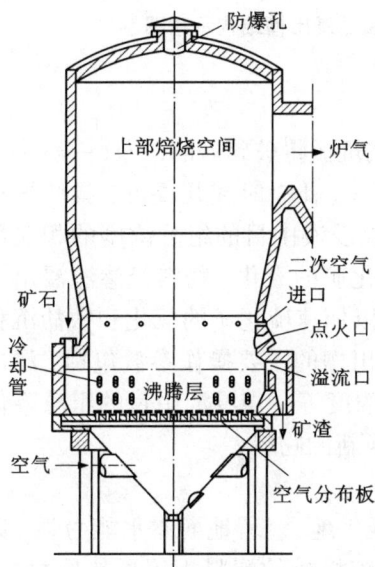

图 7-5　道尔沸腾焙烧炉结构

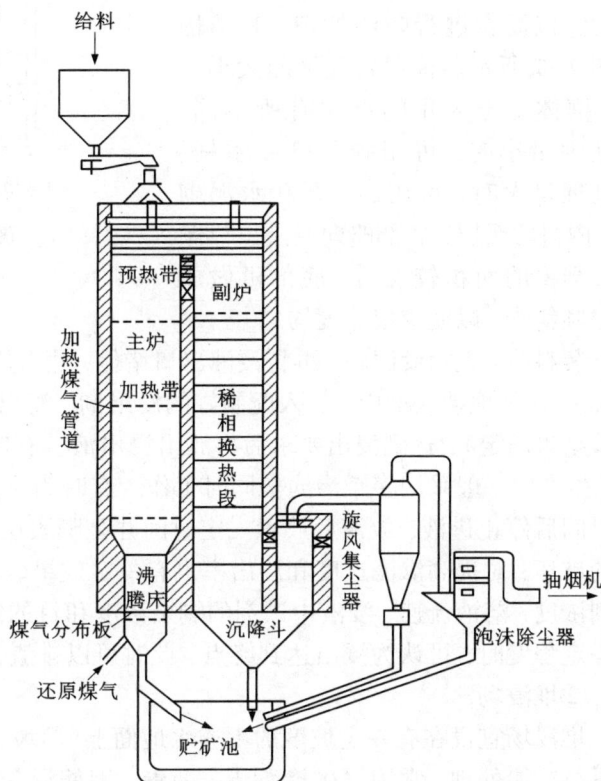

图 7-6　还原沸腾焙烧炉结构及工艺示意图

与竖炉相比,还原沸腾焙烧炉处理物料细(3~0 mm),气流与颗粒接触面积大,传热效果好。沸腾层中物料温度和气流分布易维持均匀,气体扩散阻力小,有利于加速还原反应。温度波动小,炉内矿石停留时间容易控制,焙烧质量高,易实现自动控制。但设备耗电量大,稀相换热体积较大,排烟温度高,热损失大,燃料消耗高,产量低,附属设施较多。

7.3　浸出设备

浸出设备和设施是化学分选过程的关键设备,浸出设备及设施的设计选型,会显著影响浸出系统生产工艺条件的控制及浸出效率。根据浸出过程是否加压,浸出设备主要分为常压浸出和加压浸出两大类。

7.3.1　常压浸出设备

常压浸出设备主要有渗滤浸出设施、搅拌浸出槽和浸出塔等。

(1)渗滤浸出设施

渗滤浸出工艺可分为槽浸、堆浸和就地浸出三种类型。

①渗滤浸出槽。

渗滤浸出槽一般用水泥砌成，表面涂以沥青进行防渗处理，其结构如图 7-7 所示。根据处理量的大小不同，槽体外壳采用的材质有所不同。当处理量小时，可用碳钢槽或木桶。当处理量大时，可用砖、石和水泥砌成，内衬防腐层，底部略向浸液出口倾斜。当槽的面积较大时，底部可做成多层倾斜式，以使矿层厚度均匀。

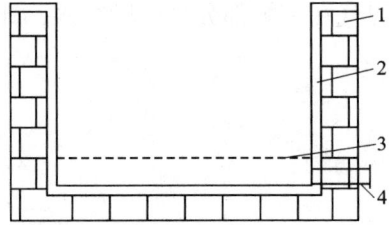

1—槽体；2 防腐层；3—假底；4—浸液出口。

图 7-7　渗滤浸出槽结构示意图

装料前，先铺设假底，再将浸液出口堵住，然后用人工或机械将破碎后的矿石(一般小于 10 mm)均匀地装入槽内，加入配制好的浸出剂，浸出一定时间(几小时或几昼夜，具体根据试验结果确定)，达到浸出要求后再放出浸出液。有时为保证浸液中目的组分浓度的相对恒定，生产中一般采用多个渗滤槽同时工作。有时为了加速硫化矿的氧化，物料经渗滤浸出一定时间后停止进液，放液后放置一定时间并翻晒表层物料，以加速硫化矿的氧化和铁盐沉积物的破坏，对提高渗滤速度和浸出率也有一定效果。渗滤浸出槽的主要操作参数包括：浸出试剂浓度、溶液流速、浸液中试剂的剩余浓度和目的组分的浓度等。当浸液中目的组分降低至一定程度时，可认为浸出达到终点，此时可以排渣，以更换新的物料。

②堆浸场。

堆浸场宜设在有一定坡度的不透水地面上(山坡、山谷或平地)。若地面渗水能力强，则应进行防渗处理，常用尾矿掺黏土、沥青、钢筋混凝土、橡胶板或软塑料板等作垫层材料。根据矿源条件，垫层可供一次或多次使用。堆浸场常见筑堆方法如图 7-8 所示，堆浸场结构如图 7-9 所示。

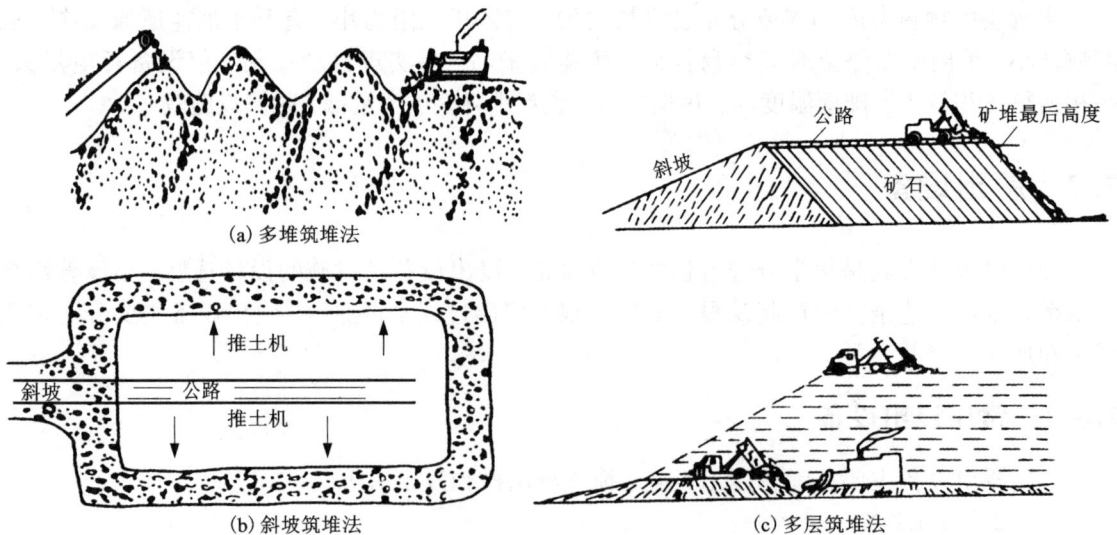

(a) 多堆筑堆法

(b) 斜坡筑堆法

(c) 多层筑堆法

图 7-8　堆浸场常见筑堆法示意图

（2）搅拌浸出槽

在化学分选以及湿法冶金过程中，搅拌浸出槽的形式随工艺过程特点的不同而有所不同。常压搅拌浸出槽常用空气搅拌浸出槽（塔）、机械搅拌浸出槽及空气和机械联合搅拌浸出槽等。

①空气搅拌浸出槽。

金矿（或金浮选精矿）的氰化浸出工艺中，氧的作用十分重要，必须充入适量的空气才能使氰化浸出过程顺利进行，因此常采用空气搅拌浸出槽，其结构如图7-10所示。

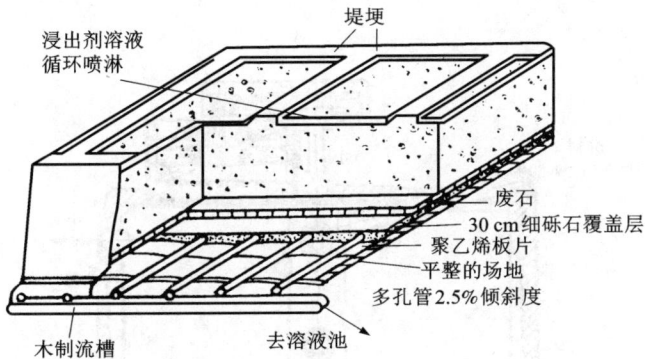

图7-9　堆浸场结构示意图

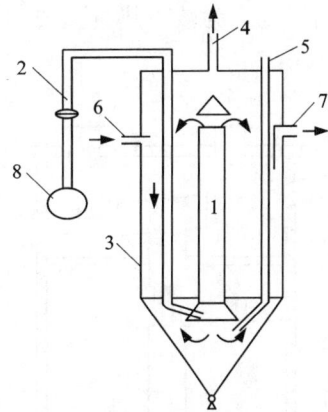

1—中心管；2—充气管；3—槽体；4—排气管；
5—辅助充气管；6—矿浆进入口；
7—矿浆排出口；8—压缩空气主管。

图7-10　空气搅拌浸出槽结构

空气搅拌浸出槽由于槽体高度大于直径，通常又称为空气搅拌浸出塔。塔身为圆柱体，底部为60°圆锥体。空气搅拌浸出塔内设有中心管1、充气管2和辅助充气管5、槽体3和60°锥底。

压缩空气经充气管2进入中心管1，形成大量气泡并沿中心管上升。中心管内矿浆因充气的大量气泡而体积膨胀，密度减小，于是中心管内矿浆的压力小于中心管外的矿浆压力，在管内外压力差的作用下，管内矿浆向上运动，从中心管上端流出，进入中心管与槽壁之间的环形矿浆区，矿浆中的气泡则从矿浆中溢出，经槽顶排气管4进入大气。中心管外的矿浆缓慢向下运动，在槽底部流入中心管的下端，再经中心管上升，形成矿浆循环运动，起到搅拌矿浆，防止沉淀的作用。

图7-11为泊秋克空气搅拌浸出槽（塔）结构图，其外形为一高大的圆柱体，中间有一中心循环筒，压缩空气管直通中心循环筒下部，调节压缩空气压力和流量可控制矿浆的搅拌强度，该空气搅拌槽常用于规模较大的厂矿企业。

②机械搅拌浸出槽。

某些焙砂（如氧化锌焙砂）的浸出过程，需要加温，但不用充氧。此时若采用空气搅拌浸出槽，必须要有一个有稳定压力和流量的空气压缩机站。空压机站的维修费用高且能耗大。此外，因工艺条件需要，浸出槽必须采用蒸气加温，而压缩空气在搅拌过程中将会带走大量热量，造成蒸气的浪费，此时可采用机械搅拌浸出槽。

图7-12为单浆机械搅拌浸出槽的结构图，其槽体为圆柱形，槽底为圆球形或平底，中央有循环筒。酸浸时，槽体可用碳钢内衬橡胶、耐酸砖或塑料，或不锈钢槽和搪瓷槽。碱浸时，则可使用普通碳钢槽。搅拌器装在循环筒下部，一般采用桨叶式和旋桨式。桨叶式搅拌器转速较慢，主要通过径向速度差实现物料的混合，在轴向无法产生满意的搅拌效果。旋桨式搅拌器沿全长逐渐倾斜，高速旋转时可形成轴向流，从而实现径向和轴向物料的混合。为达到满意的搅拌效果，搅拌桨直径一般为槽体直径的1/4，且一般采用碳钢衬胶和衬玻璃钢，或者采用不锈钢制作。浸出槽的容积为 $10\sim20\ m^3$，可采用电加热、夹套加热或蒸气直接加热来控制浸出温度。为减少热量损失，槽体需保温。在槽内下部衬铸石或瓷砖，可防止槽体磨损。

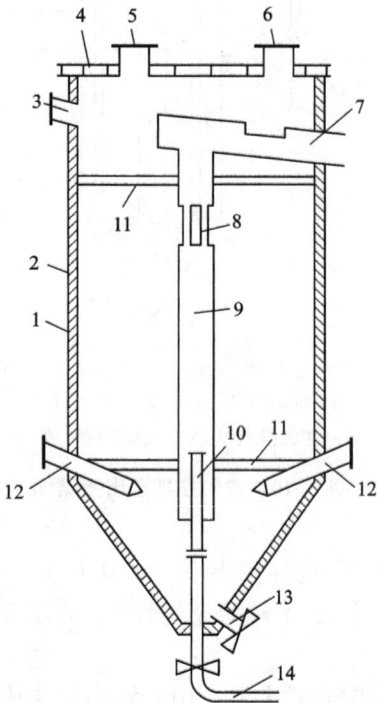

1—槽(塔)体；2—防酸层；3—进料口；4—塔盖；
5—排气孔；6—人孔；7—溢流槽；8—循环孔；
9—循环筒；10—空气管；11—支架；
12—蒸气管；13—事故排浆管；14—空气管。

图7-11 泊秋克空气搅拌浸出槽结构

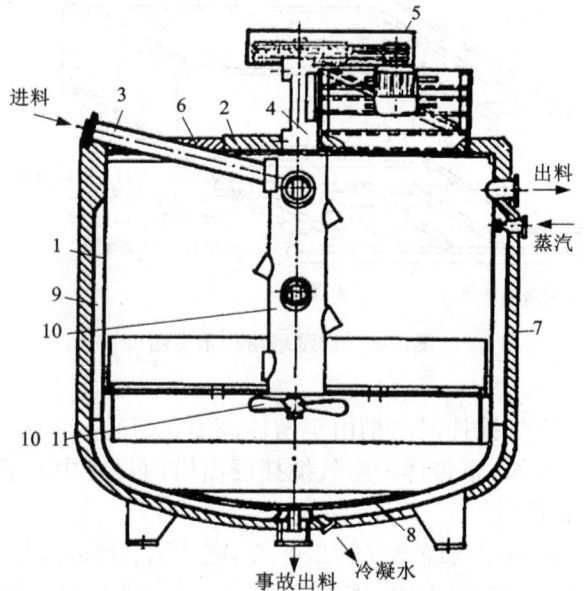

1—槽体；2—槽盖；3—进料管；4—轴承体；
5—传动装置；6—人孔盖；7—保温层；8—衬板；
9—蒸气夹套；10—矿浆循环管；11—搅拌器。

图7-12 单浆机械搅拌浸出槽结构

图7-13为双浆机械搅拌浸出槽的结构图。对于容积较大、槽体较高的机械搅拌浸出槽，采用双层搅拌器有助于改善浸出矿浆的流动状况，增加浸出剂与目的矿物的作用速度，从而提高浸出效果。

③空气和机械联合搅拌浸出槽。

这种浸出槽是采用机械和压缩空气联合作用搅拌矿浆，使槽内矿浆不发生沉淀。其结构如图7-14所示，由平底槽和下端开口的空气提升管组成。

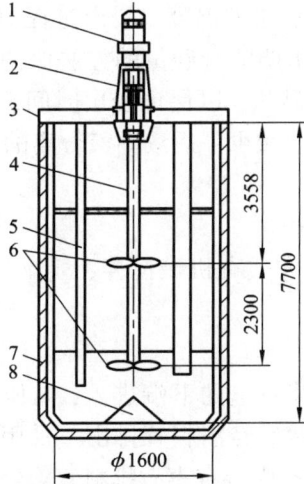

1—减速机；2—轴承座；3—机架；4—搅拌轴；
5—阻尼板；6—搅拌器；7—槽体；8—铅锥。

图 7-13　双桨机械搅拌浸出槽结构

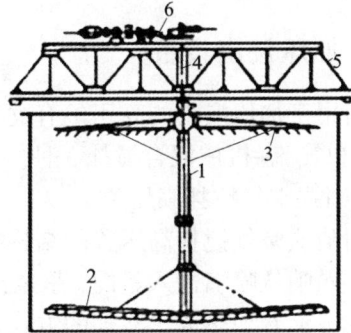

1—空气提升管；2—耙子；3—流槽；
4—竖轴；5—横架；6—传动装置。

图 7-14　空气和机械联合搅拌浸出槽结构

空气提升管安装在槽子的中央，其上端与可旋转的竖轴连接。工作时，竖轴带动下部的耙子旋转。进入槽内的矿浆向槽底沉降，沉降在槽底的浓矿浆借助耙子的作用，向空气提升管的下部汇集，在从空气提升管上部给入的压缩空气的影响下，汇集在下部管口的浓矿浆沿空气提升管上升，从上部溢出流入流槽中，再经流槽的开口流回平底槽，这样就形成了浸出槽内的矿浆循环。由于流槽也随矿浆提升管转动，矿浆在槽内分布均匀。

常规搅拌浸出过程通常是由数个浸出槽串联起来的，矿浆从一个槽自流到下一个槽。第一个槽投料，最后一个槽流出矿浆，然后送到固液分离工序进行固液分离，因此是连续工作的。

在某些情况下，浸出过程也有间断操作的，即同时把物料装入各个浸出槽中进行浸出。浸出结束，停止搅拌，沉淀一段时间后抽出上清浸出液，然后把各槽的矿浆排出，送到固液分离工序，再装入新物料浸出。

（3）流态化逆流浸出塔

流态化逆流浸出塔的结构如图 7-15 所示。塔的上部为浓密扩大室，中部为圆柱体，下部为圆锥体，塔顶有排气孔和观察孔。

矿浆用泵经进料管送入，进料管上细下粗，出口处装有倒锥，以使矿浆稳定而均匀地沿着倒锥四周流向塔内。在塔的中段分上下两部分加入浸出剂进行浸出，在塔的下部分数段加入洗涤水进行逆流洗涤。洗涤后的粗砂经粗砂排料口排出，浸出矿浆则由上部溢流口流出。

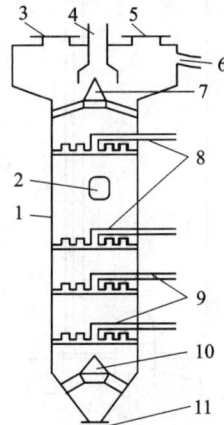

1—塔体；2—窥视口；3—排气孔；4—进料管；
5—观察孔；6—溢流口；7—进料倒锥；8—硫酸分配管；
9—洗涤水分配管；10—粗砂排料倒锥；11—粗砂排料口。

图 7-15　流态化逆流浸出塔结构

操作时可用50~60℃的热水作为洗涤水，以提高浸出矿浆的温度。浸出过程中要严格控制进料、排料、洗水和浸出剂流量以及界面位置。一般是用调节排砂量的方法保持稳定的界面。界面位置偏高时可增大排砂量，反之则应适当减小排砂量，以保证浸出时间、分级效率和洗涤效率。流态化浸出得到的是除去粗砂后的浸出矿浆，减少了后续固液分离的处理量。

7.3.2 加压浸出设备

目前用于加压浸出的高压釜有立式和卧式两种，搅拌方式有机械搅拌、气流(蒸气或空气)搅拌和气流-机械混合搅拌3种。

(1)哨式空气搅拌高压釜

常用哨式空气搅拌高压釜的结构如图7-16所示，矿浆自釜的下端进入，与压缩空气混合后经旋涡哨从喷嘴进入釜内，呈紊流状态在釜内上升，然后经出料管排出。采用与矿浆呈逆流的蒸气夹套加热或水冷却的方式使矿浆加热或冷却。釜内装有事故排料管。经高压釜浸出后的矿浆必须将压力降至常压后才能送至下一个工序处理。

为维持釜内压力，通常需采用自蒸发器的减压装置，其结构如图7-17所示。为了防止矿浆对自蒸发器底部的磨损，在底部矿浆排除口处装有堵头和衬板。

工作时，矿浆和高压空气从进料口进入自蒸发器，在自蒸发器内高速喷出并膨胀，压力降至常压，由于水分的汽化，使矿浆的温度降低了。气体夹带的液体经筛孔板进行一次分离后，再经分离器进一步进行气液分离，与液体分离后的气体从排气管排出，用于预热矿浆。

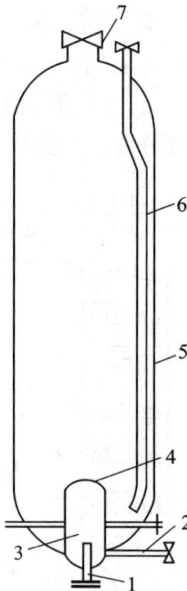

1—进料管；2—空气管；3—旋涡哨；4—喷嘴；
5—釜筒体；6—事故排料管；7—出料管。

图7-16 哨式空气搅拌高压釜结构

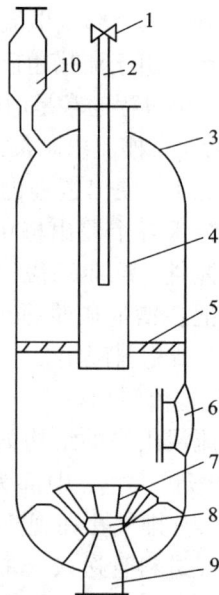

1—调节阀；2—进料管；3—筒体；4—套管；5—筛孔板；
6—人孔；7—衬板；8—堵头；9—出料口；10—分离器。

图7-17 自蒸发器结构

（2）机械搅拌高压釜

高压釜采用的搅拌器结构不同，可分为很多种，如平叶、斜(折)叶、弯叶、螺旋面叶式搅拌器等。根据釜体的安放形式，高压釜有立式和卧式两种。

①AMB 型立式间歇机械搅拌高压釜。

AMB 型立式机械搅拌高压釜由釜体、热交换器及充气搅拌装置构成，其结构如图 7-18 所示。釜体和带椭圆边封头的釜底和釜盖（釜盖可以拆卸）系用耐工作介质腐蚀的结构钢制造而成。釜体可有衬里，底层由均匀镀铅及聚异丁烯构成，其上部再用辉绿岩胶泥衬砌ATM-1 瓷砖及耐酸砖。高压釜配有夹套式热交换装置或装在釜内的热交换器。

由于气体在内部多次循环并产生了发达的相界面，在气体利用率很高的情况下，有可能得到很高的气-液及气-液-固传质系数，这是此类高压釜的突出特点。在设备内采用自吸式充气装置，它可以从釜上部空间抽取气体并使其分散到液体中，供搅拌之用。

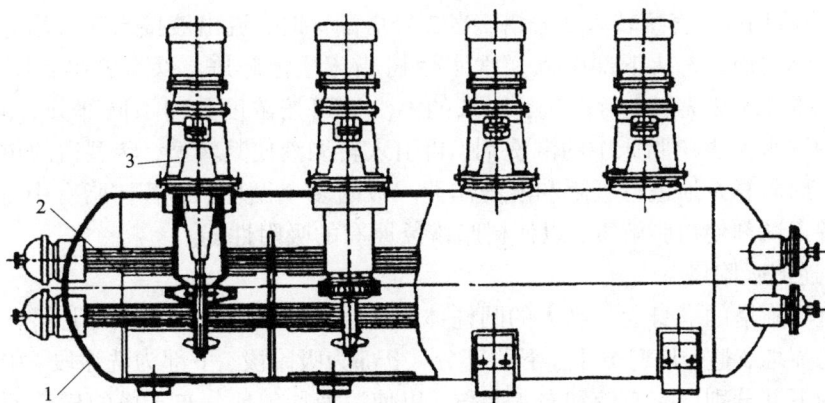

1—釜体；2—热交换器；3—充气搅拌装置。

图 7-18　AMB 型立式机械搅拌高压釜结构

充气装置也是一个密闭的涡轮搅拌桨，它安装在固定的导向叶片（即定子）内，还配有管套（即扩散器）。液体被搅拌桨从下部抽入，同时吸入气体，而气体是由釜的上部经过扩散器进入到搅拌桨的。为了防止固体颗粒沉降，充气装置还可以安装第二个搅拌桨（如涡轮或螺旋桨）。釜体旋转轴的密封可借助端面密封或采用屏蔽电机来实现。

②AMP 型卧式连续机械搅拌高压釜。

如图 7-19 所示，AMP 型卧式机械搅拌高压釜是一个焊接圆筒，两端焊有椭圆边封头。高压釜内设或外装有热交换器。在釜内装有四个充气搅拌装置。为了连续作业，在釜内装有隔板，按搅拌桨数量形成串联的隔室。

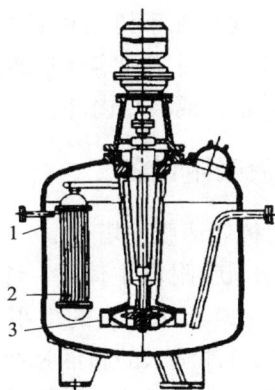

1—釜体；2—热交换器；3—充气搅拌装置。

图 7-19　AMP 型卧式机械搅拌高压釜结构

7.4 离子交换与吸附设备

离子交换与吸附包括柱作业(固定床)和槽作业(流化床)两种形式。柱作业时,被吸附离子浓度差不仅存在于树脂和溶液的接触表面,而且存在于树脂相和液相内部,多用于清液吸附。槽作业时,树脂和溶液不断进行混合,被吸附离子浓度差仅存在于树脂和溶液的接触表面,而在树脂相或液相内部,被吸附离子的浓度相同,多用于矿浆吸附。

7.4.1 清液吸附设备

(1)固定树脂床吸附塔

固定树脂床吸附塔主体是一个高大的圆柱体,其结构如图7-20所示。塔的大小取决于生产能力要求。底部装有冲洗水的布液系统,上部装有吸附原液和淋洗剂的布液系统。塔的外壳一般由碳钢制成,内衬防腐蚀层。每个塔的树脂床高度约为塔高的2/3,它取决于一定操作条件下被吸附组分的交换吸附带高度,一般由试验确定。影响交换吸附带高度的主要因素为树脂性能、被吸附组分性质、浓度及吸附流速等。对一定的树脂和吸附原液而言,交换吸附带高度主要取决于吸附流速。每一吸附循环所需塔数取决于塔中固定树脂床的高度及一系列操作因素。

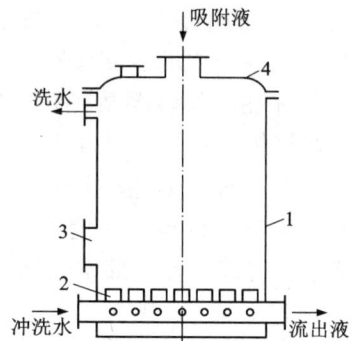

1—壳体;2—过滤相;3—人孔;4—圆形盖。

图7-20 固定树脂床吸附塔

先将预处理好的树脂装入塔内,高度应略大于L_0(即树脂刚饱和至刚漏穿所需的树脂床高度,亦即某溶液组分的交换吸附带高度)。装好的树脂床应均匀并且没有气泡。然后打开原液阀门引进原液。原液以一定的流速(与L_0对应)流经固定树脂床后由吸余液管排出,漏穿后的吸余液则接入下一吸附塔。当塔内树脂被目的组分吸附饱和后(实际上是达到动力学平衡),可将原液切除,直接转入2号塔,当2号塔漏穿时,流出液接入3号塔,此时首塔即可转入淋洗。淋洗前,先从下部引入逆洗水使树脂床松散膨胀,以除去树脂床中的固体杂质,然后从上部引入淋洗剂进行淋洗,出来的淋洗液可按浓度分为不同部分。淋洗完毕后,由上部引入冲洗水洗去树脂床中的淋洗剂,再引入转型液使其转型,转型后的树脂可重新用于吸附。由此周而复始地进行吸附和淋洗作业。吸附多个循环后,若树脂有中毒现象,则需引入适宜的解毒试剂使树脂解毒,以使树脂恢复原有的吸附性能。

(2)连续逆流吸附塔

连续逆流吸附塔的塔身为一高大的圆柱体,其结构如图7-21所示。上部有树脂进料装置和吸余液溢流堰,整个塔身分上、下两部分,上部为吸附段,下部为洗涤段,中间用缩径分开。在两段的下部分别设有布液和布水装置,以使溶液均匀地分布于塔的横截面上。吸附段装有若干筛板,以使液流均匀稳定地上升和减少树脂的纵向窜动。吸附作业和淋洗作业分别在两塔中完成,如图7-22所示,淋洗塔的结构和吸附塔基本相同。

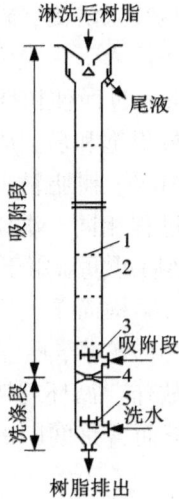

1—筛板；2—塔体；3—布液装置；
4—缩径；5—布水装置。

图 7-21 连续逆流吸附塔

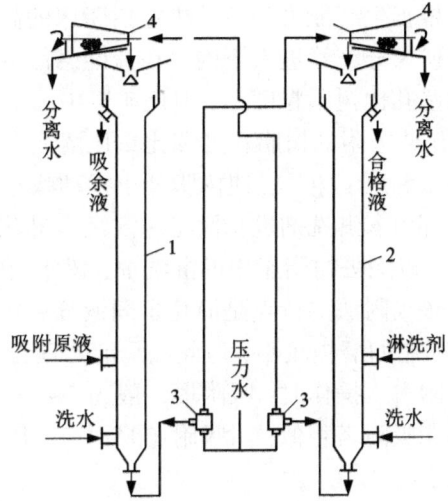

1—吸附塔；2—淋洗塔；
3—水力提升器；4—脱水筛。

图 7-22 连续逆流吸附-淋洗流程

原液用泵打入吸附塔内，淋洗后的树脂从塔的上部加入。在吸附段，树脂在重力作用下从上向下沉降，并与自下而上的吸附原液逆流接触。当树脂达到或接近饱和时，立即经缩径进入洗涤段。饱和树脂经缩径时，经受了很好的洗涤作用。缩径可阻止吸附段溶液窜向下部淋洗段，起良好的逆止作用，它只允许树脂和洗涤水逆流通过。饱和树脂在洗涤段进行洗涤，最后由塔底排出，并由水力提升器送往脱水筛脱水。脱水后的饱和树脂由塔顶进入淋洗塔，在淋洗段与淋洗剂逆流接触，合格的淋洗液由塔顶排出，淋洗后的树脂经洗涤、提升和脱水，重返吸附塔循环使用。树脂在吸附塔的吸附段呈流化床，在洗涤段呈移动床，而在淋洗塔的淋洗段和洗涤段均呈移动床。

为了达到预定的吸附和淋洗效率，吸附塔主要应控制好吸附液的流量和树脂的排出量（即吸附液与树脂的流量比）、洗水用量等因素，淋洗塔主要应控制好淋洗剂用量、洗水用量（即淋洗剂与树脂的流量比）、树脂层高度和树脂排放量等因素。

与固定树脂床吸附相比较，连续逆流吸附系统具有以下特点：流程较简单，淋洗剂用量少，合格液浓度高，所用树脂量少，树脂利用率高。同时，连续逆流吸附设备的有效容积高（可达 90%），因而可节约投资 25%～30%，运行费低 25%～40%，而且吸附液中固体含量高达 1%～2%。但连续逆流吸附的操作控制较严格，不易掌握，不如固定床稳定。

7.4.2 矿浆吸附设备

(1) 矿浆悬浮吸附塔

矿浆悬浮吸附塔主体为碳钢圆柱形壳体，内衬不锈钢，底部为混凝土并内衬耐酸砖，矿浆和压缩空气分配管布置于塔的截面上，可防止树脂经下部排液管的小孔流走。石英砂层按粒度大小分层铺设。塔的上部装有带网状分离装置的排泄管，它由不锈钢流槽和不锈钢筛网组成。其结构如图 7-23 所示。

根据生产能力和实验决定树脂床的高度，将预处理好的树脂装入塔内，矿浆以一定的速度经矿浆分配管进入塔内。在流经悬浮树脂床后经排泄管排出或流入下一吸附塔。网状分离器的筛孔比树脂粒度小，但比矿浆中的最大矿粒大，它只让矿浆通过而使树脂留于塔内。因此，矿浆吸附的树脂粒度和比重比清液吸附的大。当塔内树脂吸附饱和后，从下部引入逆流冲洗水和压缩空气，使树脂处于扰动状态，以除去树脂床中的细泥。树脂被冲洗干净后，再从上部引入淋洗剂进行固定床淋洗。淋洗液的处理与清液吸附过程相同。淋洗完后，引入冲洗水，以除去树脂床中的淋洗剂，树脂用转型液或吸余矿浆转型后可重新用于吸附。

该吸附法的特点是简化了固液分离作业，处理量大，吸附塔结构简单，与搅拌吸附相比较，树脂的磨损较小，但此法只能处理含细粒(如−0.045 mm)的稀矿浆，所需树脂高度较清液吸附大。操作时，吸附塔一般为3~4个，淋洗塔为1~2个，故作业循环周期较长。与固定树脂床吸附塔相似，对吸附矿浆而言，作业是连续的，但对单塔而言是间断的，设备利用率较低。

（2）空气搅拌吸附塔

空气搅拌吸附塔的上部装有带网状分离装置的矿浆排出管、下部装有淋洗液排出管、底部矿浆排出管及填料层，其结构如图7-24所示。

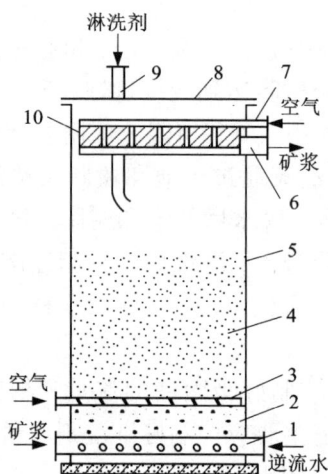

1—下部排管；2—石英层；3—空气管；4—树脂床；5—塔体；
6—排出管；7—空气管；8—盖；9—淋洗管；10—筛网。

图7-23　矿浆悬浮吸附塔结构

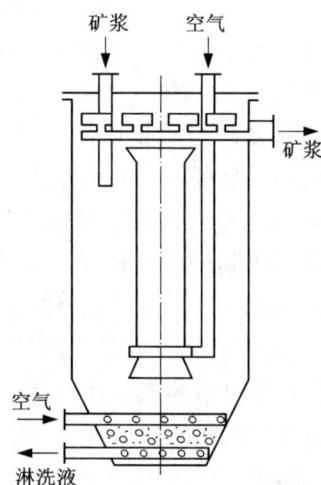

图7-24　空气搅拌吸附塔结构

根据处理量和料液中的金属浓度决定树脂用量，并将其装入塔内。吸附矿浆由塔顶连续给入，由于空气搅拌而使树脂和矿浆充分接触，矿浆通过上部的筛网从溢流口排出并接入下一塔，而树脂则留于塔内，直至达到吸附饱和。树脂吸附饱和后，停止给入矿浆，从下部引入逆洗水和压缩空气洗去树脂中的细泥，然后从上部引入淋洗剂进行固定淋洗，得到合格液和贫液。空气搅拌吸附、逆洗、淋洗和脱淋洗剂等作业皆在同一塔内进行。对同一塔而言，操作是间断的，但生产中是由多塔联合作业，故对吸附矿浆而言，操作是连续的。该法的缺点是生产周期长，树脂磨损大，无法实现连续逆流操作。

空气搅拌吸附塔的优点是可以处理浓度较大的矿浆,操作条件较易控制,其主要缺点是树脂磨损较严重,设备较复杂。矿浆悬浮吸附塔与空气搅拌吸附塔的粗略对比如表 7-2 所示。

表 7-2　矿浆悬浮吸附塔与空气搅拌吸附塔对比

项目	悬浮吸附塔	空气搅拌吸附塔
树脂投入量	多	中等
每吨树脂年处理能力	小	中等
树脂损耗	较小	较大
矿浆液固比	大	小
动力消耗	小	较大

7.5　萃取、置换与电解设备

7.5.1　萃取设备

萃取设备可分为箱式萃取器、塔式萃取器和离心萃取器三类。前两类靠机械力使两相混合,重力澄清,后者则依赖离心力实现混合。在金属提取过程中,多采用箱式萃取器;在核燃料后处理过程中,多采用离心萃取器;而在化工过程中,多采用塔式萃取器。

（1）萃取箱

图 7-25 箱式混合萃取澄清槽的结构图。其中,单级萃取箱主要由混合室、澄清室和搅拌器组成,如图 7-25(a)所示。多级萃取箱的各级之间通过相口紧密相连,操作时有机相和水相呈逆流接触,4 级串联槽搅拌室在两侧交错排列的箱式混合萃取澄清槽如图 7-25(b)所示。萃取箱采用复合材料,外部为钢结构,以承载各向负荷,内部衬硬聚氯乙烯,以防腐蚀。

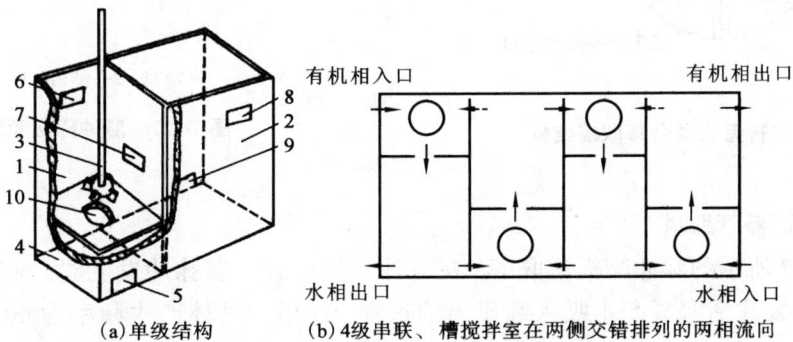

(a)单级结构　　　　(b)4级串联、槽搅拌室在两侧交错排列的两相流向

1—混合室；2—澄清室；3—搅拌器；4—前室；5—水相入口；
6—有机相入口；7—混合相入口；8—有机相出口；9—水相出口；10—前室孔。

图 7-25　箱式混合萃取澄清槽结构

混合室中装有搅拌器,搅拌器的作用是使两相充分接触,以保证各级间水相和混合相的顺利输送。混合室分上下两部分,下部为前室,它使水相连续稳定地进入混合区,前室和混合区通过圆孔相连,前室的一侧有水相进口,它与邻室的澄清室相通,借搅拌器的搅拌将邻室的水相从相口抽吸过来。混合室的另一侧有有机相进口,它与下一邻室的澄清室的溢流口相通,有机相靠搅拌器搅拌造成的液位差从下一室流入混合室。本级混合室与澄清室之间有混合相口,混合后的混合相由此相口进入澄清室分层。澄清室的作用是使混合相澄清分层,其一侧上部有溢流口,另一侧下部有水相出口,分别与上一级和下一级的混合室相通。因此,两相液流在同级作顺流流动,在各级间呈逆流流动。

(2)旋转盘式混合萃取塔

为了提高萃取分离效能,除了可以通过搅拌装置增加两相的相对运动外,还可以使用筛板在液体中作往复运动,或直接使液体产生脉动输入外能,以增大两相的相对运动和接触。图7-26为旋转盘式混合萃取塔,它由在内壁有固定圆环(又称定子盘)的竖塔和转动的竖轴组成。在竖轴上固定有许多圆盘(又称为转子盘),转子盘位于两相邻定子盘的中间。中心轴旋转使两相分散,逆流混合,在塔的顶部两相分离。转子盘的转速一般通过变速装置(减速箱)来调节。

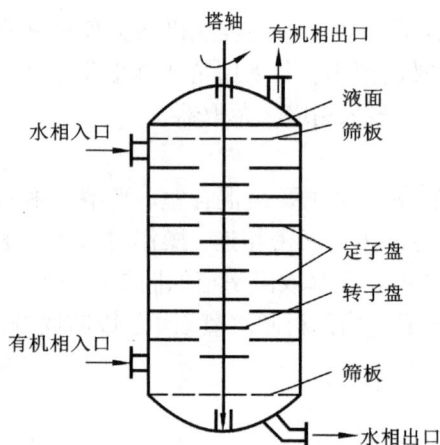

图7-26 旋转盘式混合萃取塔结构

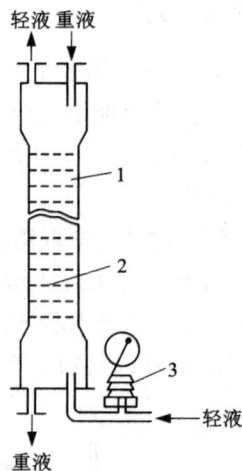

1—塔身;2—筛板;3—活塞泵。

图7-27 脉冲筛板萃取塔结构

(3)脉冲筛板萃取塔

如图7-27所示的脉冲筛板萃取塔,在塔外专门设有一套脉冲发生器,即利用偏心连杆机构带动的往复式活塞泵产生吸入和压出的过程,使塔中液体产生频率为 60~120 次/min,冲程为 10~30 mm 的脉动,凭借这种脉动,使水相和有机相来回穿过筛孔,增大两相接触面和接触次数,从而获得较高的分离效率。振幅是一个重要的操作因素,太大太小生产能力和分离效果都不好。通常筛板孔径为 3~4 mm,筛板间距为 50 mm。脉冲筛板塔的优点在于塔内不需设置机械搅拌装置,脉冲泵等发生脉冲的机构可以装在塔外,容易解决防腐和放射性防护等问题,在放射性元素萃取中用得较多。

（4）SRL 型离心萃取器

SRL 型离心萃取器是典型的搅拌混合型圆筒式离心萃取器，其结构如图 7-28 所示。单台单级设备，可以单台使用，也可多台串联使用。萃取器有足够的抽吸能力，各级间不必另设输液泵。多台串联时，可以逆流，也可以并流，视工艺要求而定。

重相和轻相从下面的管口进入混合室，在搅拌桨的剧烈搅拌下，两相充分混合并产生相间传质，然后混合相进入转鼓，在强大的离心力作用下，重相被甩向转鼓外缘，而轻相被挤在转鼓的内缘，它们再分别流经重相堰和轻相堰，向外经辐射状导管分别流到重相收集室和轻相收集室，并外流到轻、重相出口排出。两相界面的控制可采用压缩空气控制和重相堰控制两种形式。当用压缩空气控制界面时，要在轴上打一个中空的孔，并装设旋转密封装置和供气系统。SRL 型离心萃取器具有结构简单、效率高、易于操作和运动可靠的优点。

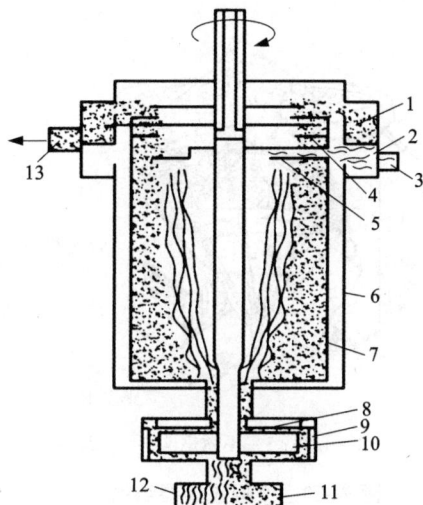

1—重相收集室；2—轻相收集室；3—轻相出口；
4—重相堰；5—轻相堰；6—套筒；7—转鼓；
8—导向挡板（四条）；9—混合挡板（四条）；
10—搅拌桨（四叶）；11—重相进口；
12—轻相进口；13—重相出口。

图 7-28　SRL 型离心萃取器结构

7.5.2　置换设备

（1）置换溜槽

置换溜槽是最简单的置换装置，实际上是一个曲折的具有一定坡度的水泥地沟。地沟宽约 1 m，长 5~30 m。槽底可搁放木制方格，上置铁屑。溶液从溜槽上端流入，下端流出，在流动中完成置换反应。人工翻动置换材料使已析出的海绵金属剥落下来，沉于槽底，然后随溶液流出，澄清晒干，即得海绵金属产品。该法铁耗较高，劳动强度大，适用于从稀溶液中回收金属。

（2）锥形置换器

锥形置换器结构如图 7-29 所示。倒锥内装满铁屑等置换剂，溶液由下部泵入并沿倒锥斜向喷流，回旋上升通过置换剂层，进行置换反应。由于溶液的冲刷，置换的沉积物剥落并被带向锥体中部。由于圆锥体截面扩大，流速降低，置换出的沉积物得到浓缩并通过锥体本身的网格进入外部的木制圆桶内予以收集，贫液则从上部排出。

该设备处理量大，置换剂耗量低，铁耗仅为化学计算量的 1.6 倍。当处理量增加时，可将数个置换器并联使用。当贫液达不到废弃标准时，可以再串联一个置换器，以提高金属回收率。

（3）转鼓置换器

转鼓置换器结构如图 7-30 所示，铁屑或其他置换材料分批加入转鼓，然后连续地引入溶液，由于转鼓的旋转，置换出的金属不断剥落并随溶液排出鼓外，经澄清过滤回收有价金属。

1—锥体；2—假底；3—不锈钢网；4—废铁屑。

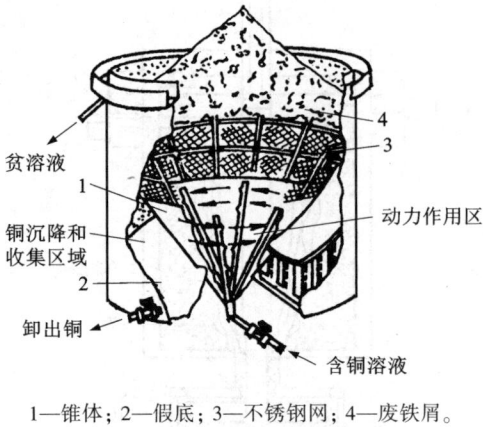

图 7-29　锥形置换器结构

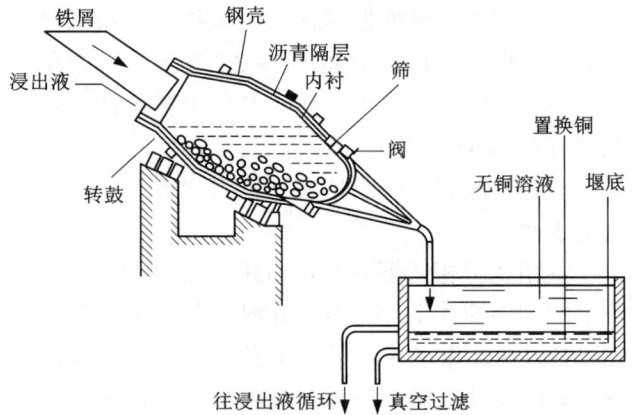

图 7-30　转鼓置换器结构

由于置换材料不断暴露出新鲜表面，故置换速度较快。转鼓置换的劳动强度比溜槽低，可用于回收和分离净化金属。转鼓内部应衬以耐腐蚀材料，否则钢结构的外壳本身就会成为置换材料并很快损坏。

（4）脉动置换器

图 7-31 为一塔式脉动置换设备，主要由塔身、栅格板、床层和隔膜等部分组成。类似于跳汰机，料液在塔内脉动运动，以提高置换速度。

7.5.3　电积和电解设备

电积过程与电解过程的不同之处在于它们所采用的阳极不一样。电解采用可溶性（活性）阳极，电积则采用不溶性（惰性）阳极。电解只用于粗金属的精炼，如铜、铅、镍、镉、金和银的提纯，电积一般用于从含目的组分的溶液中直接电积提取目的组分。两者除阳极的可溶性不同外，基本原理和设备大致相同。

工业用铜电解槽结构如图 7-32 所示，是一个上部敞开的长方体，外壳通常由钢筋混土构筑。槽壁与槽底厚度为 0.08~0.11 m。内部尺寸一般是宽 1~1.1 m，高 1.1~1.3 m，长 3~5 m。槽内衬以环氧树脂或聚氯乙烯或铅皮或沥青等。电解槽底部设有一个或两个放液漏斗，用以放出阳极泥或电解液，漏斗塞采用耐酸陶瓷或硬铅制成，中间嵌有橡胶圈密封。采用上进下出电解液循环方式，出液端设有隔板用来调节液面，槽体外设有出液口。槽体放在钢筋混凝土立柱架起的横梁上，槽底四周垫有电绝缘的瓷砖或橡胶板，槽侧壁的槽沿敷设着瓷砖或塑料板。槽长壁上设有母线

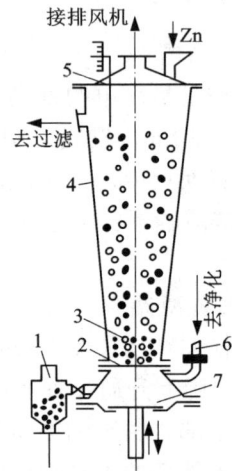

1—细粒物料收集器；2—栅格板；3—床层；
4—器壁；5—颗粒料位指示器；6—阀；7—隔膜。

图 7-31　脉动置换器结构

(共同导体),其上交互平行地垂吊着悬挂在横杆(导电杆)上的阴极和阳极。同一槽内各阳极是并联的,各阴极也是并联的,但阴极和阳极应彼此绝缘,电流必须通过电解液才能构成通路。相邻槽间留有 20~40 mm 的槽间绝缘空间。

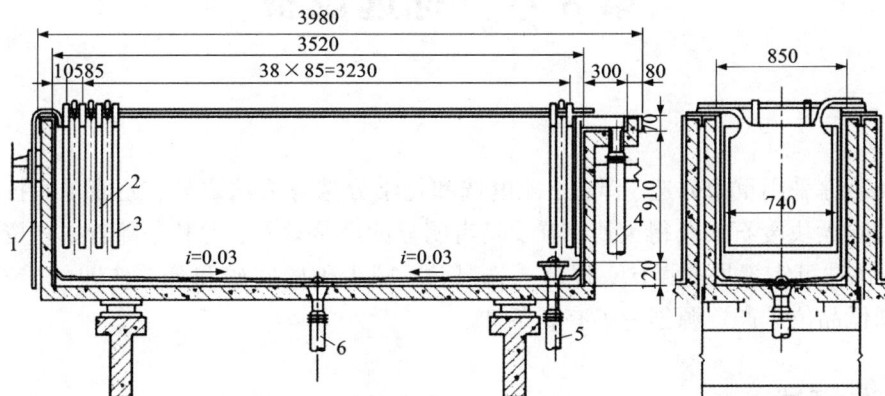

1—电解液进液管;2—阳极;3—阴极;4—电解液出液管;5—放液口;6—放阳极泥口。

图 7-32　铜电解槽结构

为了减少阴极附近溶液中离子的浓度差极化,使电解添加剂均匀分布于电解液中,同时保持电解液温度的恒定,以得到平整光滑的阴极产品,电解时电解液需循环使用。以铜电解为例,电解液循环系统主要包括电解槽、循环贮槽、高位槽、电解液循环泵和加热器等,此外还可能包含空气冷却塔(如锌的电积)。

本章主要思考题

(1)常见的化学分选设备包括哪些?

(2)典型的焙烧设备有哪些? 简述其结构、工作原理和应用。

(3)浸出设备分为哪几类? 典型的浸出设备分别有哪些? 简述其结构、工作原理和应用。

(4)离子交换与吸附设备有哪几类? 典型的设备分别有哪些? 简述其结构、工作原理和应用。

(5)萃取设备包括哪几类? 典型的设备有哪些? 简述其结构、工作原理和应用。

(6)典型的置换装置有哪些? 简述其结构和工作原理。

(7)简述电解槽的基本结构和工作原理。

第8章 拣选设备

矿物加工除采用重力分选、浮选、磁电选和化学分选等方法之外，还能采用拣选。采用拣选可以去除大块废石或获得大块富矿，具有明显的经济效益，尤其是随着矿产资源的日益贫化，采用拣选可实现提前抛废，提高入选品位，减少破碎磨矿和分选作业的矿石处理量，为经济利用低品位矿产资源创造了有利条件。

8.1 拣选概述

拣选通常包括手选和机械拣选两种方式，所处理矿石粒度下限一般为几厘米。手选是指根据矿石和废石之间的外观特性（如颜色、光泽、形状等），用人工拣选出矿石或废石。对于机械方法难以完成或需要保证抛废质量的矿石，如石棉、片状云母等，普遍采用手选，但随着电子科学技术的进步，机械拣选逐步取代了手选。

机械拣选借助电子仪器，不仅可以拣选外观有差异的矿块，还可以利用矿石受可见光、X 射线、γ 射线等照射后反应的差异，或利用矿块天然辐射能力的差异来进行分选。近年来，随着对机械拣选技术研究的深入，以及电子设备和计算机技术的应用和发展，机械拣选技术日臻完善，拣选机的性能不断提高，应用范围也不断扩大。对含有黑色、有色、稀有、放射性、贵金属元素的矿石，以及非金属矿和建材原料，机械拣选已得到了广泛应用。

研究表明，电磁波谱范围内的各种电磁波都可以用于拣选，包括无线电波、红外线、可见光、紫外线、X 射线和 γ 射线等。矿石是否可以采用拣选方法拣出大块废石或大块有用矿石，由矿石特性所决定，矿石特性主要包括：矿石中有用组分分布的不均匀性、矿石的粒度组成特性、分选特征与矿石中有用组分的相关程度等。根据矿石特性的不同，可采取相应的拣选方法。根据拣选所使用辐射源的波长不同，有如表 8-1 所示的拣选法种类。

表 8-1 拣选方法分类

辐射种类	波长范围/nm	拣选方法名称	所利用特性	应用范围
γ 射线	<0.01	放射性分选法	天然 γ 放射性	铀、钍矿石及与其伴生的有用元素
		γ 吸收法	通过矿块的 γ 强度	铁、铬、煤等矿石
		γ 散射法	散射的 γ 强度	铬、铁、镍、铜、锌等矿石
		γ 荧光法	荧光强度	锡、钨、镍等矿石
		γ 中子法	中子辐射密度	铌矿石等

续表8-1

辐射种类	波长范围/nm	拣选方法名称	所利用特性	应用范围
中子流	$0.01 \sim 0.1$	中子吸收法	通过矿块的中子强度	硼矿石等
X 射线	$0.05 \sim 10$	X 荧光法	荧光强度	金刚石等
		X 吸收法	通过矿块的 X 射线	煤、铁矿石等
紫外线	$100 \sim 380$	紫外荧光法	荧光强度	白钨、萤石等
可见光	$380 \sim 760$	光电法	漫反射光强度	钨矿、含金矿石、菱镁矿等
		光吸收法	通过矿块的光强度	透明矿物
红外线	$760 \sim 10^4$	红外法	发射的红外线	石棉矿等
无线电波	$10^5 \sim 10^{14}$	电感或电容无线电谐振法(电导磁性法)	电磁场能量的变化量	铜、镍、铅、锌的重金属氧化矿及硫化矿石

针对不同的矿石,采用的拣选方法和拣选机也不相同,主要是借助各种传感器及其组合来实现矿物拣选,基于传感器的矿石拣选技术和应用如表 8-2 所示。

表 8-2　基于传感器的矿石拣选技术及应用

检测类型	缩写	矿物特性	适用矿物
放射性	RM	自然伽马辐射	铀、贵金属
X 射线透射	XRT	X 射线衰减系数	贱金属、贵金属、煤炭、钻石等
X 射线荧光	XRF	元素组成	贱金属、贵金属
X 射线发光	XRL	X 射线下的可见光	钻石
可见光	VIS	可见光辐射的反射/吸收	金属、工业矿物、宝石
色选	COLOR	颜色、反射、亮度、透明度	贱金属、贵金属、工业矿物、宝石
亮度	PM	单色反射、吸收	工业矿物、宝石
近红外	NIR	近红外反射/近红外辐射的吸收	贱金属、工业矿物
热红外	TIR	微波激发和热红外检测	贱金属、贵金属
激光三角测量	3D	壳体检测(形状和形式)	贱金属、贵金属、黑色金属
快速伽马中子活化分析	PGNAA	快速伽马射线的吸收和释放	黑色金属
激光诱导击穿光谱	LIBS	物质蒸发	工业矿物

各种类型的拣选机虽然在原理和结构上有一定差异,但系统组成却基本相似,主要包括:给料系统、照射及探测系统、信息处理系统和分选执行系统,以及给料仓、传动机构、框架和空气压缩机等附属部件等。

8.2　光电拣选设备

光电拣选法是利用矿物反射、透射或折射可见光能力的差别而将矿石和废石分开的一种拣选方法。可见光是波长为 380~760 nm 的电磁波。矿物的漫反射、颜色、透明度和半透明度等光学性质，均可用来进行光电拣选，而其中利用最广泛的光学性质是漫反射。

评价矿物能否按漫反射差别进行光电拣选的主要依据是矿物的反射率大小。通常两种矿物的反射率差值大于 5%~10% 即可进行光电拣选。光电拣选的照射光源有白炽灯、荧光灯、石英卤素灯和激光等。常用的光电探测元件为各种类型的光电管，但近年来开始采用摄像器和扫描技术，提高了分辨率，扩大了光电拣选的应用。

光电拣选最早应用于金属矿的分选，后来也应用于非金属矿和建筑材料的分选。我国钨矿的分选已广泛应用光电拣选，且在分选石膏、磷矿石和硼矿石等的试验中，光电拣选也取得了良好的效果。目前生产中使用的光电拣选机主要有 1011M 型光电、CGX-1 型磁光和 M16 型激光拣选机等。

8.2.1　1011M 型光电拣选机

1011M 型光电拣选机的光探测系统主要由光源、凸透镜和狭缝等组成的镜筒、光电源和前置放大器、背景光源等部分组成，如图 8-1 所示。

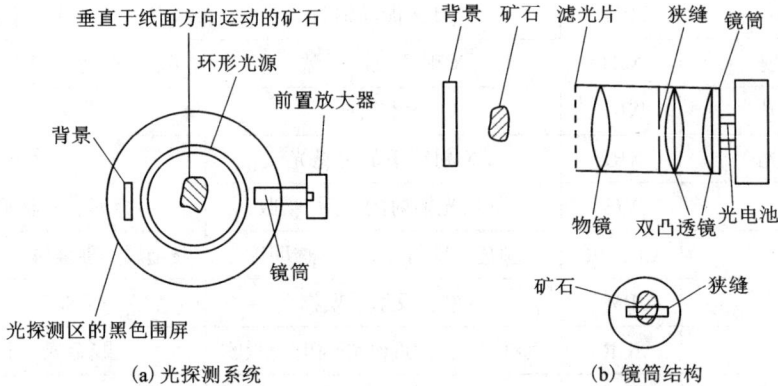

(a) 光探测系统　　　　　　　　(b) 镜筒结构

图 8-1　1011M 型光电拣选机光探测系统及镜筒

1011M 型光电拣选机分选过程如图 8-2 所示，矿石由料仓 1 给入电磁振动给料机 2 上，随后沿弧形导槽 3 下溜到 V 形快速(2.5 m/s)皮带 4 上，并被抛入装有光电池 5、背景光源 6 的光箱 7 内。当矿块沿抛物线轨迹通过光探测区时，若其反射率与背景的反射率不同，则光探测系统会发出一个幅度大小与反射率差值大小有关的电信号，当信号超过预先调定的信号处理装置 8 的甄别水平时，即导通电磁阀，启动气阀 9 而喷出压缩空气，使符合要求的矿石偏离自然运行轨迹，落入精矿漏斗 10 内，不符合要求的矿石则落入尾矿漏斗 11 内，从而将两种矿石分开。

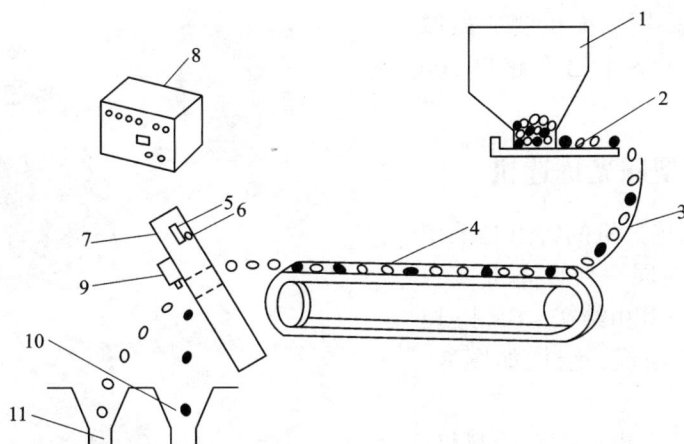

1—料仓；2—电磁振动给料机；3—弧形导槽；4—皮带；5、6、7—光源系统；
8—信号处理装置；9—气阀；10—精矿；11—尾矿。

图 8-2 1011M 型光电拣选机分选过程示意图

8.2.2 MSort 系列光电色选机

MSort 系列光电色选机是德国摩根森公司开发的产品，其型号如表 8-3 所示。摩根森 MSort 光电色选机可通过物料的颜色、形状或尺寸进行精确识别和分选，目前广泛应用于矿石(如石灰岩、大理石、滑石、重晶石、方解石、砾石、石英和花岗岩等)分选、玻璃回收、塑料分选、建筑垃圾分选等领域。

表 8-3 MSort 系列光电色选机型号

机器型号	粒径范围/mm	进料速度/(t·h⁻¹)	应用范围
MSort AK 900	1~10	≤10	干燥松散物料，可提供金属探测系统
MSort AF 900	4~30	≤15	干燥松散物料，可提供金属探测系统
MSort AL 1500	8~60	≤50	干燥松散物料，结构紧凑
MSort AP 1200	10~50	≤40	湿润松散物料，矿山艰苦环境
MSort AS/AT 1200	15~80	≤90	高效率的双摄像头探测，矿山艰苦环境
MSort AG/AH 1200	80~250	≤200	高效率的双摄像头探测，矿山艰苦环境
MSort AG/AH 1500	80~250	≤250	高效率的双摄像头探测，矿山艰苦环境

摩根森 MSort 系列色选机主要由给料系统、均匀化物料分布及输送系统、物料光学探测系统、图像处理系统、高压气体喷射系统等部分组成，其结构和原理如图 8-3 所示。

与传统光电拣选机相比，摩根森 MSort 系列色选机是通过采用特定的软件及硬件来解决物料识别问题的。如根据物料的颜色和亮度、颗粒大小、物料颗粒的长宽比(形状)等进行识别与选别。配合使用高敏度感应的金属传感器技术识别黑色金属和有色金属。根据特殊的选别任务需求，还可采用双面检测的摄像头系统。目前，在世界上已有超过 500 台在应用中。

8.2.3 CGX-1 型磁光拣选机

CGX-1 型磁光拣选机的特点是采用磁、光两种探头，在同一台设备上实现磁、光的联合分选。其由给矿、探测、控制和分离四个系统组成，结构如图 8-4 所示。

给矿系统由矿斗、电磁振动给料机、弧形导槽和快速 V 形皮带组成。该系统的作用主要是保证均匀地给矿，使矿块逐个经过探测和分离系统。电磁振动给料机把矿斗中的矿块连续均匀地给入弧形导槽，使矿块获得与 V 形皮带相近的速度，从而较快地稳定下来。由两条皮带组成的 V 形皮带的夹角为 90°。矿块间距被 V 形皮带拉大成单行排队后逐块

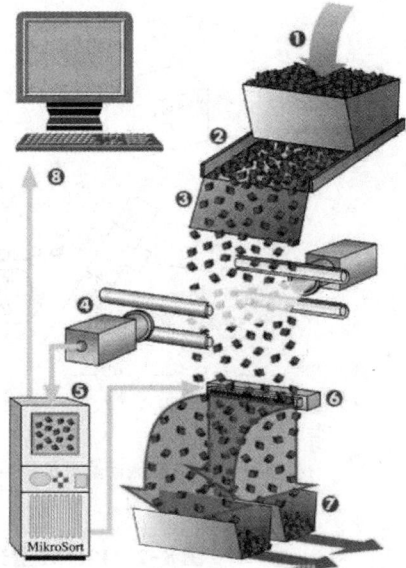

1—料仓；2—输送带；3—布料板；4—摄像机；
5—图形处理系统；6—高压气体喷射装置；
7—产品料仓；8—计算机网络控制系统。

图 8-3 摩根森 MSort 系列色选机结构及原理示意图

通过检测区。矿块经过磁探头时，黑钨矿块由于具有弱磁性，被磁化并将磁信号转换成电信号传送给电子控制系统；大部分围岩由于磁性很弱，电信号很微小，从而将黑钨矿块与废石分开。当矿块逐个通过光探测区时，根据白色石英和灰色废石反射率的差别，通过相应的电子线路转换成电信号，启动电磁喷气阀将白色石英和灰色废石分开。

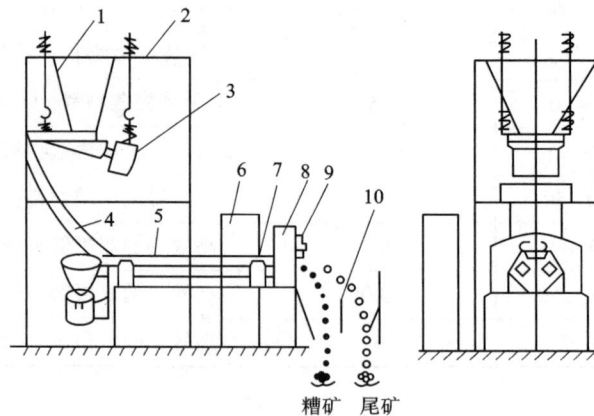

糟矿 尾矿

1—矿斗；2—机架；3—电磁振动给料机；4—弧形导槽；5—V 形皮带；
6—控制箱；7—磁探头；8—光箱；9—气阀；10—隔板。

图 8-4 CGX-1 型磁光拣选机结构示意图

8.2.4　M16 型激光拣选机

M16 型激光拣选机的结构和工作过程如图 8-5 所示。给矿系统由料仓、电磁振动给矿机、滑槽、稳定器和分选皮带组成。滑槽下端安装的加速辊与稳定器相配合，可使从滑槽溜下的矿块与皮带速度同步，并快速平稳地通过扫描区。探测系统由激光光源、旋转多面镜及光电倍增管组成。

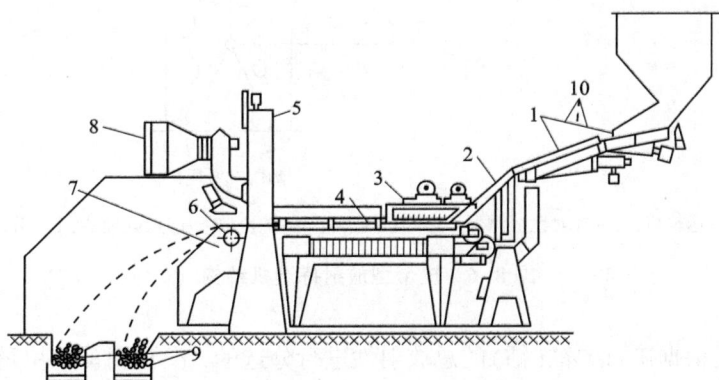

1—给矿机；2—滑槽；3—稳定器；4—分选皮带；5—激光扫描箱；6—电磁气阀；
7—喷射气管装置；8—压风机；9—产品运输机；10—喷水管。

图 8-5　M16 型激光拣选机结构和工作过程

激光束射到前进的矿石上，由矿石表面反射的部分光束转换为电信号。电子信息处理系统根据光电倍增管输入的电信号，确定矿石的粒度、矿石在皮带上的位置及矿石的表面光学特性，并将所得到的光学特性与给定的预定值进行对比，以确定对每块矿石的取舍。同时对主皮带的速度进行监控。当信息处理系统确定某一矿块为所需要的矿石时，即在矿块到达喷嘴时发出电信号，启动相应的一个或几个电磁气阀，将该矿石吹离正常运动轨迹，从而将矿石和废石分开。该机采用了新型的光电系统和电子信息处理机，分选速度快，处理量大，选别精度高。

8.3　放射拣选设备

放射性拣选法的对象是铀(钍)矿石，根据铀(钍)矿石的天然放射性而将铀(钍)矿石和废石分开。铀(钍)矿石中的 γ 射线有很强的穿透能力，当铀(钍)矿块经过闪烁晶体探测器时，与晶体配套的光电倍增管就产生脉冲信号，光电倍增电路所得的脉冲数与矿块中的 γ 射线活度成正比，根据矿块单位重量的 γ 射线活度，可判断出矿块的铀(钍)品位的高低，从而将矿石和废石分开。

8.3.1　皮带型放射拣选机

各国早期生产的放射性拣选机大都是皮带型的，其结构基本相同，如图 8-6 所示。其主机为一皮带运输机 1，皮带下装有放射性探测器 2，探测器上面有铅屏蔽板 3，矿块 4 运行至探测区后,探测器将 γ 射线活度讯号送至信息处理器 5,如该矿块的射线活度高于预定的水平,则仪器使分矿板 6 偏转,矿块掉入精矿槽,否则分矿板不动作,矿块掉入尾矿槽。

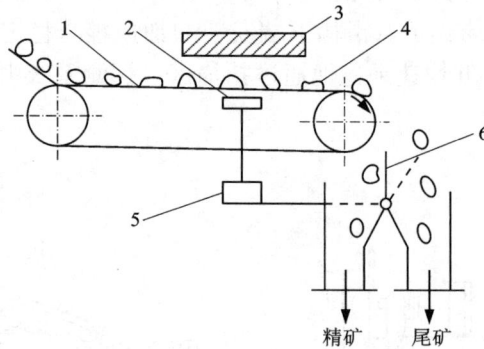

1—皮带运输机;2—放射性探测器;3—铅屏蔽板;4—矿块;5—信息处理器;6—分矿板。

图 8-6　皮带型放射拣选机结构

这类拣选机是根据矿石中铀(镭)的总放射性进行分选的,没有测量矿块重量的装置,因此要求入选矿块重量相近,这就需要将矿石进行筛分分级,筛比取 1.5 左右,对于 25~200 mm 的矿石,可筛分成 5~40 个级别。设备处理能力因处理矿石粒度、皮带运行速度、皮带宽度及槽道数的不同而不同。此类拣选机的机械、仪表和执行装置简单,成本低,维修方便,但处理量较小,灵敏度低。

8.3.2　201 型放射拣选机

201 型放射拣选机是我国于 20 世纪 60 年代研制开发的按品位进行拣选的拣选机,其结构和工作原理如图 8-7 所示。

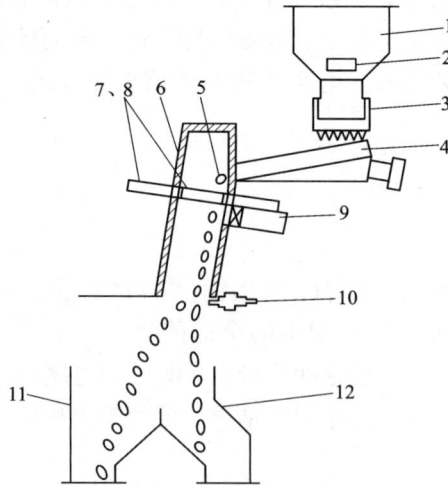

1—料仓;2—仓壁振动器;3—平板式振动给料机;4—V 形振动槽;5—矿块;6—屏蔽罩;
7、8—光探测器;9—闪烁探测器;10—喷气阀;11、12—料斗。

图 8-7　201 型放射拣选机结构和工作原理

分选过程中,经粗碎和筛分后的 25~50 mm 矿石,首先进入料仓 1,在仓壁振动器 2 的作用下,矿石进入平板式振动给料机 3,给料机底板末端做成齿状以筛除碎矿。然后矿石落入 V 形振动槽 4 中,当矿块 5 离开 V 形槽后,受 V 形槽的水平速度(0.5 m/s)和重力加速度的共同作用,沿抛物线轨迹自由下落,进入铅屏蔽罩 6 内的探测区。在探测区内首先进行矿块粒度探测。探测区上部有两组在同一平面互相垂直的光探测器 7、8,矿块经过光源时,在其对面的光电管即输出与矿块挡光面积及持续时间成正比的讯号。当矿块继续下落到放射性探测区,闪烁探测器 9 即输出与矿块放射性活度(矿块中铀含量)成正比的讯号。两个讯号送入信息处理仪,经与给定值比较,确定喷气阀 10 是否打开及开启的延续时间,受压缩空气吹动的矿块掉入漏斗 11,其余矿石按自由下落轨迹掉入料斗 12,从而得到精矿、尾矿两个产品。

8.3.3　M17 型放射拣选机

M17 型放射性拣选机是 20 世纪 70 年代末期由 RTZ 矿石拣选机公司研制成功的。该机采用多探头接力式测量放射性活度,可在处理量不减小的情况下增加矿石的测量时间,提高灵敏度。执行分选的装置可根据矿块的大小和位置启动相应的电磁气阀及控制吹气的延续时间,大大节约压缩空气的耗量。拣选机有多个槽道,使处理量成倍增加。同时应用信息处理系统实行多项控制任务,提高了拣选机的分选质量,其结构如图 8-8 所示。

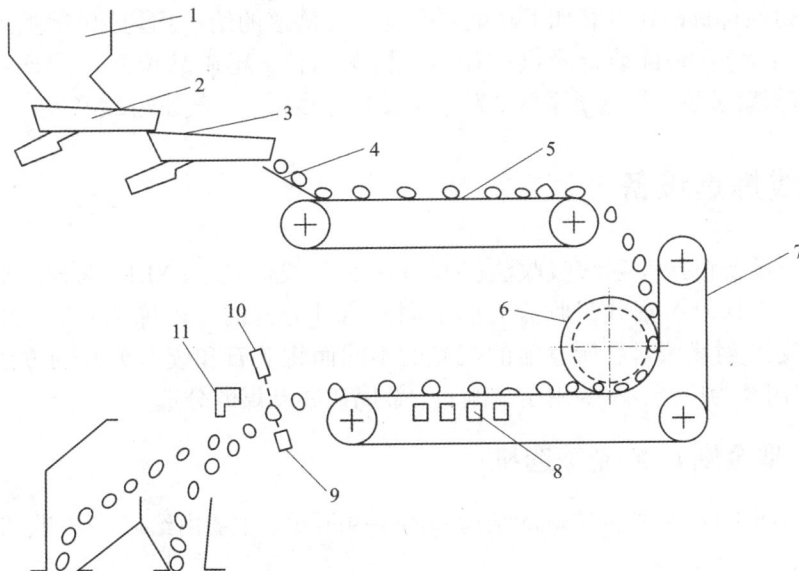

1—料仓；2、3—电振给料机；4—滑板；5—皮带；6—多槽稳定器；
7—主皮带；8—闪烁晶体探测器；9—光源；10—摄像机；11—电磁喷气阀。

图 8-8　M17 型放射性拣选机结构示意图

矿石经粗碎和筛分后给入料仓 1,经两级电振给料机 2、3 和滑板 4 给到皮带 5。根据矿石的粒度,矿石在给到皮带 5 之前,已经被分成 2~5 条矿石流。皮带 5 上也分隔成相应的槽道,每槽是一条矿石流。皮带 5 的运行速度为 1.7 m/s。矿石离开皮带 5 后,经多槽稳定器 6 给到主皮带 7。主皮带 7 的运行速度为 5.1 m/s。由于主皮带 7 的速度是皮带 5 的 3 倍以上，所以在皮带 5 上排成几个单列并首尾相接的矿石流，在主皮带 7 上就拉开了一定距离。每个矿块单独地通过闪烁晶体探测器 8。根据矿块的粒度和特性，每个槽道闪烁探测器的数目可以为 4~12 个(对于铀品位特别低的矿石，探测器的数目可多至 16 个)。每块矿石都要经过槽道内所有的探测器测量，各闪烁探测器将收集所测定的该矿块的放射性活度，并贮存到电子信息处理机中。矿块离开主皮带 7 后，由于水平的初速度很高，所以其运行轨迹为平抛物线形式。

矿块在飞落过程中，首先经过光电矿块粒度探测器。由光源 9 和摄像机 10 组成。光电粒度探测器除可根据矿块截面积确定矿块粒度外，还可确定矿块在皮带上的位置及矿块间的距离，并把这些讯号送入信息处理机。信息处理机把贮存的矿块放射性活度讯号与所得的粒度讯号相比较，可得出该矿块的铀品位，并与预定的品位值相比较，就可确定此矿块是精矿还是废石。当矿块下落至喷嘴前时，信息处理机给执行机构(电磁喷气阀 11)下达是否启动的指令。

M17 型放射性拣选机的电磁阀沿皮带宽度安装成一排。不同槽道拣选机所使用的阀的数目不等，如 5 个槽道的拣选机，每槽道设 8 个阀；2 槽道的拣选机，每槽道设 22 个阀。信息处理机根据矿块所在的位置确定应该打开哪几个阀，还根据矿块的大小，决定开启的持续时间。电磁阀启动后，压力为 $(6.5~7) \times 10^5$ Pa 的压缩空气从喷嘴喷出，使矿块偏离其正常运动轨迹，这样就与自然下落的矿块分隔开，得到了精矿和废石两个产品。

M17 型放射性拣选机还具有如下功能：可显示各槽道的给矿均匀性(用主皮带各槽道上的矿石充满率表示)；能自动记录供矿品位、精矿品位、尾矿品位及吹出产品(精矿或尾矿)的产率；有报警装置，如电子系统故障、主皮带速度低、空气压力故障等。

8.4 X 射线拣选设备

X 射线拣选设备包括 X 射线吸收法(XRT)和 X 射线荧光法(XRF)两种。X 射线吸收法是利用矿块和废石块对 X 射线吸收能力的不同而将其分开的一种拣选方法。X 射线荧光法则是测量矿石受 X 射线照射后所发射的荧光的不同而将矿石和废石分开的方法。目前工业中 XRT 法的应用较为广泛，主要用于金刚石、金属矿物及煤的分选。

8.4.1 GXJ 型金刚石 X 光拣选机

国产 GXJ 型金刚石 X 光拣选机的结构如图 8-9 所示，主要由给矿、探测、信息处理和分离等部分组成。

分选过程中，矿仓 1 中的矿石由电振给料机 2 经滑槽 3 给到皮带机 4 上，通过 X 光管 5 照射后，金刚石发出的浅蓝色荧光被光探头 6 接收，产生的脉冲电流经电子线路放大处理后，启动执行机构 8，使金刚石进入精矿漏斗 10，废石进入尾矿漏斗 9。

8.4.2 XR 系列金刚石 X 光拣选机

英国索特克斯公司于 20 世纪 60 年代末期研制了用于分选金刚石的 X 光拣选机，有 XR21、XR22 和 XR23 等型号。后来又研制成新型的 XR 系列金刚石 X 光拣选机，如 XR121BA 等型号，其结构如图 8-10 所示。

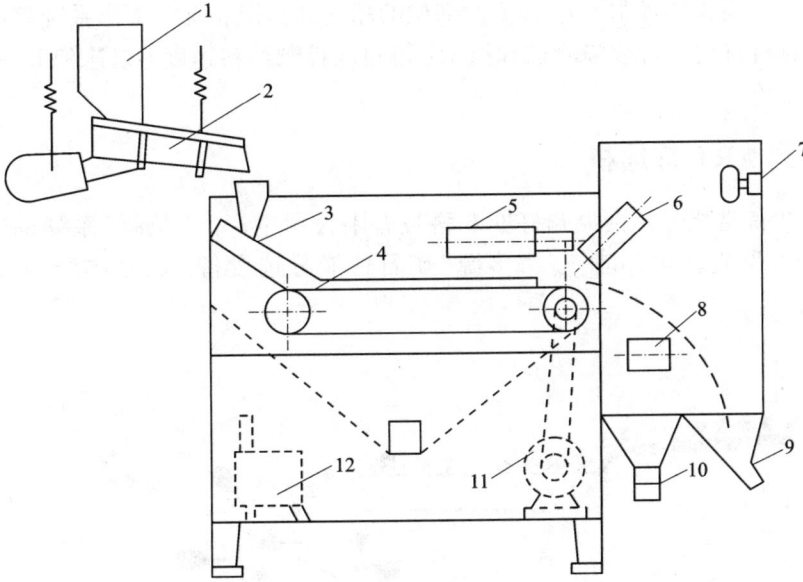

1—矿仓；2—电振给料机；3—滑槽；4—皮带机；5—X 光管；6—光探头；7—照明灯；
8—执行机构；9—尾矿漏斗；10—精矿漏斗；11—电动机；12—电源。

图 8-9　GXJ 型金刚石 X 光拣选机结构示意图

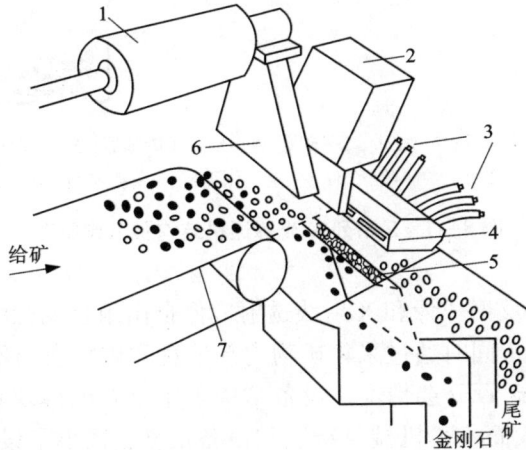

1—射线管；2—光电倍增管；3—喷射气阀；4—喷嘴；5—分矿板；6—射线束导管；7—给矿皮带。

图 8-10　XR 型金刚石 X 光拣选机结构示意图

含金刚石的入选矿石经筛分分级后，从给料斗落到电磁振动给料机中，当矿石通过除尘气流时，矿石表面的灰尘被吹掉后，矿石落在给料皮带上，当其进入探测区受到 X 射线照射时，金刚石发出的荧光被光电倍增管接收和放大，并被送入相应的电子线路。电子线路导通电磁喷气阀，从而将金刚石拣选出来。

XR 系列金刚石 X 光拣选机的共同特点是：应用了固态电子线路，可简化对故障的检测，更换元件方便；由模拟图像显示所有关键部位的功能和情况；所有工作系统都可进行连续监测；由电子计算机自动进行故障测试和指示；可自动控制给料速度，以达到最理想的处理量；有安全、联锁系统。

8.4.3 S 系列 XRT 拣选机

S 系列 XRT 拣选机是江西赣州好朋友科技有限公司生产的"慧眼"系列拣选设备，它融合了 X 射线和可见光技术，是一款"多源"矿石智能分选设备，其基本结构及工作原理如图 8-11 所示。

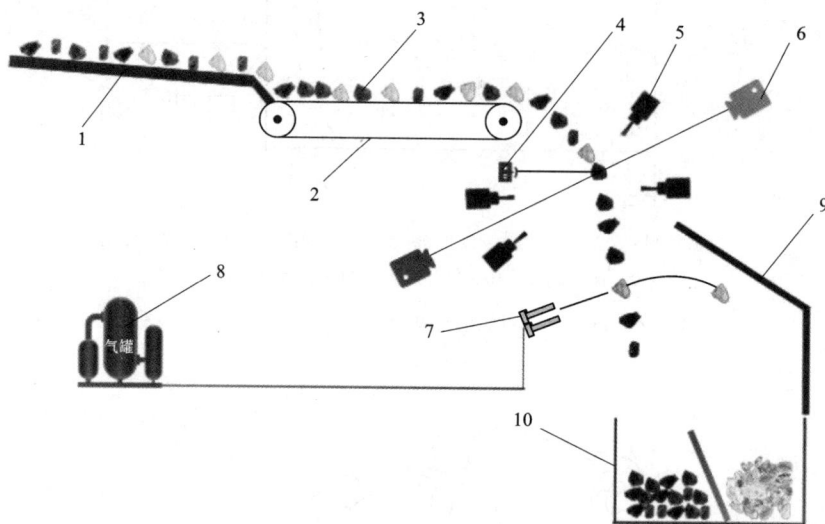

1—振动给料机；2—皮带；3—矿石；4—X 射线传感器；5—光源(4 个)；
6—相机(2 个)；7—喷气阀；8—空气压缩机；9—拦矿板；10—矿仓。

图 8-11 S 系列 X 光拣选机结构及工作原理

该设备采用高清双面反射成像和 X 射线透射成像自由组合的探测方式，可根据不同矿石的物理特性定制成像方案，同时通过采集矿物内部信息和矿物表面颜色纹理信息，结合人工智能学习算法，大幅提升矿石分选精度。设备结构采用全新的模块化设计，即振动给料+短皮带+自由落体结构，大大简化了机械复杂度和设备尺寸，减小了设备维护难度和安装占地面积。设备可按模块(组)自由拼接，实现不同给料皮带宽度(1600 mm、3200 mm)的匹配，处理能力达 40~200 t/h(处理粒级 10~60 mm)。各模块(组)通过软件进行统一控制和状态监测，减少了人工操作成本。此外，高清双面反射成像原理，大幅减少了泥沙等杂质对分选效果的影响，捕获矿石信息无死角，成像精度高。

8.5 无线电磁波拣选设备

将矿块置于一个产生无线电波的电磁场后，电磁场与矿块相互作用，由于矿块的电性和磁性不同，其作用也不同。如矿块为导体，则矿块中产生感应电流，如矿块为介电质，则矿块中产生极化作用。矿石的电性和磁性能使振荡电路的参数(如电流和电压的相位、振幅和频率)发生变化,因此,根据电路中参数值的变化而将矿石和废石分开的方法叫无线电谐振分选法。由于电路参数变化的大小与矿石(矿块)的导电性和磁性有关,所以这种拣选方法也叫电导-磁性法。

在无线电谐振法(电导-磁性法)的拣选机中,其产生交变电磁场的部件(线圈或电容器)可以同时是探测电磁场变化的部件;也可以有两个部件,一个用于产生电磁场,另一个用于探测电磁场的变化。无线电谐振法适用于多种有色金属、黑色金属、稀有金属及煤的分选,具有较高的灵敏度。在分选铜、镍、铅、锌等重金属氧化矿及硫化矿石时,该方法也获得了较好的分选结果。

8.5.1　GFJ-3 型拣选机

我国研制成功的 GFJ-3 型拣选机,利用每秒 40~100 千周的电磁波成功地进行了金伯利岩和废石的分选。含金刚石的母岩——金伯利岩的磁性,数倍于围岩(蛇纹石化碎裂岩、片麻岩等)的磁性。在探测区内,金伯利岩与围岩使电磁场所产生的讯号有较大的差别,可以用来进行分选。GFJ-3 型拣选机的结构如图 8-12 所示。

原矿经粗碎和筛分后,从矿仓 1 由电振给料机 2 经料斗给到对辊给矿机 3 中,对辊给矿机 3 由两个直径为 295 mm、长度为 1750 mm 的辊筒组成。两辊筒以一定的倾角,彼此平行地安装在机架上,同速向外旋转。给矿机为一个倾斜的"V"形槽,矿石在"V"形槽内的运行速度受辊筒速度的影响。矿石离开双辊给矿机后,进入自感式空心探测器 4,在探测区的交变电磁场内,不同磁性的矿石导致探测器输出大小不同的讯号,经

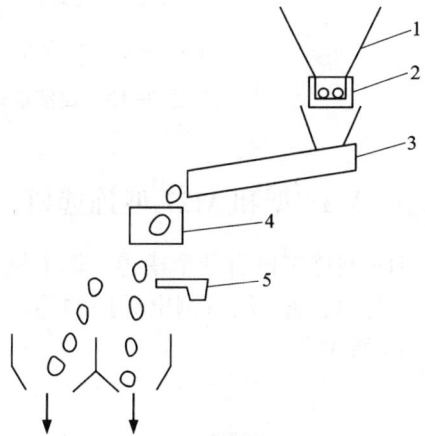

1—矿仓;2—电振给料机;3—对辊给矿机;
4—自感式空心探测器;5—电磁喷气阀。

图 8-12　GFJ-3 型拣选机结构示意图

信息处理仪与预定的讯号进行比较后,如确定为精矿,则由电磁喷气阀 5,将其吹离正常运行轨迹,从而将入选矿石分成精矿、尾矿两个产品。

8.5.2　自然铜矿石拣选机

美国矿山局研制成功的自然铜矿石拣选机是利用金属含量较高的矿石(如自然铜及含铜、铁等的矿石)和围岩的导电性或磁性不同,在电磁场内产生的讯号也不同这一特点进行分选的,其结构和工作过程如图 8-13 所示。

原矿经粗碎和筛分后,给入矿仓 1,矿石经电振给料机 2 给到皮带 3 上。给矿机出口呈尖缩状,以利于矿块排成单列。矿石在速度为 0.46 m/s 的皮带上运行,并通过探测器 4。探测器由两个平面线圈组成(即 4″和 4′),4′置于皮带下,用于发射频率为 125 千周的无线电波,4″垂直立于皮带一侧,用于探测。根据探测区内的矿块特性,探测器给出反映矿块金属含量的讯号,如矿块的金属含量超过预调水平,则信息处理系统给出指令,使机械挡板 5 转

动一个角度，将矿石排到精矿仓，否则排到尾矿仓。该机由于使用机械挡板作为执行机构，动作次数仅为 4 次/s，故处理量很低。如改用电磁气阀，并相应增加给矿速度，则处理量将有较大提高。

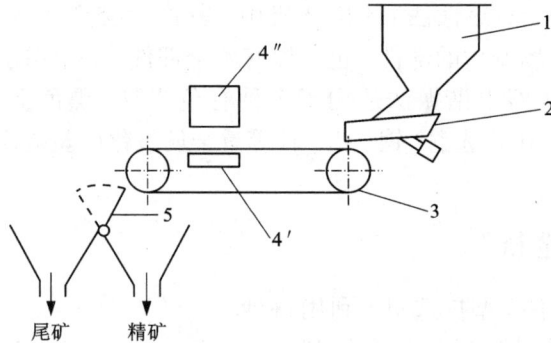

1—矿仓；2—电振给料机；3—皮带；4—探测器；5—机械挡板。

图 8-13　自然铜矿石拣选机结构和工作过程示意图

8.5.3　M19 型和 M27 型拣选机

M19 型拣选机有几个槽道，每个槽道有几个探测器，可以接力测量，探测效率高，它有测量粒度的装置，故可测出矿块的品位，所以它的灵敏度高，处理量大。该拣选机的结构如图 8-14 所示。

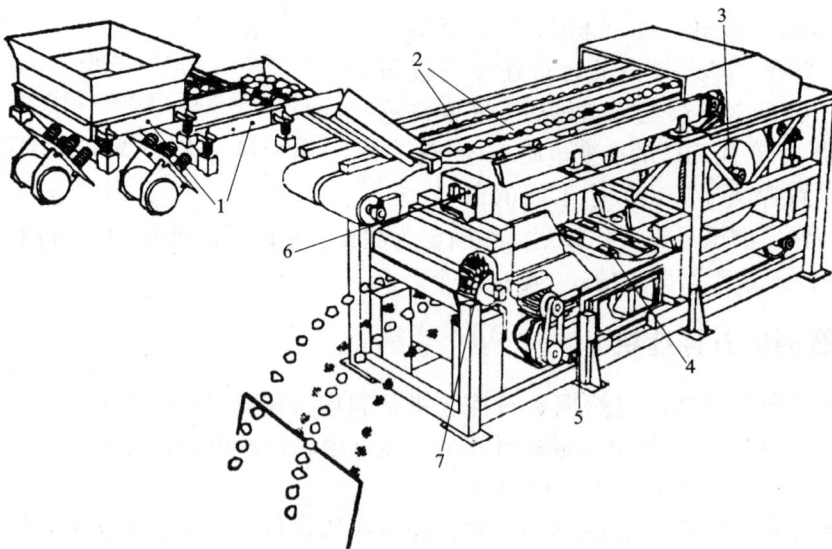

1—给矿机；2—给矿皮带；3—稳定器；4—探测器；5—主皮带；6—光电探测器；7—空气喷阀。

图 8-14　M19 型拣选机结构示意图

M19 型拣选机有显示各槽道给矿均匀性、自动记录供矿品位、精矿和尾矿品位，以及吹出产品产率的功能，并有各种报警装置。

原矿经粗碎、筛分后，由两级电振给矿机和滑板送到皮带给矿机上，根据矿石的粒度，在电振给矿机上，矿石已被分成多条矿石流。在皮带给矿机上，矿石排成几个首尾相接的单列。矿石离开皮带后经多槽稳定器给到主皮带上。主皮带运行速度为 5.1 m/s，是给矿皮带速度的 3 倍，故矿块间在主皮带上拉开了一定距离，单独地通过电导-磁性探测器。探测器为一平面线圈，安装在皮带下面，其发射的无线电波约每秒 10 兆周。此线圈既是无线电波发射源，又是矿块特性探测器。根据发射线圈的电流、电压的相位、振幅及频率变化可确定探测器上矿块的电导率和磁化率，从而将矿石和废石分辨出来。探测器的数目根据矿石的粒度和特性在一定范围内变动。各探测器将测量得到的与矿块中金属量成正比的讯号收集起来，并贮存到电子信息处理机中。

矿块离开主皮带后，在其下落过程中，光电粒度探测器测量矿块的截面积及其位置，并将结果送入信息处理机。信息处理机将矿块中的金属量与粒度相比较，得出矿块金属品位。将此品位与预定值相比较后，即可确定该矿块是精矿还是废石。当其下落至喷嘴前面时，信息处理机就会给电磁喷气阀发出指令，启动电磁阀，从喷嘴喷出压力为 $(6.5 \sim 7) \times 10^5$ Pa 的压缩空气，使矿块偏离其正常运行轨迹，这样就与自然下落的矿块分开，得到了精矿、尾矿两个产品。

RTZ 矿石拣选机公司于 1985 年研制成功了 M27 型拣选机，其原理与 M19 型完全相同，拣选机的结构如图 8-15 所示。

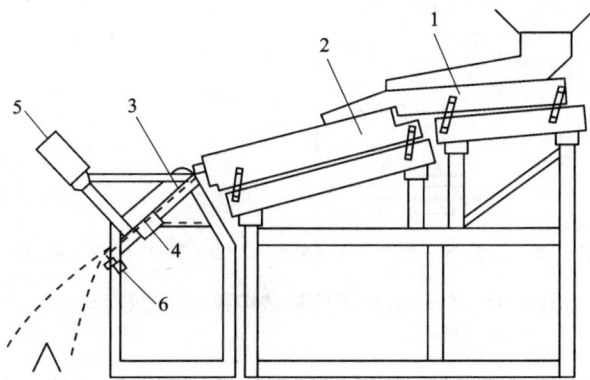

1—电振给料机；2—四槽电振给料机；3—滑板；4—电导-磁性探测器；5—摄像机；6—电磁喷气阀。

图 8-15 M27 型拣选机结构示意图

原矿经粗碎、筛分后，从矿仓经第一级电振给料机 1 给到第二级四槽电振给料机 2，所形成的四条平行矿石流落到滑板 3 上。由于受重力加速度的作用，矿石间拉开了距离。滑板尾端下侧安装的电导-磁性探测器 4 对每块矿石的电导-磁性进行探测，然后由摄像机 5 探测矿块的粒度及其在矿石流中的位置。微型电子计算机根据探测器得到的两个讯号，计算出每块矿石的品位，然后与预定的分界品位相比，确定为精矿还是尾矿。电磁喷气阀 6 将精矿（或尾矿）吹离正常运行轨迹。

8.6 γ射线拣选设备

γ吸收法、γ散射法和γ荧光法都是利用能量较低的γ射线与物质作用所产生的效应来进行分选的。

（1）Precon型拣选机

芬兰奥托昆普公司于20世纪80年代初期研制成功的Precon型拣选机，采用γ散射法进行矿石的拣选。其使用了两个不同能量的γ照射源，一个γ源使矿石的散射活度与矿块的重量相关，另一个γ源使矿石的散射活度与矿块的重量及有效的(加权的)原子序数相关。两个活度相比就得到了一个与矿块的粒度和形状无关，而仅与矿块的有效原子序数有关的参数。用这种方法可以成功地将原子序数大的、含重金属元素的矿块与围岩分开，其结构及工作过程如图8-16所示。

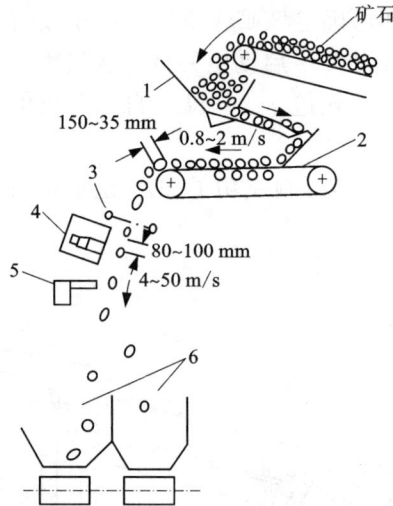

1—电振给料机；2—皮带；3—光源；4—γ射线探测器；5—电磁喷气阀；6—分选产品。

图8-16 Precon型拣选机结构和工作过程示意图

经粗碎、筛分的矿石从矿仓给到电振给料机1。给料机将矿石分成两股，分别经滑板给到各自的皮带2上，皮带做成"V"形以便矿石排成单列。皮带速度为0.8~2.0 m/s。矿石离开皮带后以抛物线轨迹下落，并在下落过程中逐渐拉开距离。矿块首先经过光源3，在矿块挡着此光源的一瞬间，光源对面的光电管产生一个电脉冲信号，此信号通知微处理机矿块已进入探测区。在矿块到达γ射线探测器4中间时，矿块速度为4~5 m/s，矿块间距离为80~100 mm。探测区内有两组照射源及一个闪烁探测器，每组照射源都由两个不同能量的γ射线源组成，能量分别为60~600 keV，矿块受照射后散射的γ射线由闪烁探测器探测，探测时间为20~50 ms。微处理机根据两组照射源的测量结果计算出每个矿块的品位，若所得到的品位超过微处理机预定的品位，则启动电磁喷气阀5，将矿块吹离正常运行轨迹，从而分选出精矿、尾矿两个产品。

该机也可以分出精矿、中矿、尾矿三个产品。如想得到三个产品，就需在原来喷气阀的对面再加一套空气喷射装置。每个槽道的处理量随矿块的粒度不同而异。

（2）Минерал-50Г 型拣选机

Минерал-50Г 型拣选机由前苏联于 1985 年研制成功，利用矿石和废石吸收 γ 射线能力的差别来拣选矿石，其结构如图 8-17 所示。

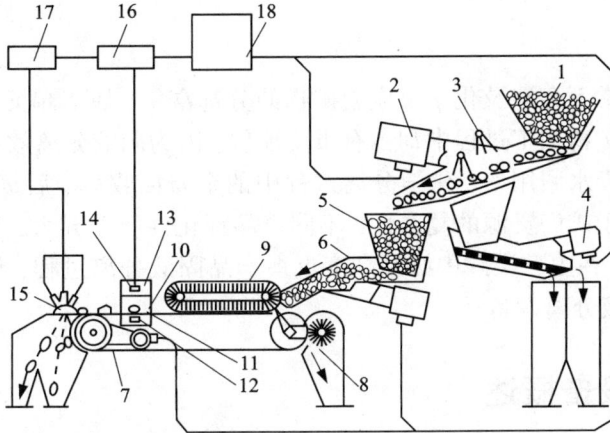

1—矿仓；2—振动筛分给矿机；3—喷洗水；4—振动筛；5—中间矿仓；6—振动给矿机；7—运输皮带；
8—皮带清洗器；9—稳定装置；10—探测装置；11—射线发射区；12—γ射线源；13—射线探测区；
14—γ探测器；15—空气喷射阀；16—辐射仪；17—执行机构控制器；18—拣选机控制箱。

图 8-17　Минерал-50Г 型拣选机结构示意图

经粗碎、筛分的矿石从矿仓 1 给到振动筛分给矿机 2，进行洗矿和筛除细粒。筛下产品自流到振动筛 4 后，分出水和矿泥。筛上产品给到中间矿仓 5，再给到振动给矿机 6。给矿机的底板是阶梯加速式的，矿块移动速度增加，使矿石流的高度逐渐下降，在给矿机的出口处，矿石流已成单层，矿块的运行速度为 0.5~1.0 m/s。矿块给到 800 mm 宽的运输皮带 7 上，借助带刷子的皮带稳定装置 9，稳定在速度为 3 m/s 的运输皮带上。γ 射线源 12 置于皮带下方，γ 探测器 14 置于皮带上方。不同化学成分的矿块通过探测装置 10 时所吸收的 γ 射线能量不同，则给出的信号不同。辐射仪 16 启动相应的空气喷射阀 15，分选出精矿、尾矿两个产品。

本章主要思考题

（1）拣选的基本原理是什么？
（2）拣选设备系统主要由哪几部分组成？
（3）简述光电拣选机的基本原理、系统组成、典型设备及应用。
（4）简述 X 射线拣选机的基本原理、系统组成、典型设备及应用。
（5）简述无线电磁波拣选机的基本原理、系统组成、典型设备及应用。
（6）简述 γ 射线拣选机的基本原理、系统组成、典型设备及应用。

第9章 固液分离设备

固液分离过程通常不会涉及化学反应或矿物的分选富集,属于单元操作过程,相对较为简单。但固液分离在矿物加工过程中却占有重要地位,因为固液分离效率的高低直接关系到精矿产品水分含量和废水回用率、化学分离过程中的金属回收率、后续冶炼工艺作业效率,以及环境治理等。由于矿产资源的复杂性,不同产品理化性质差异大,导致固液分离过程的难易程度不同,因此,在生产实践中必须高度重视产品固液分离过程,设计合理的固液分离工艺,选择合适的固液分离设备。

9.1 固液分离设备概述

根据固液分离过程原理,即固体颗粒和液体在分离过程中是否受约制,有不同的固液分离方法。常见的固液分离方法如图9-1所示。

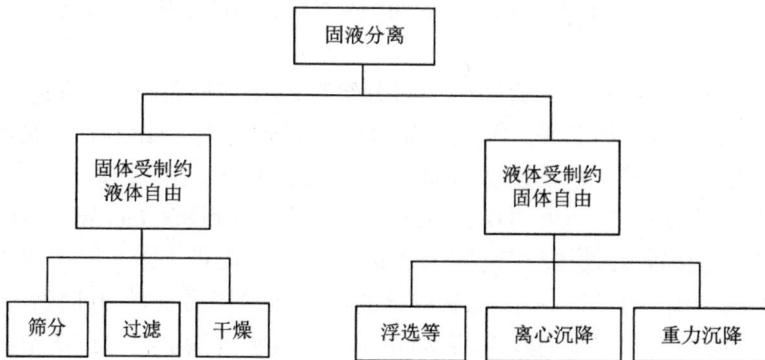

图 9-1 常见固液分离方法

浮选和磁选等矿物加工方法除用于矿物的富集与分离外,在冶金、造纸和废水处理等领域通常也是一种有效的固液分离方法,如离子沉淀浮选、气浮、水的净化、分级和浓缩脱水等。重力沉降方法包括澄清槽(以获得澄清液为主)、浓缩槽(以获得高浓度矿浆为主)、脱泥槽(以脱除矿浆中细泥为主)、分级箱(以获得粗细不同的粒级为主)。离心沉降方法包括水力旋流器(目的是浓稀分流、粗细分级)是离心机(以获取上清液为主)。筛分方法主要用于粗细分级、脱水和脱介等。过滤主要是借助重力、真空、压滤和离心等作用实现固液分离,如砂滤(水净化)、真空过滤机和压滤机等。干燥则是利用加温使物料表面水分达到饱和蒸气压而实现固液分离。

　　固液分离广泛应用于矿物加工、冶金、化工、废水等众多行业，所处理的对象和要求存在很大的差异，因此，不同领域中，固液分离设备的类型和使用条件也有所不同。根据矿物加工过程中固液分离的生产实践，典型的固液分离设备包括浓缩、过滤和干燥设备，分别如表 9-1 至表 9-3 所示。

表 9-1　典型浓缩设备

分离原理	工作特征	典型设备或设施	应用
重力沉降	间断工作	沉淀池、浓缩槽	用于矿山、冶金、化工、煤炭、水处理等工业部门
	连续工作	螺旋分级机、分泥斗、浓缩机、斜板浓缩箱、深锥浓缩机	
离心沉降	连续工作	水力旋流器、离心机	
磁重沉降	连续工作	磁力脱水槽	

表 9-2　典型过滤设备

分类及名称	按形状分类	按过滤方式分类	卸料方式	给料	应用范围
真空过滤机	筒型真空过滤机	筒形内滤式过滤机 筒形外滤式过滤机 折带式过滤机	吹风卸料 刮刀卸料 自重卸料	连续	用于矿山、冶金、化工及煤炭工业部门
		无格式过滤机	自重卸料		用于煤泥和制糖厂
	平面真空过滤机	转盘翻斗过滤机 平面盘式过滤机 水平带式过滤机	吹风卸料 吹风卸料 刮刀卸料	连续	用于矿山、冶金、煤炭、陶瓷、环保等部门
	立盘式真空过滤机		吹风卸料		
磁性过滤机	圆筒型	内滤式 外滤式	吹风卸料 刮刀卸料	连续	用于含磁性物料的过滤
离心过滤机	立式离心过滤机 卧式离心过滤机 沉降式离心过滤机		惯性卸料 机械卸料 振动卸料	连续	用于煤炭、陶瓷、化工、医药等部门
压滤机	带式压滤机 板框压滤机 板框自动压滤机 厢式自动压滤机 旋转压滤机 加压过滤机(筒式、带式等)	机械压滤 机械或液体加压 液压 液压 机械加压 压缩空气压滤	吹风卸料 自重卸料 自重卸料 排料阀排料 阀控或压力排料	连续	用于煤炭、矿山、冶金、化工建材等部门

表 9-3　典型干燥设备

传热方式	工作原理	典型设备
对流	热气流与物料直接接触传热	沸腾干燥器、喷雾干燥器、圆筒干燥机
传导	热气流通过金属物质间接传递给物料	干燥坑、圆筒干燥机
辐射	辐射器发射一定波长范围电磁波，被湿物料表面有选择地吸收后转变为热量	红外干燥器
高频	利用高频电场作用，使湿物料内部发生热效应	微波干燥器

9.2　浓缩设备与设施

按卸料方式不同，浓缩设施有间歇式和连续式两大类。前者周期性地排卸浓缩产物，后者则连续地排卸浓缩产物。间歇式浓缩设施主要为沉淀池，连续式浓缩设备则有锥形浓缩器、耙式浓缩机和斜板浓缩箱等。

9.2.1　沉淀池

国内一些小型选矿厂为节省投资和运营成本，多采用沉淀池来实现精矿的浓缩，沉淀池结构如图 9-2 所示。

精矿流入沉淀池后，由于截面积扩大，流速大大降低，粗颗粒精矿首先沉降下来，然后是细粒和细泥。在沉淀池末端的不同高度设有上清液排放管，沉降后的溢流水就由此排出。通常还可采用两个或多个沉淀池串联，使溢流水沉淀得更彻底。

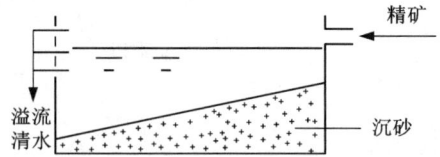

图 9-2　沉淀池结构

沉积一定数量的精矿沉砂后，经挖出晾晒、进一步脱水后外运。通常建有两套或两套以上并列的沉淀池系统交替使用，一套沉降，另一套则挖砂晾晒。沉淀池适用于精矿产率小、精矿较粗且密度较大的小型选矿厂，以及北方少雨的地区。

9.2.2　耙式浓缩机

耙式浓缩机是选矿厂广泛使用的连续式浓缩设备，主要有中心传动式、周边传动式及多层浓缩机 3 种类型。周边传动式又有齿条传动式和辊轮传动式 2 种。

耙式浓缩机的结构大致相同，都由池体、耙架、传动装置、给料和排料装置、安全信号装置、耙架提升装置等部分组成。浓缩池体是用钢板或钢筋混凝土建造的平底或圆锥形底（底部 6°~12°的倾角）的圆形池子。根据用途不同，有带中央支柱和不带中央支柱的两种。浓缩池体中心的底部开有一个或两个以上的卸料孔，浓缩池体上部的周边设有环形溢流槽。

耙架为钢制桁架，在桁架的下面固定着许多刮板，刮板与浓缩池半径方向成一定角度。当耙架旋转时，刮板就将沉淀在浓缩池底部的物料从池子的边缘（外围）迅速刮向中心卸料孔处。刮板的形状以对数螺旋线形为最好。耙架的旋转速度很慢，以免破坏矿粒的沉降过程，通常最外围刮板的线速度不超过 7~8 m/min，此速度取决于浓缩物料的性质，若浓缩物料粒度较粗且容易沉降，则刮板的转速为 6 m/min 左右，浓缩极细矿泥和细粒精矿时，刮板的周边速度应在 3~4 m/min。

给料装置的给料方式有上部给料和下部给料 2 种。上部给料口位于浓缩池中央，下部给料口在浓缩池底的中心，上部给料方式被广泛应用。下部给料虽然可以节省给料槽托架，但是动力消耗较大，同时给料口结构复杂，并且容易堵塞，维修也不方便，实际上除特殊流程需要外，极少采用下部给料方式。

浓缩机一般用作过滤之前的精矿浓缩或用作尾矿脱水。用作精矿浓缩的浓缩机，其浓缩产品的浓度一般为 75% 以下。用作尾矿脱水的浓缩机，其溢流中固含指标一般小于 0.5%，浓缩产品浓度则为 20%~30%。

（1）中心传动式浓缩机

中心传动式有小型（$\phi 1.8 \sim \phi 20$ m）和大型两种，其中，直径在 12 m 以下时，采用手动提耙方式，直径在 12 m 以上时，采用自动提耙方式。中心传动式浓缩机主要由浓缩池、耙架、传动装置、耙架提升装置、给料装置、卸料装置和信号安全装置等组成。$\phi 12$ m 中心传动式浓缩机结构如图 9-3 所示。

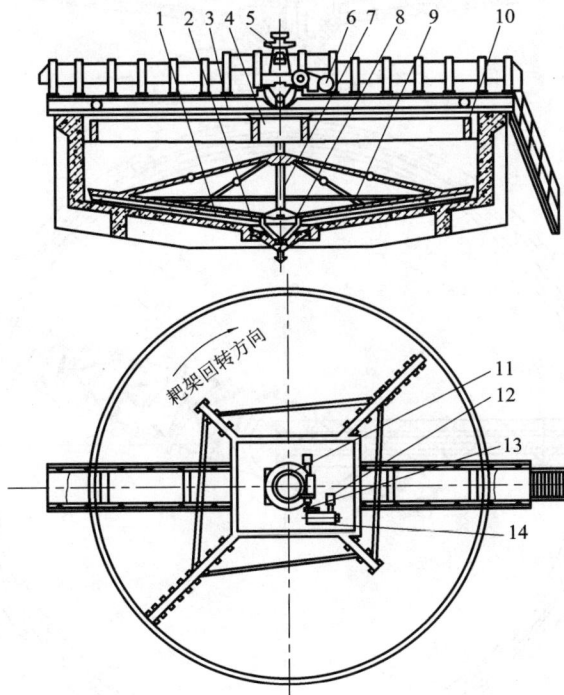

1—耙架；2—刮板；3—桁架；4—受料筒；5—提升装置；6—传动装置；7—回转轴；8—卸料筒；
9—浓缩池；10—溢流槽；11—蜗轮减速机；12—电动机；13—中心传动齿轮；14—圆柱齿轮减速机。

图 9-3 $\phi 12$ m 中心传动式浓缩机结构

在浓缩池中央装有一根悬挂在桁架上的回转轴，轴的下端固定着两对放射状的耙架，其中一对的长度稍小于浓缩池的半径，另一对的长度等于半径的 2/3。回转轴由固定在桁架上的电动机经蜗轮减速机带动旋转。当回转轴旋转时，耙架下面的刮板将沉淀物刮至池中心卸料筒排出。为避免浓缩机底流过浓引起卸料口淤塞和耙架扭弯及其他设备事故，设有提升和信号安全装置。

（2）周边传动式浓缩机

周边传动式浓缩机包括辊轮传动式和齿条传动式 2 种，其中，周边辊轮传动式的缺点是附着系数低、容易打滑和传递转矩受限制，齿条传动式的缺点则是结构笨重、钢材能量大和安装维修费用高。

ϕ30 m 周边齿条传动式浓缩机的结构如图 9-4 所示。耙架的一端借助特殊的轴承置于浓缩池中央支柱上，在浓缩池壁周边上与轨道并列着固定齿条。耙架的另一端与传动小车相连接，小车上的减速机的齿轮与固定齿条啮合，推动耙架前进，带动耙架回转，以刮集沉淀物。

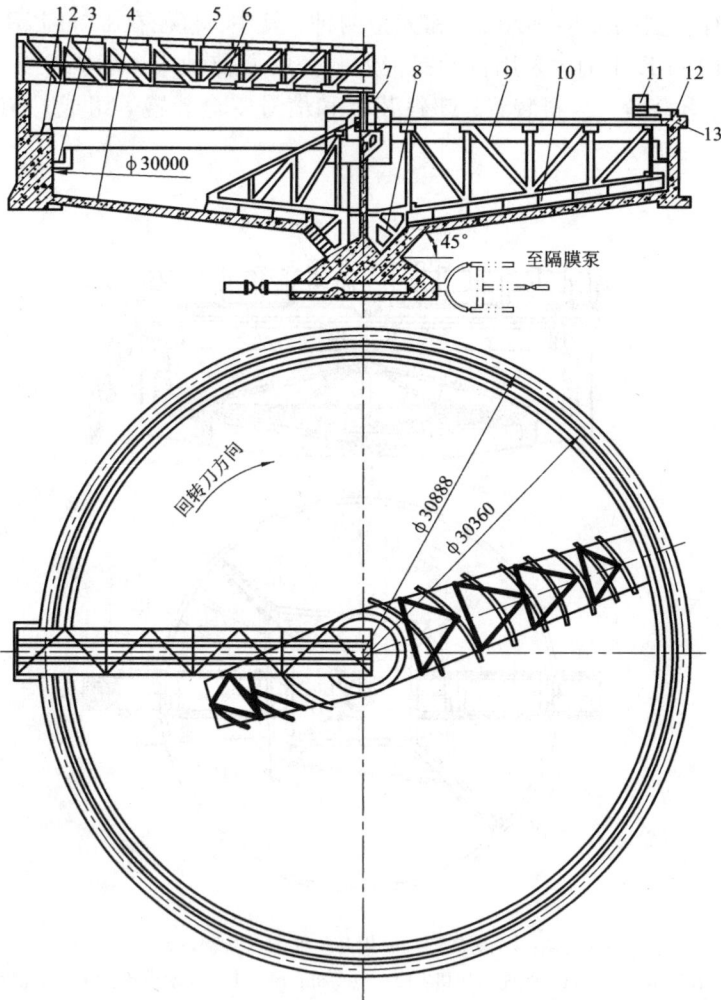

1—齿条；2—轨道；3—溢流槽；4—浓缩池；5—托架；6—给料槽；7—继电装置；
8—卸料口；9—耙架；10—刮板；11—传动小车；12—辊轮；13—齿轮。

图 9-4 ϕ30 m 周边齿条传动式浓缩机结构

当周边传动式浓缩机不带齿条 1 和齿轮 13 时，即为周边辊轮传动式浓缩机。周边辊轮传动式浓缩机依靠辊轮和轨道之间的摩擦力传动。当刮板阻力超过一定限度，或者冬季轨道上结冰时，会导致辊轮打滑和耙架停转，所以，不需要特殊的安全装置，但周边辊轮传动浓缩机不适合在处理量较大及浓缩产物浓度过高的情况下使用。此时，采用齿条传动较为可靠，它是依靠小车上的减速器主轴的齿轮与齿条啮合推动耙架前进。周边齿条传动式浓缩机常用热继电器保护电动机。目前，国内已经研究并开始采用自动提耙装置作为安全措施。

我国生产的周边传动浓缩机的直径有 15 m、18 m、24 m、30 m、45 m 和 53 m，并已生产出直径达 100 m 的周边传动式浓缩机，而国外同类产品最大直径已达 198 m。

（3）多层浓缩机

多层浓缩机在黄金矿山氰化提金工艺过程中，被广泛用作逆流洗涤（固液分离）设备。其具有动力消耗少、操作简便和洗涤效率高等优点。通常多层浓缩机有两层至五层，其结构与一般小型中心传动式浓缩机相同，只是将两个或多个浓缩池叠加起来。因此，可节省厂房占地面积。图 9-5 为双层浓缩机结构，其有如图 9-6 所示的 4 种不同结构形式。

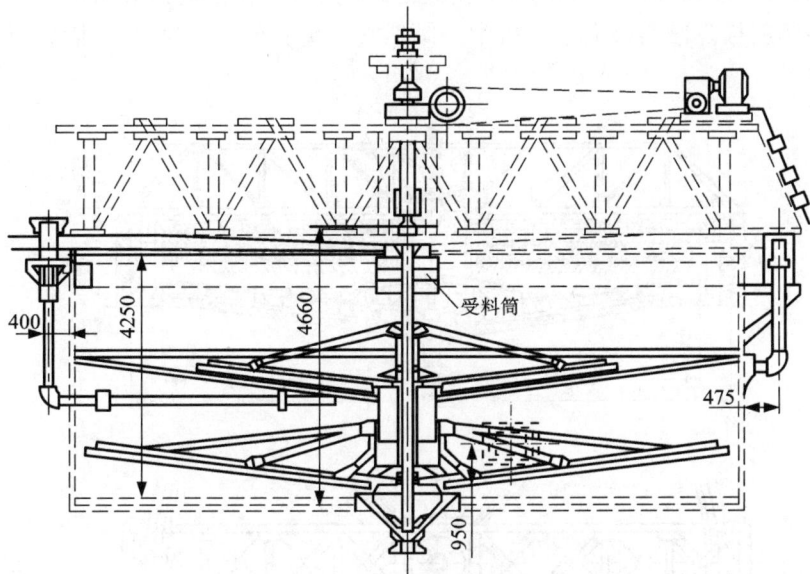

图 9-5　双层浓缩机结构

①密闭式。如图 9-6（a）所示，为两个完全独立的浓缩机，只是转动耙架在同一个中心垂直轴上。该形式的中间隔底较复杂，故应用不多；

②开放式。如图 9-6（b）所示，其特点是仅在上层的浓缩机进料，而浓缩产物于下层卸出，溢流则从上层和下层的溢流槽溢出。此种浓缩机适用于稀释度极大的矿浆的沉淀浓缩；

③连通式。如图 9-6（c）所示，与开放式的类似，矿浆仅于上层浓缩机中送入，但溢流及浓缩产物却是各层独立排出。此种浓缩机在操作时须注意矿浆排卸的调节；

④平衡式。如图 9-6（d）所示，其特点是需浓缩的矿浆同时在上、下两层送入，溢流自各层分别溢出，而浓缩产物仅于下层排卸。此种浓缩机效率较高，双层浓缩机多用此种形式。

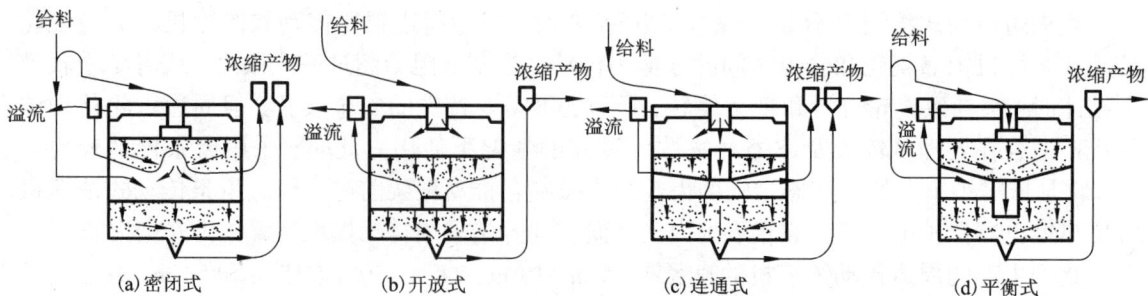

图9-6　双层浓缩机的四种形式

(a)密闭式　　(b)开放式　　(c)连通式　　(d)平衡式

双层浓缩机的处理量约为单层浓缩机的1.8~2倍。但当多层浓缩机的尺寸很大时，其结构也较复杂，制造费用较高。

(4)倾斜板式浓缩机

倾斜板式浓缩机的基本结构如图9-7所示，其池体、耙子、传动装量和提升装置与普通中心传动式浓缩机基本相同，不同的是，在其池内偏上部(在澄清区和沉降区之间)，沿圆周方向装有很多倾斜板。倾斜板向浓缩机中央倾斜安装，水平夹角约60°，依靠桁架支撑固定。

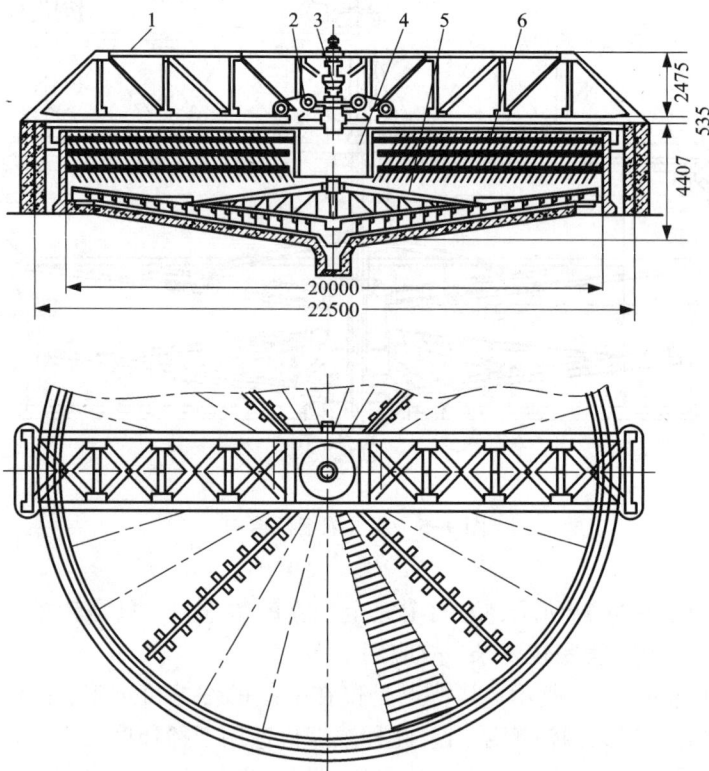

1—桁架；2—传动装置；3—提升装置；4—给矿筒；5—耙架；6—倾斜板。

图9-7　倾斜板式浓缩机结构

238

倾斜板式浓缩机是一种高效率的浓缩设备,其生产能力是相同规格普通浓缩机的 3 倍以上,而且其溢流的固体含量有所降低。倾斜板式浓缩机的浓缩效率提高的原因在于:斜板增加了浓缩机的有效沉降面积;矿粒的沉降分两步进行,第一步是矿粒按普通的沉降规律沉降,经过较短距离沉降后堆积在倾斜板上,第二步是堆积在倾斜板上的物料沿倾斜板陡坡比较快地下滑,同时清液则上升。

影响其工作效率的重要因素是倾斜板的几何参数,包括板的长度、倾斜角度和板的间距,一般由试验确定。其缺点是倾斜板易脱落,检修和清洗困难等。

(5)高效浓缩机

高效浓缩机是一种新型的浓缩设备,其结构与耙式浓缩机相似。该浓缩机的突出特点是:①在待浓缩的物料中添加了一定量的絮凝剂,使矿浆中的固体颗粒形成絮团或凝聚体,以加快其沉降速度,提高浓缩效率;②给料筒向下延伸,将絮凝料浆送至澄清和沉降区界面以下;③设有自动控制系统控制药剂用量、底流浓度等。

高效浓缩机适合处理难沉降的细粒精矿,其单位面积生产能力比普通浓缩机高许多倍,因而直径大为缩小,设备投资和经营费用大幅度降低。

高效浓缩机的种类很多,主要区别在于给料装置、混凝装置和自控方式的不同。图9-8 为艾姆科(Eimco-BSP)型高效浓缩机的结构,给料筒 4 内设有搅拌器,搅拌器由专门的调速电动机带动旋转,搅拌叶轮分为三段,叶轮直径逐渐减小,使搅拌强度逐渐降低。料浆先给入排气系统,排出空气后经进料槽进入给料筒,絮凝剂则由絮凝剂进料管分段给入筒内和料浆混合,混合后的料浆从下部呈放射状的给料筒直接进入形成的沉淀层,料浆中的絮团迅速沉降。在沉淀层的底部安装了普通机械耙臂机构,以将浓缩的沉淀刮向圆锥中心,而澄清的清液则经浓缩-沉淀层过滤出来并向上流动,形成溢流排出。

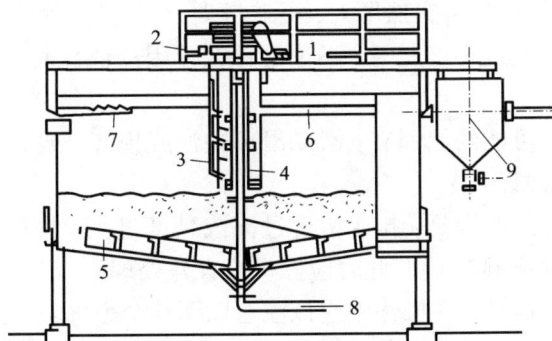

1—耙架传动装置;2—混合器传动装置;3—絮凝剂给料管;4—给料筒;5—耙臂;
6—给料管;7—溢流槽;8—排料管;9—排气系统。

图 9-8　艾母科型高效浓缩机结构

图 9-9 为恩维罗型(Enviro-Cldar)高效浓缩机的结构,其中心有一个倒锥形的反应筒,矿浆沿给矿管从反应筒中心的循环筒下部往上,经循环筒的上部进入反应筒,受旋转叶轮搅拌,与絮凝剂充分混合后,再从反应筒底部进入沉砂层。溶液穿过沉砂层的上部,向上运动形成溢流,进入溢流堰,该浓缩机具有放射状的或周边式的溢流槽。

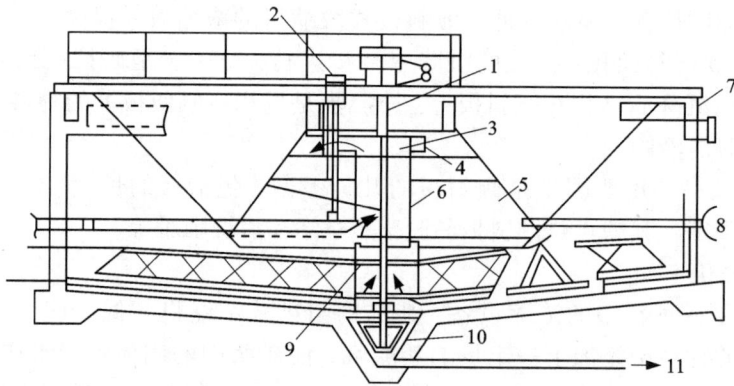

1—给料管；2—加药管；3—叶轮；4—缓冲器；5—反应筒；6—循环筒；
7—溢流出口；8—取样管；9—转鼓；10—锥形刮料板；11—排矿管。

图 9-9　恩维罗高效浓缩机结构

（6）耙式浓缩机的操作与维护

耙式浓缩机工作稳定，操作管理也较简单，但其工作情况的好坏，会直接影响选矿厂的正常生产，生产过程中耙式浓缩机可能出现的不正常现象有：

①小车在轨道上运行不平稳、速度变慢或打滑。可能原因是：浓缩机负荷过大（给矿量过大）；轨道不平或接头不好。此时应及时调整给矿负荷，如减小给矿量和增大排料量；修整轨道等。

②压耙。所谓压耙就是耙子被沉积的矿泥埋住。可能的原因有：给矿粒度过大（一般是磨机跑粗所造成的）；沉积矿泥量突然增大；给矿量太大，尤其是浓缩机停车后仍在给料；排矿管堵塞或排矿阀门开启度过小。此时，不论是什么原因造成压耙，都应该将耙子提起，并加大底流排矿量。

③中心盘发出响声。可能的原因有：滑动滑环缺油或损坏，或者排矿口处有杂物卡住小耙。此时应及时加油或检修。

④排矿管堵塞。可能的原因是：排矿浓度过高或黏度过大；排矿管道坡度不够；矿浆中有杂物（木屑或破布等）堵塞排矿口。此时应停机检查并处理。

要保证浓缩机的正常运转，在操作中应该注意以下几个方面：

①新安装或大修后的浓密机（空池），在给矿前应该先向池内注入浓缩池 1/2 ~ 1/3 体积的清水。

②浓缩机在给矿前应先开动电动机，停止给料后再运行一定时间方可停车。停车后应及时将耙架提起，防止刮板被埋入浓缩好的矿浆中造成压耙。重新开车时，应先开电动机，然后慢慢放下耙架（不可太快放下耙架，以免负荷过大），直至设备运转正常。

③操作人员应经常检查给矿量、给矿浓度、底流浓度和溢流浓度，保持排料的连续和均匀。当给矿量过大或给矿浓度过高时，应及时调整排矿量，防止溢流跑浑或压耙。

④对浮选精矿的浓缩，由于浮选泡沫的影响，操作管理困难，应预先消泡或在浓缩机溢流槽处增设泡沫挡板。

9.2.3　其他浓缩设备

除典型的耙式浓缩机外,在工业中应用较多的浓缩设备还有倾斜板式浓缩箱和深锥浓缩机等。

(1)多层倾斜板式浓缩箱

在理想条件下,分隔成 n 层的浓缩机,其处理能力可为不分层时的 n 倍。为解决各层浓缩相的清排问题,工程上将水平隔层改为与水平面倾斜成一定角度 α 的斜面,以便沉降的颗粒自动下滑,这种形式的浓缩设备就称为倾斜板式浓缩箱。

根据水流在倾斜板内的流动方向与颗粒沉降和滑动方向的关系,可将倾斜板式浓缩箱分为如图 9-10 所示的 3 种形式。①反向流形式。水流在倾斜板内的流动方向与颗粒沉降和滑动方向相反。②同向流形式。水流的流动方向与颗粒沉降和滑动方向相同。③横向流(侧向流)形式。水流方向与颗粒沉降和滑动方向相垂直。

尽管同向流形式的倾斜板式浓缩箱在理论上具有最高的效率,但是,由于水与沉淀物流向相同时,两相的分离较困难,所以目前普遍采用的是反向流形式。

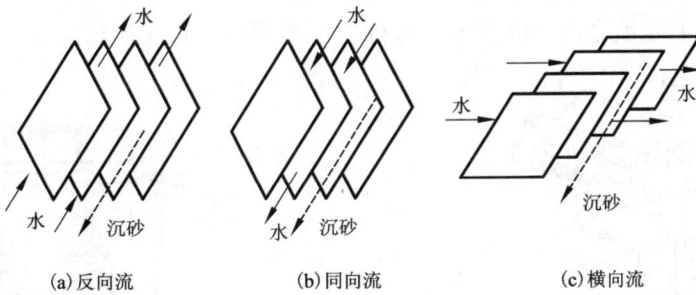

(a)反向流　　　　　　　(b)同向流　　　　　　　(c)横向流

图 9-10　倾斜板式浓缩箱的三种形式

图 9-11 为多层倾斜板式浓缩箱的结构示意图。外形为一斜方形箱体,下部为一角锥形漏斗。斜方形箱内安装有一定间隔的平行倾斜板,分为上下两层排列。料浆沿整个箱体宽度给入到两层倾斜板之间,然后向上流过上层倾斜板的间隙。在料浆流动过程中,固体颗粒在板间沉降,故上层倾斜板被称为浓缩板。沉降到板面的固体颗粒在重力作用下下滑到下层板的空隙继续浓缩。下层倾斜板的用途主要是减少旋涡的搅动,使沉降过程得以稳定进行,所以也称下层板为稳定板。底流沉淀的固体颗粒从锥形漏斗的底口排放,溢流清液则从上部溢流槽排出。倾斜板式浓缩箱溢流的临界粒度通常为 $5 \sim 10 \, \mu m$。

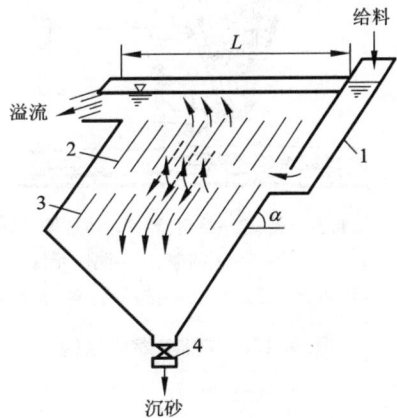

1—给料槽;2—倾斜板;3—稳定板;4—排砂嘴。

图 9-11　多层倾斜板式浓缩箱结构示意图

板间距离较小时,可以增加同一设备的处理能力,但过小的间距又容易堵塞,因此板间距离通常须大于 10 mm。处理煤泥时板间距常用 50 mm,也有采用 80 mm 的。减少倾角,有利于固液分离,但倾角过小不仅排料困难,而且也不利于颗粒在板上的沉积,通常倾角在45°至55°范围内选择。

多层倾斜板式浓缩机的关键部件是倾斜板,对其材质的主要要求是强度大、不变形、质轻、表面光滑、疏水、不黏结物料等。常用的材料有玻璃板、钢化玻璃板、硬质塑料板、涂面钢板等,其中,聚四氟乙烯塑料板有良好的应用前途。

多层倾斜板式浓缩机的优点是结构简单、制造容易、能耗很低、单位面积的生产能力或浓缩效率高等,不足之处是不宜大型化,单台处理量小。

(2)深锥浓缩机

深锥浓缩机的结构特点是其槽深尺寸大于槽的直径尺寸,如图9-12所示。整机呈立式圆锥形,深锥浓缩机工作时,一般要添加絮凝剂。悬浮液和絮凝剂的混合是深锥浓缩机工作的关键工序。为了使絮凝剂与矿浆混合均匀,理想的加药方式是连续多点加药。

图9-13是艾姆科型(Eimco)深锥浓缩机的结构,这是一种具有较高压缩沉降作用的高筒深锥式浓缩机。该浓缩机具有更大的圆柱高度和下部锥度,无搅拌器或耙架,也不会出现压耙的问题,底流浓度可达65%~70%。其在氧化铝工业中被广泛应用,随着铝土矿选矿工业的发展,对沉降性能较差的铝土矿精矿和尾矿的浓缩,也广泛采用了这种深锥浓缩机。此外,在矿山尾矿井下充填之前,也多采用这种深锥浓缩机进行尾矿浓缩。

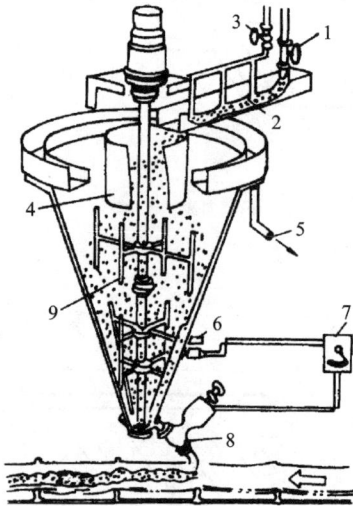

1—给料调节器;2—给料槽;3—药剂调节阀;4—稳流管;5—溢流管;6—测压元件;7—排料调节器混合井;8—排料阀;9—搅拌器。

图9-12 深锥浓缩机结构

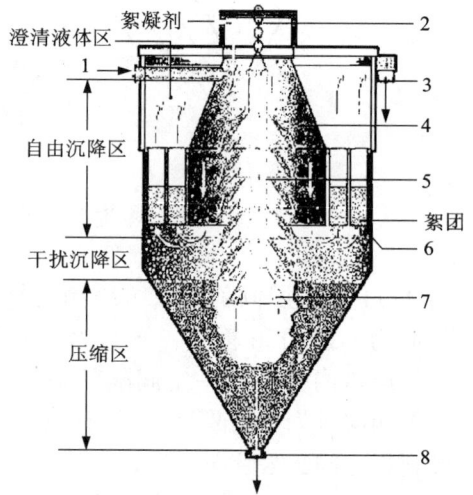

1—进料口;2—悬挂件;3—溢流口;4—给料筒;5—脱水管;6—澄清筒;7—脱水锥;8—排料口。

图9-13 艾姆科型深锥浓缩机结构

9.3 过滤设备

选矿厂生产过程中使用的过滤机种类繁多,最常见的过滤设备主要包括真空过滤机、磁性过滤机、离心过滤机和压滤机等。

9.3.1　真空过滤机

工业中应用的真空过滤机主要包括筒形真空过滤机、磁力真空过滤机、圆盘真空过滤机、陶瓷真空过滤机和带式真空过滤机等。

(1)筒形外滤式真空过滤机

图 9-14 是筒形外滤式真空过滤机的结构示意图。滤筒 1(图 9-15)的外面覆盖以滤布，滤筒的下部浸入矿浆槽 5 中，并通过蜗轮 3 的传动，使滤筒绕水平轴作顺时针旋转。在矿浆槽底部设有搅拌器，使矿浆保持悬浮状态。在滤筒的一端设有错气盘，是真空过滤机的重要部件，通过它排出滤液，并在适当阶段使抽真空改变为压气，以便刮取滤饼。通过错气盘的控制，滤筒可以分为以下几个区域，如图 9-16 所示。

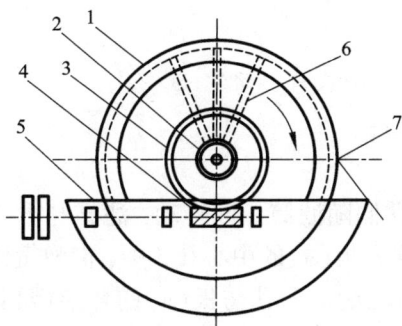

1—滤筒；2—错气盘；3—蜗轮；4—蜗杆；
5—矿浆槽；6—滤液管 7—卸料刮板。

图 9-14　筒形外滤式真空过滤机结构

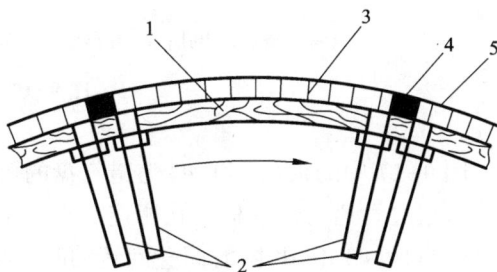

1—木壳；2—滤液管；3—隔条；
4—滤室木隔条；5—滤布。

图 9-15　滤筒的结构

①过滤区 Ⅰ。滤筒在此区内浸入到矿浆中，借助于真空作用产生的压力差，滤液透过滤布被吸入滤室，然后经错气盘从管路中排出，而滤渣则沉积在滤布上。

②脱水区 Ⅱ。在此区将剩余液体进一步吸尽，减少滤饼的水分。

③卸料区 Ⅳ。在此区内，压缩空气通过滤室吹入并将滤饼吹松，便于卸掉滤饼。

④滤布清洗区 Ⅵ。鼓风机向过滤室鼓风(或同时喷水)，清洗滤布，恢复其透气性，清洗完毕的这个过滤室又继续旋转，再进入过滤区，开始下一个循环的工作。

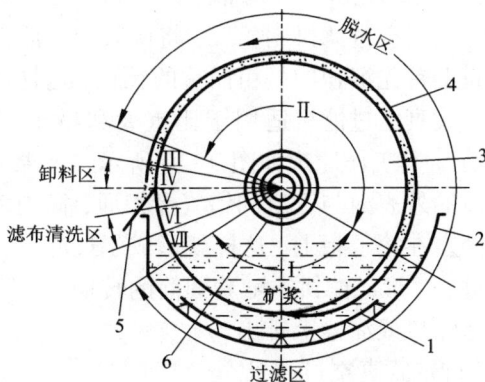

1—搅拌器；2—矿浆槽；3—筒体；
4—滤饼；5—刮板；6—分配头。

**图 9-16　筒形外滤式过滤机工作原理及
分配头分区示意图**

其中，Ⅲ区、Ⅴ区、Ⅶ区为不工作区，它们使几个工作区域隔离开，不致在转换时互相串通。以上不同区域间的分配和交替变换，需要借助错气盘来完成。错气盘的结构如图9-17所示。外面的板(a)是错气盘的固定部分，由孔1和孔2与真空泵管道连接，孔6、7、8则与压气管道连接。板(a)的反面如图9-17(b)所示，有环形槽3，并由隔板分为几部分，目的是将各个工作区分开。在圆周上的3个孔则是通压气管道的气孔。

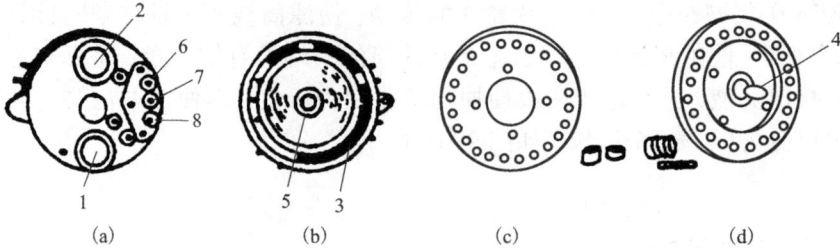

1、2—滤液排出孔；3—环形槽；4—螺栓；5—中心孔；6、7、8—压缩空气通入孔。

图9-17　错气盘的结构

图9-17中的板(c)和(d)为错气盘的可动部分，它们随滤筒一同转动，滤布与木壳间的过滤室通过管道与这些板的孔相连。板(d)的螺栓4穿入板(a)的中心孔5中，借弹簧使两板压紧。当板(c)和(d)随滤筒一同转动时，板(c)和(d)上的部分孔与板(a)的环形槽相吻合，则管路和该部分过滤室处于抽取真空状态，滤液将通过环形槽抽出。而另一部分孔与板(a)上的压气管孔相吻合，则该部分过滤室处于压入空气吹松滤饼状态。在滤筒旋转过程中，各滤室就通过错气盘的作用交替进行过滤、吸干、吹松和卸料等作业。

(2)筒形内滤式真空过滤机

外滤式真空过滤机中，被过滤的矿浆位于滤筒外部，矿浆中粗而重的颗粒就容易沉在矿浆槽底，这样最先沉积在滤布上的物料就是最细的颗粒，因而易于堵塞滤布，增加过滤的阻力。内滤式真空过滤机则相反，将矿浆给入滤筒内部，依靠滤筒内壁的过滤室抽取滤液，此时在滤布上首先沉积的是粗而重的颗粒，这样就克服了外滤式真空过滤机的上述缺点。

内滤式真空过滤机适用于比重大和易于产生磁性团聚的物料，其结构如图9-18和图9-19所示，其工作原理如图9-20所示。矿浆承载于空心圆筒内，筒内表面分为许多区段。通过圆筒的外表面与管道和错气盘相通，筒内表面盖以带孔的篦子板，上面覆以滤布，滤布用压条固定在篦子板上，这样就形成了过滤室。矿浆通过给矿溜槽或管道给入筒内，在下部过滤区过滤，形成滤饼。随着圆筒的转动，滤饼经过吸干和吹松，在圆筒的上部通过刮刀卸在胶带运输机或溜槽上排出。

(3)折带式真空过滤机

折带式真空过滤机是在筒形真空过滤机的基础上发展起来的。组成部件除了有筒体、料浆槽和搅拌器外，还有清洗槽、分展辊、张紧辊、导向辊和清洗水管等。折带过滤机的滤布不固定在筒体上，而是通过若干个辊子从筒体上引出来绕过卸料辊之后再经过张紧辊和导向辊返回到筒体面上，形成一条环形的带子。在工作过程中，滤布和与筒体相接触的区段一起转动，可以延长滤布的使用寿命。其结构和工作原理如图9-21所示。

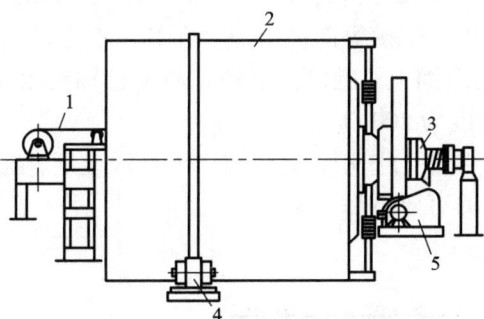

1—胶带；2—筒体；3—分配头；4—托辊；5—传动装置。

图 9-18　筒型内滤真空过滤机结构
（中心胶带卸料）

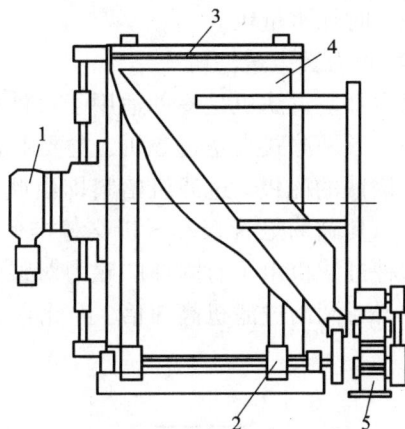

1—分配头；2—托辊；3—卸料装置；4—筒体；5—传动装置。

图 9-19　筒型内滤真空过滤机结构
（溜槽卸料）

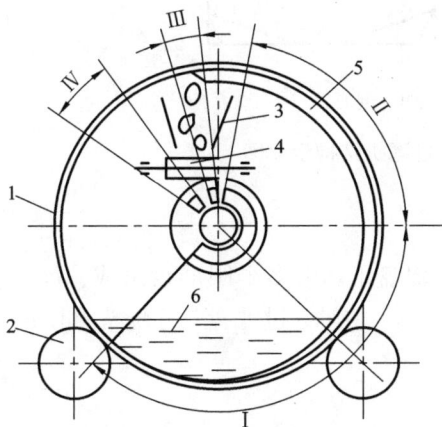

Ⅰ—过滤区；Ⅱ—脱水区；Ⅲ—卸料区；Ⅳ—滤布清洗区；
1—筒体；2—托辊；3—漏斗；
4—皮带运输机；5—滤饼；6—矿浆。

图 9-20　筒型内滤真空过滤机工作原理

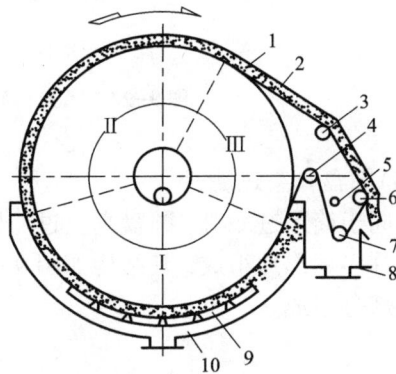

Ⅰ—过滤区；Ⅱ—脱水区；Ⅲ—死区；
1—筒体；2—滤布；3—分展辊；4—导向辊；5—清洗水管；
6—卸料辊；7—张紧辊；8—清洗槽；9—搅拌器；10—料浆槽。

图 9-21　折带过滤机结构及工作原理

　　矿浆给入料浆槽内，固体物料被吸附在滤布上，随筒体一同转动。滤布离开料浆槽的矿浆面之后，已被吸附的滤饼继续被抽吸脱水。当滤布运行至分离(分展)辊时，由于托辊半径很小，滤布将改变运行方向，造成滤饼块折裂，继续运行至卸料辊处，滤饼由于重力作用自行脱落到排矿溜槽内。滤布在返到筒体面上以前，受到清水冲洗。清洗液从清洗槽引走，返回到浓缩机内。滤布从导向辊上面绕行后返回到筒体面上，开始下一个工作循环。

　　折带过滤机的工作性能良好，适用于细且黏，不易沉降物料的脱水。其工作面积大，滤布再生条件好，自重卸料，无需鼓风设施，无残存滤液吹入滤饼现象，并提高了滤布使用寿命。但要求给矿浓度较高，最好保持在 60%~70%，否则脱水效率会相对降低。

　　该设备的缺点是工作时滤布易跑偏打褶，安装和操作时应予以防止。设备结构较复杂，清洗滤布时耗水量较大。

(4)磁力真空过滤机

磁力真空过滤机是一种适用于过滤强磁性物料的过滤设备，其结构如图 9-22 所示，也是一种筒形外滤式真空过滤机，主要由滤筒、磁极和给矿槽等部件组成。在其左上方筒内装有永久磁铁的磁极，过滤机给料即由此处加在圆筒表面上，磁极位置约在与垂直轴夹角 45°左右处。其磁场是 N 极和 S 极交替排列的，磁场强度为 800 Oe。

这种过滤机由于有附加的磁力对强磁性物料产生吸力作用，从而加快了过滤速度，生产能力较普通圆筒过滤机高 3 倍，因此它是磁选精矿的有效过滤设备。

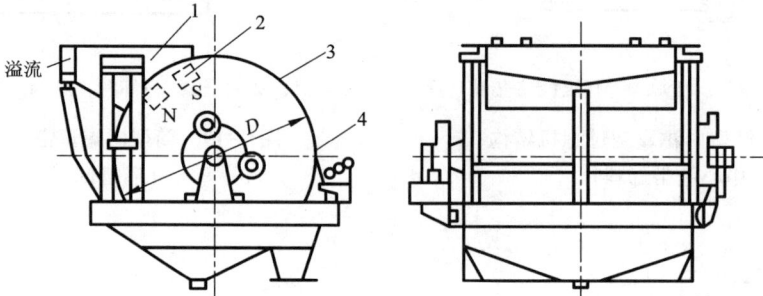

1—给料箱；2—磁系；3—筒体；4—刮刀。

图 9-22　磁力(筒形外滤式)真空过滤机结构示意图

(5)圆盘真空过滤机

不同于筒形过滤机，圆盘真空过滤机的过滤面为圆盘形，由多个圆形盘组成，每一个圆盘又由许多扇形片组成，其结构如图 9-23 所示，由槽体、主轴、过滤盘、分配头和瞬时吹风装置 5 部分组成。

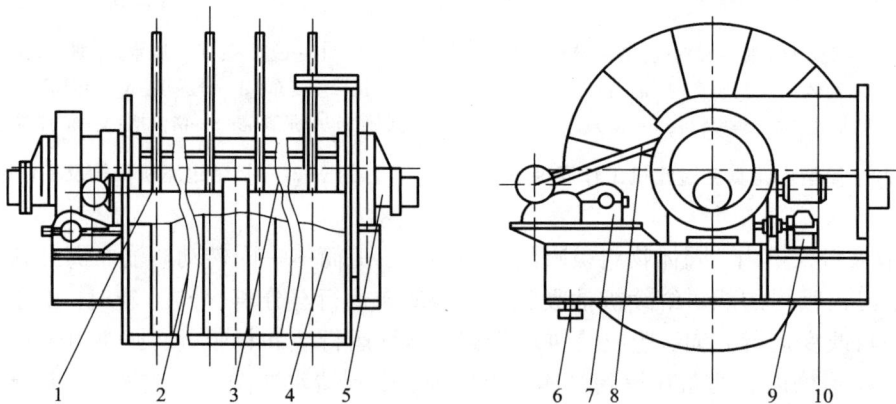

1—滤液管；2—料浆槽；3—主轴；4—刮板；5—分配头；
6—吹风管口；7—搅拌器传动；8—搅拌器；9—主传动；10—过滤盘。

图 9-23　圆盘真空过滤机结构

①槽体。由钢板焊制而成,具有储存矿浆和支承过滤机零件的作用。槽体底部有叶轮式搅拌器,防止矿浆在槽体内沉淀,如图 9-24 所示。

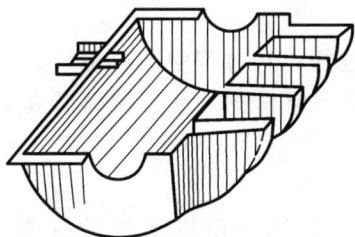

图 9-24　圆盘真空过滤机槽体

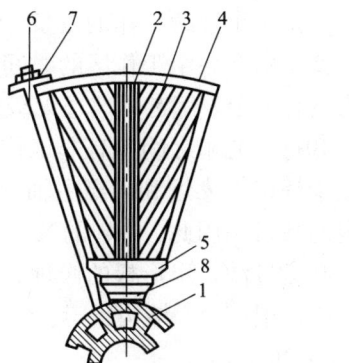

1—空心轴;2—直沟槽;3—斜沟槽;4—扇板外缘;
5—空心套;6—螺栓辐条;7—夹板;8—孔道。

图 9-25　扇形滤板结构

②主轴。由数段空心轴组成,轴的断面上有 8~16 个滤液孔,一般采用 10 个。主轴安装在槽体中间,上面装有过滤圆盘。主轴转动时,过滤圆盘也随之转动。两个端面分别与分配头相连。

③过滤圆盘。由若干个扇形过滤板组成。过滤板的数目与空心主轴上的滤液孔数一致,一般采用 10 块者居多,扇形滤板结构如图 9-25 所示。过滤圆盘用螺栓、压条和压板固定在主轴上。每块过滤板都是一个独立的过滤单元。其本身是由较轻金属或塑料制成的空心结构,滤板内腔圆管与主轴的滤液孔相通。

④分配头。装在主轴两端固定不动,它把过滤过程分成过滤、干燥和吹落三个区。在不同的区中,过滤扇分别与真空泵和鼓风机轮换相通。分配头与主轴之间接触面的光洁度要求较高。

⑤瞬时吹风系统。由蜗轮减速器控制阀和风阀组成。当过滤盘转入吹落区时,风阀开启,压缩空气由风阀给入分配头,通过分配头与其对应的滤液孔进入扇形滤块,借压缩空气突然鼓入的冲力将滤饼吹落。扇形滤块转过吹落区时,风阀关闭,压缩空气停止给入。过滤扇每转一周,风阀开启的次数与扇形滤块的块数相一致。

圆盘真空过滤机的工作原理如图 9-26 所示,当过滤圆盘顺时针转动时,依次经过过滤区(Ⅰ区)、脱水区(Ⅱ区)和滤饼吹落区(Ⅳ区),使每个扇形块(常称"滤扇")与不同的区域连接。当过滤扇位于过滤区时,与真空泵相连,在真空泵的抽气作用下过滤扇内腔具有负压,料浆被吸向滤布,固体颗粒附着在滤布上形成滤饼;滤液通过滤布进入滤扇的内腔,并经主轴的滤液孔排出,从而实现过滤。

当滤扇位于脱水区时,仍与真空泵相连,但此时过滤扇已离开料浆液面,因此真空泵的抽气作用只是让空气通过滤饼并将空隙中的水分带走,从而使滤饼的水分进一步减少。当过滤扇进入滤饼吹落区(卸料区)时,则与鼓风机相连,利用鼓风机的吹气作用将滤饼吹落。

在三个工作区间均有过渡区(Ⅲ、Ⅴ区)相隔。过渡区是个死区,作用是防止滤扇从一个工作区进入另一个工作区时互相串气,影响工作效果。过渡区应有适当的大小,过渡区过小时会出现串气,降低过滤效果,过大时又会减少工作区范围。

圆盘真空过滤机的特点如下:

①是一个连续工作的设备,但每一个滤扇的工作是间断的。

②滤扇在各个工作区的时间,与各个区域所占角度大小及主轴转速有关。前者可借助分配头进行调节,后者可通过无级变速器进行调节。

③每个滤扇之间都有非工作区间,为减小该区占用时间,滤扇的数目不宜过多。相反,为减少滤扇上靠近和远离主轴两端的过滤时间的差别,合理利用过滤板的面积,又应增加过滤扇的数目。因此,滤扇的数目要综合考虑后确定。

圆盘过滤机扇形板的修理和更换很容易,甚至在过滤机运转过程中即可更换。圆盘过滤机的应用很广泛,结构紧凑,生产能力高,维修看管方便。但其滤饼水分较筒形真空过滤机高 1% ~ 2%。

(6)陶瓷过滤机

陶瓷过滤机是芬兰瓦迈特公司于 1979 年研制成功并用于造纸工业的一类过滤机。1985 年首次用于矿山工业的精矿脱水,其能耗仅为普通真空过滤机的 10% ~ 20%。

我国于 20 世纪 90 年代首先在凡口铅锌矿引进试用。20 世纪 90 年代末,我国江苏省陶瓷研究所和江苏宜兴市非金属化工机械厂实现了陶瓷过滤机核心技术——陶瓷过滤片的国产化,进入 21 世纪后,陶瓷过滤机已在我国获得广泛的应用。

①过滤原理。陶瓷过滤机利用了毛细管的两个作用,一是把水吸入管内,二是保持管内的水,阻止空气通过细管。以氧化铝为基本成分的陶瓷片(图 9-27)中布满了直径小于几微米的小孔,每一个小孔都相当于一根毛细管,这种过滤介质与真空系统连接后,当水浇注到陶瓷片表面时,液体将从微孔中通过,直到所有的游离水消失为止,此后就不再有液体通过介质,而微孔中的水阻止了气体的通过,从而形成了无空气消耗的过滤过程。这也是陶瓷过滤机可以比其他过滤机节省能源的原因所在。

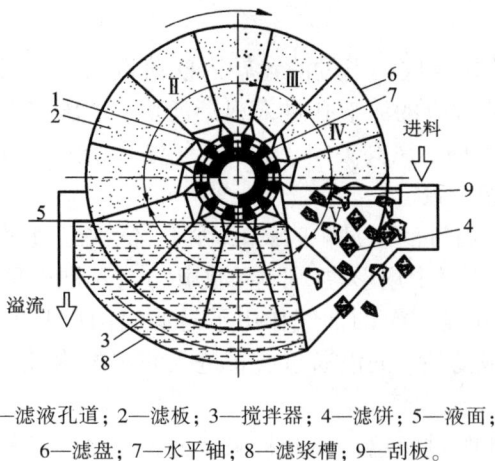

1—滤液孔道;2—滤板;3—搅拌器;4—滤饼;5—液面;
6—滤盘;7—水平轴;8—滤浆槽;9—刮板。

图 9-26　圆盘真空过滤机工作原理

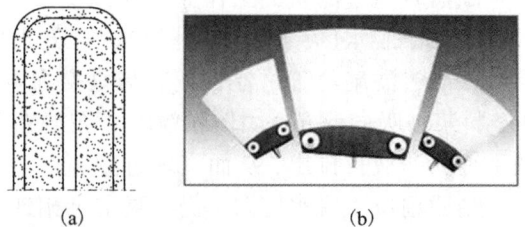

(a)　　　　　　　　(b)

图 9-27　陶瓷过滤片的结构(a)与外观(b)

当陶瓷片插入矿浆中，情况与在水中相同，滤饼所含水分经由陶瓷片中的毛细管，通过一台小型真空泵抽出，最后达到平衡状态，此时也是滤饼的最低含水量。在过滤过程中，真空度可以达到 95% 以上，从而保持了最佳的过滤状态。

②设备结构。陶瓷过滤机的结构如图 9-28 所示，由矿箱、搅拌器、筒体、管道及 PLC 可编程控制器构成。陶瓷过滤机结构紧凑，所有相关设备，包括真空泵均安装在过滤机上，只有一个滤液泵查单独安装，因此，仅需要一个非常有限的安装空间。

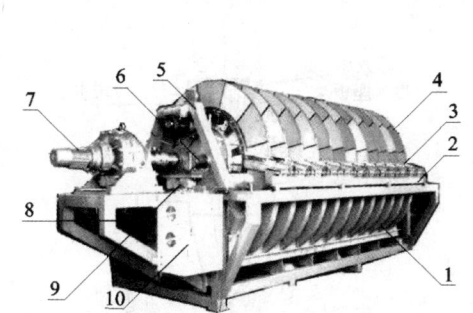

1—矿箱；2—筒体；3—陶瓷刮刀；4—陶瓷过滤片；
5—搅拌器；6—分配阀；7—驱动电机；8—真空泵；
9—超声波清洗器；10—PLC 可编程控制器。

图 9-28　陶瓷过滤机结构

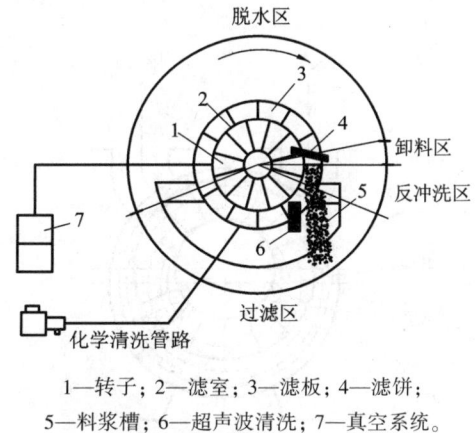

1—转子；2—滤室；3—滤板；4—滤饼；
5—料浆槽；6—超声波清洗；7—真空系统。

图 9-29　陶瓷过滤机的工作方式

③工作方式。陶瓷过滤机的工作方式与普通圆盘过滤机相似，如图 9-29 所示。工作周期由矿浆给入、滤饼形成、滤饼脱水、滤饼卸料和反冲洗等 5 部分组成。

工作开始时，浸没在料浆槽的陶瓷滤板在真空的作用下，在滤板表面形成一层较厚的颗粒堆积层，滤液通过滤板过滤至分配头到达真空桶。在脱水区，滤饼在真空作用下继续脱水，直至达到生产要求。滤饼干燥后，在卸料区被刮刀刮下，直接自溜至精矿池或通过胶带机被输送到所需的地方。卸料后的滤板进入反冲洗区，由过滤后的滤液水通过分配头进入滤板，反清洗滤板，堵塞在微孔上的颗粒被反冲洗下来，至此完成一个过滤的周期。

过滤介质经过一定的工作时间，一般为 8~12 h，这时为保证滤板微孔通畅，需停机并采用超声波和化学清洗，一般清洗时间为 45~60 min，以便使一些未能被反冲洗掉的颗粒完全脱离过滤介质，保证后续过滤的高效率。

与传统真空过滤机相比，陶瓷过滤机具有以下特点：真空度高，滤饼水分低；滤液清澈，几乎不含固体物质，可直接返回使用或排入外部水体；能耗仅为传统过滤机的 10%~20%；自动连续运转，维护费用低，设备利用率高达 95% 以上；能保证滤饼均匀洗涤；生产无污染，环境安全；陶瓷片使用寿命长，更换容易，工人劳动强度低；精矿脱水费用仅为传统过滤机的 18.8%~40.1%。

(7) 真空泵与真空系统

除陶瓷过滤机外的其他真空过滤机，通常需要另外配套真空泵和真空系统，主要内容简述如下。

①水环式真空泵。水环式真空泵是真空过滤系统中最常用的一种，其结构简单，工作可靠，制造容易，使用方便，耐久性强。水环式真空泵主要由泵、叶轮、前后泵盖、轴承架、填

料函等部分构成。

图 9-30 是水环式真空泵的工作原理图，泵体内安装一个叶轮，叶轮回转中心与泵体中心有一个偏心距。叶轮按图示方向旋转。向泵体中注入一定量的水，水同叶轮一起旋转，形成水环。由于离心力的作用，水环和叶轮之间形成空腔。在 A 区，水环逐渐离开叶轮，产生抽吸作用，端盖上对正此区开口，就可以抽吸气体。在 B 区，水环逐渐靠近叶轮，产生压缩作用，端盖上对正此区开口，就可以将进气口吸入的气体排出泵外。

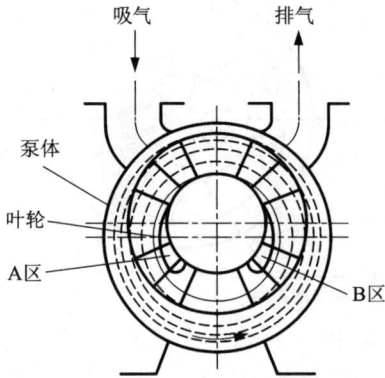

图 9-30　水环式真空泵的工作原理　　　图 9-31　射流式真空泵的工作原理

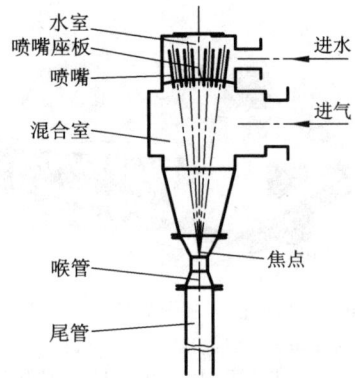

②射流式真空泵。射流式真空泵简称射流泵，又称水喷射泵。图 9-31 是射流式真空泵的工作原理图。其结构简单，制造容易，真空度高，抽气量大，耗能较少。它的工作原理与蒸汽喷射泵相似，但它的动力来源是水泵，使用方便，易于推广，在中小型选厂中应用较多。

射流式真空泵结构有水室、气室、喷嘴和喷嘴座板、喉管、尾管等。喷嘴有若干个，在水室中均匀分布，它们喷射出的水汇交于一点。喷嘴可用不锈钢、铸铁、铜等材料制造。喉管的作用是防止外面的空气在大气压力作用下通过尾管进入气室而破坏泵的工作。尾管要有足够的长度。泵的安装位置应具有一定的高度和较大的位能。

水泵把水送入喷射泵的水室，并使水室中保持 1.5×10^5 Pa 以上的压力，水通过喷嘴喷入混合室，因为水流速很高，周围形成负压，起到抽吸作用，空气从混合室的进气口被吸入混合室，高速水流和空气的摩擦产生旋涡卷带作用，使空气和水一起进入喉管，再经过尾管排出泵体外。

③过滤系统。过滤系统指的是真空过滤机与辅助设备之间的连接方式。常用的过滤系统有三种：一级过滤系统、二级过滤系统和自动排液系统。

一级过滤系统即一级气水分离系统，也称单级气水分离系统。在一级过滤系统中，只有一个气水分离器，其结构如图 9-32 所示。

滤液和空气由于真空泵造成的负压被抽到气水分离器中，空气再由气水分离器的上部排走，滤液从气水分离器的下部排出。滤液的排出方式有两种：一种是靠自重自然流出［图 9-32(a)］；一种是用泵强制抽出［图 9-32(b)］。

当过滤机布置在高位时，由于气水分离器在负压下工作，所以要使滤液从气水分离器中排出，其滤液排出口和滤液池液面之间必须有 9 m 的高差。为防止空气进入气水分离器，滤

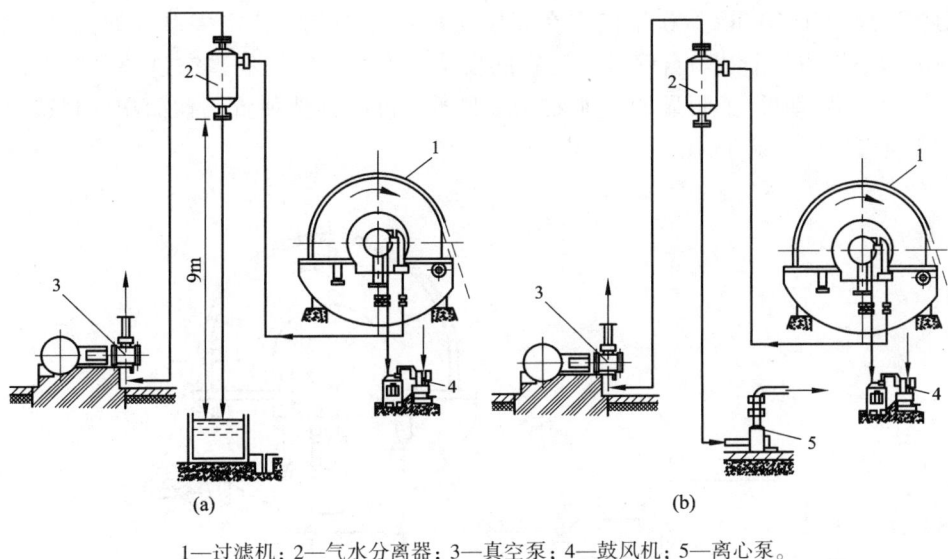

1—过滤机；2—气水分离器；3—真空泵；4—鼓风机；5—离心泵。

图 9-32 一级过滤系统结构

液流出的管口必须设有水封。图 9-32 中的两种形式由于只设一个气水分离器，有可能使气水分离不够彻底而影响真空泵的工作。

二级过滤系统也称二级气水分离系统，或称双级气水分离系统。系统中有两个气水分离器，过滤机可以和一级过滤系统一样安装在较低位置，连接过滤机的气水分离器也安装在较低的位置。该气水分离器上部排出的气体再进入安装在较高位置的二级气水分离器中，二级气水分离器的气体由真空泵抽走。由于二级气水分离器位置较高，即使一级气水分离器在较低位置也不致影响真空泵的工作。其结构如图 9-33 所示。

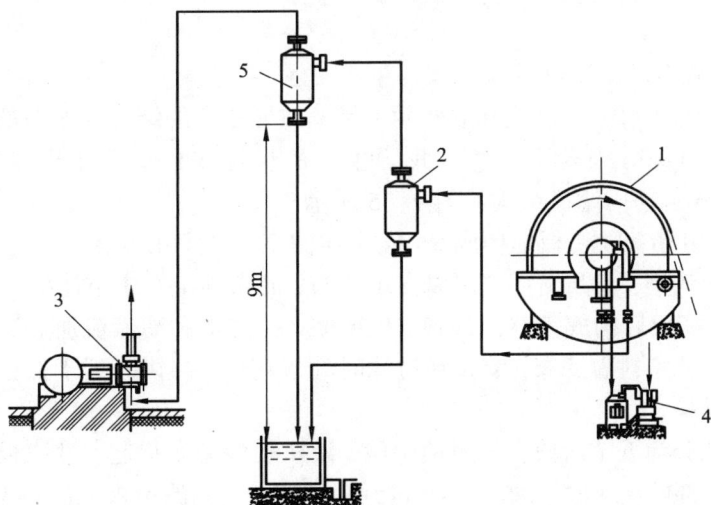

1—过滤机；2——级气水分离器；3—真空泵；4—鼓风机；5—二级气水分离器。

图 9-33 二级过滤系统结构

自动排液装置于 20 世纪 60 年代末在我国金属矿山应用,其连接系统如图 9-34 所示。对比几种过滤系统可以看出,自动排液装置的发明,改变了传统的真空过滤系统,它代替离心泵向外排放滤液,取得了明显的节能效果。另外,自动排液装置结构简单,制造容易,很受欢迎,已被选矿厂普遍采用。

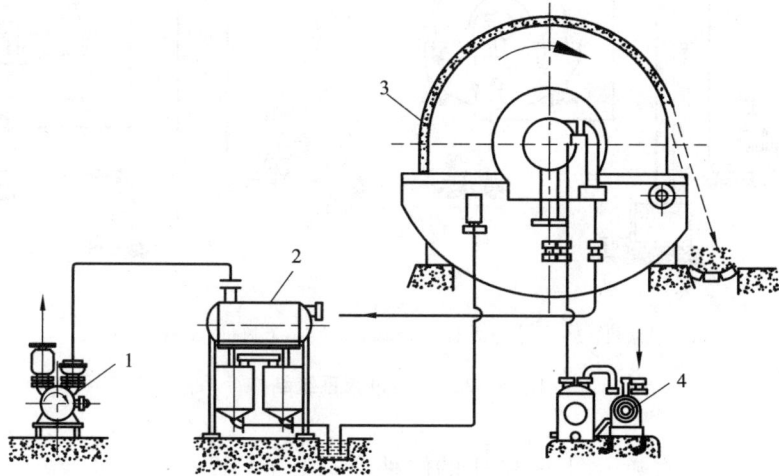

1—真空泵;2—自动排液装置;3—过滤机;4—鼓风机。

图 9-34 自动排液装置连接系统

9.3.2 压滤机

压滤机由于能够提供较大的过滤推动力,同时增加了压榨和吹干装置,使得难以过滤物料的水分大幅度下降,滤饼水分常比真空压滤机低 4.7%~8.5%,在化工、环保和部分金属矿山得到了广泛应用。目前生产中使用的压滤机主要有板框式、厢式、隔膜式和带式压滤机等几种。

(1)卧式板框式自动压滤机

板框式自动压滤机可分为卧式和立式两大类。按照滤室的结构和滤布的安装、行走和卸料方式的差异,又可细分为若干类型。我国生产的板框式自动压滤机以卧式为主。国产 BAJZ 型卧式板框式自动压滤机结构如图 9-35 所示。

每台压滤机均由 6~44 幅板框构成 6~44 个压滤室。滤室由滤板和中空滤框交替排列成。滤板的表面有沟槽,其凸出部位用以支承滤布,滤布固定在中空滤框上。滤框和滤板左上角有通孔,组装完成后构成完整的通道,供矿浆、冲洗水和滤液流通。滤板内侧有孔,供排出滤液和吹气。滤室衬着滤布,滤布在过滤时处于高位,卸饼时处于低位,起落由一些液压柱构成机械手操作。

每个压滤周期分为五个阶段:①闭锁阶段,液压柱使滤布提起,过滤板密封;②给矿过滤阶段,由滤室上部的给矿总管将矿浆分送到各滤室,直到滤室被充满;③压缩阶段,向滤室通入压缩空气,进一步排除滤饼中的残留水分;④卸饼阶段,液压柱拉开所有的过滤室和底部的卸料门,同时滤布下放,排出滤饼;⑤冲洗滤布阶段,用水冲洗滤布时,液压柱使滤布复位,滤板闭合,卸料门也关闭。

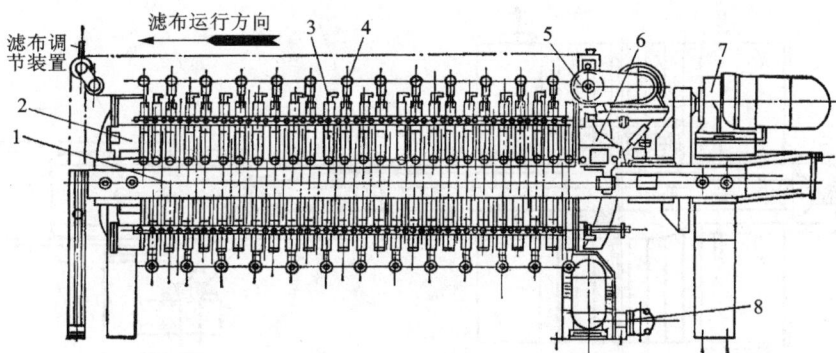

1—支架；2—固定压板；3—滤板；4—滤框；5—滤布驱动机构；6—活动压板；7—压紧机构；8—洗刷箱。

图 9-35　BAJZ 型板框式自动压滤机结构

压滤机的给矿浓度为 25%~70%。必要时甚至可以将未经浓缩，浓度为 30% 左右的浮选精矿直接供给过滤机，可得到水分 8% 的精矿，但此时的压滤周期也相应延长。

压滤机的给料方式有三种：①单段泵给料。常选用流量较大的泵，该给料方式适用于过滤性能较好，在较低压力下即可形成滤饼的物料。②两段泵给料方式。在压滤初期用低扬程、大流量的低压泵给料，经一定阶段后再换泵，因此其操作较为麻烦。③泵与压缩空气机联合方式给料。该系统中需要增加一台压缩空气机和储料罐，因此流程较复杂。

（2）厢式压滤机

厢式压滤机的滤室由凹形滤板和装有挤压隔膜的压榨滤板交替排列而成，具有双面过滤、效率高、中间进料性能好、滤布更换方便、规格大、滤板防腐和适用行业广等优点，在国内比板框压滤机应用更广泛。

除滤室结构和进料方式与板框式压滤机不同外，厢式压滤机的外形和结构与板框式压滤机差别不大。厢式压滤机也有卧式和立式两种，卧式的滤板垂直放置，冲洗滤饼不便。立式的滤板水平放置，便于冲洗滤饼，靠自重卸饼完全，占地面积较小，但机架较高，过滤面积小。因此，目前我国主要生产卧式厢式自动压滤机，其结构如图 9-36 所示。

厢式压滤机主要有滤板顶紧、加压过滤、移动头板和卸饼四个工作过程，均实现了程序控制和自动操作。厢式自动压滤机的优点是：单位过滤面积占地少，过滤压力高，滤饼含水较低，回水利用率高，过滤能力大，结构简单，易操作且故障少。

（3）高压隔膜压滤机

高压隔膜压滤机是厢式压滤机的升级产品，即在厢式压滤机两块滤板和滤布之间夹有一块弹性隔膜滤板。进料结束后，向隔膜滤板内注入高压流体或气体介质，会导致隔膜滤板向两侧鼓起而挤压滤饼，实现对滤饼的二次压榨作用，达到对滤饼的深度脱水。高压隔膜压滤机主要由电控系统、液压系统、油缸组、传动装置、压紧板、滤板组、止推板、滤布清洗装置、接水翻板装置及管路系统等组成，其结构如图 9-37 所示。

工作过程由滤板组合拢并压紧、低压入料过滤、高压隔膜 I 次压榨脱水、滤饼洗涤、高压隔膜 II 次压榨脱水、压缩空气吹干干燥、滤板组打开并拉板卸料、滤布清洗等工序组成，具体过程如下：

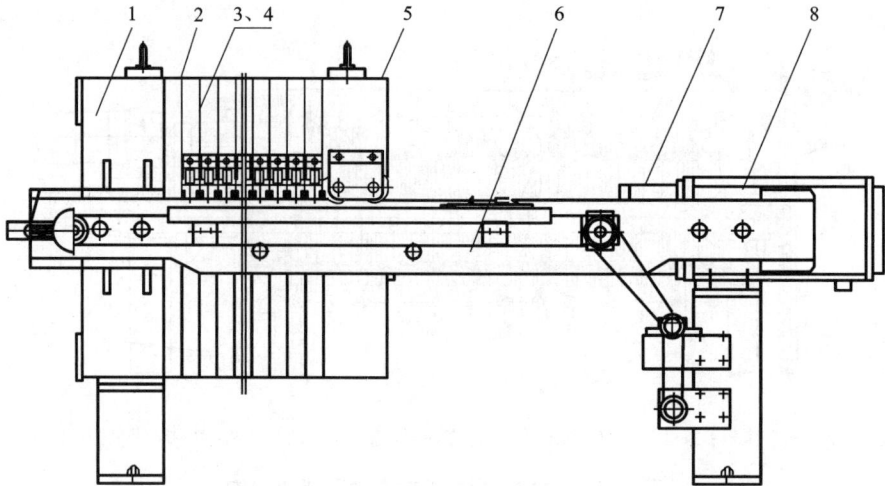

1—止推板；2—头板；3—滤框；4—滤布；5—尾板；6—横梁；7—活塞杆；8—液压缸。

图 9-36　自动厢式压滤机结构

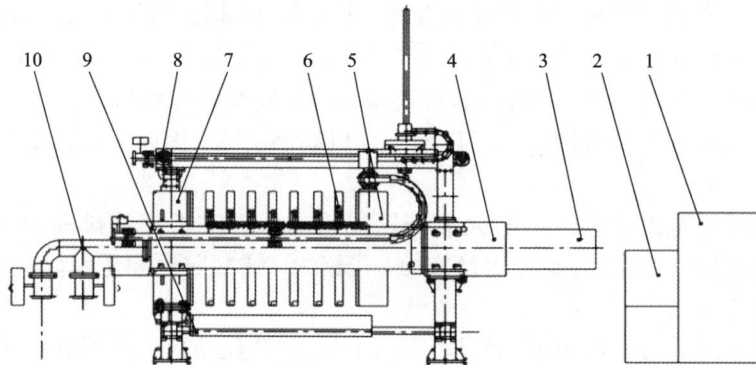

1—电控系统；2—液压系统；3—油缸组；4—传动装置；5—压紧板；
6—滤板组；7—止推板；8—滤布洗涤装置；9—接水翻板装置；10—管路系统。

图 9-37　高压隔膜压滤机结构

①滤板组合拢并压紧。通过液压系统，借助油压推动活塞和压紧板，将全部滤板压紧至密封压力，使滤板间形成若干个滤室。

②低压入料过滤。入料泵将矿浆通过管路系统分别输送到各滤室，待料浆充满所有滤室后，立即开始低压入料过滤，固体颗粒被过滤介质截留在滤室内，滤液则透过滤布进入滤液腔并经过滤液管排至机体外，滤饼初步形成，随着时间的延长，滤室中的固体颗粒愈积愈多，当滤室中有足够的固体成饼后，停止入料，入料过程结束。

③高压隔膜Ⅰ次压榨脱水。在入料过滤成饼后，物料颗粒之间相互形成拱架结构，有残留汽水留在拱架空隙之中，由压榨水泵向隔膜滤板主板与隔膜之间注入高压水，隔膜膨胀，将滤饼向滤布方向挤压，将残留在滤饼中的部分滤液挤压出来并经过滤液管排至机体外，进一步降低水分。

④滤饼洗涤。当滤饼需要洗涤时，洗涤液由与料浆进入滤板时相同的路径进入滤板过滤腔，穿过滤饼，将滤饼中的物质置换出。同时也具有顶起隔膜、挤出高压水的功能。

⑤高压隔膜Ⅱ次压榨脱水。再次由压榨水泵向隔膜滤板主板与隔膜之间注入高压水，隔膜膨胀，将滤饼向滤布方向挤压，进一步降低洗涤后留在滤板过滤腔滤饼中的洗涤液的残留量。

⑥压缩空气吹干干燥。压缩空气从吹风管路吹入，透过滤饼，将滤饼中的水分带出，进一步减少滤饼中的水分。

⑦滤板组打开并拉板卸料。当隔膜压榨及压缩空气吹风干燥完成之后，松开压紧板和滤板，拉钩盒往复运动，拉开滤板，滤饼依靠自重卸落，当物料黏度高且不易脱落时，需要人工辅助卸料，清理滤板边框内残留的滤饼。

⑧滤布清洗。滤布采用定期清洗方式，以保证滤布的透水性，延长其使用寿命。滤布清洗后，再次转为滤板组合拢并压紧，至此，完成一个工作循环，并进入下一个工作循环。

（4）带式压滤机

带式压滤机是一种结构简单、操作方便、性能优良的连续压滤机，主要由一系列按顺序排列的直径大小不同的辊轮、两条缠在这些辊轮上的过滤带，以及给料装置、滤布清洗装置、高速调偏装置、张紧装置等部分组成，其结构如图9-38所示。

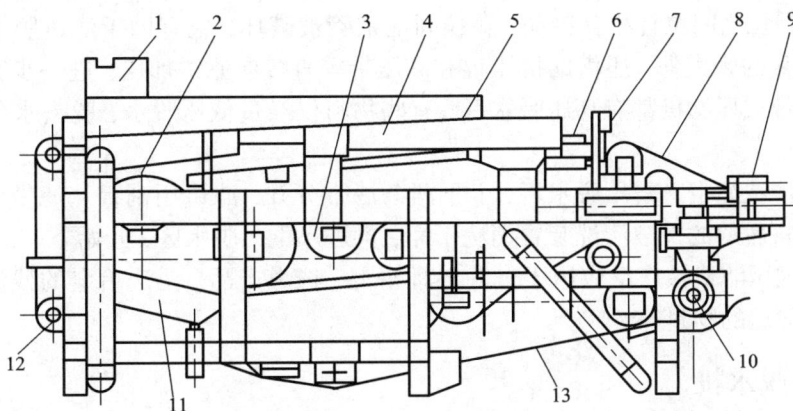

1—布料装置；2—上接液盘；3—压榨辊系；4—张紧装置；5—中接液盘；6—洗涤装置；7—调偏装置；
8—下滤带；9—刮料装置；10—驱动装置；11—下接液盘；12—机架；13—上滤带。

图 9-38　带式压滤机结构

带式压滤机的工作包括四个基本的过程：絮凝和给料、重力脱水、挤压脱水、卸料和清洗滤带。其工作原理如图9-39所示。

①絮凝和给料。絮凝的好坏直接影响物料能否形成滤饼。配制好的絮凝剂加入料浆之后，要均匀地混合，并经过一定时间的反应，使固体颗粒形成絮团，有游离水析出。已形成的絮团不要再受搅动，并及时稳定地给到过滤带上，以免絮团破坏。

②重力脱水区。料浆给到滤带上后，开始重力脱水。形成絮团后的料浆，流动性下降，黏度也会降低。析出的游离水，在重力作用下透过滤带与固体颗粒分离。此外，重力脱水区的滤带下面还可设置真空箱，用真空配合重力排水，但其真空度一般较低。

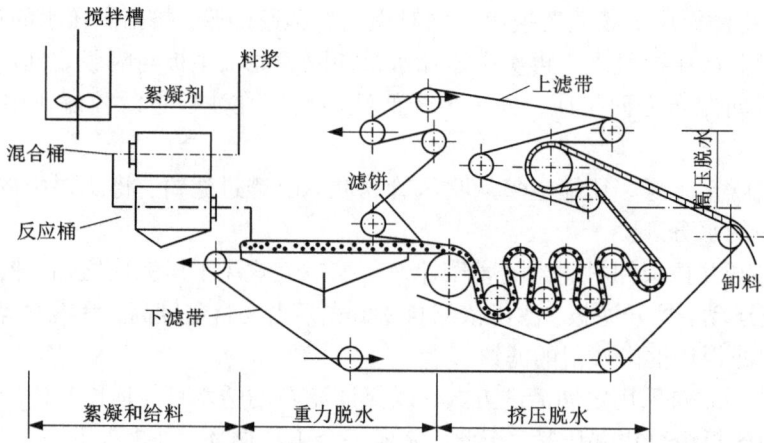

图 9-39　带式压滤机工作原理

③压力脱水区。经重力脱水区形成的滤饼进入挤压脱水区，滤饼被夹在上下两条滤带之间，在一系列压辊间绕行，曲折地前进。挤压分低压和高压两种，低压脱水是依靠辊系和滤带自身的张力，向滤饼施加压力压缩滤饼，挤出毛细水。滤带每经过一个压辊，运动方向都会发生改变，颗粒之间位置相互错动，颗粒间毛细管被破坏，也有助于滤饼脱水。高压脱水是除了滤带本身的张力外，还借助挤压辊和高压带等直接向滤饼加压，进一步脱去滤饼的水分。并非所有带式压滤机都有高压脱水区，有些物料仅经过低压脱水，脱去水分就已经可以满足要求了。

④卸料和清洗滤带。挤压脱水后，上下两条滤带分开，滤饼用刮板从滤带上刮下来，卸落到机外。卸料后的滤带被清洗装置消洗干净，再进入重力脱水区，开始下一次过滤。

目前，带式压滤机被广泛应用于过滤各种污泥、选煤产品、湿法冶金的残渣、湿法生产的水泥、管道输送的物料等。

9.3.3　离心脱水机

离心脱水机依靠离心力实现物料的脱水，多用于处理极难脱水的物料，主要有卧式和立式两大类。

（1）卧式离心脱水机

图 9-40 是 LWZ 型卧式离心脱水机的结构示意图。其转鼓由圆柱—圆锥—圆柱体 3 段组成，其大端为溢流端，端面上开有溢流口，并设有调节溢流口高度的挡板，小端为脱水产物排出口。

电动机通过"V"形胶带轮带动转鼓旋转时，借助行星齿轮差速器带动转鼓内的螺旋旋转，转鼓与螺旋旋转方向相同，螺旋转速比转鼓慢 2.1%。矿浆经三通蝶阀通过入料管进入螺旋体内，再经螺旋体的出料口进入转鼓内腔，在比重力大上百倍的离心力作用下，矿浆形成环状沉降区，固体颗粒迅速沉淀在转鼓内壁上，水携带微细颗粒从转鼓大端溢流口排出，即为离心液。利用螺旋与转鼓的差速运动，沉淀在转鼓内壁上的颗粒被输送到过滤段，水与少量微细粒经筛缝排出成为滤液。物料再次脱水后由转鼓小端排料口排出成为脱水产物。

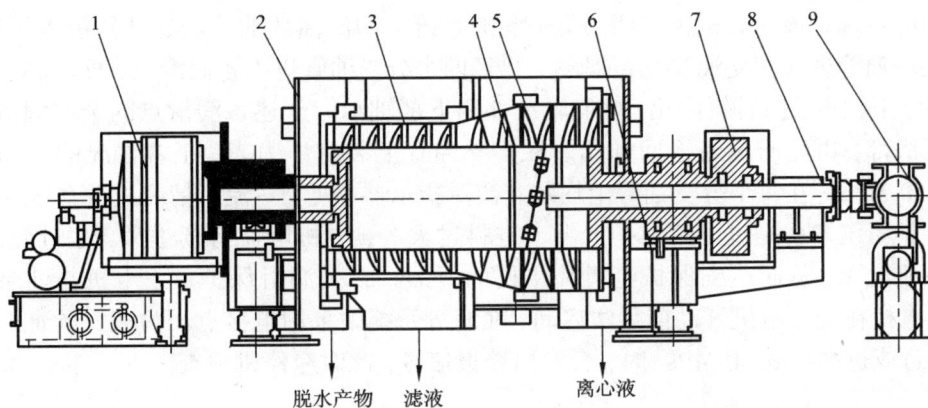

1—行星齿轮差速器；2—机壳；3—转鼓；4—螺旋；5—出料口；6—机架；7—V 形胶带轮；8—入料管；9—三通蝶阀。

图 9-40 LWZ 型卧式离心脱水机结构

（2）立式离心脱水机结构

图 9-41 是 LL1200×650B 型立式螺旋卸料离心机的结构示意图，由工作部分、传动部分、润滑系统和保护系统 4 大部分组成。

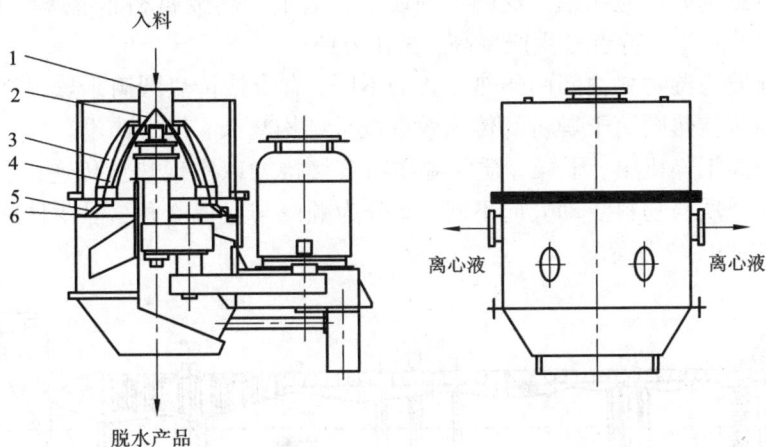

1—入料口；2—布料盘；3—筛篮；4—螺旋卸料转子；5—出口保护环；6—钟形罩。

图 9-41 LL1200×650B 型立式螺旋卸料离心机结构

①工作部分。主要由筛篮、螺旋卸料转子、钟形罩和布料盘组成。锥形筛篮装在钟形罩上，钟形罩则用螺栓固定在外轴上。布料盘装在螺旋卸料转子上，螺旋卸料转子则用螺栓和键固定在差速器心轴上，其转速略低于筛篮。钟形罩和螺旋卸料转子的结构可保证矿粒不致落入轴承内，而且便于脱水后矿粒的移动。

②传动部分。传动系统由三角带传动和两对斜齿圆柱齿轮传动组成。立式电动机通过三角带带动中间轴转动，中间轴上装有两个齿数相差为 1 的齿轮，它们分别与装在外轴上的齿轮和装在心轴上的齿轮（这两个齿轮的齿数相同）相啮合，从而使筛篮和螺旋卸料转子保持同向旋转，并有适当的转速差。

③润滑系统。该离心机采用稀油集中润滑系统。润滑油从油箱经滤油器进入齿轮油泵，然后经主压油管进入多支油管(分油器)，再经四个分支油管进入各润滑点，即心轴上部轴承和外轴上、下轴承，两对斜齿轮，中间轴上部和下部轴承。上述各润滑点的全部润滑油都进入差速器底部，再经回油管返回油箱。在多支油管上装有压力表，正常情况的工作油压为0.05~0.50 MPa。在每个分支油管上均装有流量指示器，便于对流量情况进行直接观察。

④保护系统。一是过电流保护。由于进料过大等，电机电流持续过大，超过允许值时，切断主电机电源，从而达到保护电机和主机的目的。二是润滑保护。主电机与油泵电机连锁，使主电机在油泵电机开动前无法启动，在润滑系统中采用电接点压力表，当油压过低(<0.04 MPa)或过高(>0.50 MPa)时，会发出警报信号，此时应停机检查。

9.4 干燥设备

生产实践中所使用的干燥机械种类很多，主要有圆筒干燥机、沸腾干燥机、气流干燥机、带式干燥机及简单的干燥坑等，其中，选矿厂应用最多的是圆筒干燥机。

9.4.1 圆筒干燥机

圆筒干燥机是选矿厂应用最广泛的干燥设备。适于干燥金属和非金属矿的磁、重、浮精矿，以及黏土和煤泥等。特点是生产率高，操作方便。

根据干燥介质与湿物料之间的传热方式的不同，有直接传热圆筒干燥机和间接传热圆筒干燥机2种。间接传热圆筒干燥机的传热效率低且结构复杂，很少选用。

直接传热圆筒干燥机中，干燥介质与湿物料直接接触以实现热量传递，干燥介质通常为烟道气。按干燥介质与物料流动方向不同，又分为顺流与逆流2种，但两种圆筒干燥机具有相似的结构，如图9-42所示。

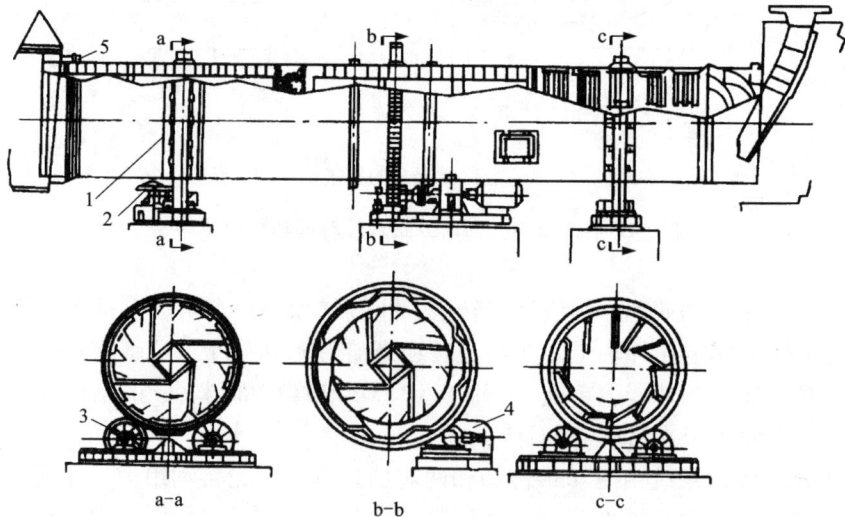

1—滚筒；2—挡轮；3—托轮；4—传动装置；5—密封装置。

图9-42 直接传热圆筒干燥机结构

主体部分为一个与水平线略呈倾斜的旋转圆筒。圆筒由齿轮传动，转速一般为 2～6 r/min，圆筒的倾斜度与其长度有关，通常为 1°～5°。物料从转筒较高的一端送入，与热空气接触，随着圆筒的旋转，物料在重力作用下流向较低的一端被干燥后排出。由于干燥机在负压条件下工作，进料及排料端均需采用密封装置，以免漏风。

为使物料均匀地分布在转筒截面上的各个部分，并与干燥介质良好地接触，在筒体内装置有扬板。扬板的形式有很多种，常用的几种如图 9-43 所示。

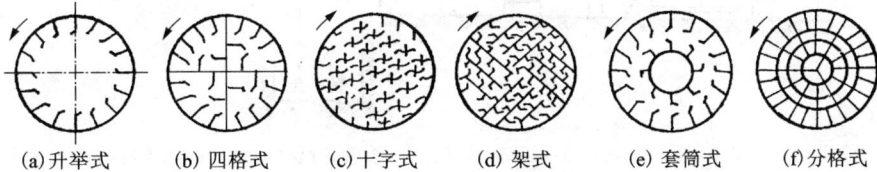

(a)升举式　(b)四格式　(c)十字式　(d)架式　(e)套筒式　(f)分格式

图 9-43　扬板的形式

①升举式扬板。适用于大块物料或易黏结在筒壁上的物料。

②四格式扬板。适用于密度大、不脆或不易分散的物料。该扬板将圆筒分成了四个格，呈互不相通的扇形状作业室，物料与热气体的接触面比升举式扬板大，并且有能提高物料的充填率及降低物料的降落高度而减少粉尘量损失等优点。

③十字式或架式扬板。适用于较脆及易分散的小块物料，能使物料均匀地分散在筒体的整个截面上。

④套筒式扬板。为复式传热圆筒干燥机所使用的扬板。复式传热是先由高温烟气以顺流方式加热筒壁，间接传给物料，然后在圆筒末端折返，以逆流方式与物料接触传热。

⑤分格式(扇形)扬板。适用于颗粒很细而易引起粉末飞扬的物料。物料给入后就堆积在格板上，当筒体回转时，物料被翻动并不断与热气体接触，同时又因物料降落高度的降低，减少了干燥物料被气体带走的可能性。

上述各种形式的扬板可以分布在整个筒体内。为使物料能够迅速而均匀地送到扬板上，亦可在给料端 1～5 m 处安装螺旋形导料板，以避免湿物料在筒壁上黏结而堆积。因干燥后的物料很容易被扬起而被废气带走，在排料端 1～2 m 处不装扬板。

顺流式直接传热圆筒干燥机的干燥系统如图 9-44 所示，其燃烧室与湿物料进料在同一端，热气流与料流的运动方向一致，湿物料从进料端向排料端移动，热空气亦从进料端在鼓风机与引风机的作用下经排料端流出，湿物料在此流动过程中受热空气加热而干燥。

逆流式直接传热圆筒干燥机系统如图 9-45 所示，湿物料从进料端给入干燥机，燃烧室设在排料端，物料与干燥介质(热空气)的运动方向相反，物料在此运动过程中受热而干燥。

对顺流式直接传热圆筒干燥机，由于给入的湿物料进入干燥机就与温度较高的干燥介质接触，初期干燥推动力较大，以后随物料温度的升高，干燥介质的温度逐渐降低。排出的干物料温度较低，便于运输。适宜于对最终含水量要求不高的物料进行干燥。但从产生过程来看，细物料易被气流带走，粉尘量较大。相比而言，逆流式干燥机在干燥过程中的干燥推动力较均匀，适宜于对被干燥物料水分要求较严的情况，干燥介质所带粉尘经过湿料区而被过滤，气流中含尘量较少。

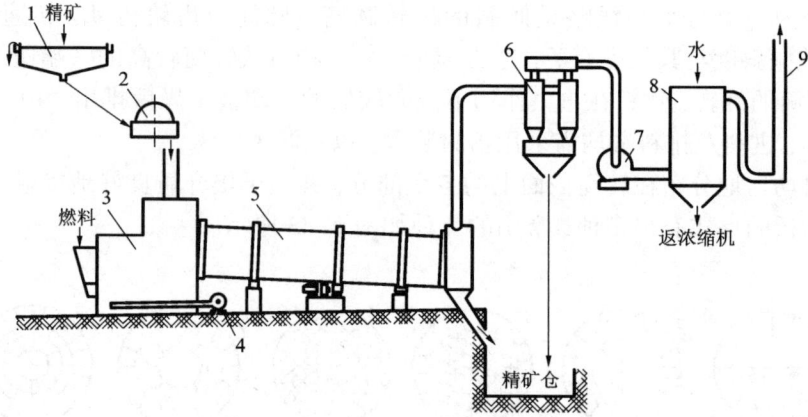

1—浓密机；2—过滤机；3—燃烧室；4—鼓风机；5—圆筒干燥机；6—多管旋风收尘器；7—抽风机；8—水吸除尘器；9—烟囱。

图9-44 顺流式直接传热圆筒干燥机系统

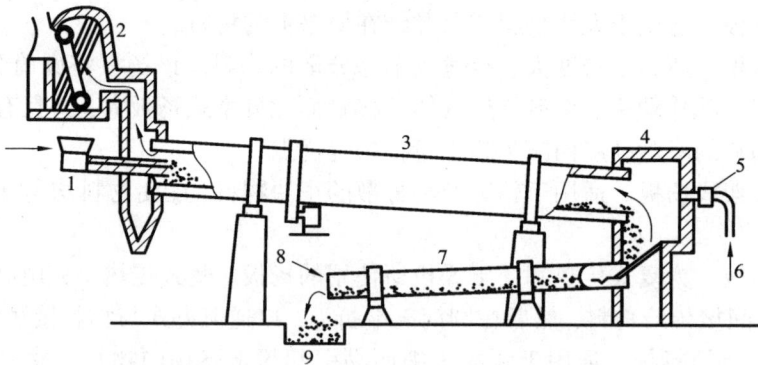

1—湿料加料器；2—余热锅炉及收尘装置；3—回转窑；4—燃烧室；5—燃烧器；6—燃料；7—冷却器；8—空气；9—干料仓。

图9-45 逆流式直接传热圆筒干燥机系统

9.4.2 沸腾床层式干燥机

沸腾床层式干燥机是一种新型干燥设备，适用于选矿精矿的干燥。其特点是：热效率高，单位时间汽化水量大，单台处理能力大，设备布置紧凑，占地面积小，操作人员少。缺点是：以精煤和油作燃料，资源浪费严重，干燥机结构复杂。

图9-46是麦克纳利沸腾床层式干燥机的结构示意图。燃烧室为一圆筒形结构，其外围用9 mm不锈钢板围焊而成，内衬耐火砖砌成的耐火墙，钢板和耐火墙之间填有耐火泥。燃烧室底部铺有耐火砖和隔热耐火衬，底座为钢制底盘。燃烧室下部侧面有清理孔，中间有连接鼓风机的风圈，其上分布有进风孔，使风均匀地进入燃烧室，以促进燃料的充分燃烧和调节炉膛温度。

干燥室是沸腾床层式干燥机的主要组成部分，干燥室的床层为一矩形平面，与燃烧室的分界处为箅子，箅条直径为22 mm，缝隙在2~2.5 mm，开孔率为7%。箅条入料端比出料端略高，其角度为2.5°。干燥室上部设有洒水装置，其作用是降温灭火。在干燥过程中，如果参数失调，床层温度突然升高，甚至会引起火灾，或燃烧室温度超过 530 ℃时，自控装置立即动作，停车洒水，降温灭火。

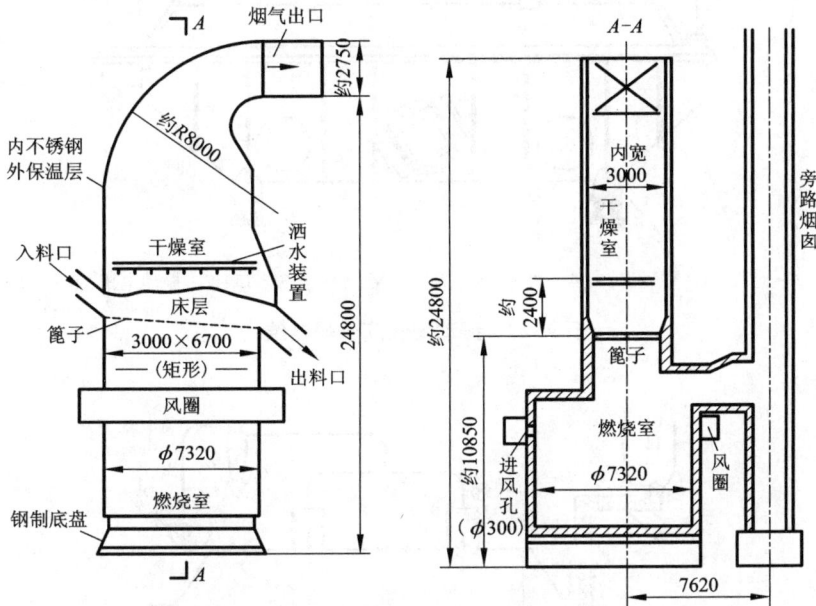

图 9-46　麦克纳利沸腾床层式干燥机结构示意图

在干燥机的一侧设置了旁路烟囱，其顶部装有盖板，用气缸控制开闭。旁路烟囱的作用是：干燥过程中床层着火或燃烧室温度超过 530 ℃时，烟囱顶部盖板通过自控装置打开，放空烟气，降温冷却；正常停车时，烟囱盖板亦打开，使烟气短路散热冷却；开车前，也要打开烟囱盖板，并开动引风机造成负压，净化干燥系统；正常开车时，烟囱盖板是关闭的，以保持干燥系统完全密封。

9.4.3　流化床干燥器

流化床干燥器主要用来处理散粒物料或均匀小块物料的干燥。图 9-47 是一种振动流化床干燥器的结构示意图，其配套系统如图 9-48 所示。

物料从入料口给入干燥室，落在热风分布板上。热风分布板由多孔或筛网构成，加热空气从下部的热风分配室穿过小孔向上流动，再穿过物料层。由于板孔处的空气流速超过物料颗粒的悬浮速度，致使物料在流化床面上形成沸腾状态。但热空气在全截面上的流速又小于颗粒的悬浮速度，因此物料不会被气流带走，这种状态就称为流态化，这时热空气的干燥作用就是流化干燥。

当流化床干燥器在干燥颗粒较大、较重的物料，同时又只需要较小的热空气流量时，空气的流速不足以形成物料的流化状态，则可以用机械振动的办法，使流化床面产生高频率的振动，也能使物料产生流态化的效果，这就是振动流化床。振动流化床的好处是可以用机械振动的参数，严格控制物料在流化床面上的向前运动速度和停留时间，以达到均匀干燥的目的。

261

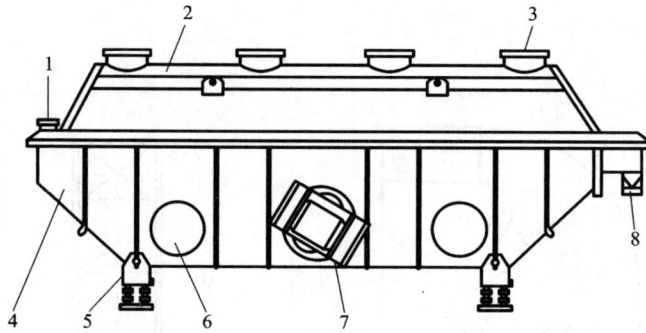

1—入料口；2—上盖；3—空气出口；4—机体；5—隔振弹簧；6—空气入口；7—振动电机；8—干燥产品出口。

图 9-47　振动流化床干燥器结构

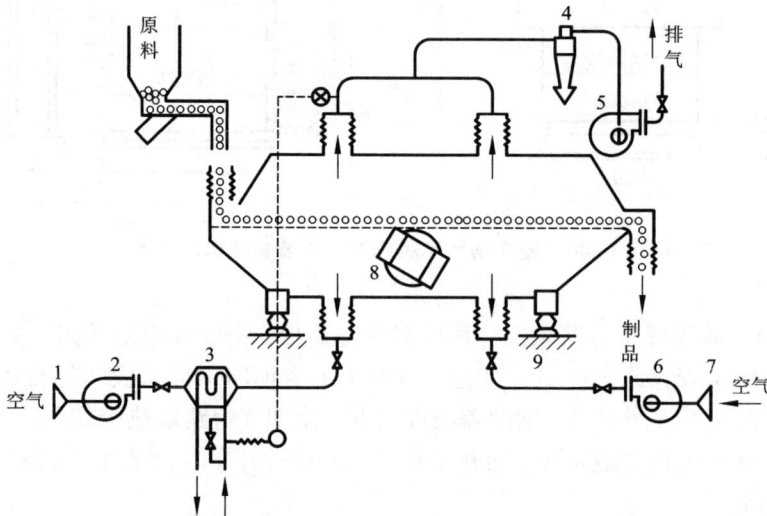

1—给料器；2—送风机；3—换热器；4—旋风分离器；5—排风机；6—给风机；7—过滤器；8—振动电机；9—隔振弹簧。

图 9-48　振动流化床干燥器配套系统

在流化状态下，床层(物料层)体积膨胀，颗粒之间脱离接触，形成剧烈的混合和搅拌。物料与流化介质(空气)共同形成的多相床层具有像流体一样的特性。在连续加料的条件下，物料向出口旋转阀门流动，形成连续操作状态。

流化床干燥器的特点是：物料与热空气的接触面积达到最大，全部颗粒总表面积就是干燥面积；流化床内温度分布均匀；物料在流化床上的停留时间很容易控制。因此，流化床干燥器干燥效率高，也容易控制干燥制品的水分含量。

只要不是太黏结和易结块的物料，都能使用流化床干燥。一般处理物料的粒度范围为 0.03~6 mm。对粒度小于 20~40 μm 的粉末，在流化时易形成沟流现象，流化状态不稳定，且粉末易被气流带走。过大粒度的物料，则需要较高的气流速度，动力消耗和物料磨损都很大。

本章主要思考题

(1)按原理不同,浓缩设备分哪几类? 对应的典型设备有哪些?

(2)与普通浓缩机相比,高效浓缩机结构与原理有什么不同?

(3)为什么斜板浓缩箱能提高浓缩效率?

(4)深锥浓缩机提高浓缩效率的主要原因是什么?

(5)常用过滤设备分为哪几类? 典型过滤设备分别有哪些?

(6)简述圆盘过滤机的结构及工作过程。

(7)真空过滤机、离心过滤机、压滤机的过滤原理有什么不同?

(8)干燥设备分为哪几类? 对应的典型干燥设备有哪些?

(9)简述圆筒干燥机的结构和工作原理。

(10)简述沸腾式和振动流化床式干燥设备的结构和工作原理。

第 10 章　主要辅助设备

矿物加工过程除需使用各种不同种类的工艺设备外，为保证工艺设备的正常工作，还必须使用各种不同类型的辅助设备，以实现工艺设备之间的连接，完成各种类型物料的输送，配合工艺设备完成特定作业功能等。目前生产实践中使用的主要辅助设备包括各种给矿设备、物料输送设备、起重检修设备，还有搅拌槽、给药机、除铁器及取样机等其他辅助设备。

10.1　给矿设备

要按一定的溜放速度和溜放断面将矿石均匀地给入到连续工作的运输机、破碎机或磨矿机中，就应该采用给矿机。有些给矿机不但能保证均匀地给矿，而且在停止工作时，还能起闸门的作用，将矿仓的卸矿口封闭。矿仓和给矿机这两部分中，任何一部分的设计不当，都将使整个工艺系统的功能受到影响。在矿仓设计时，首先必须考虑矿仓卸矿口的正确尺寸，以避免矿仓内的矿石结拱。同时矿仓卸矿口尺寸应当满足最大生产率的要求，并与所选择的给矿机的规格相适应。

选矿厂所用的给矿设备根据其工作机构的运动特性不同可分为以下 3 类：①连续动作的板式和带式给矿机等；②往复动作的槽式、摆式和振动式给矿机等；③回转动作的圆盘式给矿机等。

10.1.1　板式给矿机

板式给矿机分为重型（ZBG 型）、中型（HBG 型）和轻型（QBG 型）3 种。板式给矿机为系列产品，每种规格均分左、右两种传动方式。传动装置在钢板带运行方向的左侧者为左传动，反之为右传动，应根据设备配置的具体情况确定。板式给矿机的规格以链板宽度 B 和两链轮中心距 A 表示。

（1）重型板式给矿机

重型板式给矿机通常在给矿块度和给矿量较大的情况下使用，其结构如图 10-1 所示，主要由机架 1、拉紧装置 2、钢板带 3、上托辊 4 和传动装置 5 等部分组成。钢板带是承受载荷的部件，由固定在铰链上的许多带侧壁的钢板构成，钢板之间用铰链彼此连接，并与钢板固定在牵引链上一起绕链轮运转。在运转时工作链带由上托辊支承，回程链带由下托辊支承，并由拉紧装置来调节钢板带的松紧。

重型板式给矿机一般用于给矿量很大的大块矿石的给矿。最大块度可达 1200 mm，生产率为 240~480 t/h，最大可达 1000 t/h。给矿机的生产率取决于钢板带的速度、物料堆比重、料层厚度和给矿机本身的宽度。生产率可通过改变钢板带的速度来调节。

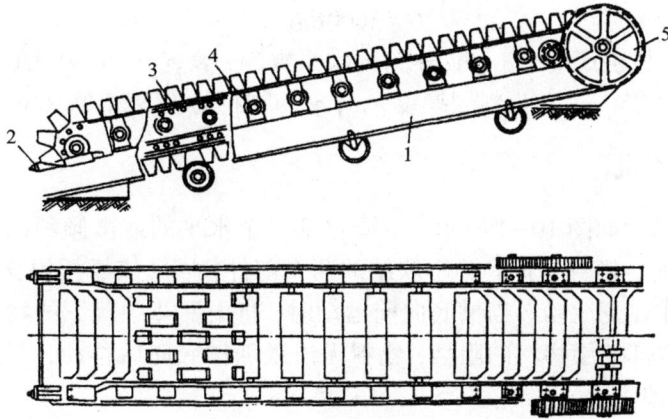

1—机架；2—拉紧装置；3—钢板带；4—托辊；5—传动装置。

图 10-1　重型板式给矿机结构

重型板式给矿机可根据需要安装成水平的或倾斜的，倾角的大小根据具体配置条件确定，但最大不超过 12°。链板宽度一般应为最大给矿粒度的 2~2.5 倍。

重型板式给矿机具有给矿均匀的优势，能够适应高强度给矿能力的要求，并能强制性卸料以及保证均匀的矿流，并具有较强的抗冲击能力。缺点是设备笨重，造价高，运动部件多，维护工作量较大。

（2）中型板式给矿机

中型板式给矿机与重型板式给矿机在结构上的不同主要体现在：中型板式给矿机的钢板带下面没有设置铰链，其链带由标准型号的套筒滚子链和波浪形链板组成。工作段的牵引链可以在托辊上移动，也可以在轨道上移动。中型板式给矿机传动的方式是由电动机经减速器带动偏心机构旋转，再由偏心盘、连杆、传动棘轮带动链带作均匀的间歇式移动。给矿粒度最大可达 300~400 mm。偏心盘的偏心距可在 24 mm 至 140 mm 之间调整，通过调整偏心距可变更给料速度，以便调节生产率。

（3）轻型板式给矿机

轻型板式给矿机用于粒度在 160 mm 以下矿石的给矿，其结构和工作原理与中型板式给矿机基本相同，工作段也是由牵引链沿轨道移动。

轻型板式给矿机可以水平或倾斜安装，最大倾角不得超过 20°。在倾斜安装时，传动装置应作水平安装，以防止因倾斜而妨碍润滑。给矿机以每增加一个链节 200 mm 为一长度等级，故可做成用户要求的各种长度。

（4）板式给矿机生产能力计算

板式给矿机常用于破碎厂房粗碎机的给矿。重型板式给矿机的最大给矿粒度可达 1200 mm，若倾斜安装，其最大向上倾角为 12°。中型板式给矿机的最大给矿粒度可达 400 mm。轻型板式给矿机给矿粒度小于 160 mm，可水平和倾斜安装，最大向上倾角为 20°。选择板式给矿机时，其链板宽度为给料最大粒度的 2.5 倍。

板式给矿机的生产能力主要取决于链板宽度、链板速度和给矿粒度，具体可按下式计算：

$$Q = 3600Bhv\gamma\varphi$$

式中：Q 为板式给矿机生产能力，t/h；φ 为充满系数，一般 $\varphi = 0.8$；B 为矿仓排料漏斗宽，一般为链板宽度的 0.9 倍，m；h 为料层厚度，m；γ 为物料的松散密度，t/m³；v 为带速，m/s。

10.1.2 槽式给矿机

槽式给矿机的结构如图 10-2 所示，主要包括一个水平的或微倾斜的钢槽，通过矿仓漏斗与固定的槽身相连。槽身与槽底为不联结的两个部件，槽底依靠托辊支承，由偏心连杆带动，使其在托辊上作往复运动。当槽底向前运动时，将由漏斗中落下的物料带向前方。槽底向后运动时，由于内部上层物料的阻挡，物料无法跟随槽底向后移动，而被推入安装在它下面的破碎设备或溜槽中。

槽式给矿机一般用于细粒和中等粒度物料的给矿。给矿均匀，不易堵塞，对水分较高的物料也能适应。但不适宜输送粉末状的物料，因为粉末很容易飞扬。槽式给矿机的选择，是按给矿粒度及要求的给矿量确定的，首先根据物料粒度按设备样本选择槽宽，然后，用槽宽来验算其生产能力。槽式给矿机的生产率可用开闭闸门或改变行程的方法加以调节和控制。

槽式给矿机适于−250 mm 中等粒度矿石的给矿，最大给矿粒度可达 450 mm，但不适合输送粉状物料。槽式给矿机可以架设在地面，也可吊装在矿仓卸料口的下方。

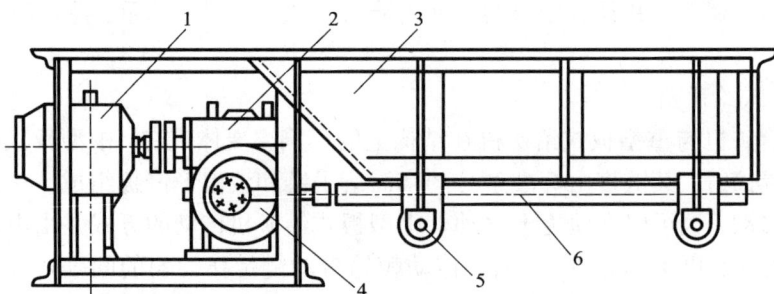

1—电动机；2—减速机；3—槽体；4—偏心轮；5—托辊；6—连杆。

图 10-2 槽式给矿机结构

槽式给矿机宽度为给料最大粒度的 2~2.5 倍，其生产能力可按下式计算：

$$Q = 120BhRn\gamma$$

式中：Q 为给矿机生产能力，t/h；B 为槽体宽，m；h 为料层厚度，m，一般为侧壁高度的 0.7~0.9；R 为偏心距，m，$R = 0.01 \sim 0.1$ m；n 为偏心轮转速，r/min；γ 为物料的松散密度，t/m³。

10.1.3 电振给矿机

电振给矿机是一种新型的给料设备，具有结构简单、体积小、重量轻、给料均匀、给料粒度范围大(为 0.6~500 mm)、维护方便、给矿量容易调节、便于实现生产的自动控制等优点。但第一次安装时调整困难，在输送黏性物料时，容易堵塞矿仓口。由于振动频率很高，噪声很大，故地下式矿仓中如采用电振给矿机，则工作条件较差。

电磁振动给矿机有上振式和下振式两种，选矿厂多使用下振式，其结构如图 10-3 所示，主要由减振弹簧、给料槽、电磁振动器等部件组成。电磁振动器则由连接叉、衔铁、铁芯、线圈、板弹簧、振动器壳体及板弹簧压紧螺栓等零部件组成，其结构如图 10-4 所示。

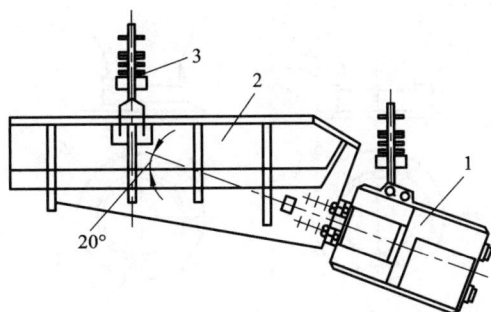

1—电磁激振器；2—槽体；3—减振弹簧。

图 10-3　电磁振动给矿机结构

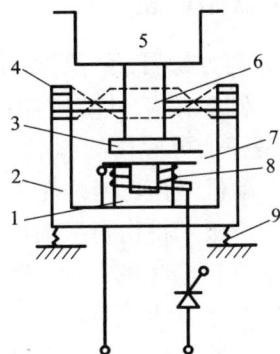

1—铁芯；2—壳体；3—衔铁；4—板弹簧；5—槽体；
6—连接叉；7—气隙；8—线圈；9—减振弹簧。

图 10-4　电磁振动器结构

当电磁振动给矿机的供电控制箱接入交流电源后，经过半波整流输出给振动器线圈，在线圈中流通过 3000 次/min 的单向脉动电流，衔铁和铁芯之间便产生 3000 次/min 的吸力，使槽体和振动器壳体产生 3000 次/min 的振动，振动方向与槽底成 20° 角。由于槽体的定向振动，当振动加速度达到一定数值时，槽体中的物料便被连续向前抛掷。因为每次振动使物料向前移动的距离和抛起的高度均较小，但频率又很高，所以，当槽体内充有很多物料时，就可见所有松散物料在向槽体的前方流动。其工作原理如图 10-5 所示。

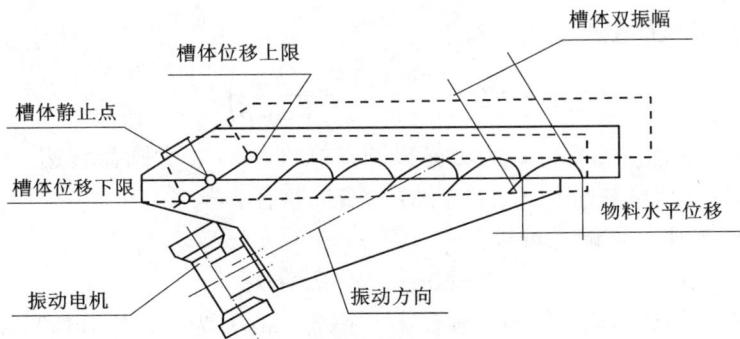

图 10-5　电磁振动给矿机的工作原理

电磁振动给矿机具有结构简单、操作方便、不需润滑、耗电量小、给矿均匀、给矿量调节方便的特点，在选矿厂得到了广泛应用。但由于振幅小，对于黏滞性湿粉状物料不宜采用。

电磁振动给矿机的生产能力，一般按产品目录中所列数据选取，也可按照下式进行计算：

$$Q = 60Bhsn\gamma\varphi$$

式中：Q 为给矿机生产能力，t/h；B 为槽体宽，m；h 为料层厚度，m；s 为双振幅，m；n 为振动频率，次/min；γ 为物料的松散密度，t/m³，φ 为充填系数，$\varphi = 0.6 \sim 0.9$（粒度小时取大值，粒度大时取小值）。

10.1.4　圆盘给矿机

　　根据圆盘是否封闭，圆盘给矿机可分为敞开式和封闭式。圆盘给矿机结构如图 10-6 所示，其工作机构是一个可旋转的圆盘 3，圆盘装在垂直轴上，由电动机经齿轮或蜗轮传动装置带动旋转，用固定的犁板 4 将物料从圆盘卸下。

　　给矿机装在矿仓 1 的下面，矿仓下面装有套筒 2，在套筒的下面和盘面之间留有一定的间隙，此间隙大小通常用套筒上下来调整。

　　圆盘给矿机的生产率取决于圆盘与套筒间隙的高度，以及卸料犁板的位置。通过改变圆盘与套筒的间隙和犁板偏角，就可以调节其生产率。

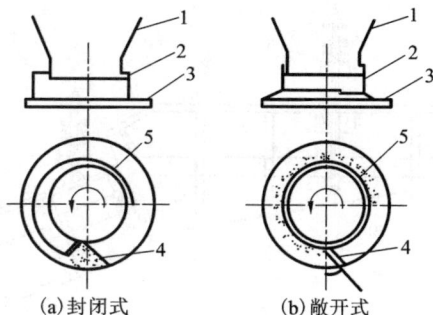

(a)封闭式　　　(b)敞开式

1—矿仓；2—套筒；3—圆盘；4—犁板；5—螺旋颈圈。

图 10-6　圆盘给矿机结构示意图

　　圆盘给矿机用于输送 50 mm 以下的干物料，如细粒矿石、精矿粉和石灰等物料。在选矿厂多用于磨矿矿仓向磨矿机的给矿。当所给物料中细粒含量高时，应用封闭式，一般情况则用敞开式。圆盘给矿机的规格以圆盘的直径来表示。

　　圆盘给矿机对黏性物料（如湿精矿和含水的细粒物料）也有一定的适应能力。该机给矿均匀，易于调节，管理方便，给料口直径一般为圆盘直径的 0.5~0.6 倍，但结构较复杂，价格较高，设备高度较大。

　　敞开式圆盘给矿机的生产能力可按下式计算：

$$Q = 60 \frac{\pi n h^2 \gamma}{\tan \rho}\left(\frac{D}{2} + \frac{h}{3 \tan \rho}\right)$$

式中：Q 为给矿机生产能力，t/h；h 为套筒离圆盘高度，m；n 为圆盘转速，r/min；γ 为物料的松散密度，t/m³；ρ 为物料堆积角，(°)；D 为套筒直径，m。

　　封闭式圆盘给矿机生产能力可按下式计算：

$$Q = 60\pi n (R_1^2 - R_2^2) h \gamma$$

式中：R_1，R_2 分别为排矿口内、外侧距圆盘中心距离，m；h 为排矿口开口高度，m；其他符号意义同前。

10.1.5　摆式给矿机

　　摆式给矿机多用于磨矿矿仓底部排料（即向磨矿机给矿），给矿粒度范围为 0~50 mm。摆式给矿机的结构如图 10-7 所示，在矿仓排矿口装有一扇形闸门，闸门由电动机经蜗杆蜗轮减速，通过偏心轴及拉杆带动作弧线的往复摆动。扇形闸门向前时，排矿口封闭，闸门向后时，排矿口打开进行给矿。因此，给矿机能间歇而均匀地进行给矿。

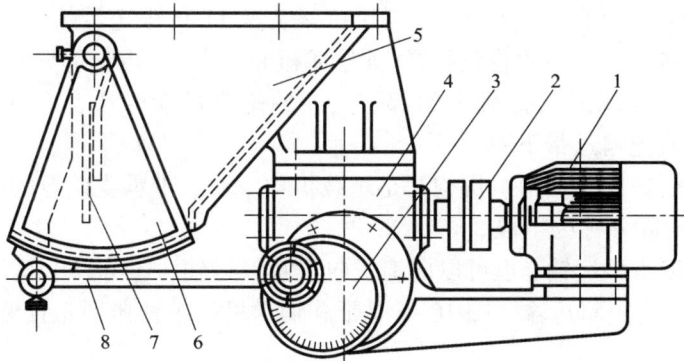

1—电动机；2—联轴节；3—偏心轮；4—减速器；5—机体；6—颚板；7—闸门；8—连杆。

图 10-7　摆式给矿机结构

给矿机的生产率可通过改变偏心距的方法进行调节，同时也可以通过移动闸门内的挡板，变更矿石层的厚度的方法进行调节。摆式给矿机的特点是：结构简单、价格便宜、管理方便。但缺点是工作准确性较差，给矿不连续，计量较困难。

摆式给矿机给矿粒度一般为 0~50 mm，属于间歇式给矿，但不适于干粉或太大粒度物料的给料，否则会出现粉尘污染或出料口堵塞的现象，其处理量可按下式计算：

$$Q = 60BhLn\gamma\varphi$$

式中：B 为排矿口宽，m；h 为阀门与阀体间隙高度，m；L 为给矿机的摆动行程，m；n 为偏心轮转速，r/min；γ 为物料的松散密度，t/m^3；φ 为充填系数，$\varphi = 0.3 \sim 0.4$。

10.2　固体物料输送设备

选矿厂使用的固体物料输送设备主要包括带式输送机、螺旋输送机和斗式提升机等，其中带式输送机的应用最为广泛，尤其是在破碎筛分车间更为常见。

10.2.1　带式输送机概述

根据带式输送机工作方式的不同，有固定式、移动式和可伸缩式 3 种，这三种带式输送机的工作部分都是一样的，只是机架部分的结构有所不同，选矿厂主要采用固定式带式输送机。固定式带式输送机主要有 TD75 型和 DTII（A）型 2 种，都是通用型带式输送机，广泛应用于冶金、矿山、煤炭、港口、电站、建材、化工、轻工、石油等各个行业。TD75 型是1975 年定型生产的，DTII（A）型则是对 TD75 型的改进产品，两者均按部件产品进行设计和制造，便于运输和安装。

TD75 型和 DTII（A）型带式输送机具有相似的结构，都是具有牵引件的连续运输设备，其结构如图 10-8 所示，主要由输送带、传动滚筒、尾部滚筒、托辊、机架和拉紧装置等部分组成。

工作时，输送带 6 绕过机头的传动滚筒 4 和机尾的改向滚筒 10 后，组成一条封闭的环形带。由电动机经过减速器带动传动滚筒转动，依靠传动滚筒与输送带间的摩擦力带动输送带运转。为避免输送带在传动滚筒上打滑，需用拉紧装置 11 将输送带拉紧，提供必需的张力。输送的物料由装在输送带一端的装载装置(如给矿机)给到输送带上的导料槽内，输送带在运转时将物料输送到另一端或其他规定的部位。在输送带的全长上，有许多组托辊 7、8 和 14 将输送带托住，避免输送带下垂。

带式输送机的输送带既是牵引机构又是承载机构。输送带承受矿石的部分称为工作段或重段，不承受矿石的部分称为空段。

带式输送机可以水平运输，也可以向上或向下倾斜运输，还可以由倾斜运输转为水平运输，或由水平运输转为倾斜运输。图 10-9 是带式输送机的 5 种典型布置形式。

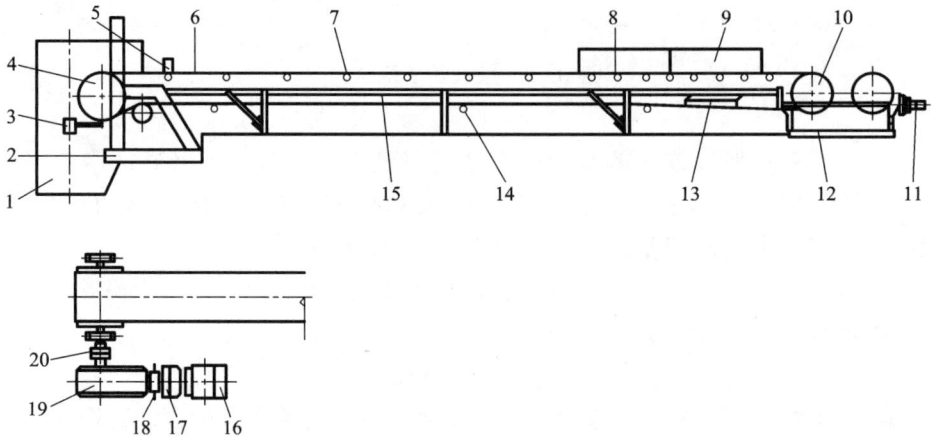

1—头部漏斗；2—头架；3—头部清扫器；4—传动滚筒；5—安全保护装置；6—输送带；7—上托辊；
8—缓冲托辊；9—导料槽；10—改向滚筒；11—螺旋拉紧装置；12—尾架；13—空段清扫器；
14—下托辊；15—中间架；16—电动机；17—液力耦合器；18—制动器；19—减速器；20—联轴节。

图 10-8　带式输送机的典型结构

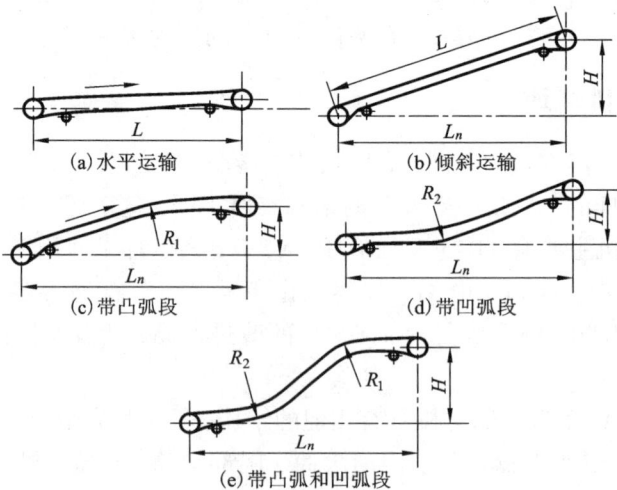

(a)水平运输

(b)倾斜运输

(c)带凸弧段

(d)带凹弧段

(e)带凸弧和凹弧段

图 10-9　带式输送机的典型布置形式

普通的带式输送机倾斜向上输送矿石时，矿石由于受重力作用有向下滚动的趋势，为了防止矿块向下滚动，倾角不能过大。倾角的大小取决于被运输矿石的性质，而其中最主要的是矿石的粒度和湿度。不同物料所允许的最大倾角 β 如表 10-1 所示。

表 10-1　倾斜向上输送不同性质物料所允许的最大倾角 β

物料名称	最大倾角 $\beta/(°)$	物料名称	最大倾角 $\beta/(°)$
0~350 mm 矿石	14~16	块煤	18
0~170 mm 矿石	16~18	粉煤	20~21
0~70 mm 矿石	18~20	原煤	20
0~10 mm 矿石	20~21	混有砾石的沙及干土	18~20
10~75 mm 矿石	16	干砂	15
水洗矿石(含水 10%~15%)	12	湿砂及湿土	23
干精矿粉	18	20~40 mm 页岩	20
湿精矿粉(含水 12%)	20~22	0~20 mm 页岩	22
烧结混合料	20~21	水泥	20
0~25 mm 焦炭	18	石灰	20~22
0~3 mm 焦炭	20	盐	20
筛分后的块状焦炭	17		

运送黏性较大的物料时，倾角还可大一些。倾斜向下运输时，其倾角一般不得超过 15°。带式输送机布置如带有曲线段，在曲线段内，不允许设置给料和卸料装置。给料点最好设在水平段内，也可以设在倾斜段。实践表明，倾角大时，给料点设在倾斜段容易掉料，因此，在设计大倾角输送机时，推荐将给料区段设计成水平的，或将该区段的倾角适当减小，并且各种卸料装置一般宜设于水平段。此外，为适应大倾角的输送要求，也可选择设置有横隔板和波状挡边的大倾角带式输送机。

带式输送机的优点是：具有良好的持续工作特性，工作安全可靠，没有嘈杂的声音，运输能力高，耗电量低。带式输送机的运输距离很长，在运送途中对物料的破碎性小。但其缺点是：允许的安装倾斜角度有限，安装工作要求的精确程度高。为保证带式输送机具有较长的使用期限，还要求有较好的工作条件，对于物料的块度和形状也同样有限制。同时轴承和运转部件数目多，维护工作量大。

10.2.2　带式输送机零部件

(1)输送带

输送带既是牵引机构又是承载机构，不仅应有足够的强度，还应有适当的挠性。我国现行使用的通用带式输送机主要为 DTII(A)型，其输送带包括具有橡胶或塑料(尼龙或聚酯)覆盖层的织物芯和钢丝绳芯 2 大类，选矿厂最常见的是橡胶输送带。

橡胶输送带是用若干层帆布作带芯,用橡胶粘在一起后,外表面包以橡胶保护层。帆布层承受载重并传递牵引力,橡胶保护层只是为了防止外力对帆布层的损伤及潮湿的侵蚀。目前国产橡胶带的帆布层数为 3~12 层,为了使橡胶带在横向具有一定程度的韧性,橡胶带的宽度愈宽,层数也就愈多。输送带层数和结构的选择通常依据输送带张力计算结果确定。

由于运输条件的限制,目前生产的每段橡胶带的长度一般不超过 120 m,因此在长运输机上的橡胶带,都是将若干段橡胶带连接在一起的。橡胶带连接的好坏是直接影响其使用寿命的关键问题之一。橡胶带的连接方法有硫化胶接和机械连接 2 大类,塑料芯带则采用塑化连接。

①硫化胶接法。在国内广泛采用的是热硫化胶接法。将橡胶带割剥成阶梯形(每层帆布为一阶梯),阶梯宽度 b 一般等于 150 mm,斜角接头的角度 α 采用 45° 和 60° 的较多,如图 10-10 所示。

胶带割剥面要求平整,不得损坏帆布层。然后锉毛表面并涂生胶浆进行搭接,在上下覆盖胶的对缝处贴生胶片。用两块电热板紧紧夹住(即硫化胶接器,见图 10-11),加热加压进行硫化。压力为 5~10 kg/cm²,温度为 140 ℃(若用蒸汽加热,气压为 4~4.5 kg/cm²),升温应缓慢,并保持硫化平板

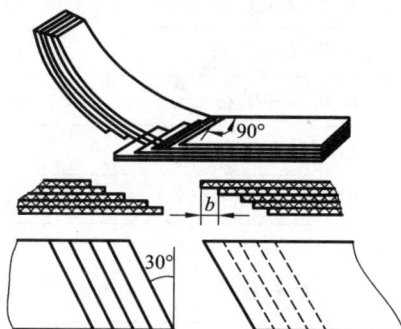

图 10-10 胶接前的准备

各点温度均匀。保温时间从达到 140 ℃ 时算起,按下式计算保温时间：$T=16+(T-3)\times2(\min)$。式中 T 为帆布层数,达到保温时间后停止加热,让其自然冷却到常温后卸压取出。

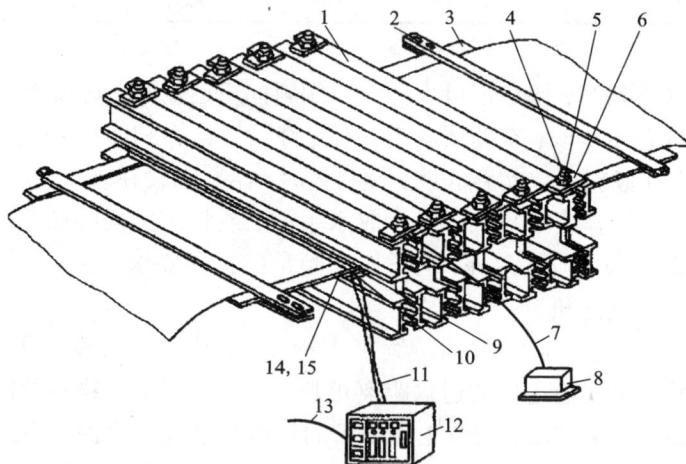

1—机架；2—夹紧机构；3—垫铁；4—螺杆；5—螺母；6—垫圈；7—高压软管；8—试压泵；9—隔热板；10—上加热板；11—二次电缆；12—电控箱；13—一次电缆；14—F 加热板；15—水压板。

图 10-11 硫化胶接器

采用硫化胶接法,其接头强度可达橡胶本身强度的 85%~90%,可以大大延长胶带的使用寿命。因此,在有条件的地方,特别是对固定式带式输送机和高负荷带式输送机,应尽可能采用硫化胶接,但同时硫化胶接需要的时间也较长。

②塑化法。对塑料输送带，搭接长度在带宽为 650 mm 及 800 mm 时，取 500 mm。塑化前将塑料带一端的上覆盖面和另一端的下覆盖面剥去，再在两端间垫放 1 mm 厚的聚氯乙烯塑料片。对其加压加热进行塑化。升温也应缓慢，在 30 min 左右由室温升至 170 ℃ 左右。再次加压力，然后冷却至常温卸压取出。对多层塑料输送带，可参照多层橡胶带的尺寸割剥成阶梯形，进行塑化。应该注意，温度、压力、时间是硫化和塑化的三要素。它们随着胶料的配方、气温、通风等条件而不同，并且三者之间相互牵连。以上给出的数值仅供参考，使用单位在正式接头前一定要多实验几次取得经验，修正参数后才能正式接头。

③机械连接法。常见的有合页式连接、铆钉连接和钩卡连接，如图 10-12 所示。机械连接法能很快地将橡胶带连接好，整个连接工作一般只需 20 min 就可完成。但这种方法会使橡胶带接头处的强度大大降低，一般只能相当于原来强度的 35%～40%，影响橡胶带使用寿命。因此，只在需要经常拆卸的运输机，以及检修时间要求短的情况下才使用机械连接法，除此以外，应优先选用硫化胶接法。

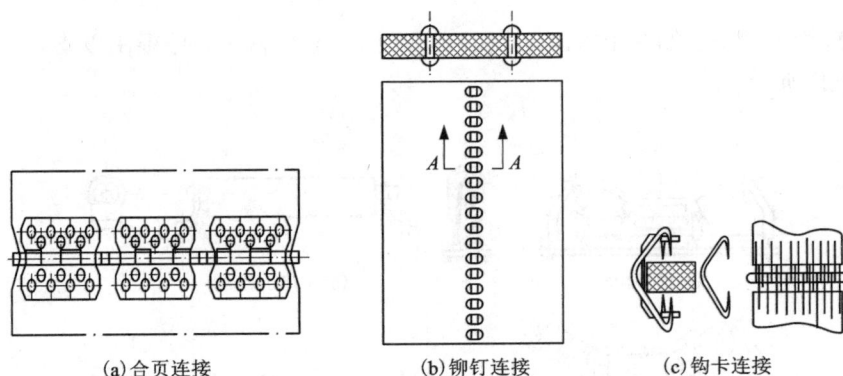

(a)合页连接　　　　　　(b)铆钉连接　　　　　　(c)钩卡连接

图 10-12　胶带机械连接方法

(2) 机架和托辊

①机架。带式输送机的机架是由头部机架、中部机架和尾部机架组成的，其结构如图 10-13 所示。机架的作用是支撑传动滚筒、改向滚筒及上下托辊等。机架多用槽钢或角钢做成单节架子，然后将每一节之间用螺栓或焊接连接。

由图 10-13 可知，机架的宽度 B_0 要比输送带宽度 B 大 300～400 mm，即 $B_0 = B + b_1$(mm)。$B = 500 \sim 650$ mm 时，$b_1 = 300$ mm；$B = 800 \sim 1000$ mm 时，$b_1 = 350$ mm；$B = 1200 \sim 1400$ mm 时，$b_1 = 400$ mm。带式输送机的机架高度一般为 0.55～0.65 m，相当于使输送带高出地面或操作台 0.75～0.85 m。

为了防止被运送的矿石散落到运输机的空段输送带上，导致输送带磨损或被划破，在装矿和卸矿处的机架上要安装隔板或导料槽。

②托辊。带式输送机的托辊是用来支承输送带和输送带上的物料的。托辊分为上托辊和下托辊。上托辊用以支承重段输送带，可分为槽形和平形两种，如图 10-14(a)和(b)所示。输送粒状和散状物料一般采用槽形托辊，其槽角为 20°～45°。

同样宽度的输送带，采用槽形托辊时的承载量要比平形托辊时大一倍。但用于手选及输送成件物品的带式输送机则必须采用平形托辊。槽形托辊可分为两节式和三节式 2 种，常用

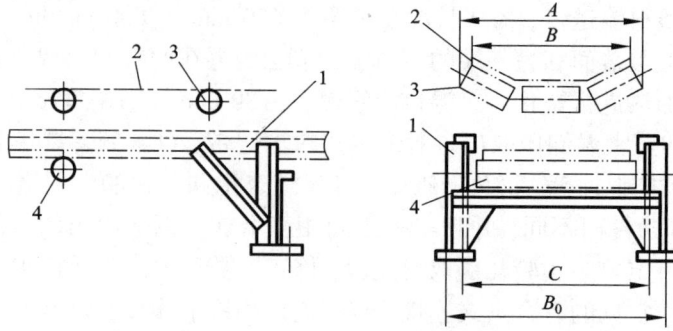

1—机架；2—输送带；3—上托辊；4—下托辊。

图10-13 带式输送机机架结构

的是三节式，只有特别小的运输机才用两节式，而对输送带宽度特别大的情况，还有五节式的槽形托辊。

平形托辊均为单节，如图10-14(b)和(d)所示。其中平形下托辊用以支承空段输送带，如图10-14(d)所示。

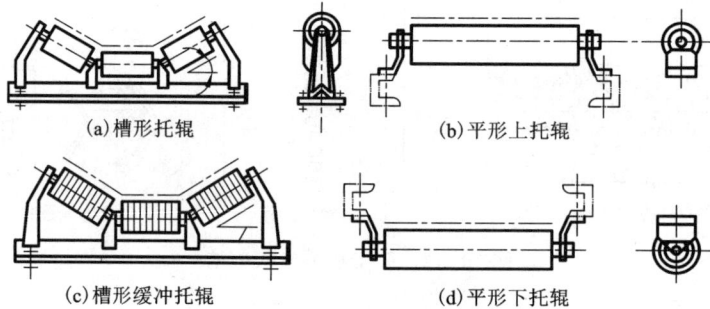

(a)槽形托辊　(b)平形上托辊

(c)槽形缓冲托辊　(d)平形下托辊

图10-14 带式输送机托辊分类

托辊是用标准钢管制造的，为减小运转中的阻力及减轻胶带的磨损，在托辊内装有轴承，托辊多用滚珠轴承，也可采用含油轴承。但是后者的阻力系数较大，只有在短距离或向下输送的带式输送机($v<2$ m/s、$\gamma<1.6$ t/m^3)上，才选用含油轴承。

在输送带的给料处，应选用由橡胶垫圈组成并具有一定弹性的槽形缓冲托辊，如图10-14(c)所示。缓冲托辊可以减少物料对输送带的冲击，输送特大块度的物料时，还应选用重型缓冲托辊。

带式输送机在运转中，输送带的运行往往会偏离中心线，这种现象称为"跑偏"。引起跑偏的原因很多，托辊的轴线与输送带运行方向不垂直是一个重要原因。槽形托辊更容易引起输送带跑偏，只要两侧辊的倾角不等，输送带就将跑偏。

为了防止输送带跑偏，需要选用一部分具有调心作用的托辊。当输送带跑偏时，这些具有调心作用的支承托辊就能将输送带的运行方向纠正过来，或从根本上防止输送带跑偏。支承托辊的调心作用可用两种方法实现：一种是将槽形托辊两侧的辊柱，在安装时向前倾斜2°~3°，使两侧的辊柱对输送带产生一个向中心的力，如图10-15(a)所示，这样可防止输送带跑偏。

另一种方法是采用回转式槽形调心托辊，如图 10-15(b)所示。这种托辊上有一个活动托架 1，通过竖轴 2 装入滚动的止推轴承 3 中，使活动托架 1 能绕竖轴 2 旋转，当输送带跑偏而碰到立辊 4 时，由于阻力增加而造成力矩，使整个托辊旋转，从而使输送带重新返回正中心运动方向，这时活动托架 1 也复原了。在使用普通托辊架的运输机上，每隔 10 组槽形托辊设置一组回转式的调心托辊就够了。除槽形调心托辊外，在空段也采用平形调心托辊。

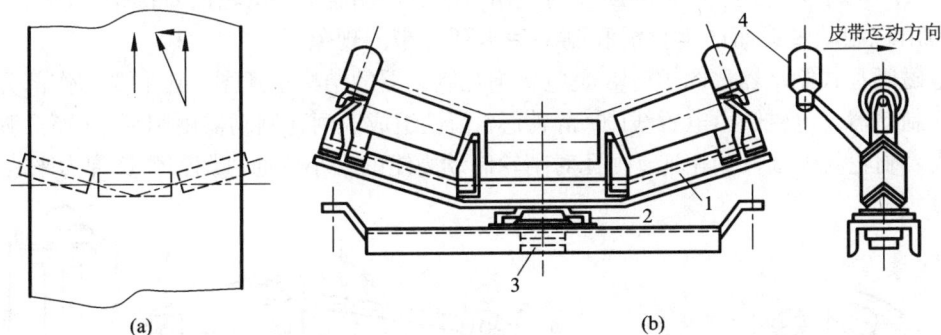

1—活动托架；2—竖轴；3—止推轴承；4—立辊。

图 10-15 槽形调心托辊

（3）传动装置

传动装置将电动机的转矩传递给传动滚筒，并借助传动滚筒与输送带接触面间的摩擦力将动力传给输送带，从而使输送带连续运转。传动装置的结构如图 10-16 所示，由电动机、减速器及传动滚筒等组成。

传动装置一般只有一个传动滚筒。传动滚筒为焊接或者铸造而成的圆柱形，为使输送带更好地对正中心，传动滚筒边缘最好做成凸形的。在工作环境潮湿、功率又大、容易打滑的情况下，为增加滚筒与输送带之间的摩擦力，滚筒表面一般要包上胶带或橡胶。

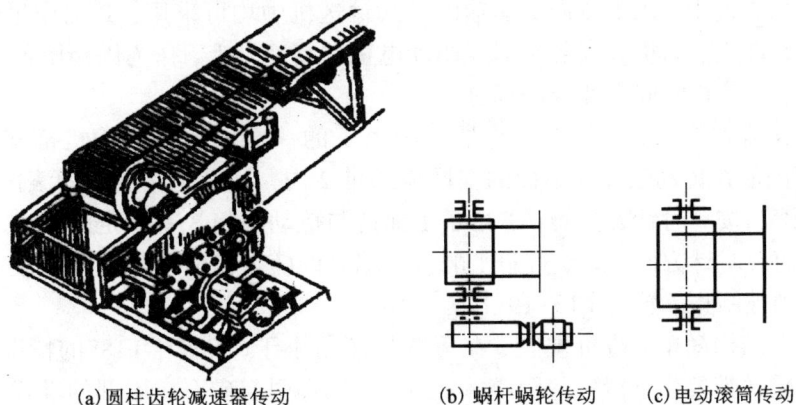

（a）圆柱齿轮减速器传动　（b）蜗杆蜗轮传动　（c）电动滚筒传动

图 10-16 传动装置结构

（4）制动装置

当带式输送机倾斜输送物料时，重载停止运转后，在物料重力作用下，输送带将自动地产生反向运动(倒转),结果将会使输送带上的物料卸在装矿端的地面上。为防止这种事故的发生,传动端安装有各种类型的制动装置,使传动滚筒只能向一个方向旋转(顺转)。制动装置有滚柱逆止器、带式逆止器和电磁闸瓦式制动器3种。

①滚柱逆止器。按减速器型号进行选配,最大制动力矩达 4850 kg·m,结构简图如图 10-17 所示。制动较为平稳可靠,在向上输送的带式输送机中采用。由于滚柱变形和碎裂、滚柱及固定外套磨损、弹簧的断裂与脱落、镶块松动脱落、星轮沿着键槽处断裂等,滚柱逆止器会出现制动失灵而产生打滑和制动后卡死皮带的现象。

②电磁闸瓦式制动器。图 10-18 是电磁闸瓦制动器的结构示意图,其主要工作部分是电磁铁和闸瓦制动器。电磁铁由电磁线圈、静铁芯、衔铁组成。闸瓦制动器由闸瓦、闸轮、弹簧和杠杆等组成。闸轮与电动机轴相连,闸瓦对闸轮制动力矩的大小可通过调整弹簧弹力来改变。

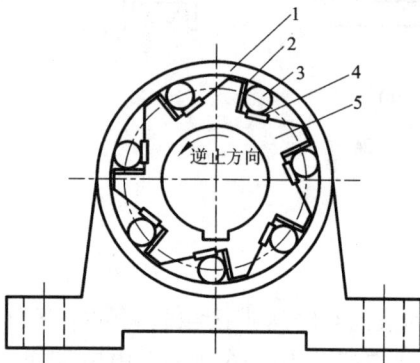

1—固定外套;2—压簧装置;3—滚柱;
4—镶块;5—星轮。

图 10-17　滚柱逆止器结构

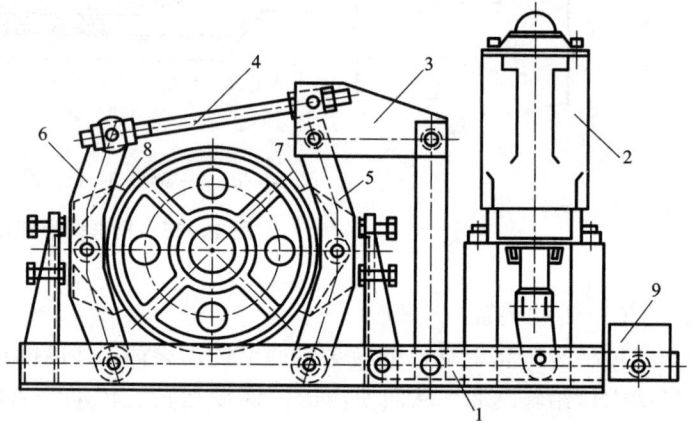

1—杠杆;2—电磁铁;3—刚性角形杠杆;4—拉杆;
5、6—制动臂;7、8—制动闸瓦;9—重锤。

图 10-18　电磁闸瓦制动器结构示意图

这种制动器在向上、水平或向下运输的带式输送机中均可采用,其动作迅速,多用于大功率、长距离的带式输送机。安装在紧靠驱动电机的高速轴上,作为因断电而停机和紧急刹车之用,适用于对停机时间有要求的场合。

③带式逆止器。工作原理是:逆止器的带条 1 的一端固定在运输机框架上[图 10-19(a)],自由端则放在传动滚筒 3 下面的空段输送带 2 内,尽可能靠近传动滚筒 3,在运输机正常工作时,滚筒按顺时针方向转动,带条 1 保持与传动滚筒 3 有一定的距离。如果运输机发生反转,滚筒反时针方向转动,带条 1 的自由端立即随空段输送带 2 进入滚筒和输送带之间,传动滚筒则被制止反转[图 10-19(b)]。

带式逆止器结构简单,造价便宜,在运输机倾角小于(或等于)18°的情况下制动可靠。缺点是制动时输送带要先下滑一段距离才能制动,因而引起矿石在尾部的堆积。因为传动滚筒直径越大,输送带下滑的距离就越长,所以功率较大的带式输送机不宜采用带式逆止器。此外,带式逆止器也不适用于向下运输的带式输送机,因运输机运行方向向下,带式逆止器不起作用,必须采用电磁闸瓦式制动器。

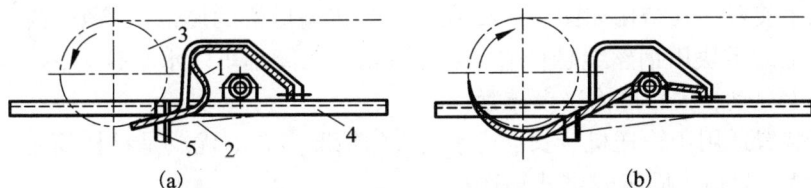

1—带条；2—空段输送带；3—传动滚筒；4—支架；5—限位板。

图 10-19　带式逆止器工作原理

（5）拉紧装置

拉紧装置作用包括：①保证输送带有必要的拉紧力，使输送带和传动滚筒间产生所需的摩擦力，防止输送带在传动滚筒上打滑；②避免输送带满载时在两组托辊间下垂太大。

输送带拉紧时，拉紧滚筒移动的两极限位置间的距离，叫拉紧行程 S，拉紧行程一般为机长的 1%～1.5%。拉紧装置主要有螺旋式、车式和垂直式 3 种，每种拉紧装置都适合于不同的工作条件。

①螺旋拉紧装置。其结构如图 10-20 所示，利用两根螺杆的转动来移动尾部滚筒，从而达到拉紧输送带的目的。尾部滚筒轴支承在滑块 1 上，滑块 1 可在导架 2 上滑动，螺杆 3 穿过滑块 1 上的螺母。当螺杆 3 旋转时，滑块 1 带着滚筒轴一起沿纵向移动，从而使输送带拉紧。

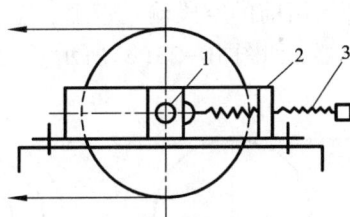

螺旋拉紧装置的优点是结构简单紧凑，不增加输送带的弯曲。但缺点是需要经常调节才能起拉紧作用，而且拉紧行程较小，只有 $S=500$ mm 和 $S=800$ mm 两种。因此，它只适用于长度较短（小于 80 m）且功率较小的带式输送机。

1—滑块；2—导架；3—螺杆。

图 10-20　螺旋拉紧装置结构示意图

②垂直拉紧装置。其结构如图 10-21 所示，重块的位置是在输送机的空段输送带上。它的优点是利用了带式输送机走廊的空间位置，便于布置。但缺点是改向滚筒多（两个改向滚筒，一个拉紧滚筒），易使输送带产生双向弯曲，降低输送带的使用寿命，而且物料容易掉入拉紧滚筒与输送带之间，损坏输送带，特别是运输潮湿或黏性较大的物料时，由于清扫不易彻底，这种现象就更为严重。因此，该装置适用于带式输送机较长，且不便于采用车式拉紧装置的场合。

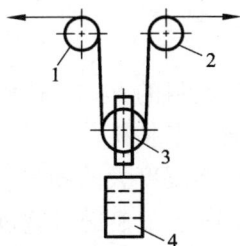

1、2—改向滚筒；3—拉紧滚筒；4—重块。

图 10-21　垂直拉紧装置结构示意图

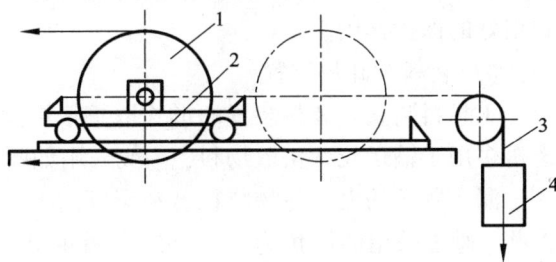

1—尾部滚筒；2—小车；3—钢丝绳；4—重块。

图 10-22　车式拉紧装置结构示意图

③车式拉紧装置。其结构如图 10-22 所示，带式输送机的尾部滚筒安装在一个小车上，它的拉紧装置上的重块用钢丝绳悬挂着，通过滑轮给滚筒小车以水平拉力，小车的轮子可在输送机的机架上移动，从而将输送带拉紧。

车式拉紧装置适用于输送机较长、功率较大的情况。它的优点是结构简单可靠。但缺点是占地面积较大，只适于固定式带式输送机。

（6）清扫装置

清扫装置的用途是清扫卸料后仍附着在输送带上的物料，防止其进入输送带与改向滚筒或空段托辊之间而影响输送机传动，甚至损坏输送带。清扫器有弹簧清扫器、旋转刷清扫器和空段清扫器等 3 种。

一般采用弹簧清扫器较多，如图 10-23（a）所示。利用弹簧的力量使橡胶板始终贴附在滚筒部分的输送带上，刮板将输送带上的物料刮下，起到清扫作用。弹簧刮板清扫器对黏性大的物料清扫效果不好。因此，输送黏性大的物料时，可采用旋转刷清扫器，如图 10-23（b）所示。旋转的动力由传动滚筒传递，刷子沿与输送带运动相反的方向旋转，清扫效果很好。

为了防止掉落在空段输送带上的矿粒进入尾部滚筒和输送带之间而磨损输送带，在进入尾部滚筒前的空段输送带上，通常装设"V"字形刮板，将矿粒清扫出去，此类刮板称为空段清扫器，如图 10-23（c）所示。

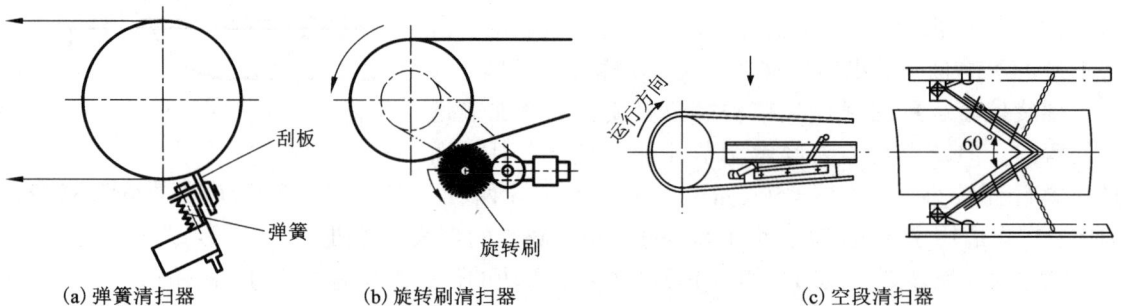

图 10-23　清扫装置结构示意图

随着高分子材料的出现，带式输送机的清扫器可采用高分子材料制作，具有弹性强、韧性高、耐磨度好、摩擦系数低等特点，在清扫黏附在输送带表面的物料的同时能对输送带起到很好的保护作用。

（7）装料及卸料装置

①装料装置。装料装置的形式取决于被运送物料的性质和装料的方式。选矿厂的带式输送机多用于输送粒状松散物料，一般采用如图 10-24 所示的漏斗来装料。

漏斗倾角的大小与物料粒度和湿度的大小有关。对粒度小而湿度大的物料，漏斗倾角应大些，通常采用的倾角为 45°~55°。漏斗出口截面的宽度 B_1 应小于输送带宽度 B，即 $B_1 = (0.6 \sim 0.7)B$。

为防止矿石漏出输送带两侧，在装料漏斗的下面应安装垂直的挡板，称为导料挡板（也叫导料槽）。挡板长度取决于输送带的运动速度和宽度。带速较高时，应装设较长的挡板，一般挡板长度为 1~2.5 m。

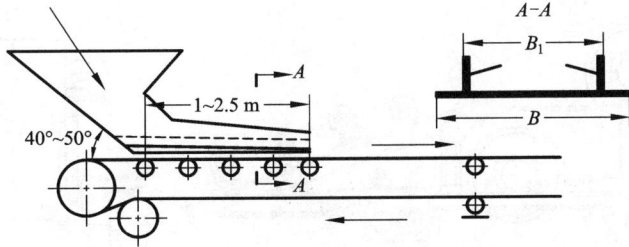

图 10-24　装料装置结构示意图

②卸料装置。带式输送机的卸料,分为末端卸料和中间地点卸料。末端卸料的方法最简单,可利用端点经过滚筒卸料,而不需要其他装置。当运输机在中间地点卸料时,需要利用专门的卸料装置,如犁式卸料器和电动卸料车等。

犁式卸料器结构如图 10-25 所示。它是一根弯曲成楔形的钢条,被安装在带式输送机的工作面上,并离输送带有一定的空隙。钢条弯曲的夹角 α 为 30°~45°。为了防止输送带受犁板的磨损,在犁板下面应装上橡皮条。

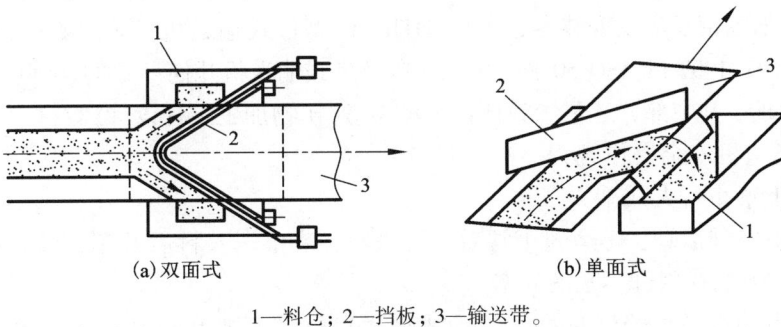

(a)双面式　　　　　　　　　　(b)单面式

1—料仓；2—挡板；3—输送带。

图 10-25　犁式卸料器结构示意图

使用犁式卸料器时,在卸料段的输送带不能为槽形,必须是平形的。犁式卸料器可以是固定的,也可以是移动的。卸料挡板可为双面的,如图 10-25(a)所示,向两侧同时卸料,也可为单面的(左侧或右侧卸料),如图 10-25(b)所示。单面卸料挡板用得较少,因为它容易使输送带发生跑偏现象。

犁式卸料器的主要优点是结构简单、外形尺寸小、消耗功率相当小。但缺点是对输送带的磨损比较严重。对较长的输送机,特别是输送粒度大、磨损性大的物料时不宜采用。选用犁式卸料器时,输送带应采用硫化接头且带速≤2.0 m/s。

电动卸料车结构如图 10-26 所示,输送带绕过上下两个改向滚筒,滚筒装在卸料车上,车架上装有四个行走轮 6,卸料车由电动机通过离合器链轮等传动,使行走轮 6 沿着机架两侧的轨道上往复行走。当输送带绕过上面滚筒时,将矿石卸到固定在车架上的双面卸料槽 4 中并进入矿仓。由于卸料车可沿轨道在运输机长度方向移动,因此可以在整个移动范围内卸料。在卸料地点不断改变的情况下,应使用电动卸料车(如在大中型选矿厂中,将破碎车间的矿石运送到磨选车间的各个磨矿矿仓)。

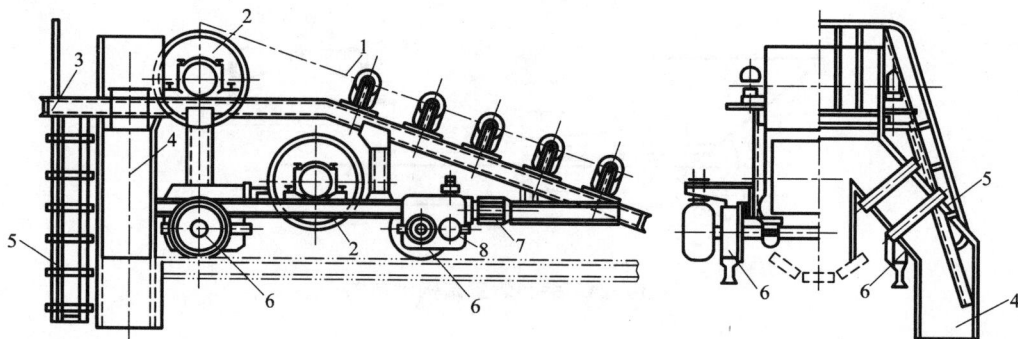

1—输送带；2—改向滚筒；3—车架；4—双面卸料槽；5—梯子；6—行走轮；7—电动机；8—减速器。

图 10-26 电动卸料车结构示意图

10.2.3 带式输送机选型计算与操作维护

（1）带式输送机的选型计算

带式输送机的选型计算主要包括工艺参数计算（如运送量、带宽、带速、功率、张力等）和几何参数计算（如胶带长度及安装参数等）。DTII（A）型带式输送机工艺参数的计算（按照国家标准 GB/T 17119—1997 idt ISO 5048：1989），以及带式输送机几何参数的详细设计计算请参阅DTII（A）设计手册，其中部分工艺参数计算也可参考《矿物加工工程设计》教材。

（2）带式输送机安全操作规程

①输送带上禁止行人或乘人。

②输送机应空载启动，等运转正常后方可入料，禁止先入料后开车。停车前必须先停止入料，等输送带上的存料卸尽后方可停车。

③输送机电动机必须绝缘良好。移动式输送机电缆不要乱拉和拖动。电动机要可靠接地。工作环境及被送物料温度不得高于 50 ℃和低于-10 ℃。

④输送机使用前须检查各运转部分、输送带搭扣和承载装置是否正常，以及防护设备是否齐全。输送带的张紧度须在启动前调整到合适的程度。

⑤输送带打滑时严禁用手去拉动胶带，以免发生事故。

⑥固定式输送机应按规定的安装方法安装在固定的基础上。移动式输送机正式运行前应将轮子用三角木楔住或用制动器刹住，以免工作中发生走动，有多台输送机平行作业时，机与机之间、机与墙之间应有 1 m 以上的通道。

⑦运行中出现输送带跑偏现象时，应停车调整，不得勉强使用，以免磨损边缘和增加负荷。

（3）带式输送机维护与检修

带式输送机的维护应做到：①及时清除传动系统的粉尘和油污，清理散落矿石和漏斗内积矿。②定期对减速器、各滚筒轴承等润滑点加油。③定期检查清扫器、托辊和制动器，并及时更换。④定期检查各紧固件。

带式输送机的检修包括：①小修。检查焊补漏斗、挡板及滚筒，调整或更换清扫器、刮板、托辊；检查传动系统，对轴承、减速器等部位加油；调整制动器。②中修。更换漏斗、部分滚筒、部分托辊和支架，修补或更换输送带；清洗减速器，检查齿轮啮合情况，更换润滑油。③大修。机架整修，更换给、排料漏斗等。

10.3　流体输送设备

选矿厂的流体主要包括矿浆、选矿药剂溶液、水和气体共 4 大类，其中矿浆是工艺过程中最重要的流体。通常将输送矿浆、药剂溶液和水的机械设备统称为泵，而输送气体的机械设备则称为风机或鼓风设备。生产实践中使用的输送泵主要包括离心泵和往复式泵，其中往复式泵又称为"容积泵"（主要包括活塞泵、隔膜泵、柱塞泵等）。风机按工作原理不同，主要分为离心式(如离心风机)、旋转式(如罗茨风机)、往复式(如往复式压缩机)和喷射式等，虽然风机按工作原理分类与液体输送设备类似，但二者在结构上的区别较大。

10.3.1　砂泵

生产实践中对矿浆等流体物料的输送主要采用离心砂泵，且离心砂泵中应用最多的是渣浆泵，渣浆泵主要有以下几种类型。

（1）AH、HH 系列重型渣浆泵

AH、HH 系列重型渣浆泵有 AH 型、M 型、HH 型、H 型和 AHP 型。AH 型、M 型、H 型等各种型式的卧式渣浆泵的结构都可分为泵头部分(包括泵体、泵盖、叶轮等)、轴封部分和传动部分(包括轴承组件及托架)，如图 10-27 所示。

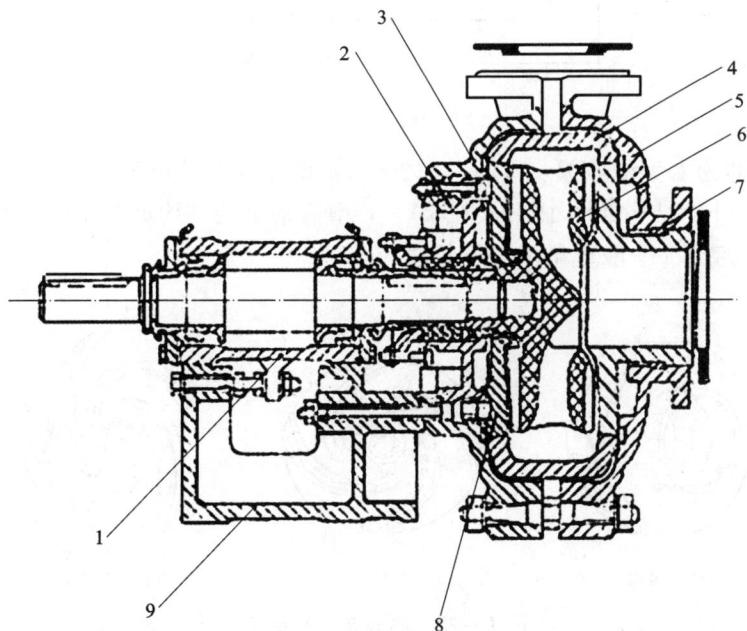

1—轴承组件；2—填料箱；3—泵体；4—护套；5—泵盖；6—叶轮；7—前护板；8—后护板；9—托架。

图 10-27　AH、HH 系列渣浆泵结构

281

AH 和 HH 系列渣浆泵为双泵壳结构，泵体内带有可更换的金属内衬或橡胶内衬，内衬可一直用到磨穿，延长了维修周期。

AH、HH 型渣浆泵的入口为轴向，出口为径向，用户可根据需要在圆周方向上 45°间隔调整出口方向，可旋转 8 个不同的角度。AH、HH 型渣浆泵从吸入口方向看为逆时针旋转。传动方式有"V"形三角带传动、弹性联制传动、齿轮减速箱传动、液力偶合器传动等，常用的有 DC 型(直联传动)、CV 型(立式皮带传动)、ZV 型(上下皮带传动)、CR 型(平行皮带传动)，轴封采用水封填料密封、副叶轮密封或机械密封。过流部件一般采用合金耐磨材料或多种橡胶材料制成。

AH、HH 型渣浆泵为单级单吸悬臂卧式离心泵，适用于冶金、矿山、煤炭、电力、建材等工业部门，输送含有悬浮固体颗粒的液体，如精矿、尾矿等强硬度、强腐蚀、高浓度矿浆，重量浓度可达 60%，但被输送的固液混合物温度不得超过 80 ℃。当压力超过 AH 允许工作压力时，可采用多级串联加强型泵壳，即 AHP 型泵。M 型渣浆泵亦适用于输送强磨蚀、高浓度渣浆。HH 型渣浆泵适用于输送低磨蚀、低浓度、高扬程的渣浆，该型泵单级扬程较高，与 AH 型相比叶轮直径大，仅有金属内衬，泵壳强度高。H 型渣浆泵也是高扬程泵。

渣浆泵的结构大致相同，AH、M、H 型等卧式渣浆泵的结构都可分为泵头部分(包括泵体、泵盖、叶轮等)、轴封部分和传动部分(包括轴承组件及托架)。渣浆泵型号表示方法如下：

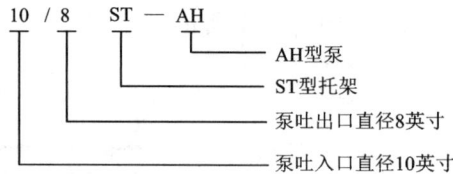

```
10 / 8   ST — AH
                  └── AH型泵
             └────── ST型托架
         └────────── 泵吐出口直径8英寸
    └──────────────── 泵吐入口直径10英寸
```

(2)轻型渣浆泵

轻型渣浆泵即为 L 型渣浆泵，口径小于 200 mm 时采用开式叶轮，大于 250 mm 时采用封闭式叶轮(离心泵叶轮结构如图 10-28 所示)。L 型渣浆泵的结构如图 10-29 所示，适于输送低浓度、低磨蚀的渣浆(一般重量浓度不超过 30%)。

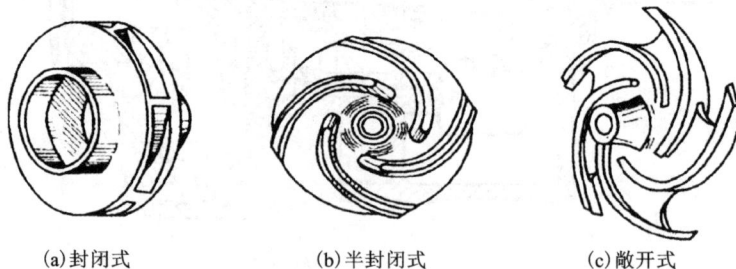

(a)封闭式　　　　　(b)半封闭式　　　　　(c)敞开式

图 10-28　离心泵叶轮结构

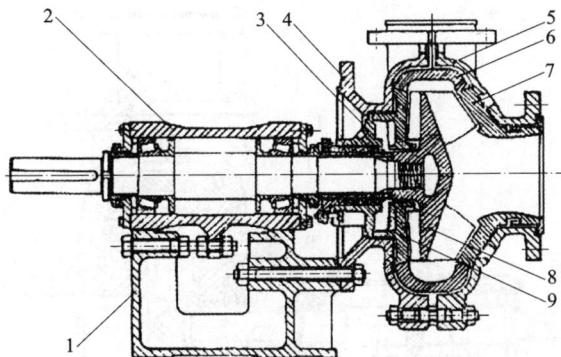

1—托架；2—轴承组件；3—填料箱；4—泵体；5—泵盖；6—护套；7—前护板；8—叶轮；9—后护板。

图 10-29　L 形渣浆泵结构

（3）液下渣浆泵

液下渣浆泵有 SP 和 SPR 两种类型，均为立式浸入液下工作的离心渣浆泵，适用于输送腐蚀性、粗颗粒、高浓度渣浆。在吸入量不足的情况下也能正常工作。SP 型泵过流部件均采用耐磨金属，适用于输送腐蚀性的渣浆。用于污水排放尤为适宜。SPR 型泵的过流部件均采用橡胶，适用于输送腐蚀性的渣浆。SP 型泵入口垂直向下，出口在泵的另一侧垂直向上，泵主要由下滤网、泵体、叶轮、轴、护板、支架等零件组成，其结构如图 10-30 所示。泵上部有轴承支承，泵安装在液下，不需要任何轴封，过流部件采用耐磨材料。

该型泵的传动方式为 BD(皮带传动)和 DC(直联传动)两种。浸入液下的深度在标准尺寸范围内可根据用户的实际要求确定。

（4）ZGB（P）型渣浆泵

ZGB（P）系列渣浆泵结构如图 10-31 所示，相同口径的 ZGB 型和 ZGBP 型渣浆泵的过流部件可以互换，其外形安装尺寸完全相同。

ZGB（P）系列渣浆泵是新一代大流量、高扬程、可多级串联的渣浆泵，为悬臂、卧式、单级、单吸离心式渣浆泵。其特点是水力性能优良，效率高，磨损低，流道宽畅，抗堵塞性能好，气蚀性能优越。采用副叶轮加填料组合式密封和机械密封，凡串联渣浆泵(二级或二级以上)均建议采用有高压轴封水的机械密封。单级或串联一级采用副叶轮加填料组合式密封。采用稀油润滑轴承和水冷系统，保证轴承在低温下运

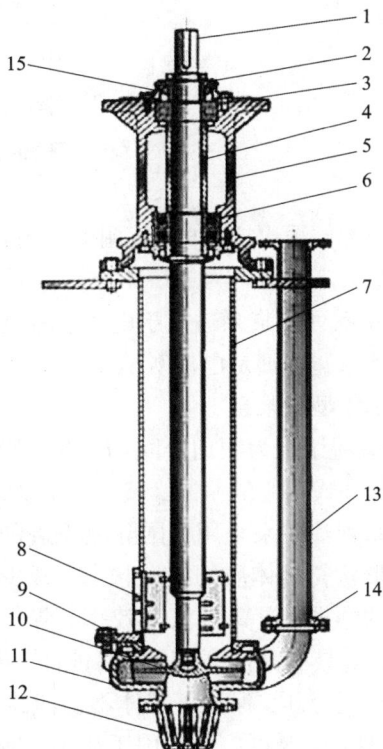

1—轴；2—挡尘套；3—轴承；4—轴承挡套；
5—轴承体；6—轴承；7—支架；8—滤网；
9—后护板；10—叶轮；11—泵体；12—下滤网；
13—出浆管；14—尘兰；15—轴承压盖。

图 10-30　液下渣浆泵结构

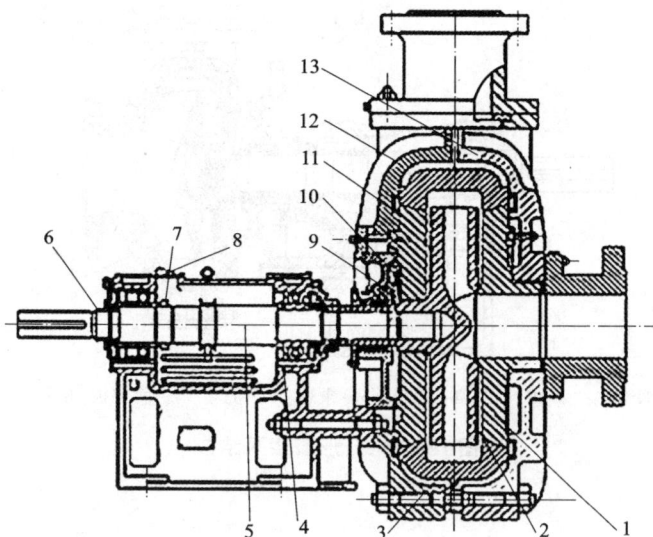

1—前护板；2—叶轮；3—护套；4—托架体；5—轴；6、7—调整螺母；
8 调整孔盖；9—减压盖；10—副叶轮；11—后护板；12—泵体；13—泵盖。

图 10-31　ZGB 型渣浆泵结构

行。过流部件采用特殊材质，耐磨和耐腐蚀性能好，在允许的压力范围内，可以多级串联使用，其允许最大工作压力为 3.6 MPa。

ZGB 系列渣浆泵适用于电力、冶金、矿山、煤炭、建材、化工等工业部门，输送磨蚀性或腐蚀性渣浆，特别是电厂灰渣。

(5)ZJ 型渣浆泵

ZJ 型渣浆泵为唐山分院与石家庄工业泵厂共同开发的高效节能型渣浆泵，为单级、单吸、悬臂卧式离心渣浆泵，按结构分为卧式 ZJ 型和立式 ZJL 型，其结构如图 10-32 所示。

该系列渣浆泵采用了国际上先进的固液两相流理论，按最小损失原则设计，其过流部件的几何形状符合体质的流动状态，减少了涡流和撞击等局部与沿程水力损失，从而减轻了过流部件的磨损，提高了水力效率，降低了运行噪声和振动。泵的过流部件采用高硬合金铸铁，其材质具有高抗磨性、抗腐蚀性、抗冲击性能，从而使寿命提高。此外，该系列渣浆泵还采用了动力降压，保证了浆体不易泄露。

ZJ 型渣浆泵可广泛适用于矿山、冶金、电力、煤炭、化工、建材等行业，输送含有固体颗粒的磨蚀性和腐蚀性浆体，其固液混合物最大重量浓度为灰浆 45%，矿浆 60%。该系列渣浆泵规格齐全，可采用直联、皮带、液力、变频调速等传动形式，亦可根据用户需要串联或并联运行。

(6)离心泵的性能曲线、气蚀与气缚

离心泵的选型参数中，最重要的是通过性能曲线选取砂泵合适的工作参数，以避免砂泵在工作过程中出现气蚀或气缚的现象，影响砂泵的正常工作。

①性能曲线。离心泵的性能主要指一定转速下，扬程、轴功率、效率与流量之间的相互关系，这些性能参数之间的关系曲线就称为离心泵的性能曲线或特性曲线。特性曲线包括流

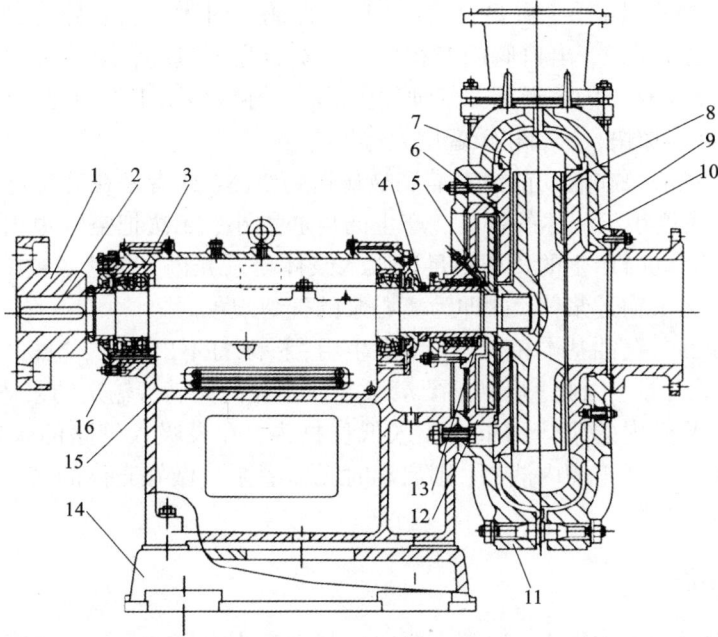

1—联轴节；2—轴；3—轴承箱；4—拆卸环；5—副叶轮；6—后护板；7—蜗壳；8—叶轮；9—前护板；
10—前泵壳；11—后泵壳；12—填料箱；13—水封环；14—底座；15—托架；16—调节螺钉。

图 10-32　ZJ 型渣浆泵结构

量-扬程曲线(Q-H)、流量-效率曲线(Q-η)、流量-功率曲线(Q-N)、流量-气蚀余量曲线(Q-$(NPSH)r$)，如图 10-33 所示。

性能曲线的作用是，以离心泵的任意流量点，都可以在曲线上找出一组与其相对的扬程、功率、效率和气蚀余量值，这一组参数称为工作状态，简称工况或工况点。离心泵较高效率点的工况称为较佳工况点，较佳工况点一般为设计工况点。一般离心泵的额定参数即为设计工况点与较佳工况点相重合或很接近时的性能参数，此

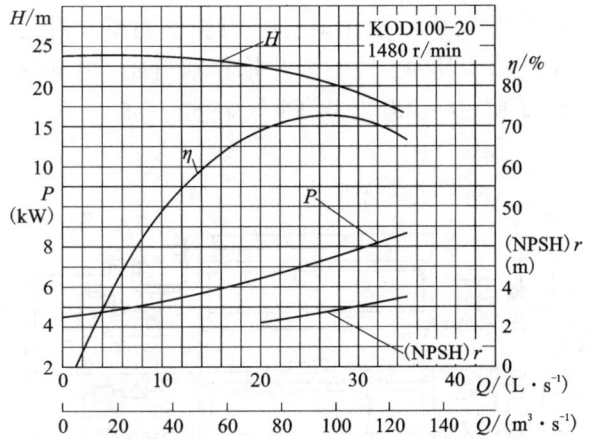

图 10-33　离心泵单级性能曲线示意图

条件下砂泵的运行既节能，又能保证砂泵正常工作。

②气蚀现象。离心泵工作过程中，当叶轮入口区域的静压力等于或低于液体的饱和蒸气压时，处于该区域的液体会发生汽化而产生气泡。在离心力作用下，含气泡的液体被高速旋转的叶轮送至泵体的高压区后，气泡会破裂而产生局部真空，周围的液体则以极高的速度流向气泡所处中心位置，瞬间产生极大的局部冲击力，造成对叶轮和泵壳的冲击，使材料受到破坏。因此，把泵内气泡的形成和破裂，导致叶轮材料受到破坏的过程，称为气蚀现象。

造成砂泵气蚀的原因很多,主要包括:进口管路阻力过大或者管路过细;输送介质温度过高;流量过大,也就是说,出口阀门开得太大;安装高度过高,影响泵的吸浆量;选型问题,包括泵的选型、泵材质的选择等。气蚀发生后,会导致砂泵工作性能严重恶化(扬程和流量下降),过流件磨损加快,振动和噪音增大等。

③气缚现象。离心泵在启动前没有灌满被输送的浆体,或者是在运转过程中泵内渗入了空气,因为气体的密度小于液体的密度,产生的离心力小,无法把空气甩出去,泵壳内的流体在随电机作离心运动时产生的负压不足以吸入浆体至泵壳内,泵就像被"气体"缚住一样,失去了自吸能力而无法输送浆体,此即为离心泵的气缚现象。

气缚产生的原因与气蚀基本相似,气缚发生后,砂泵打不出矿浆,电机空转(以致烧坏电机),振动和噪声增大等。因此,启动前要灌泵并使泵壳内充满待输送的浆体,启动时关闭出口阀。为防止灌入泵壳内的浆体因重力流入低位槽内,在泵吸入管路的入口处装有止逆阀(底阀);如果泵的位置低于槽内液面,则启动时无需灌泵。做好壳体的密封工作,灌水的阀门不能漏水,密封性要好。

10.3.2 鼓风设备

在浮选及化学分选等过程中,通常需要向矿浆中充入空气,这就必须使用鼓风设备来实现。生产实践中使用的鼓风设备种类较多,其中罗茨鼓风机和离心鼓风机是最常见的供风设备。

所谓透平(turbine)式风机,即指通过旋转叶片压缩输送气体的风机(即离心风机)。容积式风机则指通过改变气体容积的方法压缩及输送气体的机械。

(1)罗茨鼓风机

罗茨鼓风机一般由转子、齿轮、轴承、密封和机壳等主要零部件组成,其结构如图10-34所示。其中,转子由叶轮和轴组成,叶轮又可分为直线形和螺旋形,叶轮的叶片数一般有两叶和三叶,齿轮为"同步齿轮"。

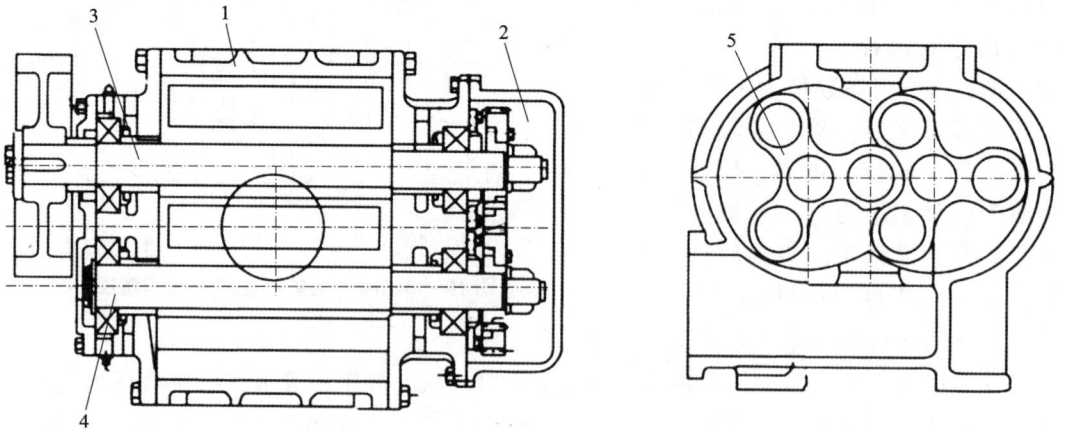

1—机壳;2—齿轮箱;3—主动轴;4—从动轴;5—转子。

图10-34 三叶罗茨鼓风机结构

罗茨鼓风机属容积式回转鼓风机，靠转子轴端的同步齿轮使两转子保持啮合，其工作原理如图 10-35 所示。转子上每一凹入的曲面部分与气缸内壁形成工作容积，在转子回转过程中，上侧两转子分开时，形成低压，从吸气口吸入气体。当转子运转至排气口附近与排气管相连通的位置时，两转子合拢形成较高压力的气体，并因工作容积中的气体压力突然升高，将气体输送到排气管排出。运转过程中两转子互不接触，它们之间靠严密控制的间隙实现密封，故排出的气体不受润滑油的污染。

罗茨鼓风机性能特点主要包括：压力选择范围很宽，具有强制输气的特点（当压力在允许范围内调节

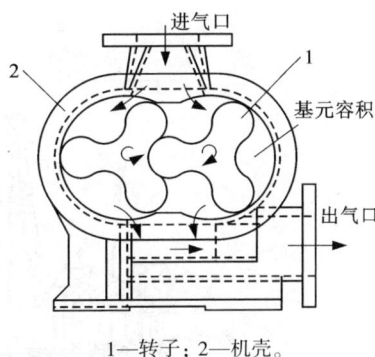

1—转子；2—机壳。

图 10-35　三叶罗茨鼓风机工作原理

时，流量变化很小）；输送时介质不含油，为输送清洁空气、清洁煤气、二氧化硫及其他惰性气体、特殊气体行业（煤气、天然气、沼气、二氧化碳、二氧化硫等）及高压工况的首选产品；结构简单，维修方便，使用寿命长。因此整机振动小；广泛应用于冶金、化工、化肥、石化、仪器、建材行业。

（2）离心鼓风机

离心鼓风机根据叶轮数量不同分为多级离心鼓风机和单级离心鼓风机。多级离心鼓风机通常是指转子在 2 个或 2 个以上的叶轮串联在同一根主轴上的离心式鼓风机，至多可有 8 级风叶，转子转速为 3000～3600 r/min。

多级离心鼓风机为多级、单吸入、双支承结构，主要由转子、机壳、进风口、出风口、轴承座、密封组、消声器、电动机、控制系统等组成，主机结构如图 10-36 所示。电动机和鼓风机安装在底座上，两者之间通过联轴器直接驱动。转子由多个叶轮、主轴、隔套及平衡盘组成。每级叶轮出口均为后向型，采用合理的叶片安装角度，使叶轮的流道长，稳流区相对较长。叶轮前盘为等强度锥弧状，减少了进气形成的涡流和阻力，每级叶轮的外径均相等。风机的高压端转子上设计有平衡盘结构，改善了风机轴承的运行条件和风机运行的稳定性，延长了轴承的使用寿命。

离心鼓风机工作时，转子（叶轮）在旋转过程中产生离心作用，将气体甩出并改变流向，使动能转换为静压实现气体的压缩，并从排气口以一定速度排出，同时在叶轮间形成一定负压，使外界气体在大气压的作用下连续吸入。因单级离心风机只有一组叶轮，空气的压缩是一次压缩完成的，而多级离心鼓风机在一根主轴上有多组叶轮，空气的压缩是在多组叶轮间逐步完成的。因此，单级离心风机适用于低压力场合，而高压力工况则更多使用多级离心鼓风机。

多级离心鼓风机具有效率高，噪声低，运行平稳，易损件少和安装、操作、维护简便等特点，广泛用于各种冶炼高炉、洗煤厂、矿山浮选、污水处理、化工造气等需要输送空气的场合，亦可用于其他特殊气体的输送。

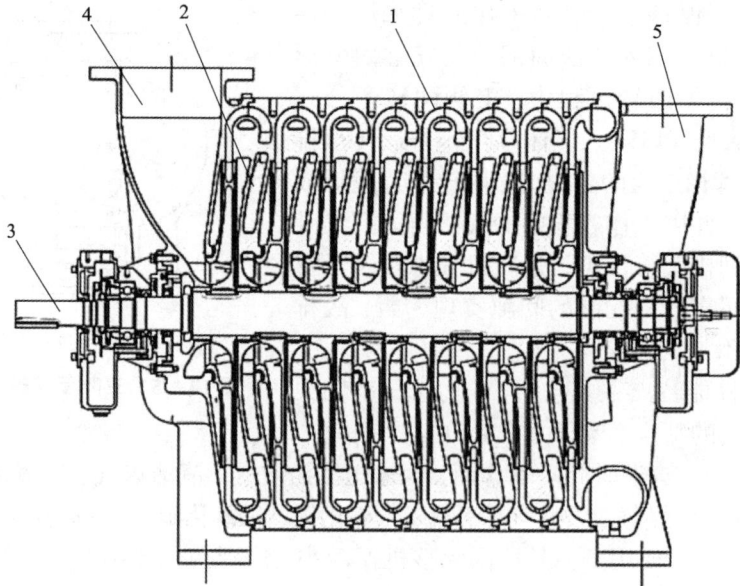

1—机壳（定子）；2—转子；3—主轴；4—进气口；5—出气口。

图 10-36　多级离心鼓风机结构

10.4　检修起重设备

起重设备是选矿厂生产中的重要辅助设备，不但用于机械设备的安装和检修，而且还用于生产过程的工艺操作。选矿厂常用的起重设备按结构特点和用途可分为：千斤顶、滑车、电葫芦等，单梁与桥式起重机等，抓斗起重机与电磁起重机等。

起重设备的基本参数既是说明起重机械性能和规格的一些参数，也是提供起重机选型的主要依据，主要包括：①额定起重量，即吊钩所能吊起的最大重量，单位为 t；②起升高度，指吊钩最低位置同吊钩最高位置之间的垂直距离，单位是 m；③跨度，指桥式起重机大车运行轨道中心线之间的距离，单位为 m；④提升速度和运行速度；⑤生产率，是说明起重机装卸或吊运物品工作能力的综合指标，单位为 t/h；⑥起重机械的自重及外形尺寸。

选矿厂起重机工作类型一般为轻级或中级，工作级别为 A1～A5。精矿脱水车间的抓斗起重机工作类型可为重级，工作级别为 A6～A7。

10.4.1　简单起重设备

选矿厂使用的简单起重机械主要有以下几种：

①千斤顶。千斤顶是在拆卸、安装和检修设备时，用来将沉重的机器起升一个较小高度的机械，如选矿厂的磨矿机在检修轴瓦时，常使用千斤顶起磨矿机，千斤顶外形如图 10-37(a) 所示。千斤顶在起升重物时，无振动、无冲击，并能保证把起升的重物准确地停放在一定高度，而且结构简单，操作方便，所以得到了广泛应用。

②滑车。悬挂于高处，直接用来垂直提升物体的绞车称为滑车。其中，用手传动的滑车亦称为手动葫芦，如图 10-37(b)所示。手动葫芦只具有提升机构，体积小，起重量大。目前广泛使用的手动葫芦有蜗杆式(起重量为 0.5~10 t)和齿轮式(起重量为 0.1~2 t)。

③电动葫芦。电动葫芦是一种既可在直线、弯曲和循环的工字钢梁轨道上运行，又可垂直起升的起重机械，其外形如图 10-37(c)所示。选矿厂中设备吨位不大的地方，如浮选、磁选车间和筛分车间等，常用它检修和安装设备。矿山使用的电葫芦型号主要有 CD1 型、MD1 型、HE 型和 NH 型等，起重量可以达 0.25~20 t。

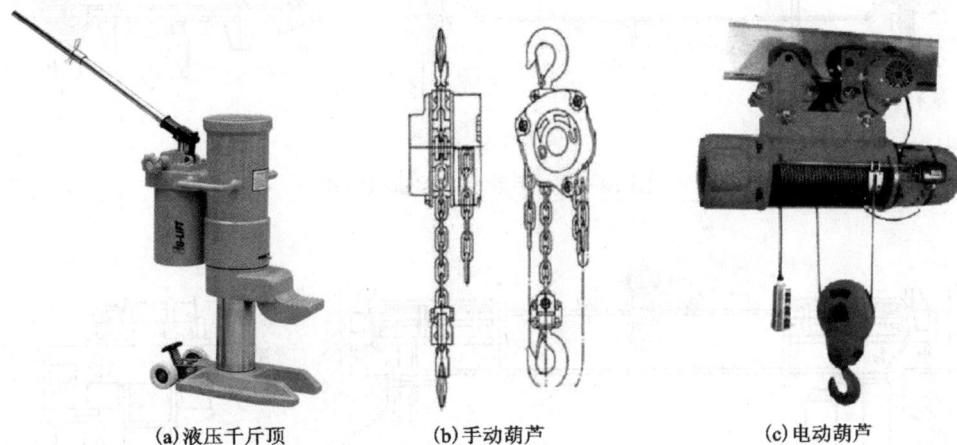

(a)液压千斤顶　　　　(b)手动葫芦　　　　(c)电动葫芦

图 10-37　选矿厂简单起重机械

10.4.2　单梁与桥式起重设备

按结构和驱动方式不同，有手动桥式起重机和电动桥式起重机 2 种，它们主要由大车(大车运行机构)和小车(小车运行机构和起升机构)两个主要部分组成。

①手动桥式起重机。手动桥式起重机是由人力驱动的，它只适用于工作量小、起重量不大、装备水平较低的场所。如小型选矿厂单台设备的破碎车间常用其进行检修。手动桥式起重机分为单梁(起重量一般为 1~10 t，跨度 5~14 m)和双梁(起重量为 5~20 t，跨度一般为 10~17 m)，其结构如图 10-38 所示。

②电动桥式起重机。电动桥式起重机是由电力驱动的，它具有起重量大、工作速度快、跨度大、自动化程度高等优点，广泛用于选矿厂的破碎、磨矿、浮选、过滤等车间。电动桥式起重机分为电动单梁和电动双梁两种，其结构如图 10-39 所示。

电动单梁桥式起机通常是同电动葫芦配套使用的，其起重量主要取决于电动葫芦的规格，一般为 0.25~10 t，跨度一般为 5~17 m，工作类型都是中级，有地操和空操两种。

电动双梁桥式起重机的起重量一般为 5~500 t，其中起重量大于 10 t 时，均设主、副两套起重机构，副钩起重量一般为主钩的 15%~20%，便于充分发挥起重机效能，其跨度为 10.5~31.5 m，每 3 m 为一个规格。

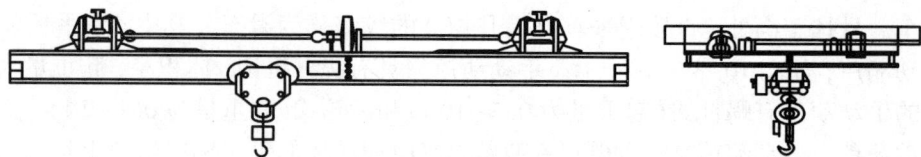

(a)手动单梁起重机

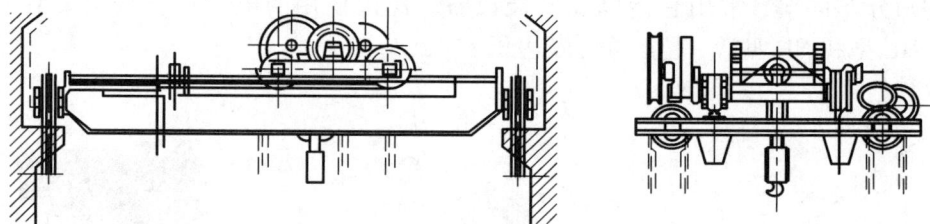

(a)手动双梁起重机

图 10-38　手动桥式起重机结构

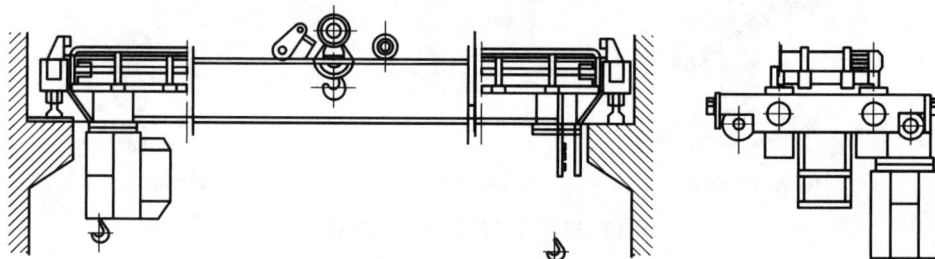

(a)电动单梁桥式起重机

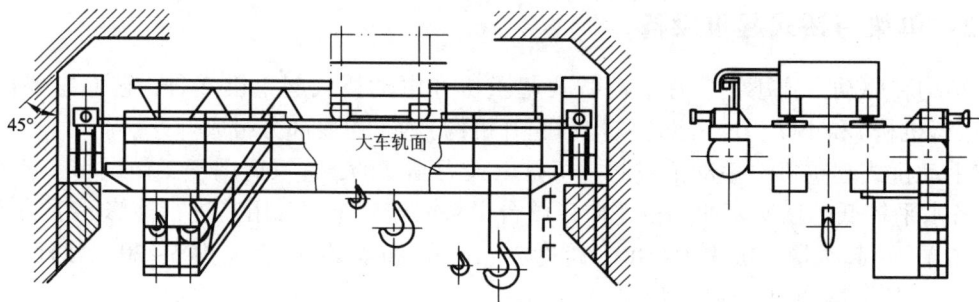

(b)电动双梁桥式起重机

图 10-39　电动桥式起重机结构

10.4.3　抓斗与电磁起重设备

①抓斗桥式起重机。专门用于装卸松散粒状物料。目前生产的 5~20 t 抓斗桥式起重机允许抓取块度 250 mm 以下的物料。大、中型选矿厂的精矿外运装车和磨矿车间前面的配矿仓等常用抓斗桥式起重机，按其抓斗的结构和工作原理不同，又可分为单绳和双绳两种。抓斗桥式起重机的结构如图 10-40(a)所示。

②电磁桥式起重机。专门用于吊运具有磁性金属材料，它的取物装置是电磁盘。根据不同用途，电磁盘有圆形和矩形两种。选矿厂的磨矿车间常用它吊运钢球和衬板等。目前生产

的电磁桥式起重机的起重量为 5~15 t，其结构如图 10-40(b)所示。

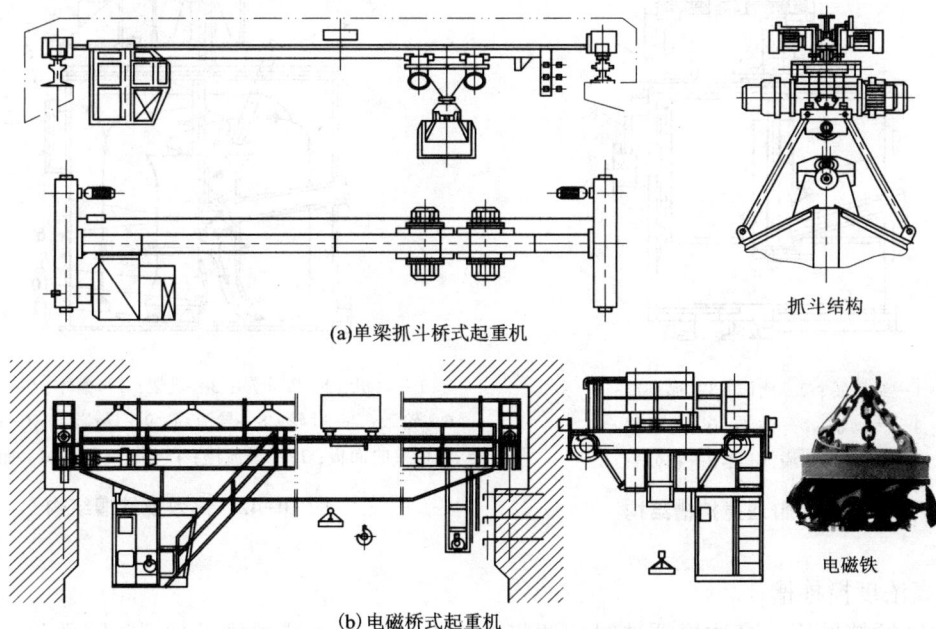

(a)单梁抓斗桥式起重机

抓斗结构

(b)电磁桥式起重机

电磁铁

图 10-40　抓斗和电磁桥式起重机结构

10.5　其他辅助设备

除上述介绍的主要辅助设备外，还有其他一些辅助设备在生产过程也不可缺少，主要有搅拌槽、给药机、除铁器等。

10.5.1　搅拌槽

搅拌槽是矿浆进入浮选机前进行调浆的辅助设备，其作用是延长或保证浮选药剂作用时间。根据搅拌槽在浮选过程所起作用的不同，可分为普通搅拌槽、高效搅拌槽、高浓度搅拌槽、提升搅拌槽和矿浆改质机 5 大类。

(1)普通搅拌槽

普通搅拌槽的结构如图 10-41 所示。槽体为圆筒形，槽体中央为搅拌轴，搅拌轴下端装有螺旋叶片。搅拌轴外装有矿浆循环套管，套管上开有几个循环孔。在叶轮的搅拌下，矿浆通过这些循环孔进行循环，增强搅拌作用。搅拌后的矿浆从溢流口排出至浮选机。进浆口和溢流口位置可根据实际配置情况确定。

(2)高效搅拌槽

对某些矿石的浮选，其药剂作用调浆需要较强的搅拌，以增加药剂的弥散度，提高药剂作用效果。长沙矿冶研究院设备室研制出了一种新型高效搅拌槽，其结构如图 10-42 所示，该搅拌槽外形同普通搅拌槽，区别是其叶轮的形式和安装角度不同，套筒的结构不同。其特点是矿浆循环好，搅拌较强烈，已在有色矿山推广使用。

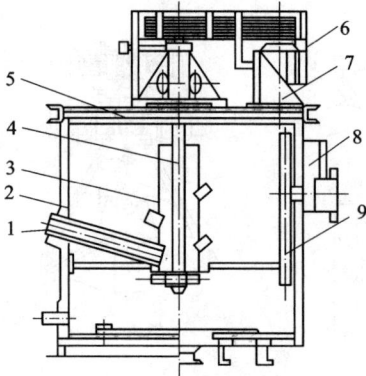

1—给矿管；2—槽体；3—循环筒；
4—传动轴；5—横梁；6—电动机；
7—支架；8—溢流口；9—粗砂管。

图 10-41　普通搅拌槽结构

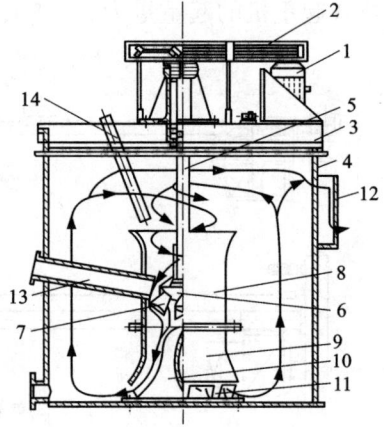

1—电机；2—安全罩；3—机架；4—槽体；5—主轴；
6—轮毂；7—叶轮；8—导流筒；9—导流器；10—钟形体；
11—曲面板；12—溢流槽；13—给矿筒；14—加药管。

图 10-42　高效搅拌槽结构

（3）高浓度搅拌槽

高浓度搅拌槽用于高浓度浮选时的调浆，其结构与普通搅拌槽类似，不同的是，取消了中间套筒，在筒体四周装有挡板，且搅拌轴在不同高度上装有两个旋转叶片，以增加搅拌强度，其结构如图 10-43 所示。

（4）提升搅拌槽

提升搅拌槽的搅拌能力一般较弱，在设备配置中，需要弥补高差时一般采用该类搅拌槽，以使浮选回路畅通。其通常可将矿浆提升 1.0~2.0 m，外形与普通搅拌槽相似，但区别是叶轮部分类同于离心泵的结构，能产生很强的抽吸作用，结构如图 10-44 所示。

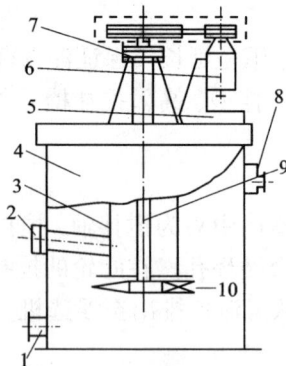

1—放矿管；2—给矿管；3—循环筒；4—槽体；
5—电机座；6—电机；7—传动装置；
8—溢流口；9—轴体；10—叶轮。

图 10-43　XBN 高浓度搅拌槽结构

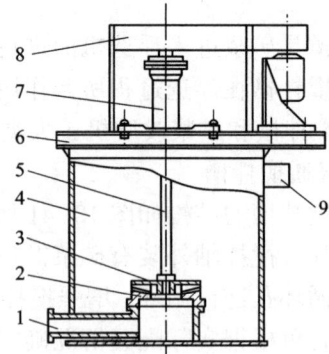

1—给矿管；2—挡板；3—叶轮；
4—槽体；5—主轴；6—支架；
7—轴承体；8—传动装置；9—溢流口。

图 10-44　提升搅拌槽结构

（5）矿浆改质机

矿浆改质机是当前比较先进的矿浆搅拌预处理设备，通过外加高剪切力场，使矿物表面受到充分摩擦，剔除表面氧化层。同时将药剂充分分散，对细粒颗粒产生活化和均质作用。目前矿浆改质机有卧式和立式两种，立式矿浆改质机的应用较常见，其结构如图 10-45 所示，主要由药剂雾化系统（雾化喷嘴）、剪切混合系统（一般为多套）、栅流乳化系统和整流装置等四部分构成，槽体内带有多层水平隔板，叶轮位于相邻的两块隔板之间。

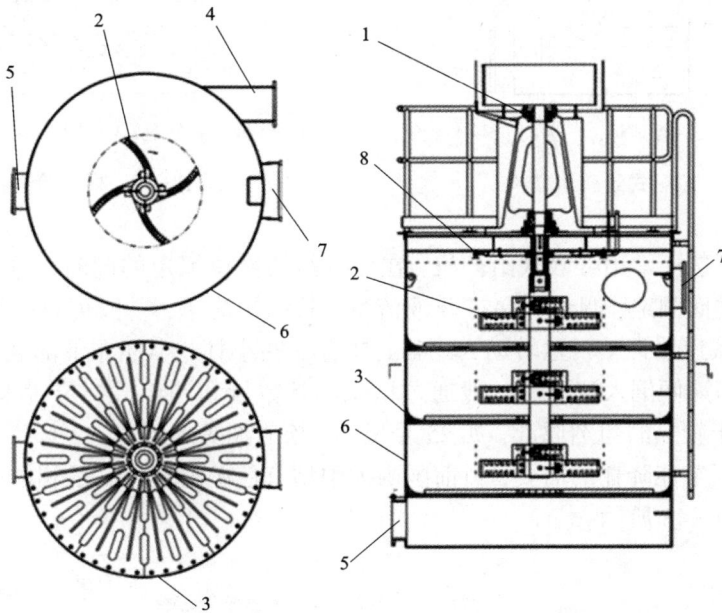

1—搅拌主轴；2—搅拌叶轮；3—栅格板；4—进浆口；5—出料口；6—槽体；7—观察窗；8—加药及雾化系统。

图 10-45　立式矿浆改质机结构

使用后掠式水平弯曲叶片与多个竖立式垂直叶片的有机结合，形成梳状叶片结构。在叶轮与隔板之间相对的高速旋转能产生很高的剪切应力和高频机械效应，其剪切动能是普通搅拌的 1000 倍以上。采用进口改性高分子耐磨材料制作的栅格板，上下两面均带有高剪切阻尼板和均匀分布的栅栏结构，将槽体分割成多个混合腔室，实现对矿浆逐级分室剪切乳化混合及轴向梳理改质。在槽壁上设置多层整流装置（挡板），消除切向旋流，增大轴向流、剪切强度和湍流度，防止矿浆在混合室内形成旋涡流，提高剪切混合效果。

工作时，药剂与矿浆从槽体上部给入改质机，经过涡轮型高速叶轮的剪切作用和多段式分室的调浆作用，药剂和矿浆在槽体内迅速分散并互相碰撞和吸附。采用三套剪切混合系统，保证了对矿浆水的剪切、混合、强化、改质功能。

10.5.2　给药机

浮选药剂通常以溶液或液体（油），或以粉状固体给入矿浆中，为稳定控制药剂的添加量，通常采用给药设备来实现，称为给药机。对给药机的要求是：结构简单，价格低廉，工作可靠，调节容易；耐磨损和耐腐蚀；非均质物料不易分层，添加量有足够的精确性。

对粉状药剂的添加，选矿厂多采用带式给药机、盘式给药机和摆式给药机，但目前的生产实践中比较少见。对液体或溶液药剂的添加，采用较多的是虹吸式给药机、杯式给药机和自动给药机，分别如图10-46、图10-47和图10-48所示。

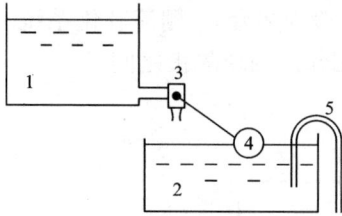

1—药剂池；2—给药箱；3—浮球阀；4—浮球；5—虹吸管。

图10-46 虹吸式给药机结构

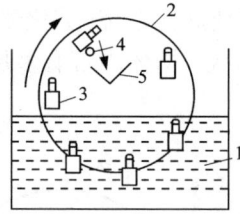

1—药箱；2—转盘；3—小杯；4—横杆；5—流槽。

图10-47 杯式给药机结构

目前，在小型选厂常用虹吸式给药机，在保持给药液位恒定的同时，通过人工调节虹吸管的夹紧程度，进而测定、调节和保持药液流量，其结构简单，一般可自行制作。杯式给药机由电动机通过减速器带动转盘转动，转盘上挂有一些小杯，小杯在下部装满药液，转至上部碰到横杆后，药液倾倒入流槽。一般通过增减小杯数量和调节横杆位置来调节药液流量。杯式给药机适用于较黏的药剂原液，如25号黑药、松醇油等的给药。

为满足选矿厂节能降耗的需要，目前国内大中型有色矿山选矿厂都相继采用了自动给药机，其结构见图10-48所示。

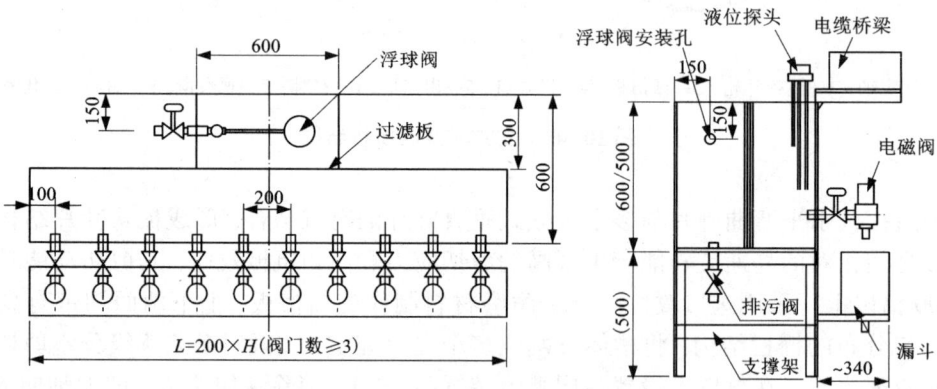

图10-48 PLC程控自动给药机结构

一般采用浮球法控制储药箱的给药液面使之恒定，然后控制药管出口处电磁阀的开启时间，药量的大小与活动球阀的开启时间成正比。控制系统只要控制并调节电磁球阀在固定的加药周期中的开启时间，就能调节加药量的大小。其中，电磁阀是关键部件，它是一个尼龙制的阀体，阀门由钢柱体和一个有磁性的不锈钢球组成。线圈通电时，阀开启，断电时，钢球下落堵住阀口，使其关闭。采用一台电子计算机可同时控制多个电磁阀。

电子自动给药机使用方便，给药准确，可详细记录各种药剂的用量，非常有利于提高浮选技术指标和生产管理水平。此外，生产中还相继采用了脉动式自动给药机和蠕动泵式自动给药机等。

10.5.3　除铁器

矿石在采掘过程中，易混入金属件(如电铲、液压产、钻头、装载机等的金属件)。在运输过程中，运输机械或装载机械金属件也会脱落混入。破碎过程中，破碎设备易损件(如衬板、固定件等的磨损脱落)，也会混入金属件。这些金属件均为不可破碎物，一旦进入破碎设备，会导致破碎机憋死或损坏，造成设备重大事故，因此，在破碎流程中通常应设置除铁器，以脱除金属件。

自动除铁装置一般由金属探测器和电磁除铁器组成，而电磁除铁器主要有悬挂式电磁除铁器和自卸式电磁除铁器两种。

(1)悬挂式电磁除铁器

悬挂式电磁除铁器的实物如图 10-49 所示，主要由励磁线圈、磁芯、磁轭、列管式热管散热器以及接线盒等组成。采用电工专用树脂浇注，自冷式(油冷或风冷)全密封结构。

接收到金属探测仪的信号后，电磁线圈通入直流电后，在磁极气隙中产生强磁场，当输送带所送物料经过电磁铁下方时，混杂在物料中的铁磁性物质在磁场力的作用下，向电磁铁方向迅速移动并被除铁器吸住，从而达到除铁的目的。

图 10-49　悬挂式电磁除铁器实物

(2)自卸式电磁除铁器

自卸式电磁除铁器由电磁除铁器和卸铁机构两部分组成，其结构如图 10-50 所示。电磁除铁器部分的结构与悬挂式除铁器相同。卸铁机构则由机架、摆线针轮减速机、主从动滚筒、托辊、皮带轮(或链轮)、三角带(或皮带轮)和装有刮板的卸铁皮带组成。

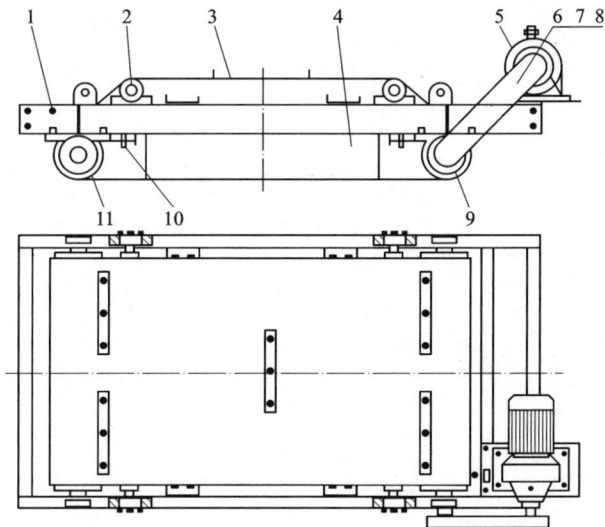

1—机架；2—托辊；3—卸料皮带；4—除铁器本体；5—减速机；6—链条；7—链轮；
8—护罩；9—主动滚筒；10—调整装置；11—从动滚筒。

图 10-50　自卸式电磁除铁器结构

电磁除铁器的安装方式主要有水平安装和倾斜安装两种。对于水平安装,自卸式电磁除铁器的皮带的运行方向与输送带的运行方向垂直,可安装在输送带上方(在除铁器下方宜安装非导磁平形托辊)。对于倾斜安装,通常安装在皮带机头,当带速较快(大于 2 m/s)时,除铁器可安装在滚筒前位置;当带速较慢(小于 2 m/s)时,除铁器位置要后移,以靠近滚筒(滚筒宜采用非导磁材料)。

本章主要思考题

(1)给矿机在选矿过程中的基本作用是什么?根据工作机构运动特征不同,主要可分为哪几类?

(2)各类给矿机的工作原理是什么?使用范围有什么不同?

(3)带式输送机有哪些基本类型?常见的布置方式有哪些?

(4)带式输送机胶带连接方法有哪些?

(5)带式输送机拉紧装置的作用是什么?有哪些类型?如何防止输送带跑偏?

(6)带式输送机卸料方式有哪些?各有什么特点?

(7)离心泵的性能曲线是什么?包括哪些内容?

(8)离心泵的气蚀与气缚现象是什么?

(9)罗茨鼓风机的结构与工作原理是什么?

(10)起重设备按用途和结构特征分为哪些类型?工作参数包括哪些内容?

(11)桥式起重机、桥式抓斗起重机和桥式电磁起重机在结构上有什么差别?

(12)搅拌槽主要分为哪几类?不同类型搅拌槽的工作原理是什么?

(13)给药机有哪些基本类型?不同类型给药机的性能和工作原理是什么?

(14)除铁装置的作用是什么?由哪几部分组成?各部分的作用是什么?除铁装置的工作原理是什么?

参考文献

[1]王淀佐，邱冠周，胡岳华. 资源加工学[M]. 北京：科学出版社，2005.

[2]胡岳华，冯其明. 矿物资源加工技术与设备[M]. 北京：科学出版社，2006.

[3]中国选矿设备手册编委会. 中国选矿设备手册(上、下)[M]. 北京：科学出版社，2006.

[4]朱书全. 当代世界的选矿创新技术与装备[M]. 北京：冶金工业出版社，2007.

[5]孙仲元. 选矿设备工艺设计原理[M]. 长沙：中南大学出版社，2006.

[6]选矿设计手册编委会. 选矿设计手册[M]. 北京：冶金工业出版社，1988.

[7]王毓华，王化军. 矿物加工工程设计[M]. 长沙：中南大学出版社，2012.

[8]段希祥，肖庆飞. 破碎与磨矿[M]. 北京：冶金工业出版社，2012.

[9]黄国智，等. 全自磨与半自磨磨矿技术[M]. 北京：冶金工业出版社，2018.

[10]沈政昌，等. 浮选设备研究与应用[M]. 北京：冶金工业出版社，2017.

[11]沈旭，彭芬兰. 化学选矿技术[M]. 北京：冶金工业出版社，2011.

[12]唐谟堂，曹烈. 湿法冶金设备[M]. 长沙：中南大学出版社，2002.

[13]《选矿手册》编辑委员会. 选矿手册(第3卷、第1分册)[M]. 北京：冶金工业出版社，1993.

[14]周晓四，陈斌. 选矿厂辅助设备与设施[M]. 北京：冶金工业出版社，2008.